中央高校教育教学改革基金(本科教学工程)资助

新材料合成与制备

XINCAILIAO HECHENG YU ZHIBEI

黄焱球　刘学琴　李　珍　　编著
沈　毅　李　飞

中国地质大学出版社
ZHONGGUO DIZHI DAXUE CHUBANSHE

内容摘要

本书主要介绍了无机新材料合成与制备的基本理论和方法,内容包括单晶、粉体材料、陶瓷材料、厚膜材料、薄膜材料、一维材料及石墨烯的合成与制备技术等。本书注重新方法、新技术和新进展,突出了材料的形成机制、制备原理和工艺特征,重视理论与实践相结合。

本书可作为材料科学与工程及相关专业本科生教材及研究生参考书,也可供材料类工程技术人员参考使用。

图书在版编目(CIP)数据

新材料合成与制备/黄焱球等编著. —武汉:中国地质大学出版社,2021.12
ISBN 978-7-5625-5141-6

Ⅰ.①新…
Ⅱ.①黄…
Ⅲ.①合成材料-材料制备
Ⅳ.①TB324

中国版本图书馆 CIP 数据核字(2021)第 223666 号

新材料合成与制备	黄焱球 刘学琴 李 珍 沈 毅 李 飞 编著
责任编辑:唐然坤	选题策划:唐然坤　　　　责任校对:张咏梅

出版发行:中国地质大学出版社(武汉市洪山区鲁磨路388号)	邮编:430074
电　　话:(027)67883511　　传　　真:(027)67883580	E-mail:cbb@cug.edu.cn
经　　销:全国新华书店	http://cugp.cug.edu.cn
开本:787毫米×1092毫米　1/16	字数:506千字　　印张:19.75
版次:2021年12月第1版	印次:2021年12月第1次印刷
印刷:武汉市籍缘印刷厂	
ISBN 978-7-5625-5141-6	定价:48.00元

如有印装质量问题请与印刷厂联系调换

前 言

进入21世纪以来,材料科学正以前所未有的速度飞速发展。新材料、新技术不断涌现,对高新技术产业的发展产生深刻影响。每一种新材料的产生及新性能的获得,都是它们合成与制备方法及工艺技术进步的结果。正如单晶硅生长奠定了硅基半导体集成电路的材料基础,石墨烯晶圆制备技术的突破也为碳基集成电路的发展打下了基础,并有望为集成电路芯片的发展开启新时代。材料制备技术在很大程度上决定了产业的发展和社会的进步。因此,学习、掌握材料合成与制备的理论和技术,对于材料专业类学生来说是非常重要的。

本书聚焦无机新材料合成与制备的新技术和新方法,系统介绍了单晶生长理论和方法,粉体材料、陶瓷材料、厚膜材料、薄膜材料、一维材料和石墨烯的合成与制备技术。同时,在内容上重视基本理论与工艺技术的有机结合,以材料制备理论和共性技术为基础,深入剖析典型材料的制备工艺,突出新技术和新工艺,反映有关研究的最新成果。在编写上按照从块体材料到低维材料的逻辑顺序,先介绍宏观晶体生长理论,后介绍纳米晶体生长机制和工艺技术,有利于学生对各类材料有关晶体生长机理、生长习性、生长特征以及相关调控技术和方法的理解,便于学习掌握。通过问题导向,引导学生自主学习和独立思考。

本书第一章、第二章、第五章由黄焱球编写;第二章由黄焱球、李飞编写;第四章由黄焱球、沈毅编写;第六章由刘学琴编写;第七章由黄焱球、刘学琴编写;第八章由黄焱球、李珍编写;全书由黄焱球统稿。本书的的编写和出版得到了中央高校教育教学改革基金(本科教学工程)资助,得到了中国地质大学(武汉)教务处和中国地质大学出版社的大力支持与帮助,在此致以衷心感谢!

由于笔者水平有限,书中错漏和不足之处在所难免,敬请读者批评指正。

笔者
2021年8月

目 录

1 材料合成与制备的理论基础 ·· (1)
  1.1 吸附理论 ··· (1)
  1.2 晶体生长的热力学基础 ··· (9)
  1.3 晶体生长的动力学基础 ··· (18)
  1.4 晶体生长习性及晶体形态 ·· (34)
  思考题 ·· (37)

2 单晶生长技术 ··· (39)
  2.1 单晶的基本特征及生长方法 ··· (39)
  2.2 溶液法晶体生长技术 ·· (40)
  2.3 水热法晶体生长技术 ·· (43)
  2.4 高温溶液法(助熔剂法)晶体生长技术 ·· (47)
  2.5 熔体法晶体生长技术 ·· (51)
  2.6 气相法晶体生长技术 ·· (66)
  思考题 ·· (73)

3 粉体材料的合成与制备 ·· (75)
  3.1 粉体的基本特征 ·· (75)
  3.2 粉体的固相合成与制备 ··· (77)
  3.3 粉体的液相合成 ·· (83)
  3.4 粉体的气相合成与制备 ··· (106)
  思考题 ·· (115)

4 陶瓷材料的制备 ·· (116)
  4.1 陶瓷的相组成和结构特征 ·· (116)
  4.2 陶瓷的制备工艺 ·· (118)
  4.3 陶瓷的致密化过程和结构变化 ·· (132)
  4.4 陶瓷的掺杂 ··· (136)
  4.5 陶瓷材料加工及表面金属化 ··· (140)
  4.6 多孔陶瓷的制备 ·· (142)

思考题 ………………………………………………………………………… (151)
5　厚膜材料的制备 ………………………………………………………………… (152)
　5.1　厚膜技术及其基本特征 ………………………………………………………… (152)
　5.2　浆料及其制备 …………………………………………………………………… (153)
　5.3　厚膜制备技术 …………………………………………………………………… (159)
　5.4　厚膜元件及其制备 ……………………………………………………………… (165)
　5.5　厚膜元器件的发展 ……………………………………………………………… (179)
　　思考题 ………………………………………………………………………… (179)
6　薄膜材料的制备 ………………………………………………………………… (181)
　6.1　薄膜生长的基础理论 …………………………………………………………… (181)
　6.2　薄膜材料的物理制备方法 ……………………………………………………… (189)
　6.3　薄膜材料的化学制备方法 ……………………………………………………… (207)
　6.4　薄膜材料检测技术 ……………………………………………………………… (221)
　　思考题 ………………………………………………………………………… (227)
7　一维材料的合成与制备 ………………………………………………………… (229)
　7.1　一维晶质材料的基本特征 ……………………………………………………… (229)
　7.2　单晶纤维材料的生长机制 ……………………………………………………… (230)
　7.3　一维纳米材料的生长 …………………………………………………………… (242)
　7.4　晶须的生长 ……………………………………………………………………… (255)
　7.5　陶瓷纤维的制备 ………………………………………………………………… (258)
　　思考题 ………………………………………………………………………… (265)
8　石墨烯的合成与制备 …………………………………………………………… (266)
　8.1　石墨烯的基本特征 ……………………………………………………………… (266)
　8.2　石墨烯的物理法制备技术 ……………………………………………………… (268)
　8.3　石墨烯的化学法制备技术 ……………………………………………………… (274)
　8.4　石墨烯材料的应用 ……………………………………………………………… (285)
　　思考题 ………………………………………………………………………… (286)
参考文献 ……………………………………………………………………………… (287)

1 材料合成与制备的理论基础

材料合成与制备过程涉及很多基础理论知识,本章重点介绍与晶体形成紧密相关的理论,包括吸附理论、晶体生长的热力学基础和晶体生长的动力学基础。

1.1 吸附理论

吸附是一种重要的界面现象,广泛存在于材料合成与制备过程中,对晶核形成、晶体生长、薄膜材料生长、纳米结构组装、材料表面改性等产生重要影响。吸附现象的发现以及吸附剂的使用已经有很长的历史。早在 2000 多年前,我国古代人民就知道了木炭的吸附性质,并将其作为吸附剂应用到吸湿和防腐中。尽管有关吸附的某些现象在古代已被认知,但首先定量观测吸附现象的是 Scheele(1773) 和 Fontana(1777),他们报道了通过木炭和黏土吸附气体的实验。"吸附"(adsorption)一词是由 Du Bois-Reymond 提出,并由 Heinrich Kayser 于 1881 年引入文献中[1]。随着人们对吸附现象的不断深入认识,吸附理论得到了广泛的应用。

1.1.1 吸附作用及其类型

吸附是在吸附剂(adsorbent)液体或固体的界面或表面上极薄的接触层中吸附住吸附质(adsorbate)的现象,是分子在界面层中积累的过程。根据接触相的不同,可分为液-气、固-气、固-液、液-液 4 种吸附系统[2]。

根据吸附作用力的不同,可将吸附分为物理吸附和化学吸附。

物理吸附是指吸附剂和吸附质之间通过分子间作用力(又称范德瓦尔斯力,或范德华力)的作用而发生的吸附。物理吸附作用力较弱,不稳定,容易发生脱附。物理吸附的吸附热很低,接近于吸附质的冷凝热。物理吸附发生时,不发生吸附质结构的变化,且可以发生多层吸附。

化学吸附是通过化学键或者是具有接近能量层次的力而键合的吸附。化学吸附的特征是有大的相互作用位能,即有高的吸附热。化学吸附是单层的和定域化的吸附,是不可逆的吸附,常发生在高于吸附质临界温度的较高温度下。

对于含氢化合物,吸附也可以由氢键产生。当氢与电负性很强的原子(如卤素、氧、硫等)以共价键结合时,分子偶极矩很大,因此氢带正电。由于氢原子半径小,又没有内层电子,所以氢核形成的静电场很强,其能与另一个电负性大的原子结合,形成氢键。氢键能量较小,与物理吸附能量相近,因此把氢键看作是分子间引力。通过氢键进行的吸附也归为物理吸附。

1.1.2 固体表面的特征

固体表面外层原子或官能团排列的不对称性,特别是其外侧原子的缺失,使其所处力场不平衡,因此固体表面对周围分子具有吸附作用。固体表面具有独特的物理、化学特征,表面原子或分子是定位的,相同晶相的物质有多种不同性能的表面,同一种固体物质也会有完全不同的表面性质,尤其是固体表面具有不均匀性,而且其不均匀性的形式是多种多样的。宏观光滑的固体表面从原子水平上看是凹凸不平的。晶体由于存在晶格缺陷、空位、位错等,晶面也是不完整和非完美的。另外,化学杂质也是固体表面不均匀性产生的因素。正因为固体表面的不均匀性,不同类型的表面以及不同的位置都具有不同的化学活性。因此,不同的固体表面具有不同的吸附特征。

固体表面的吸附包括固-气界面的吸附和固-液界面的吸附。

1.1.3 固体表面对气体的吸附

1.1.3.1 吸附特征

固体表面与气体接触时通常会对其产生吸附作用,即使是非极性气体(如氮气),在某些条件下也会吸附到固体表面上。吸附是自发的,表明自由能变化(ΔG)为负。由于气体分子失去了自由度,因此在大多数情况下熵(ΔS)也会降低。发生物理吸附时,仅涉及分子之间的相互作用,因此物理吸附具有可逆性,可通过简单地降低气体压力使吸附分子脱附。物理吸附的结果相当于被吸附相分子在固体表面的凝聚,释出的吸附热与凝聚热差不多。物理吸附没有选择性,第一层分子被吸附后,其上还可以吸附第二层、第三层等多层分子。

物理吸附是化学吸附的"前奏"。在一定条件下,物理吸附可转化成化学吸附,有时两者可伴随发生。发生化学吸附时,被吸附的原子位于固体表面上的特定位置,且仅一层吸附质可以产生化学吸附。化学吸附一般比物理吸附慢得多,吸附速率与温度有关,温度升高,吸附速率加快。化学吸附是不可逆的,吸附质一旦被吸附就难以脱附。在合适的条件下,在化学吸附层的顶部还可以发生物理吸附。

1.1.3.2 吸附等温线

吸附等温线是指在一定温度条件下被吸附剂吸附的吸附质的量与吸附质溶液浓度或气体压力之间的平衡关系曲线。吸附量是吸附研究中最重要的参数。固体表面对气体的吸附量,是指吸附平衡时单位质量吸附剂所能吸附的气体物质的量或这些气体在标准状态下所占的体积。固体表面的吸附量与固体的性质及表面状态、吸附质性质、气体分压和温度等因素有关。固体表面对气体的吸附是多种多样的,难以用一个简单的模型来描述,因此有多种吸附模型来定量描述气体吸附特征[2,3]。最简单的是 Henry 吸附等温线,又称 Henry 定律,其把吸附相看作二维理想气体,且假设吸附量与气体压力成正比。然而,固体的实际表面不是平坦的,而是凹凸不平的,或者是具有孔洞的复杂几何形状。针对这种复杂的表面,Langmuir 提出了单层吸附模型。

1. Langmuir 吸附模型

Langmuir 吸附模型是基于以下假设：①在吸附剂表面有一定数量能量等效的吸附点，每个吸附点上可以吸附一个理想气体分子；②被吸附分子与吸附点的结合可以是化学的，也可以是物理的，但必须足够强，被吸附分子不能沿表面移动；③吸附质为理想气体，忽略吸附质分子间的横向相互作用；④吸附剂表面能量是均匀的，吸附是单层的。可见，Langmuir 吸附模型是理想的单层定位吸附理论模型。

在一定温度下，设气体压力为 p，固体表面的覆盖百分数为 θ，空白表面的百分数为 $(1-\theta)$，则有：

$$v_a = k_a(1-\theta)p \tag{1-1}$$

$$v_d = k_d\theta \tag{1-2}$$

式中，v_a 为气体的吸附速率；v_d 为脱附速率；k_a 为吸附速率常数；k_d 为脱附速率常数。当吸附达到动态平衡时，吸附速率等于脱附速率，即：

$$k_a(1-\theta)p = k_d\theta \tag{1-3}$$

$$\theta = \frac{k_a p}{k_d + k_a p} \tag{1-4}$$

令 $k_a/k_d = b$，则 Langmuir 吸附等温式为：

$$\theta = \frac{bp}{1+bp} \tag{1-5}$$

式中，b 为吸附平衡常数（也称吸附系数），它的值代表固体表面吸附气体的能力。

若以 V_m 表示固体表面吸附满单分子层时的吸附量（即饱和吸附量），V 表示压力为 p 时的平衡吸附量，则：

$$\theta = \frac{V}{V_m} \tag{1-6}$$

代入式(1-5)，得：

$$\frac{p}{V} = \frac{1}{V_m b} + \frac{p}{V_m} \tag{1-7}$$

这是 Langmuir 吸附等温式的线性形式。如果以 p/V 对 p 作图，从直线的斜率和截距可以求得单分子层的饱和吸附量 V_m。

2. BET 吸附模型

固体表面对气体分子的单层吸附是一种理想状态，实际的吸附可能是多层的，如图 1-1 所示。针对固体表面的多层吸附，Brunauer、Emmett 和 Teller 在 Langmuir 吸附理论的基础上提出了多分子层固-气吸附模型，称 BET 吸附模型。BET 吸附模型的主要假设：吸附是多分子层的，Langmuir 吸附等温式适用于每个吸附层；吸附的各层之间没有相互作用；除第一吸附层外，其他各层的冷凝热等于气体的蒸发热；吸附分子

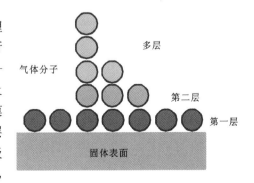

图 1-1 固体表面多层吸附示意图

的蒸发和凝聚只发生在最外层。BET 吸附等温式为：

$$V = \frac{V_m C_h p}{(p_0 - p)[1 + (C_h - 1)\frac{p}{p_0}]} \tag{1-8}$$

整理后，得直线方程为：

$$\frac{p}{V(p_0 - p)} = \frac{C_h - 1}{V_m C_h}\left(\frac{p}{p_0}\right) + \frac{1}{V_m C_h} \tag{1-9}$$

式中，V 为平衡压力为 p 时的吸附量；V_m 为吸附剂表面吸满单分子层时的吸附量；p_0 为吸附质的饱和蒸气压；C_h 为与吸附热有关的常数。

以 $p/[V(p_0-p)]$ 对 (p/p_0) 作图，根据直线的斜率 α 和截距 I，可以求出单层饱和吸附量 V_m：

$$V_m = \frac{1}{\alpha + I} \tag{1-10}$$

如果已知吸附质分子的截面积 S，就可以计算固体吸附剂的比表面积 S_{BET}：

$$S_{BET,total} = \frac{V_m N_A S}{V} \tag{1-11}$$

$$S_{BET} = \frac{S_{BET,total}}{m} \tag{1-12}$$

式中，V 是吸附质的摩尔体积；m 是吸附质的质量；N_A 为阿伏伽德罗常量。

以上是经典的气体吸附 BET 法测定比表面积的原理，其被认为是比表面积测定方法中最好的一种，相对误差一般在 10% 左右。大量实验数据表明，BET 吸附等温式通常只适用于处理相对压力（p/p_0）在 0.05～0.35 之间的吸附数据。

3. 吸附等温线类型

在前人的大量研究和从实验测得的大量吸附等温线基础上，Brunauer、Deming、Deming 和 Teller 对吸附等温线进行了分类，将吸附等温线分为 5 种类型（图 1-2 中 Ⅰ～Ⅴ 型），称为 BDDT 分类。后来，国际纯粹与应用化学联合会（IUPAC）进行了补充，增加了 Ⅵ 型台阶形等温线，如图 1-2 所示，各类型的基本含义如下。

Ⅰ型：单层 Langmuir 型吸附，也适用于具有微孔（孔径小于 2nm）的吸附剂。

Ⅱ型：BET 型多层吸附，常见于吸附剂表面与气体分子之间有强吸附作用的系统，为非孔性或大孔吸附剂的吸附特征。

Ⅲ型：见于吸附剂与气体分子之间相互作用

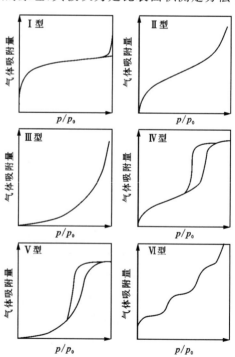

图 1-2 吸附等温线的基本类型
（IUPAC 分类）

较弱的系统，且显示出具有不均匀作用的多层吸附。

Ⅳ型：常见于介孔表面的吸附，吸附剂和吸附质之间有很强的相互作用。通常会显示H1～H4类型的吸附回环特征。该类型是Ⅱ型的变种，反映了在较高相对压力下某些孔中有毛细凝聚现象发生。

Ⅴ型：为Ⅲ型的变种，其吸附回环特征也反映了在较高相对压力下存在毛细凝聚现象。

Ⅵ型：反映的是在均质表面上的逐步多层吸附。

1.1.3.3 金属和氧化物表面对气体的吸附

金属常被用在材料合成与催化反应中，其吸附和催化性能很大程度上取决于其暴露在气体的特定表面。金属晶体是通过负电子云和正离子之间库仑力的相互作用而结合，形成金属键。金属键没有方向性，每个原子中电子的分布基本上是球形对称的，以金属原子作密堆积形成能量较低的稳定体系。在金属表面常存在一些缺陷部位如缺位、台阶、扭折等，成为对气体分子的吸附和催化反应的活性中心。

在众多金属材料中，Ⅷ族金属在加氢和氢解反应中具有最高活性，而且这些金属上的化学吸附热 Q_H 最小。因此，吸附于这些金属表面上的 H_2 可能会发生解离，产生的氢原子将占据金属表面的特定部位。该过程分为3个阶段：首先，发生物理吸附，金属原子与其周围的氢原子形成互不重叠的独立电子云；然后，H_2 解离，氢原子与金属原子的电子云叠加，形成过渡态；最后，形成新的电子结构，形成化学键，转化为化学吸附，即：

$$2M_S^0 + 2H \longrightarrow 2MH \tag{1-13}$$

与金属相比，金属氧化物是一种应用更加广泛的催化剂，其既可以像金属一样应用于许多氧化-还原反应中，如氧化、加氢、脱氢等，还可以在不为金属所催化的酸-碱型反应中使用，如裂解、脱水等。不仅如此，金属氧化物还可以组合成多种多样的多组分氧化物，包括复合氧化物。因此，氧化物不仅种类很多，而且在不同的反应中还可能具有独特的催化功能。

在氧化物中，元素的键合既可以是离子键，也可以是共价键。由离子键构成的晶体是由电负性较大的氧原子和电负性较小的金属组成的化合物。而在共价键构成的晶体中，氧和金属之间是通过原子轨道的杂化而形成共价键的。金属氧化物表面上的吸附部位，因水的解离吸附，总是以表面羟基的形式存在。如果对表面进行处理，表面上吸附的 OH^- 和 H^+ 重新以 H_2O 的形式脱离，在表面上留下配位不饱和的金属离子和氧离子，如下：

$$2 \begin{matrix} OH \\ | \\ M \end{matrix} \longrightarrow M^+ + \begin{matrix} O^- \\ | \\ M \end{matrix} + H_2O \tag{1-14}$$

另外，金属氧化物表面吸附的 O_2 和 CO_2 等也可以发生脱附，形成配位不饱和的部位。这些配位不饱和部位对吸附与表面反应有着十分重要的意义。

1.1.4 固体表面在溶液中的吸附

固体表面在溶液中吸附是一种固-液界面的吸附。溶液包含溶剂和溶质，两者都有可能被吸附到固体表面上，而且被吸附的程度不同。因此，固-液界面的吸附比固-气界面的吸附复杂得多。溶质的吸附量的大小和溶质与溶剂之间以及溶质与吸附剂固体之间的相对亲及力大小有关。如果溶质与溶剂之间的亲和力大于溶质与吸附剂之间的亲和力,则溶质的吸附量小;反之,则溶质的吸附量大。因此,极性吸附剂容易吸附极性组分,非极性吸附剂容易吸附非极性组分。吸附量还与吸附剂的表面条件、吸附质的官能团、溶剂的种类、温度和溶液浓度等因素有关。

1.1.4.1 分子吸附

溶液中不带电的分子主要以氢键、范德华力、偶极子等较弱的静电引力与固体表面吸附。其中,氢键起到最大的作用。如前所述,氧化物固体表面由于吸附了水解离产生的 H^+ 和 OH^-,形成表面羟基,例如 SiO_2 表面通过水的解离吸附而形成硅醇基(Si—OH)。在 pH 值不高的溶液中,SiO_2 表面可通过 Si—OH 以氢键的形式吸附乙醇、氨基酸、聚氧乙烯醚等分子,如图 1-3 所示。对于小分子来说,如醇分子,其与固体表面的吸附点少,结合力较弱,为物理吸附。对于大分子来说,其具有很多可以键合的部分,如聚氧乙烯醚虽

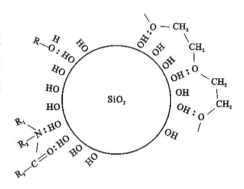

图 1-3 在低 pH 值溶液中 SiO_2 表面对醇、氨基酸、聚氧乙烯醚分子的吸附[4]

然也是通过氢键结合,但形成的氢键数量多,吸附力强,因此可以看作是化学吸附[4]。

固体表面在溶液中的吸附不仅受其表面状态的影响,而且受吸附质分子性质的影响。即使是同一吸附质,溶剂不同时吸附量也不同。另外,在水溶液中,pH 值对吸附也有重要影响。如 SiO_2 表面在 pH 值高时带负电,对水合阳离子有吸附作用,从而影响其他大分子在表面的吸附。

1.1.4.2 离子吸附

在电解质溶液中,固体表面与离子的吸附主要通过库仑力来支配。固体表面总是带有某种电性,通过吸附电荷相反的离子来平衡。在溶液中,这种离子被称为平衡离子(counter ion)。例如黏土表面总是带有负电性,因此通过吸附碱金属或碱土金属离子来中和其表面的负电荷。在电解质溶液中,带电固体颗粒周围会形成所谓的双电层,如图 1-4 所示。紧靠颗粒表面一侧受到很强的吸附作用力,形成固定层;而在固定层外侧,吸附力较弱,形成扩散层,平衡离子浓度呈扩散性地变化。在固定层内,电位急剧下降,而在扩散层内,电位则缓慢减小。吸附于颗粒表面上的溶液与正常溶液之间界面的电位差称为 ζ 电位,其是双电层厚度的度量。

平衡离子在双电层内的分布可以用电位定量地表达[4]。以固体颗粒表面为原点,在溶液一侧任何距离 x 处的电位 ψ 可近似地表示为:

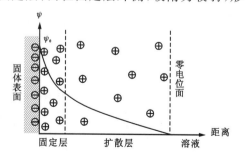

图 1-4 双电层及电势变化示意图

$$\psi = \psi_0 \exp(-Kx) \qquad (1-15)$$

其中，

$$K = \left(\frac{2e^2 n_0 Z^2}{\varepsilon kT}\right)^{\frac{1}{2}} = \left(\frac{2e^2 N_A cZ^2}{\varepsilon kT}\right)^{\frac{1}{2}} \qquad (1-16)$$

式中，ψ_0 为颗粒表面的电位，可将实验测得的 ζ 电位取作 ψ_0；ε 为溶液的介电常数；e 为电子的电荷量；n_0 为溶液的离子浓度；Z 为化合价；k 为玻耳兹曼常量；N_A 为阿伏伽德罗常量；c 为强电解质摩尔浓度；T 为绝对温度。此外，假设 $x \to \infty$ 时，$\psi = 0$。

K 表示指数函数 ψ 的形状，即双电层的扩展状态，故将 $1/K$ 称为双电层厚度。由式 (1-16) 可知，$1/K$ 与 $c^{1/2}$ 及 Z 成反比，即电解质的浓度越大，离子的化合价越高，双电层厚度越小。例如在适当的 pH 值下，高岭土颗粒表面带负电，其吸附阳离子，形成双电层。当阳离子为 Na^+，在较低的浓度下会形成较宽的扩散层，从颗粒表面至溶液方向上 ψ 缓慢减小，双电层厚度较宽。如果增加 Na^+ 的浓度，有效的平衡离子量会增加，从颗粒表面至溶液方向上 ψ 急剧减小，双电层厚度变薄。如果在溶液浓度不变的情况下加入 Ca^{2+}，ψ 仍急剧减小，双电层厚度变薄。

氧化物表面的双电层也会出现同样的特征，平衡离子种类及其浓度决定着双电层的厚度。在水溶液中，氧化物所带的电荷因其吸附 H^+ 或 OH^- 而变化，在过量 H^+ 溶液中带正电，而在过量 OH^- 溶液中带负电，在适当条件下则可能为中性，如水氧化锰在 pH=1.8 时正好不带电荷(零电荷点)。因此，氧化物表面电荷的大小及符号随溶液 pH 值的不同而变化。表面电荷为负时，有效平衡离子为 Na^+、NH_4^+ 等阳离子；表面电荷为正时，有效平衡离子为 Cl^-、NO_3^- 等阴离子。

1.1.4.3 表面活性剂的吸附

表面活性剂是一种两性物质，含有非极性的亲油基团和极性的亲水基团，它们分别占据表面活性剂分子的两端，形成一种不对称的结构。亲油基团为碳氢链，亲水基团通常为醛基、羰基、羧基、羟基等。根据表面活性剂溶于水时的电性特征，可分成阴离子表面活性剂、阳离子表面活性剂、非离子表面活性剂和两性离子表面活性剂。

在水溶液中，表面活性剂的亲水基团受水分子的吸引，而亲油基团则受水分子的排斥，使亲油基伸向空气或油相中，亲水基伸入水中。因此，表面活性剂的水溶液体系常表现出在溶液表面的定向吸附以及在溶液内部形成胶束的特征，如图 1-5 所示。胶束的形成是疏水的碳氢链相互聚集、缔合的结果。非极性基团被极性基团包于其中，形成与水不接触的胶核，极性基团朝外，形成与水接触的外壳[5]。

表面活性剂在固-液界面上的吸附等温线与电解质的性质、溶液的 pH 值、离子强度和温度等因素有关，且受固体表面性质的影响。固体表面

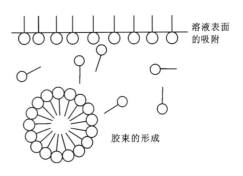

图 1-5 表面活性剂在溶液表面的吸附及胶束形成示意图

的电性会直接影响着表面活性剂的吸附状态。例如 γ-Al_2O_3 在 pH 值大于 8 的溶液中带负电性,其对阳离子型表面活性剂及阴离子表面活性剂的吸附特征如图 1-6 所示。对于阳离子型表面活性剂,固体表面与亲水基团吸附,疏水基团向外。随着浓度的增高,受疏水基团的相互作用,会发生第二层吸附(图 1-6a～c)。对于阴离子型表面活性剂,由于电性相斥,因此带负电的固体表面只有在特定条件下才会发生吸附(图 1-6d)。

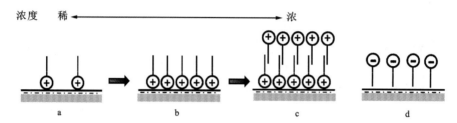

图 1-6　离子型表面活性剂在带负电性的固体表面上的吸附特征
a～c.阳离子型表面活性剂吸附,浓度逐渐增高;d.阴离子型表面活性剂的吸附

表面活性剂与固体表面的吸附机制包括离子交换吸附、离子对吸附、氢键吸附、π 电子极化吸附、范德华力吸附以及疏水基间的键合等。根据 Giles 的分类,有机溶质在固体表面的吸附等温线分为 S 型、L 型、H 型和 C 型 4 种类型[6]。S 型是有机分子在固体表面以垂直或稍微倾斜取向的吸附。L 型为 Langmuir 型吸附,有机分子取向是平躺的。H 型是相对于大分子高聚合物或可吸附胶束的吸附,后者常发生化学吸附。C 型为吸附剂存在表面和体内吸附,随着吸附的进行,吸附质可不断深入吸附剂的体内,吸附位不断增加。

单功能基表面活性剂在固体表面的吸附呈垂直状态,由于存在协同吸附效应,在初始吸附时,固体表面被吸附的表面活性剂分子稀少,吸附稳定性较差。随着吸附增多,相邻表面活性剂分子产生协同吸附作用,吸附稳定性增强,因此产生 S 型等温线,如图 1-7 所示。

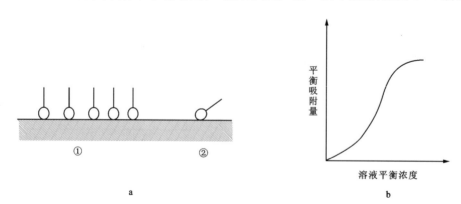

图 1-7　单功能基表面活性剂在固体表面的吸附状态(a)及其 S 型等温线(b)

双功能基表面活性剂在固体表面的吸附呈平躺状态,每个分子在固体表面的吸附都具有相同的稳定性,因而产生 L 型等温线,如图 1-8 所示。

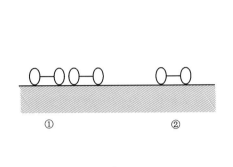
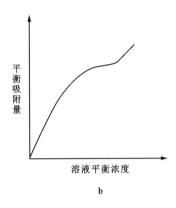

图 1-8 双功能基表面活性剂在固体表面的吸附状态(a)及其 L 型等温线(b)

表面活性剂与固体表面的吸附会改变固体表面的性质,如使固体表面由亲水性转变为亲油性。这种变化对材料的表面改性、薄膜材料的可控生长等具有重要意义。

1.2 晶体生长的热力学基础

热力学是研究平衡状态问题的理论。研究晶体生长热力学,不仅可以确定晶体生长的条件,预测晶体的生长速度、生长量,以及成分随温度、压力的变化规律等物理化学参数,而且可为解决晶体生长中出现的问题提供理论依据。

1.2.1 相平衡与相变

相(phase)是指体系中成分、结构和性能均匀一致的部分,它与别的部分有明显的界线。在晶体生长体系中,可存在固相、液相和气相。固相既可以由单一晶相或非晶相组成,也可以由多种晶相组成。晶相与晶相之间有晶界,越过晶界时性质会发生突变。

1.2.1.1 相平衡

在一定条件下,两相接触时会发生物质或能量的交换,直至达到平衡状态。接触两相平衡的条件是:两相的温度相等(热平衡),两相的压强相等(力学平衡),两相内物质的化学势相等(传质平衡)。当外界条件改变时,相的平衡状态会被破坏,再次发生物质和能量的传递,直至达到新的平衡。对于多相体系,相平衡状态是恒温恒压下吉布斯自由能最低的状态。

1.2.1.2 相律

相律是 Gibbs 利用热力学理论推导的多相平衡系统的普遍规律,是描述处于热力学平衡状态的系统中自由度数 f、独立组分数 C、相数 ϕ 与外界影响因素数 n 之间的关系定律,数学表达式为:

$$f = C + n - \phi \tag{1-17}$$

式中,独立组分是指体系中每一个可以分离出来并能独立存在的化学纯物质,独立组分数即为其数量。自由度数是指平衡系统中保持平衡相数不变的条件下可变因素(如温度、压力、成分等)的数目。在一般情况下,只考虑温度和压力两个因素($n=2$)对系统平衡状态的影响,相律表达式可写成:

$$f = C + 2 - \phi \tag{1-18}$$

相律是相图的基本规律之一,任何相图都必须遵从相律。它是分析和使用相图的重要依据。

1.2.1.3 相变

相变是指当一个体系在外界条件(如温度、压力等)改变时发生状态或结构改变的现象。相变可以表现为结构的转变,如气相、液相和固相之间的相互转变、物质的晶型转变等,也可以是化学成分的不连续变化,如均匀溶液的脱溶沉淀、固溶体的脱溶分解等。

相变广泛存在于材料合成与制备过程中,例如晶体生长就是一个气-固相变或液-固相变或固-固相变的过程,陶瓷材料可以通过相变来增韧,金属材料可以通过相变来提高强度等。因此,相变研究具有重要意义。

1.2.2 相图

相图是描述一个多相体系平衡条件的图,又称平衡图或状态图。相图表示相平衡系统的物质组成与两种不同的热力学条件的关系,通常是以成分、温度和压力为变量绘制。根据系统的独立组分数,分为一元系相图(又称单元相图)、二元系相图、三元系相图等。

单元系统只有一种化学成分,独立组分数为1,系统的最大自由度为2,影响系统平衡的因素有两个,即温度和压力。故一元系相图通常用温度和压力两个坐标来表示,自由度为0时,相数为3,因此单元系统最多只能有三相共存。

二元系统含有两种独立组分,系统的最大自由度为3,即体系的状态由3个变量(温度、压力和组分)所决定。因此,二元相图为3个坐标的图形。保持一个变量为常量,可得到3种平面图,分别是压力-组分图、温度-组分图和温度-压力图。由于大多数情况下材料系统压力保持在一个标准大气压(一个标准大气压≈101 325Pa)左右,其影响较小,因此可不考虑压力的影响,这样二元相图就变成了温度-组分图。

三元系统含有3种独立组分,系统的最大自由度为4,分别为温度、压力和两个浓度项。三元相图为三维空间的立体图。如果考虑凝聚系统的压力变化小,可以忽略压力变化,则相图为立体图形。如果压力、温度均保持不变,则其相图可用平面图来表示。通常在平面图上用等边三角形来表示各组分的浓度。

1.2.3 相图的应用

相图说明了系统中相平衡的热力学条件,因此可以利用相图帮助确定材料配方、合成方法和工艺条件[7]。

1.2.3.1 确定配料

1. 确定晶体生长配料

相图不仅给出了体系的相平衡热力学条件,而且可为晶体生长配料的确定提供依据。例如 $LiNbO_3$ 是由 Li_2O 和 Nb_2O_5 组成的化合物,其化学计量比(摩尔百分数比)是 $x(Li_2O):x(Nb_2O_5)=1:1$。然而,根据 $Li_2O-Nb_2O_5$ 二元相图(图 1-9),$LiNbO_3$ 存在于较宽的组成范围中,而且其同成分共熔点(C 点)并非出现在其化学计量处,而是向 Nb_2O_5 一侧偏移,Li_2O 摩尔百分数约为 48.6%,Nb_2O_5 摩尔百分数为 51.4%。这说明 Nb_2O_5 在 $LiNbO_3$ 晶体中存在固溶度,且固溶度随温度的变化而变化。如果配料组成偏离 C 点,晶体的组分会随着生长温度的变化而不断变化。这意味着晶体生长过程中任何温度的波动都会引起晶体组成的不均一性,使晶体质量下降。因此,这类晶体生长配料不能严格按 1:1 配比,而应根据同成分共熔点的成分配比进行配料。

对于某些固溶体晶体,其生长体系是一种完全互溶的二元体系,如 $KNbO_3-KTaO_3$ 二元体系[8,9],其没有同成分共熔点,而且晶体组成随生长温度的不同而不同,如图 1-10 所示。根据该相图,如果要生长成分配比为 c 的固溶体晶体,则 $KNbO_3$ 和 $KTaO_3$ 的配比应为 c',且生长温度保持在液相 c' 与固相 c 的平衡温度,否则晶体的成分会偏离 c。在实际生长中,只要把生长温差控制得足够小,原料熔体足够多,生长的固溶体晶体成分波动就比较小。

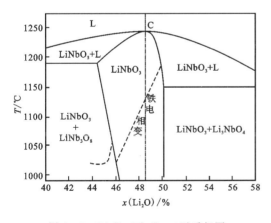

图 1-9 $Li_2O-Nb_2O_5$ 二元系相图

注:图中横坐标单位为摩尔百分数。

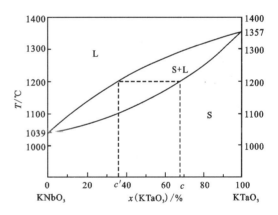

图 1-10 $KNbO_3-KTaO_3$ 二元系相图

注:图中横坐标单位为摩尔百分数。

2. 确定陶瓷配方

除了确定晶体生长的配料,还可根据相图确定陶瓷材料的配方。$Pb(Zr_{1-x}Ti_x)O_3$(PZT)陶瓷的相图(图 1-11)显示,在 Zr/Ti 为 50/50~56/44 附近,存在三方相-四方相相界[10]。在该相界附近,PZT 陶瓷出现三方相与四方相两相共存现象,被称为准同型相界(morphotropic phase boundary,简称 MPB),其机电耦合系数 k_p、介电常数 ε 和压电系数最大。因此,PZT 压电陶瓷一般都在这一相界附近选取配方。

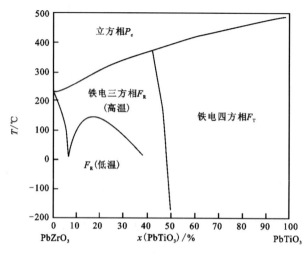

图 1-11 PbZrO₃-PbTiO₃ 二元系相图

注:图中横坐标单位为摩尔百分数。

除了 PZT 陶瓷,其他陶瓷体系如 $PbTiO_3 - PbSnO_3$、$PbTiO_3 - PbHfO_3$ 等二元系以及 $PbTiO_3 - PbZrO_3 - Pb(Mg_{1/3}Nb_{2/3})O_3$ 等三元系均存在准同型相界。这些陶瓷材料均可以利用相图进行配方设计。

1.2.3.2 选择晶体生长方式

相图给出了相的平衡条件,因此可以根据相图来选择晶体生长方式。例如图 1-12 为 $Y_2O_3 - Al_2O_3$ 二元系相图[11]。该图显示,钇铝石榴石($Y_3Al_5O_{12}$)为同成分熔化化合物,因

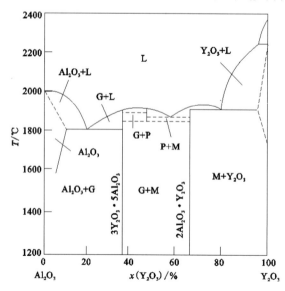

图 1-12 $Y_2O_3 - Al_2O_3$ 二元系相图

G.钇铝石榴石;P.铝酸钇;M.$2Y_2O_3 \cdot Al_2O_3$;L.液相;图中横坐标单位为摩尔百分数

此可以采用熔体法进行晶体生长。又如 BaO-TiO$_2$ 二元系相图显示[12]，在较广的区间内存在立方 BaTiO$_3$ 与液相共存，且该区的液相线温度随 TiO$_2$ 含量的增高而降低，如图1-13所示。这表明，在立方 BaTiO$_3$ 与液相共存区，TiO$_2$ 不仅是形成 BaTiO$_3$ 的组分，而且还起助熔剂的作用。基于这一特征，可以利用 TiO$_2$ 作为助熔剂，以助熔剂法来生长立方 BaTiO$_3$ 晶体。在 TiO$_2$ 摩尔百分数为64%~67%的配比下，可以将立方 BaTiO$_3$ 晶体的生长温度降低至1450~1330℃，不仅生长温度较低，而且可以避开其六方-立方相变温度(1460℃)。

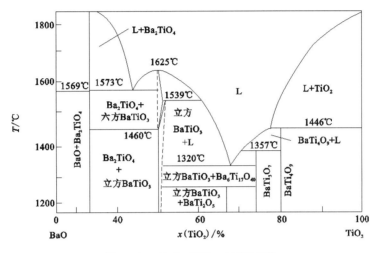

图1-13 BaO-TiO$_2$ 二元系相图

注：图中横坐标单位为摩尔百分数。

1.2.3.3 确定材料合成与制备工艺条件

相图作为一种描述相平衡条件的图件，可为材料合成与制备工艺条件的确定提供依据。BiFeO$_3$ 的合成以及 BiFeO$_3$ 陶瓷的烧结就是很好的例子。纯相的 BiFeO$_3$ 较难合成，这主要是由 BiFeO$_3$ 特有的热力学特性以及非同成分熔化特征引起的。图1-14是 Bi$_2$O$_3$-Fe$_2$O$_3$

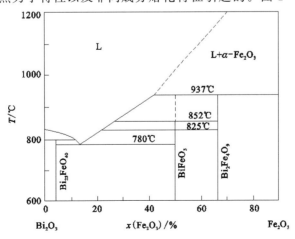

图1-14 Bi$_2$O$_3$-Fe$_2$O$_3$ 二元系相图

注：图中横坐标单位为摩尔百分数。

二元相图[13,14],其显示 $BiFeO_3$ 能够稳定存在的最高温度约为852℃。当温度高于852℃时,$BiFeO_3$ 开始分解,产生 $Bi_2Fe_4O_9$ 等,而且体系中杂质的存在会加速这一分解进程。因此,在 $BiFeO_3$ 合成产物或者 $BiFeO_3$ 陶瓷中,常见 $Bi_2Fe_4O_9$ 等杂相存在。为了获得纯相的 $BiFeO_3$,合成温度应该控制在852℃以下。大量的研究结果表明,控制温度条件是制备纯相 $BiFeO_3$ 的有效途径。

1.2.4 成核理论

晶体生长是一种复相反应,也是一种相变过程,其形式主要有:①从气相转变为晶相;②从液相(溶液或熔体)转变成晶相;③从一种固相转变为另一种固相(晶体)。

在一个合成体系中,晶体生长的开始阶段是成核,即体系中的原子或分子聚集在一起,形成原子团簇。这些稳定存在的原子团簇提供了晶体生长的基础,它们被称为晶核。成核是相变过程中的基本现象。晶核是否形成并且是否稳定存在,对相变或晶体生长起着至关重要的作用。

1.2.4.1 相变驱动力

在晶体生长系统中,过冷熔体、过饱和溶液以及过饱和蒸气等均处于亚稳态。根据热力学定律,亚稳态的吉布斯自由能高于平衡态的吉布斯自由能,因此亚稳态不稳定,有向稳定晶相转变的趋势。它的驱动力是体系中亚稳态和平衡态的吉布斯自由能之差[15]。

假设生长1mol的晶体在体系中引起的吉布斯自由能的变化为 $\Delta\mu$,1mol 晶体中有 N 个原子(生长单元),1个原子由流体转变为晶体引起系统的吉布斯自由能的降低为 Δg,则:

$$\Delta\mu = N\Delta g \tag{1-19}$$

对于气相生长体系,在一定温度下,当蒸气压 p 大于饱和蒸气压 p_0 时,气体有转变为晶体的趋势。把过饱和蒸气压 p 与同温度下的饱和蒸气压 p_0 之比称为过饱和比($S=p/p_0$),把 $\sigma=S-1$ 称为过饱和度。此时的相变驱动力可由下式表示:

$$\Delta g = \frac{\Delta\mu}{N} = -kT\ln\frac{p}{p_0} \approx -kT\sigma \tag{1-20}$$

式中,k 为玻耳兹曼常量;T 为相变时的绝对温度。可见,当温度一定时,气相体系的相变驱动力 Δg 与过饱和度 σ 成线性关系。

对于溶液生长体系,在一定温度下,过饱和溶液的浓度为 c,溶液的饱和浓度为 c_0,其过饱和比 $S=c/c_0$,过饱和度 $\sigma=S-1$。此时,溶液的相变驱动力表示为:

$$\Delta g = \frac{\Delta\mu}{N} = -kT\ln\frac{c}{c_0} \approx -kT\sigma \tag{1-21}$$

可见,溶液体系的相变是由溶液的过饱和度驱动的。

对于熔体生长体系,当温度为熔点 T_m 时,晶体与熔体两相处于热平衡状态,两相间无相变驱动力。当熔体温度 T 略低于熔点 T_m 时,体系具有一定的过冷度 $\Delta T=T_m-T$,两相的自由能之差为 $\Delta G(T)$,熔体为亚稳相,具有转变为晶相的趋势,其相变驱动力 Δg 可表示为:

$$\Delta g = \frac{\Delta G(T)}{N} = -\frac{L_{SL}}{N}\frac{\Delta T}{T_m} = -l_{SL}\frac{\Delta T}{T_m} \qquad (1-22)$$

式中，l_{SL} 为单个原子的熔化潜热；L_{SL} 为系统吸收的热量。

由式(1-22)可见，在熔体生长体系中，晶体生长是由熔体的过冷度驱动的。

1.2.4.2 成核的热力学条件

任何一种晶体生长体系，当处于亚稳态时，均有结晶的趋势。要形成晶体，需要经历两个过程：一是成核，二是晶核的长大，即晶体生长是从成核开始的。在成核的初始阶段，原子（或分子）聚集在一起形成晶胚，但这种胚芽并不稳定，很容易重新溶入母相而消亡。只有形成的晶核尺寸足够大时，其才不会消亡，并继续长大。这种能够稳定存在的最小晶核称为临界晶核。临界晶核的形成与体系的自由能变化有关。

在亚稳体系中，由于热运动引起组分和结构的起伏变化，部分原子（或分子）由高自由能转变为低自由能而形成团簇，造成体系自由能 ΔG_b 降低。团簇的形成将在其周围形成一个新界面，为此需要做功，使界面自由能 ΔG_i 增加。整个系统的自由能变化为：

$$\Delta G = \Delta G_b + \Delta G_i \qquad (1-23)$$

式中，$\Delta G_b = V\Delta G_v < 0$，这里 V 为新相的体积，ΔG_v 为单位体积中新相与旧相的自由能之差；$\Delta G_i = A\gamma > 0$，其中 A 为新相的总表面积，γ 为新相的界面能。因此有：

$$\Delta G = V\Delta G_v + A\gamma \qquad (1-24)$$

假设晶核为球形，半径为 r，单位体积中晶核数为 n，则：

$$\Delta G = \frac{4}{3}\pi r^3 n \Delta G_v + 4\pi r^2 n\gamma \qquad (1-25)$$

对于过冷熔体体系，有公式：

$$\Delta G_v = \frac{\Delta T}{T_0}\Delta H \qquad (1-26)$$

式中，T_0 为理论相变温度；ΔT 为过冷度；ΔH 为相变热。故系统的自由能变化可表示为：

$$\Delta G = \frac{4}{3}\pi r^3 n \frac{\Delta T}{T_0}\Delta H + 4\pi r^2 n\gamma \qquad (1-27)$$

可见，相变自由能 ΔG 是晶核半径 r 和过冷度 ΔT 的函数。ΔG 与晶核半径的关系如图 1-15 所示。当形成的团簇很小时，其界面面积对体积的比例大，界面能增加很大，使体系的自由能增加，因而晶胚不能稳定存在。当形成的晶核半径达到某一尺寸时，ΔG 达到最大值 $[\Delta G(r^*)_a]$。该晶核半径称为临界晶核半径 (r^*)。晶核尺寸达到临界半径后，晶核继续长大时，ΔG 减小。r 越大，ΔG 越小，直至 ΔG 小于 0。因此，晶核能够不断长大，直至消耗掉所有亚稳相。可见，实现成核需要克服的势垒是 $\Delta G(r^*)_a$，称为成核位垒，用 ΔG_a^* 表示。ΔG_a^*

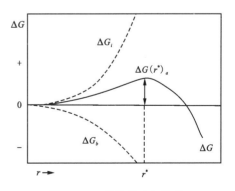

图 1-15 晶核尺寸与体系自由能关系示意图

表示成核需要做的功，该值越低，越容易成核。

将式(1-27)对 r 求导，得：

$$\frac{\mathrm{d}\Delta G}{\mathrm{d}r}=4\pi r^{*2}n\frac{\Delta T}{T_0}\Delta H+8\pi r^* n\gamma=0 \tag{1-28}$$

所以 r^* 为：

$$r^*=-\frac{2\gamma T_0}{\Delta T\Delta H}=-\frac{2\gamma}{\Delta G_v} \tag{1-29}$$

由式(1-29)可知，在其他参数不变的情况下，如果过冷度 $\Delta T\to 0$，则 $r^*\to\infty$，即体系不会发生成核；如果 ΔT 大，则 r^* 小，容易发生成核。r^* 越小，晶核越稳定，新相越容易形成。

根据式(1-25)和式(1-29)，形成半径为 r^* 的晶核时，成核位垒 ΔG_a^* 为：

$$\Delta G_a^*=\frac{4}{3}\pi r^{*3}n\Delta G_v+4\pi r^{*2}n\gamma=\frac{16}{3}\frac{\pi n\gamma^3}{\Delta G_v^2} \tag{1-30}$$

结合式(1-26)，得：

$$\Delta G_a^*=\frac{16}{3}\frac{\pi n\gamma^3}{\left(\dfrac{\Delta T\Delta H}{T_0}\right)^2}=\frac{16}{3}\frac{\pi n\gamma^3 T_0^2}{\Delta T^2\Delta H^2} \tag{1-31}$$

即：

$$\Delta G_a^*\propto\frac{1}{\Delta T^2} \tag{1-32}$$

由此可见，对于熔体体系，过冷度 ΔT 增加，成核位垒 ΔG_a^* 下降。因此，ΔT 增大时，体系中半径大于或等于 r^* 的晶核比例将增加，相变更容易发生。

对于气相生长体系和溶液生长体系，将其 ΔG_v 代入式(1-29)、式(1-30)中，可得到气相生长和溶液生长中临界晶核半径与成核位垒的具体表达式。

1.2.4.3 均匀成核与非均匀成核

成核理论是晶体生长动力学的基础，在晶体生长及材料制备中得到了广泛应用。在晶体生长中，很多情况下晶体生长成功与否的关键因素之一是成核率的控制，包括避免不希望出现的成核以及在某些情况下保证一定的成核率。在晶体生长及材料合成体系中，存在均匀成核和非均匀成核两种情况，它们具有不同的特征。

1. 均匀成核

均匀成核是指在一个均匀的单相体系中各处的成核概率相等。这一过程可理解为：在整个体系中，原始态的原子或分子聚集在一起形成原子集团（晶胚）的概率到处相等。均匀成核遵循式(1-29)和式(1-30)所述的规律。

单位时间内单位体积的亚稳相中所形成的晶核数量，称为晶核的形成速率（又称成核率），可用下式表示：

$$J\equiv B\exp(-\Delta G_a^*/kT) \tag{1-33}$$

式中，J 为成核速率；k 为玻耳兹曼常量；T 为温度；B 为常数，其反映晶核俘获流体中原子或分子的概率，与分子的附着频率和潜在成核位点的浓度有关。可见，成核速率不仅与成核位垒有关,而且与晶核俘获流体中的原子或分子的概率成比例。

2. 非均匀成核

非均匀成核是指体系中各处的成核概率不相等。非均匀成核通常借助界面、微粒、裂纹及各种催化位置等进行成核。由于体系中存在某种不均匀性,某些部位的成核位垒有效降低,从而有利于成核。能降低成核位垒、促进成核作用的物质称为"成核催化剂",包括籽晶、导向剂等。

假设依附于衬底界面的晶核(图1-16)为球冠状,球的半径为 r,接触角为 θ,γ_{SL} 为晶核与亚稳母相的界面能,γ_{SM} 为晶核与衬底之间的界面能,γ_{LM} 为亚稳母相与衬底之间的界面能。成核前后的自由能变化 ΔG_S 为:

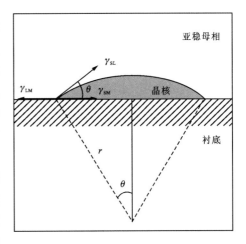

图 1-16 衬底上球冠状晶核形成示意图

$$\Delta G_S = n(A_{SL}\gamma_{SL} + A_{SM}\gamma_{SM}) - nA_{SM}\gamma_{LM} + V_S \Delta G_v n \quad (1-34)$$

式中,A_{SL} 为晶核与液相的接触面积;A_{SM} 为晶核与衬底的接触面积;n 为单位体积中晶核的数量;V_S 为形成的球冠状晶核的体积;ΔG_v 为单位体积中新相与旧相的自由能之差。其中有:

$$V_S = \frac{\pi r^3}{3}(2 - 3\cos\theta + \cos^3\theta) \quad (1-35)$$

$$A_{SL} = \int_0^\theta 2\pi r^2 \sin\theta d\theta = 2\pi r^2(1 - \cos\theta) \quad (1-36)$$

$$A_{SM} = \pi r^2 \sin^2\theta \quad (1-37)$$

当亚稳相、晶核、衬底的表面张力达到平衡时,有以下关系:

$$\gamma_{LM} = \gamma_{SL}\cos\theta + \gamma_{SM} \quad (1-38)$$

因此,有:

$$\Delta G_S = n\left(\frac{\pi r^3}{3}\Delta G_v + \pi r^2 \gamma_{SL}\right)(2 - 3\cos\theta + \cos^3\theta) \quad (1-39)$$

式(1-39)对 r 求导,并使 $d\Delta G_S/dr = 0$,求其最大值,得非均匀成核的临界半径 r_h^* 为:

$$r_h^* = -2\gamma_{SL}/\Delta G_v \quad (1-40)$$

将 r_h^* 代入式(1-39),可求得非均匀成核的成核位垒 ΔG_h^*。以 γ 替代 γ_{SL},得:

$$\Delta G_h^* = n\left[\frac{\pi}{3}\left(-\frac{2\gamma}{\Delta G_v}\right)^3 \Delta G_v + \pi\left(-\frac{2\gamma}{\Delta G_v}\right)^2 \gamma\right](2 - 3\cos\theta + \cos^3\theta) \quad (1-41)$$

即:

$$\Delta G_h^* = \frac{\pi}{3}\frac{4n\gamma^3}{\Delta G_v^2}(2 - 3\cos\theta + \cos^3\theta) \quad (1-42)$$

将式(1-42)与式(1-30)结合,可得:

$$\Delta G_h^* = \Delta G_a^* \frac{(2 - 3\cos\theta + \cos^3\theta)}{4} = \Delta G_a^* \frac{(2 + \cos\theta)(1 - \cos\theta)^2}{4} \quad (1-43)$$

可见,当 $\theta=\pi$ 时,$\Delta G_h^* = \Delta G_a^*$,临界成核位垒与均匀成核相等,衬底对成核无影响;当 $\theta=0\sim\pi$ 时,$\Delta G_h^* < \Delta G_a^*$,即非均匀成核的成核位垒小于均匀成核,成核更容易发生[16],因而在衬底界面处优先成核;当 $\theta=0$ 时,$\Delta G_h^* = 0$,晶核与衬底完全"润湿",如果衬底和晶核具有完美的晶格匹配,则晶核会在衬底上外延生长。由此可见,具有不同接触角的衬底在成核过程中所起的作用不同。因此,在晶体生长中,可选用接触角较大的坩埚或容器材料,以防止晶体在坩埚或容器上结晶;而在衬底选择时,则应尽量选用接触角接近0的衬底材料,以实现晶体的高质量生长[17]。

1.3 晶体生长的动力学基础

晶体生长动力学是研究晶体生长速率与相变动力学之间关系等问题的。生长动力学规律取决于微观生长机制,而微观生长机制又取决于生长过程中的界面微观结构。界面结构由界面相变熵决定,不同微观结构特征的界面有其相应的动力学规律。

1.3.1 晶体生长的输运过程

1.3.1.1 热量输运

晶体生长需要保持合适的相变驱动力。对于熔体生长体系,晶体生长主要靠热量输运来实现,相变驱动力源自体系中的温度梯度所造成的局部过冷。对于气相和溶液生长体系,相变驱动力来源于对生长体系温度分布的控制。

可用温度场(又称热场)来描述生长体系的温度分布。在生长体系中,温度一般是空间位置的函数,用 $T(x)$ 表示。温度场的基本特征可用温度场的梯度 ∇T 来表示。温度场是三维的,存在一系列等温面 $T(x)=C$,例如熔体生长体系中的平衡固-液界面是熔点温度的等温面 $T(x)=T_m$。热量的输运方向总是由高温区指向低温区。

热量有3种基本输运方式,即辐射、传导和对流,它们各有不同的传递机制[18]。

1. 热辐射输运

热辐射是指物体因自身的温度而向外发射电磁波辐射或光子的热传递方式。在工业温度范围内,辐射波长一般为 $0.8\sim100\mu m$。热辐射具有两个显著特点:一是热传递不需要任何介质,在真空中传递效率最高;二是传递过程中伴随着辐射能与热能两种能量形式之间的转换。

热辐射输运主要存在于高温体系中,常见于物体表面与周围环境之间的热交换。根据Stefan-Boltzmann定律,通过辐射从晶体或熔体向周围环境传输的热流密度为:

$$q = \varepsilon\sigma T^4 \qquad (1-44)$$

式中,ε 为晶体或熔体表面的发射率;σ 为 Stefan-Boltzmann 常数,T 为晶体或熔体的绝对温度。如果晶体或熔体的表面温度为 T_w,环境温度为 T_s,则晶体或熔体表面与环境之间的净辐射热流密度为:

$$q = \varepsilon\sigma(T_w^4 - T_s^4) \qquad (1-45)$$

在实际晶体生长体系中,热辐射输运常与热对流同时存在,因此实际的热流密度应为两种输运量之和。

2. 热传导输运

热传导是在不涉及物质转移的情况下,热量从物体中温度较高的部位传递到相邻的温度较低的部位,或从高温物体传递给相接触的低温物体的过程。热传导是介质内无宏观运动时的传热现象,可在固体、液体和气体中发生,但单纯的导热只发生在密实的固体中。热传导遵循傅里叶定律(又称热传导定律),即由热传导而引起的热流密度与介质中的温度梯度成正比:

$$q = -K \nabla T \tag{1-46}$$

式中,q 为热流密度,表示通过单位导热面积的热流量,单位为 W/m^2;K 为导热系数,是衡量不同物体导热能力的物理量,单位为 $W/(m \cdot K)$;负号表示热量传递的方向与温度升高的方向相反。

温度梯度在直角坐标系中可表示为在 3 个坐标方向的分量之和,即:

$$\nabla T = \frac{\partial T}{\partial x} \vec{i} + \frac{\partial T}{\partial y} \vec{j} + \frac{\partial T}{\partial z} \vec{k} \tag{1-47}$$

式中,$\vec{i}$、$\vec{j}$、$\vec{k}$ 为 x、y、z 3 个坐标轴方向的单位矢量。因此,热流密度可分解为几个分量:

$$q = q_x \vec{i} + q_y \vec{j} + q_z \vec{k} \tag{1-48}$$

对于各向同性的物质,热传导方程可写成:

$$q = -K \left(\frac{\partial T}{\partial x} \vec{i} + \frac{\partial T}{\partial y} \vec{j} + \frac{\partial T}{\partial z} \vec{k} \right) \tag{1-49}$$

单位时间通过面积为 A 的热流量为:

$$\Phi = \int_A q \, dA = -\int_A K \frac{\partial T}{\partial n} dA \tag{1-50}$$

如果截面 A 上各点的温度梯度相同,则:

$$\Phi = -AK \frac{\partial T}{\partial n} \tag{1-51}$$

傅里叶定律揭示了热流密度与温度梯度的关系,但要确定热流密度的大小还需要建立温度场的通用方程,即导热微分方程。根据傅里叶定律和热量守恒原理,推导出直角坐标系中导热微分方程的一般形式为:

$$\rho c_p \frac{\partial T}{\partial t} = \frac{\partial}{\partial x}\left(K \frac{\partial T}{\partial x}\right) + \frac{\partial}{\partial y}\left(K \frac{\partial T}{\partial y}\right) + \frac{\partial}{\partial z}\left(K \frac{\partial T}{\partial z}\right) + q_v \tag{1-52}$$

或

$$\rho c_p \frac{\partial T}{\partial t} = \left(\frac{\partial q_x}{\partial x} + \frac{\partial q_y}{\partial y} + \frac{\partial q_z}{\partial z}\right) + q_v \tag{1-53}$$

当物体的热物性参数 ρ、c_p 和 K 为常量时,式(1-52)可简化为:

$$\frac{\partial T}{\partial t} = \alpha \left(\frac{\partial^2 T}{\partial x^2} + \frac{\partial^2 T}{\partial y^2} + \frac{\partial^2 T}{\partial z^2} \right) + \frac{q_v}{\rho c_p} \tag{1-54}$$

或写成:

$$\frac{\partial T}{\partial t} = \alpha \nabla^2 T + \frac{q_v}{\rho c_p} \tag{1-55}$$

式中,$\nabla^2 T$ 为温度 T 的拉普拉斯运算符;q_v 为均匀热源的发热率,单位为 W/m^3;α 为热扩散率,单位为 m^2/s;c_p 为物质的定压比热容,单位为 $J/(kg \cdot K)$;ρ 为物质的密度,单位为 kg/m^3;t 为时间,单位为 s。

热扩散率(又称热扩散系数)反映了在加热或冷却过程中物体内温度趋于均匀一致的能力,定义是:

$$\alpha = \frac{K}{\rho c_p} \tag{1-56}$$

物体在升温或降温过程中,热传导能力和储存能力对温度趋于一致的快慢都具有重要影响。α 值大,表明物体的某一部分一旦获得热量,就会很快在整个物体中扩散。可见,热扩散系数反映导热过程中的动态特征,是研究非稳态热传导的重要物理量。

导热微分方程是描述导热物体内温度分布状态的通用方程。针对不同的情况,还必须配以相应的限制条件(即单值条件),才能获得特定导热物体的特解。单值条件的构成包括几何条件、物理条件、时间条件以及边界条件。

边界条件给出导热物体的边界面的温度或换热情况,主要有 3 类。

(1)第一类边界条件,给出导热物体边界面上的温度值,可表示为:

$$T_w = f(x, y, z, t), t > 0 \tag{1-57}$$

如果物体边界面上的温度是均匀分布的,并保持定值,则 T_w 为常量。例如在单晶硅生长体系中,固-液界面的温度可近似等于硅的熔点温度,即 $T_w = T_m$。

(2)第二类边界条件,给出导热物体边界面上的热量密度,即:

$$q_w = f(x, y, z, t) \tag{1-58}$$

该类条件实质上是规定了边界面上的温度梯度。如果物体界面上的热流密度均匀分布,并保持定值,则 q_w 为常量。例如在熔体法晶体生长体系中,边界面上具有确定的温度梯度。

(3)第三类边界条件,又称对流边界条件,规定边界面上的换热情况。给出边界面直接接触的流体温度 T_f 和相应的对流换热表面传热系数 h,可表达为:

$$-K \frac{\partial T}{\partial n}\bigg|_w = h(T_w - T_f) \tag{1-59}$$

流体温度和表面传热系数可随位置和时间的变化而变化,也可以是恒定不变的。

3. 热对流输运

热对流是指在存在温度差异条件下,伴随流体的宏观移动而发生的因冷流体与热流体相互掺混而导致的热量迁移。热对流是流体内部发生的一种热量传导方式。在晶体生长或材料合成体系中,热介质常常处于某种运动状态,因此热对流是广泛存在的热量传输方式。

热对流包括强迫对流和自然对流。强迫对流是指流体的运动是由外界驱动力引起的。自然对流是流体受热或受冷产生密度变化而引起的流动。

对流传热是一个复杂的过程,受到多种因素的影响,包括物体表面的形状、流体的种类和性质、流体运动的方式等。对流传热速率计算公式被称为牛顿冷却公式,即:

$$\Phi = hA(T_w - T_f) \tag{1-60}$$

式中，A 为对流换热的表面积，单位为 m^2；h 为对流换热的表面传热系数，单位为 $W/(m^2 \cdot K)$。规定对流换热温差永远取正值，以保证热流量总是正值。

对流传热的表面传热系数是表征对流传热过程强弱的物理量，其受很多因素影响，是传热表面的形状、尺寸、壁面温度、流体速率及物性参数等的函数。

1.3.1.2 质量输运

在两种或两种以上物质混合时，各组分会自发地从高浓度向低浓度方向移动，这一过程称为质量输运，又称传质。质量输运的方式有扩散与对流两种。

1. 质量的扩散输运

扩散是通过分子运动来实现。在静止的流体或固体中，组分的移动都是由物质的分子、原子、自由电子等微观粒子的随机运动引起的，因此又称分子扩散，其驱动力源自浓度梯度。

描述扩散过程中传质通量与浓度梯度之间关系的定律称为菲克定律。在定温定压浓度场不随时间而变的稳态条件下，由 a、b 两组分组成的化合物中，当不考虑主体的流动时，由组分 a 的浓度梯度引起的扩散通量可表示为：

$$J_{n,a} = -D_{ab} \frac{dc_a}{dz} \tag{1-61}$$

式中，$J_{n,a}$ 为组分 a 在 z 方向上相对于摩尔平均速度的分子扩散通量，单位为 $kmol/(m^2 \cdot s)$；c_a 为组分 a 的摩尔浓度，单位为 $kmol/m^3$；z 为扩散方向上的距离，单位为 m；dc_a/dz 为组分 a 的浓度梯度；D_{ab} 为组分 a 在组分 b 中的分子扩散系数，单位为 m^2/s；负号表示扩散方向与浓度梯度方向相反。

在一般的扩散过程中，物质按照扩散定律从高浓度区向低浓度区扩散，但实际上也存在从低浓度区向高浓度区扩散的现象，称为上坡扩散。在晶体生长中，杂质有向位错或其他缺陷位置凝聚的趋势，例如单晶硅提拉法生长过程中，点缺陷向生长界面的扩散就是一种上坡扩散。从热力学角度看，自发过程是体系的自由能下降的过程。上坡扩散的实质是组分从高化学势处向低化学势处移动，这是使体系自由能下降的过程，也是一种自发过程。在这种情况下，扩散定律可写成：

$$J = -D \frac{d\mu}{dx} \tag{1-62}$$

式中，$d\mu/dx$ 为化学势梯度，它是物质扩散的最根本动力。

对于气体，菲克定律可以用分压表示，即：

$$J_{n,a} = -\frac{D_{ab}}{RT} \frac{dp_a}{dz} \tag{1-63}$$

式中，p_a 为组分 a 的气体分压；R 为气体常数；T 为温度。

在稳定的情况下，当 a、b 两组分以相同的物质量进行反向扩散时，有：

$$J_{n,a} = -J_{n,b} \tag{1-64}$$

$$D_{ab} = D_{ba} = D \tag{1-65}$$

这种扩散过程称为等摩尔逆扩散过程。严格地说，菲克定律仅适用于这种过程。

如果是单向扩散,即只有一种组分的扩散,没有相反方向的扩散($J_{n,b}=0$),则可采用单向扩散定律(斯蒂芬定律)表达式,即:

$$J_{m,a} = -\frac{M_a p_a}{RT} \frac{D}{p-p_a} \frac{\mathrm{d}p_a}{\mathrm{d}z} \tag{1-66}$$

式中,$J_{m,a}$为组分a在z方向上的质量扩散通量,单位为$kg/(m^2 \cdot s)$;M_a为组分a的摩尔质量,单位为kg/mol;p_a为组成a的分压,单位为Pa;p为总气压,单位为Pa。

2. 质量的对流输运

质量的对流输运又称对流传质,是由流体宏观运动引起的,属于动量输运,包括自然对流和强迫对流。自然对流由重力场引起,包括以温度梯度驱动的热对流以及由溶质浓度梯度引起的溶质对流。强迫对流为外加力如晶体转动、搅拌等引起的对流。

对流传质与对流传热相似,可采用下式计算:

$$J_{n,a} = k_c \nabla c_a \tag{1-67}$$

式中,k_c为对流传质系数,单位为m/s;∇c_a为组分a在流体主流及界面处的浓度差,单位为mol/m^3。

对流传质系数与对流传热系数类似,与流体的流动状态、速率分布、流体物性及界面的几何参数等有关。对流传质系数k_c与对流传热系数h之间的关系,可用路易斯关系式表示:

$$k_c = \frac{h}{c_p \rho} \tag{1-68}$$

由式(1-68)可知,对流传质系数可以根据对流传热系数求得。因此,可以通过研究传热来研究传质,也可以通过研究传质来研究传热。

1.3.1.3 边界层理论

从流体生长晶体的体系中,流体总是处在运动状态中。搅拌产生强迫对流,使晶体表面附近物质传递的速度场、温度场、溶质浓度场发生变化,形成边界层[7,18],从而影响着晶体的生长。相对于正常流体,发生速度变化、温度变化及溶质浓度变化的流体局限于晶体表面狭窄的区域内,被分别称为速度边界层(δ_v)、温度边界层(δ_T)和溶质边界层(δ_c)。

1. 速度边界层

当一固体在流体中运动时,相对于固体而言,流体在固体表面的流速为0,在靠近固体表面流体一侧存在一个切向流速发生急剧变化的狭小区域,称为速度边界层,如图1-17所示。产生这种速度急剧变化的原因是,与固体表面接触的流体黏附于固体表面上,因而在固体表面上的相对速度为0;而当流体离开固体表面后,其流速在很短的距离内变为流体的主流速,使流体的相对流速变化在很狭窄的区域内完成,速度梯度$\partial v/\partial y$很大。在边界层内,之所以发生流体阻滞,与流体的黏滞系数η引起的黏性

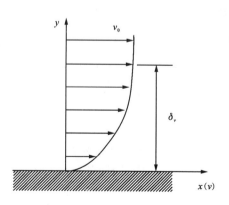

图1-17 固体表面流体速度边界层示意图

应力 τ 有关,其关系式为:
$$\tau = \eta \frac{\partial v}{\partial y} \tag{1-69}$$

由于边界层内速度梯度很大,即使黏滞系数很小,黏滞应力的作用也不可忽视。

在速度边界层内,流体流速的变化不是突变的,而是一个渐变的过程,因此边界层的边界线是不确定的。为了更明确地确定速度边界层的厚度(δ_v),通常把与主流速相差 1% 的地方定为边界层的外部边界。

在固体表面足够小的区域内,可把边界层内流体的流动看作平面流体,令 y 轴垂直于固体表面,x 轴沿着固体表面的流体流动方向,流体相对于平面流动的速度边界层厚度可由下式表示:

$$\delta_v = 5.2 \sqrt{\frac{\eta x}{v_0}} \tag{1-70}$$

式中,η 为流体的运动黏滞系数;v_0 为流体的主流速;x 为平面上的坐标。可见,流体黏度越小,δ_v 越薄。

除了沿固体表面流动的流体,在晶体生长中还常见旋转圆盘下的流体,如提拉法晶体生长就是一种类似旋转圆盘的情况。此时,圆盘下的速度边界层厚度为:

$$\delta_v = 3.6 \sqrt{\frac{\eta}{\omega}} \tag{1-71}$$

式中,ω 为旋转圆盘的转速。可见,在提拉法生长晶体时,其速度边界层厚度受旋转晶体角速度的影响。熔体的黏滞系数越大,转速越慢,δ_v 越大。

2. 温度边界层

当流体流过与其温度不同的固体表面时,在固体表面附近将形成一个温度急剧变化的流体薄层,称为温度边界层。自固体表面至该边界层边缘,温度从 T_w 变化到接近主流体温度 T_f。温度边界层的厚度(δ_T)定义为流体与固体表面的温度差($T-T_w$)达到主流体与固体表面的温度差(T_f-T_w)的 99% 处到固体表面的距离,其边界可视为温度梯度为 0 的等温流动区。

在熔体法生长体系中,晶体生长界面附近温度边界层如图 1-18 所示,其晶体表面温度为凝固点温度 T_m,主熔体的温度为 T_b,$T_b > T_m$。显然,晶体生长界面附近的温度梯度 ∇T 的高低与边界层厚度 δ_T 有关,即:

$$\nabla T = \frac{\partial T}{\partial x} = \frac{T_b - T_m}{\delta_T} \tag{1-72}$$

可见,δ_T 越小,生长界面处的温度梯度越大。对于熔体体系来说,δ_T 不仅与熔体的理化性质有关,而且与生长体系的搅拌程度有关。晶体转动越快,温度边界层越薄。

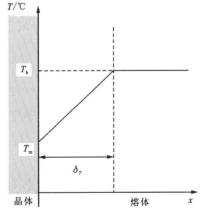

图 1-18 熔体法晶体生长界面附近的温度边界层示意图

3.溶质边界层

在晶体生长体系中,溶液或熔体中溶质的浓度不是均匀的,界面附近的溶质浓度 c_w 与主流体中的溶质浓度 c_L 不同。在固体表面靠近流体一侧形成溶质浓度急剧变化的薄层,称为溶质边界层,其结构如图 1-19 所示。在溶质边界层之外,流体中主要是对流起作用,溶质分布是均匀的;而在边界层之内,溶质的运动方式主要是扩散,溶质的分布近似于直线分布,其斜线的斜率就是固-液界面处的浓度梯度 $\partial c/\partial x$。

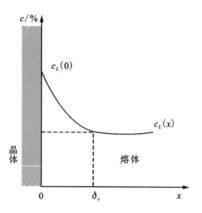

图 1-19 熔体晶体生长界面附近的溶质边界层示意图

对于旋转圆盘下的流体,其溶质边界层厚度 δ_c 可由下式表示:

$$\delta_c = 1.61 D^{1/3} \eta^{1/6} \omega^{-1/2} \quad (1-73)$$

式中,D 为溶质扩散系数;η 为运动黏滞系数;ω 为旋转圆盘转动速率。

由式(1-73)可见,在晶体生长过程中,晶体界面附近的溶质边界层厚度受晶体转动速率的影响,晶体转动越快,溶质边界层厚度越薄。

以上所述特征表明,在晶体生长体系中,晶体界面附近的速度边界层、温度边界层和溶质边界层的厚度均受到晶体转动或搅拌的影响。晶体转动或搅拌速度越快、越充分,溶质边界层和温度边界层越薄,边界层内溶质浓度梯度越大,温度梯度增大,晶体生长速率也相应加快。搅拌产生的强迫对流,有利于提高晶体生长速率,但强迫对流增加了流体的不稳定性,使溶质边界层变得不均匀,可能会造成晶体条纹等缺陷的产生。因此,在晶体生长过程中,晶体转动及搅拌需保持适当的速度。

1.3.2 晶体生长界面的稳定性

晶体生长过程中,界面的稳定性涉及生长晶体中溶质分布的可控性以及生长速率的可靠性,其决定着晶体生长基元排列的均一性,因而影响晶体质量的优劣[7]。因此,无论是哪一种晶体生长方法,都要求生长界面是稳定的。

在运动的固-液界面上,存在着各种干扰,如温度干扰、浓度干扰和几何干扰等。界面稳定性的动力学理论就是基于干扰方程来讨论界面稳定性的。因此,界面稳定性动力学理论在实质上是研究温度场和浓度场中的干扰行为,即干扰振幅的时间依赖关系。这些干扰行为在数学上是很复杂的。这里仅介绍熔体的温度梯度及溶质的浓度分布对界面稳定性的影响。

1.熔体温度梯度对界面稳定性的影响

在熔体生长体系中,晶体生长界面附近的熔体温度梯度有 3 种可能的情况:第一种情况是熔体温度 T_L 高于凝固点温度 T_m,称过热熔体,T_L 随距界面距离 x 的增加而升高,其具有正温度梯度,即 $dT_L/dx > 0$;第二种情况是熔体温度低于凝固点温度,称过冷熔体,其温度梯度为负,即 $dT_L/dx<0$;第三种情况是熔体温度等于熔点温度,即 $dT_L/dx=0$。

对于过热熔体,熔体的温度高于晶体生长界面上的温度,即 $T_L>T_m$。这类体系中只要生长速率适当,界面就是稳定的。因此,可用生长速率 v 的大小作为其生长界面稳定性的判据。界面稳定的条件是:

$$v<\frac{k_s}{h_L\rho}\frac{\partial T_s}{\partial x} \tag{1-74}$$

式中,ρ 为晶体的密度;h_L 为晶体的潜热;k_s 为固相热导率;T_s 为固相的温度。

对于过冷熔体,熔体温度低于晶体生长界面上的温度,$T_L<T_m$,任何外界的干扰都会引起界面某些部位的生长,形成凸起。这些凸起部位所处的温度较低,生长速度较快,使凸起越长越大。因此,过冷熔体不利于生长界面保持稳定。

对于具有熔点温度的熔体,$T_L=T_m$,其界面稳定性与外界干扰的大小有关,干扰大时,界面不稳定。

晶体生长界面的稳定性越差,晶体的生长越难以控制,晶体的生长质量无法得到保证。因此,对于熔体体系而言,确保其具有正温度梯度是必要的。

2. 溶质浓度梯度对界面稳定性的影响

在熔体生长体系中,当其含有平衡分凝系数 $k_0<1$ 的溶质(杂质)时,在晶体生长过程中,会有多余的溶质不断在生长界面附近汇集,越靠近界面,溶质的浓度 $c_L(x)$ 越高,从而形成溶质边界层 δ_c,如图1-19所示。溶质在生长界面附近的积聚,改变了该处熔体的组成,使界面处熔体的凝固点(T_0)降低,$T_0<T_m$,如图1-20所示。此时,如果界面附近的熔体具有如图1-20中的 T_0T_A 线所示的温度梯度,在溶质边界层内,熔体的实际温度低于其应有的凝固点温度,因而在界面附近存在过冷区。这种由溶质浓集而引起的局部过冷称为组分

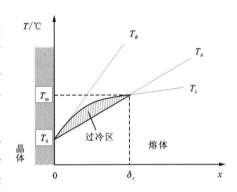

图1-20 界面附近的温度梯度及组分过冷区的形成

过冷。此时,任何干扰都会引起界面的迅速生长,使界面变得不稳定。如果熔体具有如图1-20中的 T_0T_B 线所代表的较大的正温度梯度,在边界层内任何一点的温度都高于熔体应有的凝固点温度,界面前沿不出现组分过冷现象,因此界面可保持稳定。可见,对于组分过冷引起的界面稳定性问题,可以通过控制界面附近的温度梯度来解决。

1.3.3 界面结构理论模型及界面的生长

晶体生长的过程实质上就是界面的生长。在晶体生长体系中,晶核的形成伴随着界面的产生。来源于流体相的生长基元首先被界面吸附,然后进入晶格位置,成为晶格原子,使界面不断向流体推移。因此,晶体生长的关键问题是生长基元如何进入晶格位置以及界面结构对生长基元进入晶格位置的过程有何影响等。

晶体生长界面的微观结构特点决定着晶体的生长机制,因而是晶体生长理论研究的重

要内容。关于晶体生长界面,已有多种界面结构理论模型。其中,具代表性的界面结构理论模型有完整光滑界面模型、非完整光滑界面模型、粗糙界面模型、扩散界面模型[7,17,19]。

1.3.3.1 完整光滑界面及生长特征

1. 完整光滑界面模型及特征

所谓完整光滑界面是指在原子或分子层次上无凸凹不平现象的界面,固相与流体相之间是突变的。完整光滑界面理论模型是由 Kossel 于 1927 年提出,所以又称 Kossel 模型。该模型给出了生长基元在界面上进入晶格座位的最佳位置。

在完整光滑界面上,每个原子都相同并紧密排列,没有任何缺陷,其结构模型如图 1-21 所示。晶体内部每个原子有 6 个第一邻近的原子,它们彼此以六方体面接触,原子间距等于晶格常数,即 $r_1=a$;有 12 个第二邻近的原子,它们彼此以六方体棱边接触,原子间距 $r_2=\sqrt{2}a$;有 8 个第三邻近的原子,它们彼此以六方体顶角接触,原子间距 $r_3=\sqrt{3}a$。在生长界面,原子进入晶格的最佳位置是成键能最大的位置。成键能与成键数目多少有关,成键数越多,成键

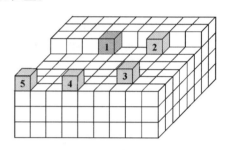

图 1-21 完整光滑界面模型及界面上位于不同位置的原子示意图

能越大。如图 1-21 所示,原子 1 周围的原子最多,成键能最大,为最佳位置;原子 2 周围有两个最邻近的原子,为第二有利的位置;原子 3 为表面上孤立的原子,是不利于进入晶格的位置;原子 4 和原子 5 的情况与原子 3 类似,都只有一个最邻近的原子,但如果考虑第二邻近原子和第三邻近原子的影响,它们的成键数目就会有明显差异,即原子 3>原子 4>原子 5,因此它们成键时释放的能量差别是显而易见的。

2. 完整光滑界面的生长特征

完整光滑界面模型表明,原子在界面上进入晶格座位的最佳位置是台阶及扭折处,界面的生长与台阶的形成和运动紧密相关,因此完整光滑界面的生长问题可归结为界面上台阶的形成与运动的问题。

完整光滑界面可以存在于气相生长体系和溶液生长体系中。该类界面的生长是由台阶的横向扩展的形式进行的,晶体呈层状生长。一个结晶层生长结束后,需要在界面上形成新的二维临界晶核,即形成新的台阶,才能进行新的结晶层生长。因此,该类界面生长受两个因素的影响:一是二维临界晶核的形成速度;二是台阶的扩展速度。

二维临界晶核的形成过程遵循成核理论。吸附于界面上的原子在晶相与流体相之间的化学势差 $\Delta\mu$ 的驱动下,聚集在一起,形成二维晶胚。假设二维晶胚是半径为 r 的圆形,当 r 较小时,其还会消失。但当 r 达到一定尺寸时,就不再消失,而逐渐长大。此时的二维晶核称为二维临界晶核,其半径以 r_c 表

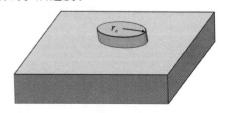

图 1-22 二维临界晶核形成示意图

示,如图1-22所示。二维临界晶核半径可用下式计算:

$$r_c = \frac{\gamma A_0}{|\Delta g|} \tag{1-75}$$

式中,γ 为单位长度的棱边能;A_0 为单个原子所占的面积;Δg 为相变驱动力。

二维临界晶核的形成能为:

$$\Delta G_c = \frac{\pi \gamma^2 A_0}{|\Delta g|} = \frac{1}{2}(2\pi r_c \gamma) \tag{1-76}$$

式(1-76)表明,二维临界晶核的形成能是其棱边能的1/2。由于棱边能实际上是各向异性的,因此二维临界晶核的形状应该是多边形的。

二维临界晶核的形成速率(即单位时间内在单位面积上形成的二维晶核数)为:

$$J = v_0 \exp\left(-\frac{\Delta G_c}{kT}\right) \tag{1-77}$$

式中,v_0 为常数,其与界面上吸附原子的碰撞频率有关。

二维临界晶核形成后,在完整光滑界面上就会存在台阶和扭折。吸附于界面上的原子经过界面扩散到达台阶处,再沿着台阶移动到达扭折部位,进入晶格位置,并释放出结晶潜热。台阶因此向前扩展,直至铺满整个界面。然后再重新形成二维临界晶核,开始新一层的生长,如此重复。当台阶横向扩展速度远大于成核速率时,界面上只有一个晶核,为单二维核生长。如果成核速率远大于台阶扩展速度,界面上会同时出现多个晶核,为多二维核生长。值得注意的是,界面上出现多核生长时,由于各二维晶核的晶格排列相同,台阶在扩展相遇后会消失,不会产生晶界,因此最终仍形成单晶。

完整光滑界面模型不仅适用于原子晶体,也适用于简单的离子晶体和分子晶体。在处理简单的离子晶体时,需考虑正、负离子间的相互作用。对于简单的分子晶体,生长基元是分子,需考虑离子结合成分子的作用。

1.3.3.2 非完整光滑界面及生长特征

非完整光滑界面是指有位错露头但在原子或分子层次上无凹凸现象的界面。该理论模型是Frank于1949年提出,故又称Frank模型,它实际上是Kossel模型的发展。

在非完整光滑界面上,由于具有由螺旋位错引起的台阶(图1-23),界面的生长是以位错露头为中心,进行螺旋生长的,位错露头永远不消失。因此,非完整光滑界面的生长无需形成二维临界晶核。螺旋位错台阶是容易捕捉原子的地方,原子不断落在台阶边缘上,台阶就不断扩展,扫过整个晶面。在台阶扩展过程中,每一点的线速度都是相等的,而台阶上任一点捕获原子的概率相同,因此靠近位错中心的台阶扫过晶面的角速度比远离中心处的地方要大,使台阶形成螺旋状,如图1-24a所示,从而形成金字塔形的晶体表面。

螺旋台阶的形貌是多样的,若台阶能是各向

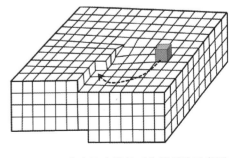

图1-23 非完整光滑界面位错露头示意图

异性的,则会出现对称的多边形螺旋生长,如图1-24b所示。当流体相过饱和度较大时,界面法向生长速率与过饱和度为线性关系。过饱和度越大,生长速率越快。当流体相过饱和度很小时,界面法向生长速率与过饱和度为抛物线关系。在某一范围内,界面将逐渐停止生长。

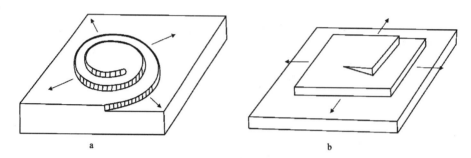

图1-24 螺旋位错台阶生长示意图

假设界面上只有一个位错露头,在一定驱动力驱动下,如果螺旋台阶已达到稳定形状,则晶体生长可看成是螺旋台阶以等角速度围绕露头点旋转,其生长速率可由下式表示:

$$R = \frac{h_p}{2\pi} \cdot \omega \tag{1-78}$$

式中,h_p为光滑界面的面间距;ω为螺旋台阶扩展的角速度。

对于气相生长体系,螺旋位错界面的生长速率可表示为:

$$R = A \cdot \tanh\left(\frac{\sigma_1}{\sigma}\right) \cdot \sigma^2 \tag{1-79}$$

其中,

$$A = \frac{0.63}{4\pi} \cdot \frac{kT}{\gamma A_0} \cdot 2x_s v_1 \exp\left(-\frac{l_{SF}}{kT}\right) \tag{1-80}$$

$$\sigma_1 = \frac{2\pi \gamma A_0}{kT x_s} \tag{1-81}$$

式中,A为动力学系数;σ为过饱和度;v_1为吸附原子在垂直界面方向的振动频率;x_s为原子在给定方向上的迁移距离;γ为单位长度的棱边能;A_0为单个原子所占的面积;l_{SF}为相变潜热。

当体系的过饱和度较大时,$\sigma \gg \sigma_1$,$\tanh(\sigma_1/\sigma) \approx \sigma_1/\sigma$,因此有:

$$R = (A \cdot \sigma_1) \cdot \sigma \tag{1-82}$$

式(1-82)说明螺旋位错的生长速率与过饱和度之间为线性关系。

当生长体系的过饱和度很小时,$\sigma \ll \sigma_1$,$\tanh(\sigma_1/\sigma) \approx 1$,因此有:

$$R = A\sigma^2 \tag{1-83}$$

上式说明此时生长速率与过饱和度之间具有抛物线关系。这是由于在低过饱和度的气相体系中,台阶间距大于面扩散的平均距离,界面上的吸附原子或分子不能全部被台阶扭折捕获,有不少原子或分子会重新返回到气相中,因此随着过饱和度的降低,R与σ的关系由线性规律变为抛物线规律。

对于溶液生长体系,螺旋位错的生长速率仍可以采用式(1-79)计算,但其中 A、σ_1 的表达式稍有不同,生长速率和过饱和度的关系与气相体系类似。

对于熔体生长体系,螺旋位错生长的动力学规律可表示为:

$$R = A(\Delta T)^2 \tag{1-84}$$

式中,A 为相应的动力学系数;ΔT 为过冷度。可见,在熔体生长体系中,螺旋位错界面的生长速率与过冷度之间为抛物线关系。

非完整光滑界面上的螺旋位错露头消除了二维临界晶核形成的热力学位垒,使晶体在较低的过饱和度下也能生长。在过饱和度较小时,生长速率与驱动力之间的抛物线关系反映了位错生长机制的实质。

1.3.3.3 粗糙界面及生长特征

粗糙界面是指在原子或分子层次上为凹凸不平的界面,其晶相与流体相仍为突变的。粗糙面模型是 Jackson 于 1958 年提出,故又称 Jackson 模型。该模型认为,晶体界面为单原子层,晶体中与界面层相邻的一层原子称为晶体表层,如图 1-25 所示,故该模型又称双层模型。

粗糙界面上到处是台阶和扭折,处在界面上任何位置的原子或分子所具有的位能都相等,因此界面上所有的位置都是生长位置,且生长概率相同,不需要二维成核,也不需要位错露头点或晶格缺陷,吸附原子可以随机地进入晶格座位,使晶体生长。粗糙界面是连续生长,其过程仅取决于热量和质量输运过程及原子进入晶格座位的弛豫时间。

大多数金属熔体生长是典型的粗糙界面生长。硅单晶的熔体生长中除了(111)面是光滑界面外,其他界面都是粗糙界面生长。

在粗糙界面上,任何原子都具有相同的势能,因此界面上晶体原子离开晶格位置以及熔体原子进入晶格位置都能同时相互独立地进行,并可发生在任何位置。图 1-26 显示了粗糙界面处的势能曲线。在温度为 T 时,流体原子进入界面上晶格位置需克服其相邻流体原子的束缚,所需的扩散激活能为 Q_F。界面上的晶体原子要离开其晶格位置,变成流体原子,所需的激活能为 Q_S。这两个激活能之差等于相变驱动力 Δg(绝对值),即:

$$|\Delta g| = Q_S - Q_F \tag{1-85}$$

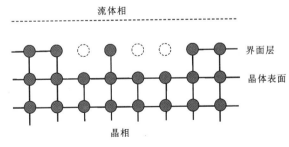

图 1-25 双层模型示意图

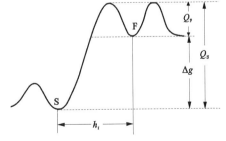

图 1-26 粗糙界面上原子的势能曲线

如果界面上原子总数为 N_0，界面的面间距为 h_i，原子的振动频率为 v，则单位时间内进入晶格位置的流体原子总数为：

$$N_F = N_0 v \exp\left(-\frac{Q_F}{kT}\right) \tag{1-86}$$

单位时间内离开晶格位置的原子总数为：

$$N_M = N_0 v \exp\left(-\frac{Q_S}{kT}\right) \tag{1-87}$$

单位时间内进入界面上晶格位置的净原子数为：

$$N_n = N_F - N_M = N_0 v \exp\left(-\frac{Q_F}{kT}\right)\left[1 - \exp\left(-\frac{|\Delta g|}{kT}\right)\right] \tag{1-88}$$

当温度接近平衡温度（熔体生长），或蒸气压接近饱和蒸气压（气相生长），或浓度接近过饱和浓度（溶液生长）时，式（1-88）中的 $\exp(-|\Delta g|/kT)$ 项可展开为级数，略去高阶项，得：

$$\begin{aligned} N_n &= N_F - N_M \approx N_0 v \exp\left(-\frac{Q_F}{kT}\right)\left[1 - \left(1 - \frac{|\Delta g|}{kT}\right)\right] \\ &= \frac{N_0 v}{kT} \exp\left(-\frac{Q_F}{kT}\right)|\Delta g| \end{aligned} \tag{1-89}$$

当进入界面的净原子数等于晶格位置总数 N_0 时，界面就迁移一个面间距，因此晶体生长速率为：

$$R = \frac{h_i v}{kT} \exp\left(-\frac{Q_F}{kT}\right)|\Delta g| \tag{1-90}$$

令 $A = \frac{h_i v}{kT} \exp\left(-\frac{Q_F}{kT}\right)$，则：

$$R = A|\Delta g| \tag{1-91}$$

式中，A 为动力学系数。可见，粗糙界面生长速率 R 与驱动力 Δg 之间为线性关系。采用不同生长体系的 Δg，就可以得到不同生长体系粗糙界面的生长动力学规律。例如熔体生长体系粗糙界面的生长动力学规律为：

$$R = A\Delta T \tag{1-92}$$

其动力学系数为：

$$A = \frac{h_i v l_{SF}}{T_m kT} \exp\left(-\frac{Q_F}{kT}\right)。$$

式（1-92）表明，晶体生长速率 R 与熔体过冷度 ΔT 成线性关系。因此，从理论上讲，对于具有粗糙界面的熔体生长体系，只要保持适当的过冷度，晶体就可以持续生长。

1.3.3.4 扩散界面及生长特征

在晶体生长时，固体与流体两相间存在一中间过渡区，晶体与流体两相间是渐变的，界面参差不齐，如图 1-27 所示，该类界面称为扩散界面，又称多层界面模型。扩散界面是由 Temkin 提出，故也称 Temkin 模型。该模型的优点是它不限制界面的层数，因此对所有类型的晶体-流体界面均适用，更具一般性。利用该模型可以确定热平衡条件下界面的层数，并可根据非平衡状态下界面自由能的变化推测出界面相变熵对界面平衡结构的影响。虽然该模型也有一定的局限性,但仍是研究界面性质的较好模型。

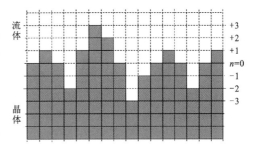

图 1-27 多层界面模型示意图

1. 多层界面理论模型的基本假设

(1) 考虑的界面是四方晶系的(001)面,生长基元分别看作固体块(固体原子)和流体块(流体原子)。晶体由固体块组成,其键能只考虑固-固块、固-流块、流-流块之间最邻近的相互作用。每个固体块有 4 个水平键和 2 个非水平键,不要求水平键和非水平键的强度相等。

(2) 流体被看作是均匀的连续介质,晶体-流体界面就是固体块与流体块的接触面。界面可以由很多层构成,层间距是(001)面的面间距。

(3) 界面层中特定面的层数用 n 表示,如图 1-27 所示。若第 n 层中所含的原子座位数为 N,其中有 N_{ns} 个固体块和 N_{nf} 个流体块,则有:

$$N = N_{ns} + N_{nf} \tag{1-93}$$

(4) 定义第 n 层中固体块的份数为 $C_n = N_{ns}/N$,则流体块的份数为 $(1-C_n)$,而 $-\infty \leqslant n \leqslant +\infty$,边界条件为 $C_{-\infty} = 1, C_{+\infty} = 0$,即由 $n = -\infty$ 变化到 $n = +\infty$ 时,原子从完全固体相转变为完全流体相。

(5) 固体块只能在固体块上堆积,因而就有 $C_{n+1} \leqslant C_n$,即在完全的流体块中没有孤立的固体块存在。

2. 相变过程中的能量变化

当光滑界面转变成粗糙界面时,吉布斯自由能的变化源于 3 个方面:①固体块与流体块之间的相互转变引起的界面吉布斯自由能变化,以 ΔG_{s-f} 表示;②界面键能改变所引起的能量变化,以 ΔE 表示;③由界面固体原子和流体原子排列方式引起的界面组态熵的改变,以 $T\Delta S$ 表示。

当光滑界面粗糙化时,在参考面以下的各层,原始固相中第 n 层被流体相原子所占有的概率为 $(1-C_n)$。用 μ_s 表示固相原子的化学势,用 μ_f 表示流体原子的化学势。由固体原子和流体原子相互转化所引起的界面吉布斯自由能的变化 ΔG_{s-f} 可由下式计算:

$$\Delta G_{s-f} = (\mu_f - \mu_s) N \left[\sum_{n=-\infty}^{0} (1-C_n) - \sum_{n=1}^{\infty} C_n \right] \tag{1-94}$$

从能量的观点来看,光滑界面粗糙化的过程,就是固-固最近邻原子的水平键能 Φ_{ss} 和流-流最近邻原子的水平键能 Φ_{ff} 被固-流最近邻原子的水平键能 Φ_{sf} 所置换的过程。形成一个 Φ_{sf} 键所获得的能量为:

$$\xi = \frac{\Phi_{ss} + \Phi_{ff}}{2} - \Phi_{sf} \tag{1-95}$$

对于 n 层中的每一层,应用布拉格-威廉斯近似(Bragg-Williams 近似)可得总的 Φ_{sf} 键

数为 $\sum_{n=-\infty}^{\infty} 4C_n(1-C_n)N$，式中数字"4"为二维晶格中最近邻的格点数。于是求得界面键能的改变量 ΔE 为：

$$\Delta E = 4\xi N \sum_{n=-\infty}^{\infty} C_n(1-C_n) \qquad (1-96)$$

界面组态熵的改变由下式表示：

$$T\Delta S = -kTN \sum_{n=-\infty}^{\infty} (C_n - C_{n+1})\ln(C_n - C_{n+1}) \qquad (1-97)$$

由于在热平衡状态下，光滑界面粗糙化时引起的界面吉布斯自由能变化为：

$$\Delta G = \Delta G_{s-f} + \Delta G_s \qquad (1-98)$$

式中，ΔG_s 为界面能变化 ΔE 和组态熵变化 $T\Delta S$ 引起的界面吉布斯自由能的变化。根据式(1-94)、式(1-96)、式(1-97)和式(1-98)，可求得光滑界面粗糙化引起的界面吉布斯自由能变化的一般表达式为：

$$\frac{\Delta G}{NkT} = \beta\Big[\sum_{n=-\infty}^{0}(1-C_n) - \sum_{n=1}^{\infty} C_n\Big] + \alpha \sum_{n=-\infty}^{\infty} C_n(1-C_n) + \sum_{n=-\infty}^{\infty}(C_n - C_{n+1})\ln(C_n - C_{n+1}) \qquad (1-99)$$

其中，

$$\alpha = 4\xi/kT \qquad (1-100)$$

$$\beta = (\mu_f - \mu_s)/kT \qquad (1-101)$$

在平衡状态下，界面吉布斯自由能取极小值。极值条件为 $\partial(\Delta G/kTN)/\partial C_n = 0$，此时 C_n 满足以下公式：

$$\frac{(C_n - C_{n+1})}{(C_{n-1} - C_n)}\exp(-2\alpha C_n) = \exp(-\alpha + \beta) \qquad (1-102)$$

式(1-102)只能通过数值解法获得结果。图1-28 为在平衡温度下 ($\beta=0$)，界面处于平衡状态时，针对不同的 α 值，将 C_n 对 n 作图所得的结果。

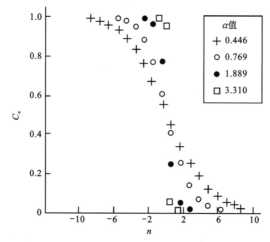

图1-28 平衡温度下不同 α 值的生长体系中晶相原子的浓度分布

式(1-102)和图1-28表明,在平衡温度下($\beta=0$),界面宽度取决于α值。当α值较小时,晶体-流体界面层数多,界面为扩散面;而α值较大时,界面层数少,界面为突变面。如$\alpha=0.446$时,$C_{-10}=1$,$C_{10}=0$,说明从参考层向晶体方向第10层全部为晶体原子,向流体方向第10层全部为流体原子,即界面的总层数为20层。该界面为扩散界面,其不是一个平面,而是一个空间区域,从晶相到流体相逐渐过渡。当$\alpha=3.310$时,界面只有两层,此时晶相与流体相之间为突变界面。

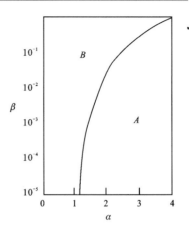

图1-29 过冷状态下界面β与α的关系

在过冷状态($\beta>0$)下,式(1-99)右边第一项起作用,参量β在界面上施加了一个附加驱动力,其与α的关系如图1-29所示。可见,整个平面被分为A、B两个区,A区中自由能ΔG有极小值,因而是稳定区域。如果界面原来是光滑面,生长后仍为光滑面;B区自由能没有极小值,因而是不稳定的,原来的光滑界面会转化为粗糙界面。如果α足够大,即使β较大,界面也能保持稳定状态;但$\alpha<1.2$时,不管β值的大小如何,界面将始终是粗糙的;只有$\alpha>1.2$时才存在界面结构和生长机制转化的问题。

在熔体的熔点T_m附近,当晶体-流体两相原子的热焓差($\Delta h = h_f - h_s$)和熵差($\Delta S = S_f - S_s$)大致一定时,化学势的差值可近似地表示为:

$$\Delta \mu = \Delta h - T\Delta S \approx \Delta h \left(1 - \frac{T}{T_m}\right) = \frac{\Delta h \Delta T}{T_m} \tag{1-103}$$

由此可得:

$$\beta = \frac{\Delta \mu}{kT} \approx \frac{\Delta h}{kT_m} \cdot \frac{\Delta T}{T_m} = \frac{\Delta S}{k} \cdot \frac{\Delta T}{T_m} \tag{1-104}$$

关于α的估算,假设$\Phi_{ff} \approx \Phi_{sf}$,则:

$$\xi = \frac{1}{2}(\Phi_{ss} + \Phi_{ff}) - \Phi_{sf} \approx \frac{1}{2}(\Phi_{ss} - \Phi_{ff}) \tag{1-105}$$

而$\Delta h = 1/2[z(\Phi_{ss} - \Phi_{ff})]$,其中$z$为三维晶格中最近邻的原子数目,在立方晶体中,$z=6$,有:

$$\xi = \frac{1}{2} \cdot \frac{2\Delta h}{z} = \frac{\Delta h}{6} \tag{1-106}$$

所以,由式(1-100)得:

$$\alpha = \frac{4\xi}{kT} = \frac{2}{3}\frac{\Delta h}{kT} = \frac{2}{3}\frac{\Delta S}{k} \tag{1-107}$$

许多金属材料的$\Delta S/k = 0.9 \sim 1.2$,可计算出$\alpha$值在0.6~0.8之间,如钾的$\alpha$值为0.8,因而其界面是扩散界面。根据图1-29,其$\beta \approx 10^{-5}$,由式(1-104)估算出生长所需的过冷度$\Delta T/T_m \approx 10^{-5}$。而很多有机化合物具有较大的$\alpha$值,如水杨酸苯脂$\alpha=7$,因此生长界面为突变界面,其$\beta>0.1$,估算的生长所需的过冷度接近0.1。可见,有机物晶体生长所需的过冷度远大于金属晶体。

3. 扩散界面的生长特征

扩散界面是一个由液相逐渐转变为晶相的空间区域。晶体-流体界面层数越多,该空间区域就越大,界面上的原子座位数就越多。因此,对于扩散界面来说,晶体的生长不是一个个原子单独地从液相进入晶相,而是在扩散界面范围内许多原子团协调地从液相转变成晶相。由此可见,扩散界面具有快速生长的特征。

1.4 晶体生长习性及晶体形态

晶体形态是其成分和内部结构的外在反映,许多晶体(包括天然晶体和人工晶体)总是表现出其特有的几何形态。晶体的外形源自晶体的生长习性,同时受晶体生长环境条件的影响。在晶体生长研究中,通过晶体的平衡形貌与热力学和动力学条件的关系,可以研究晶体的热力学性质、生长动力学规律以及热量和质量传输的情况等[20]。在材料制备研究中,可通过对晶体形貌和结晶习性的研究,了解材料微观结构的形成和变化特征,为材料微观结构调控和性能优化提供依据。另外,利用晶体种类与晶形的关系,还可以进行晶体鉴别。因此,了解晶体的生长习性,查明晶体形态的影响因素,对于晶体生长及材料制备均具有重要意义。

1.4.1 晶体的生长习性

晶体的生长习性(crystal habit,也称晶习)是指在一定的条件下晶体趋向于按照自己内部结构的特点自发形成某些特定形态的性质。它具有3层含义:一是同种晶体常见的晶形(习性晶);二是晶体在三维空间的延伸比例;三是晶体结晶的完好程度。

每一种晶体都具有其特有的成分和结构,因而常具有自己的结晶习性,在晶体外观上常表现出某种或几种晶形。根据单个晶体在空间内的生长发育情况,可将晶体习性分为3种基本类型。

一向延长型:晶体沿某一个方向特别发育,呈柱状、针状或纤维状形态。

二向延展型:晶体在两个方向上相对发育,呈板状、片状、鳞片状、叶片状等形态。

三向等长型:晶体沿三维方向的发育基本相同,呈等轴状、粒状等形态。

此外,很多晶体的形态常介于上述3种之间,属于过渡类型,如板柱状、板条状、短柱状、厚板状等。

有的晶体受生长时物理化学条件的影响非常显著,在不同条件下生长的晶体具有不同的形貌。例如采用不同条件和方法合成的 ZnO 晶体形态可以是球粒状、立方板状、六方柱状、花瓣状、针状等形貌。有的晶体则表现出很稳定的晶形,如 $(K_{0.5}Na_{0.5})NbO_3$ 晶体即便是在陶瓷中生长也表现出六面体形貌。

1.4.2 界面运动学及晶体形状演化

为表征晶体生长过程中任何时刻晶面在三维空间 $z(x,y,t)$ 上的变化,Frank 提出了两条基本定律,即所谓的界面运动学第一定律和第二定律,从而发展了晶体生长的运动学理论,因此这两条基本定律又称 Frank 运动学理论。该理论不仅可以用来描述晶体生长或溶解过程中表面形态的变化以及表面侵蚀时形成的蚀坑和蚀丘的形状,还可以解释宏观台阶的实验现象。

界面运动学第一定律:若晶面法向生长速率只是某倾角 θ 的函数,则给定倾角 θ 的晶面在生长或溶解过程中的轨迹为直线。

界面运动学第二定律:作晶面法线方向生长速率倒数的极图,则倾角为 θ 的晶面的生长轨迹平行于该方向极图的法线方向。

取晶体的(001)面的法线为 z 轴,x 轴沿着[100]方向,则任一邻位面的法线与 z 轴间的夹角 θ 即为该邻位面相对(001)面的倾角,如图 1-30a 所示。如果已知邻位面的生长速率与倾角 θ 的关系,就可以作出生长速率倒数极图。过原点作矢径,矢径的方向平行于给定邻位面的法线方向,矢径的长度等于该邻位面法向生长速率的倒数。晶体的所有晶面都作出相应的矢径。这些矢径端点的集合就是晶面法向生长速率的倒数极图,如图 1-30b 所示。界面运动学第二定律可表述为,过晶面法向生长速率倒数极图上倾角为 θ 的点,作极图的法线,则倾角为 θ 的邻位面的生长轨迹平行于该法线。

如果晶体生长体系中驱动力场是均匀的,且已知法向生长速率与晶面取向的关系,则可以根据界面运动学定律预测出不同时刻晶体的形状。

利用生长速率倒数极图,求出任一倾角 θ 的晶面生长速率倒数矢量 d 和 d 端点的极图的法线。根据界面运动学定律,矢量 d 端点极图的法线与该晶面的生长轨迹平行。如果 t_0 时刻籽晶的形状为一球体,用作图法确定倾角为 θ 的晶面在球面上的位置(即倾角为 θ 的矢径与球面的交点),再通过球面上倾角为 θ 的晶面位置作直线平行于 d 端点的法线,该直线即为倾角 θ 晶面的生长轨迹。用相同方法可作出籽晶上所有晶面的生长轨迹。由于生长速率与 θ 的关系已知,各晶面在 t 时刻的位移等于生长速率与时间间隔($\Delta t = t - t_0$)的乘积。根据求得的 t 时刻的位移,在各晶面生长轨迹上截取相应的界面位移,就得到 t 时刻的各晶面位置。将这些位置点连接起来,就得到 t 时刻晶体的形状,如图 1-30c 所示。

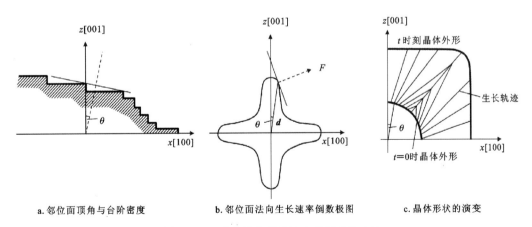

a. 邻位面顶角与台阶密度　　b. 邻位面法向生长速率倒数极图　　c. 晶体形状的演变

图 1-30　确定晶体形状演变的运动学方法

假设晶体生长速率的分布具有四次对称,且沿[100]方向的生长速率最小。在生长速率最小的(100)面附近,生长速率倒数极图的法线是发散的,因此这些晶面的生长轨迹是不相交的,它们在生长过程中将被保留下来。而生长速率较高的晶面附近,生长轨迹是汇聚的,当生长轨迹相交时,相应的晶面就会隐没,因而这些晶面在生长过程中会消失。

1.4.3 晶体生长形态的影响因素

界面运动学理论和晶面生长轨迹分析表明,晶体的生长形态取决于各晶面的相对生长速率。晶面生长速率的各向异性与很多因素有关,包括晶体结构的对称性、结构基元间的键合力、晶体缺陷、晶面微观结构以及生长环境条件等[19]。

1. 物质相变熵的影响

界面生长理论表明,不同类型的界面具有不同的生长机制。其中,粗糙界面为连续生长机制,按照线性的动力学规律生长;完整光滑界面为二维成核生长机制,按指数规律生长;非完整光滑界面为位错生长机制,按抛物线规律生长。因此,即使在相同驱动力的作用下,不同类型的界面其生长速率不同。在低的驱动力作用下,粗糙界面生长最快,非完整的光滑界面次之,完整光滑界面生长最慢。

晶面结构特征与物质的相变熵有关。当物质相变熵很小时,界面很可能是粗糙的。此时生长速率各向同性,因而不会产生多面体外形。大多数金属晶体的熔体法生长都是这种特征。如果物质相变熵较大,同一晶体的不同晶面可能是光滑面,也可能是粗糙面。由于粗糙面生长速率较大,光滑面生长速率较小,随着生长的推进,粗糙面逐渐隐没,而光滑面则保留下来,从而形成由光滑面组成的多面体晶形。氧化物晶体具有较大的相变熵,其总是存在较多的光滑界面,因而在生长过程中表现出比较强烈的各向异性特征。半导体晶体的相变熵介于金属和氧化物之间,其有少数晶面是光滑的,因此生长速率仍表现出各向异性。

由于相变熵取决于相变潜热和相变温度,即相变熵与环境相有关,因此同一物质在不同的生长系统中可能具有不同的生长特征,如在某一系统(如熔体体系)中生长表现出各向同性特征,而在另一系统(如气相体系)中生长则表现出强烈的各向异性特征。在气相或溶液生长体系中,晶体生长的驱动力(即过饱和度)可近似地看作是均匀的,各晶面的生长速率仅取决于界面微观结构所决定的生长机制和生长动力学规律,因此晶体生长更容易表现出各向异性特征。

2. 表面自由能的影响

根据晶体生长的最小表面能原理,当晶体生长趋于平衡状态时,其将调整自己的形态,使总表面自由能最小。晶面生长与表面自由能的关系遵循吉布斯-乌尔夫晶体生长定律,即晶面的线性生长速率与该晶面的比表面自由能有一定比例关系:

$$\frac{\sigma_1}{r_1}=\frac{\sigma_2}{r_2}=\frac{\sigma_3}{r_3}\cdots=\frac{\sigma_i}{r_i}=常数 \quad (1-108)$$

式中,r_i 为自具有平衡形态的晶体中心引向第 i 个晶面的垂直距离;σ_i 为第 i 个晶面的比表面自由能。比表面自由能小的晶面对应于面网密度大的晶面,其生长速率小,因此晶体最终保留下来的是面网密度大的晶面。

根据吉布斯-乌尔夫晶体生长定律，原则上可以确定出晶体生长的平衡态形态。然而，晶体生长属于非平衡态动力学过程，且晶体形态还受到晶体内部结构等因素的影响，因此利用该定律只能定性地解释晶体形成的简单形态。

3. 晶体内部结构的影响

晶体生长形态的变化，除了有同质多象或类质同象外，其不但与晶体生长的环境相差异有关，而且与晶体内部结构也有关。在讨论晶体内部结构的影响时，可利用布喇菲法则和周期键链理论，尽管它们都存在一定的局限性。

按照布喇菲法则，晶体生长到最后阶段而保留下来的主要晶面，应该是出现概率较高、晶面面积较大，同时又具有较高的面网密度和较大的面网间距的晶面。据此可以判断，对于面心立方结构的晶体，出现在晶体形态中的单形比重次序应该是{111}、{100}、{110}、{311}等。如果晶体中存在螺旋对称轴和滑移对称面，情况变得复杂，需要对面网间距的数值进行修正，否则结果与实际不符。

实际上，晶体形态比布喇菲法则所推想的要复杂得多。布喇菲法则给出的晶体形态与内部结构的联系，只能看作是一个粗略的轮廓。有的晶体平衡形态晶面出现的比重次序符合布喇菲法则，有的则偏离较远。由于晶体生长的外部因素及其结构基元间键能作用的影响，晶体结构的对称性有时能够在形态上反映出来，有时则反映不出来。

周期键链理论认为，晶体结构中存在一系列周期性重复的强键链，其重复特征与晶体中质点的周期性重复相一致。晶体平行键链生长，键力最强的方向生长最快。据此将晶体生长过程中所能出现的晶面划分为 F、S、K 三种晶面，分别表示平坦面、阶梯面和扭折面。F 面有两个以上的周期键链与之平行，面网密度最大，晶面生长速度慢，容易形成主要晶面。S 面只有一个周期键链与之平行，面网密度中等，晶面生长速度中等。K 面不平行任何周期键链，面网密度小，晶面生长速度快，是容易消失的晶面。因此，晶体上 F 面是最常见的晶面，而 K 面则常缺失。

4. 其他影响因素

晶体生长体系的杂质对晶体形态也有影响。在晶体生长过程中，晶面对体系中存在的杂质有吸附作用。由于不同晶面的性质各不相同，其对杂质的吸附能力也各不相同，因此杂质选择性地集中吸附在某些晶面上。杂质的存在使晶面的结合能变小，导致晶面生长速度减慢，从而引起晶体形态的变化。

另外，当晶体在稀溶液中生长时，溶液的过饱和度、pH 值、环境相的均匀性以及组分的相对浓度等都会对晶体形态产生影响。

思考题

1. 分析固体表面对分子或离子产生吸附作用的原因。
2. 分析有机大分子和小分子在固体表面的吸附特征有何不同。
3. 在材料合成过程中，吸附作用可能存在于哪些环节？

4. 举例分析相图在晶体生长及陶瓷制备中的作用。

5. 均匀成核与非均匀成核有什么特点？它们可能出现在哪些体系中？

6. 溶液的过饱和状态有什么特点？其对晶体生长有什么意义？

7. 比较分析单晶生长体系与粉体合成体系的成核特征。

8. 在材料合成过程中常需要搅拌，为什么？

9. 分析边界层形成及其对晶体生长的影响。

10. 界面的稳定性对晶体的生长有什么意义？

11. 完整光滑面、非完整光滑面、粗糙面及扩散面的生长各有什么特点？界面生长的影响因素有哪些？

12. 晶体生长形态的影响因素主要有哪些？

2 单晶生长技术

单晶是一种内部质点(原子、离子或分子)在整体三维空间上进行规则、周期性重复排列而形成格子构造的宏观晶体。单晶结构完整性好,具有优异的性能,在光学仪器、电子元器件、半导体器件等许多领域具有广阔的用途,对信息存储、计算、通信、传感、激光和太阳能利用等现代技术的发展起着决定性作用。

单晶广泛存在于自然界中,但具有一定尺寸的理想晶体在自然界极为罕见。天然晶体无法满足现代工业生产的需要。因此,人工生长高质量、大尺寸的单晶已成为新技术产业(特别是半导体产业)发展的重要基础。

2.1 单晶的基本特征及生长方法

2.1.1 单晶的基本特征

人工生长的单晶(又称人工晶体)由于在原料及生长工艺技术等方面的严格控制,可以达到完美晶体的程度。总体来看,单晶具有以下特征。

(1)纯度高。通过对晶体生长原料的多重提纯技术,确保了人工晶体的高纯度特征。例如单晶硅的纯度达到 99.999 9% 以上,而大规模集成电路用单晶硅甚至要求纯度达到 99.999 999 9%。

(2)均匀性好。晶体整体上具有连续的晶格结构,内部质点进行周期性重复排列,各个部分具有相同的宏观性质特征。

(3)缺陷浓度低。缺陷浓度的高低对单晶的性能有显著影响。通过对原料纯度及晶体生长工艺的控制,可以将人工晶体的缺陷浓度降低到很低的水平。

(4)尺寸大。人工生长的晶体可以达到很大的尺寸,如提拉法生长的单晶硅直径可达 450mm。

(5)具有各向异性特征。由于晶体内部结构具有方向性,不同晶向的性质不同,因此宏观晶体的不同取向常具有不同性质特征。

(6)具有结构对称性和规则外形。晶体的内部结构有其特定的对称性,而理想晶体都有其特有的外形,这是由晶体的生长习性所决定的。在晶体生长过程中,通过形貌控制也可以获得所需的晶体形貌。

另外,基于单晶的高纯度和完美的结构特征,其常具有多晶材料无法企及的优异性能。

2.1.2 晶体生长方法

晶体生长的方法很多,生长体系可以是气相、液相或固相。选择何种生长方法主要由所用的原料及晶体的性质决定。概括起来,主要有以下几种方法[7,21-25]。

(1)溶液法。这是一种在常压以及较低温度的条件下进行晶体生长的方法。基本原理是:将原料溶解于溶剂中,形成溶液,然后采取措施使溶液处于过饱和状态,从而使晶体生长。溶剂通常是水,但也可以是有机溶剂。

(2)水热法。利用高温高压条件,使那些在大气压条件下不溶或难溶于水的物质溶解或反应生成物溶解,形成水溶液,并达到一定的过饱和度,以进行结晶和生长的方法。

(3)高温溶液法(助熔剂法)。通过选择适合的助熔剂,使高熔点的物质在较低温度下熔融,形成高温溶液,再采取一定措施使高温溶液过饱和,使晶体生长。

(4)熔体法。这是生长大单晶和特定形状晶体最常用、最重要的方法。原理是:通过高温使原料熔融形成熔体,然后在受控制的条件下使熔体定向凝固,原子或分子从无序转变为有序,形成晶体。

(5)气相法。利用气相原料,或者将固体或液体原料通过高温升华、蒸发、分解、反应等过程转化为气相,然后在适当条件下冷凝,或发生可逆反应,生长成晶体。

2.2 溶液法晶体生长技术

2.2.1 溶液法晶体生长的基本条件

溶液法生长晶体需要两个基本条件:一是原料在溶剂(水)中的溶解度;二是溶液的过饱和度。溶解度决定着晶体生长物质的量,溶解度温度系数决定着晶体的生长方式,而晶体生长的驱动力则来源于溶液的过饱和度。

2.2.1.1 溶解度与溶解度曲线

溶解度是一定温度、压力条件下物质在100g溶剂(如水)中达到饱和状态时所溶解的溶质的质量。物质的溶解度与温度有依赖关系,常用溶解度曲线来表示。溶解度随温度的变化程度可用溶解度温度系数来表示,其反映物质的溶解度在某一温度区间的变化。图2-1为几种盐的溶解度曲线,从中可以看出它们具有显著不同的特征:酒石酸钾钠的溶解度随温度的变化很大,即具有大的溶解度温度系数;酒石酸钾具有较大的溶解度,但其溶解度随温度的变化很小,即溶解度温度系数小;硫酸锂的溶解度较小,且溶解度随温度的增加

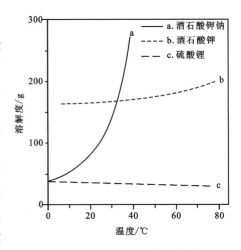

图2-1 几种盐的溶解度曲线

而逐渐减小,具有负的溶解度温度系数。

溶解度是溶液法晶体生长的最基础参数。物质溶解度的高低及其随温度变化的特征决定了溶液法晶体生长工艺的选择。对于溶解度较大且具有大的溶解度温度系数的物质,可采用降温法生长。对于溶解度温度系数较小或具有负的溶解度温度系数的物质,则应采用蒸发法生长。如果物质的溶解度很小,则不适合采用溶液法来进行晶体生长。

2.2.1.2 过饱和度与亚稳过饱和状态

过饱和度是指溶液的过饱和状态,可用下式表示:

$$\sigma = \Delta c / c^* \tag{2-1}$$

$$\Delta c = c - c^* \tag{2-2}$$

式中,σ 为过饱和度;c 为溶液的实际浓度;c^* 为同一温度下的平衡饱和浓度。过饱和度是从溶液中生长晶体的驱动力。

溶解度曲线把溶液分为不饱和溶液和过饱和溶液。溶液从饱和状态到过饱和状态之间存在一个不能自发结晶的过饱和区域,称"亚稳过饱和区"[26],如图 2-2 所示。处于亚稳过饱和区的溶液,不会自发地发生结晶作用,但如果存在有利的生长界面(如籽晶)时,则晶体就会生长。亚稳过饱和区之外的过饱和区为不稳定区,处于该区的溶液会自发地发生成核和结晶作用。不饱和溶液(即稳定区)则不会发生结晶作用。

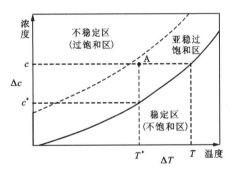

图 2-2 典型的溶解度曲线及溶液浓度分区

对于单晶生长来说,亚稳过饱和区是最重要的区域。由于不发生自发成核,在亚稳过饱和区容易进行晶体生长控制,实现单晶生长。通过引入籽晶,为成核提供有利的界面。与其他部位相比,籽晶表面成核位垒较低,是成核和生长的有利部位。在过饱和度的驱动下,溶液体系在籽晶界面成核并生长,形成晶体。

2.2.2 溶液法晶体生长工艺

溶液法生长晶体的关键是控制溶液的过饱和度。在晶体生长过程中,维持溶液过饱和度主要有以下途径:①根据溶解度曲线,改变温度;②移去溶剂(蒸发、电解),改变溶液的浓度;③通过化学反应控制过饱和度,因反应速度比晶体生长速度快,需采取措施加以控制,如通过凝胶扩散,使反应缓慢进行等;④用亚稳相来控制过饱和度,即利用某些物质的稳定相与亚稳相的溶解度差异,通过温度控制使亚稳相不断溶解而稳定相不断生长。

2.2.2.1 降温法

降温法是溶液法晶体生长技术中最简单、最常用的方法。降温法适用于溶解度温度系数大的物质,最好是每千克溶液大于 1.5g/℃,在一定温度区间内有较大的溶解度变化。利用降温法生长的代表性晶体有酒石酸钾钠、硫酸三甘肽、明矾、磷酸二氢胺、磷酸二氢钾等。

降温法的技术关键是控制好溶液的降温速率,使溶液在晶体生长过程中始终处于亚稳过饱和状态,以避免自发成核的发生。为了更好地控制晶体生长,以获得高质量的晶体,降温法的起始温度一般为50~60℃,降温区间一般为15~20℃,降温速度需严格控制,控温精度越高越好。

降温法有多种晶体生长装置,包括水浴育晶装置、直接加热的转动育晶器、双浴槽育晶装置等。图2-3为典型的降温法水浴育晶装置。通过水浴槽加热,有利于保持溶液加热的均匀性和稳定性。在晶体生长过程中,需充分搅拌,以促进溶质的输运,减小溶液的温度波动。

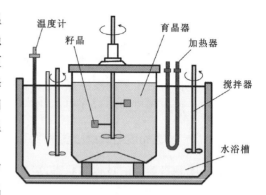

图2-3 降温法水浴育晶装置示意图

2.2.2.2 蒸发法

蒸发法是通过将溶剂不断蒸发,来保持溶液的过饱和度,使晶体从溶液中生长的方法。蒸发法适用于溶解度较大但溶解度温度系数很小或为负值的物质。晶体生长是在恒温下进行,晶体生长温度一般控制在60℃以上。生长装置如图2-4所示。在育晶器中,冷凝器使蒸气凝结,积聚于上部小杯中,通过虹吸管移出育晶器外。在晶体生长过程中,取水速度应小于冷凝速度,使大部分冷凝水回流到液面上,以确保溶液的过饱和度始终处于亚稳过饱和区,防止自发结晶的发生。

2.2.2.3 循环溶液生长工艺

在封闭的溶液法晶体生长体系中,随着晶体的不断长大,溶液中的溶质含量越来越少,晶体生长尺寸将因此受到限制。循环溶液生长工艺有效地解决了晶体生长过程中溶质的补给问题,从而实现了大晶体的生长。

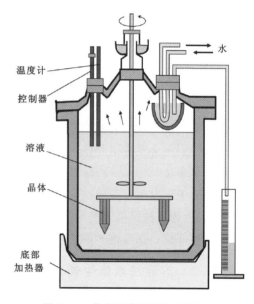

图2-4 蒸发法育晶装置示意图

循环溶液晶体生长装置如图2-5所示。该装置由饱和溶液配制槽、溶液储存槽、晶体生长槽三部分组成。3个槽通过温度控制,保持溶液的过饱和度。晶体生长槽的温度(T_3)根据生长物质的溶解度特征设定,比如设定在45℃下恒温生长晶体。饱和溶液配制槽和溶液储存槽的温度(T_1、T_2)略高,比如分别为46℃和45.5℃。在晶体生长过程中,饱和溶液配制槽不断溶解原料,确保溶液始终处于过饱和状态。饱和溶液经过管道流入溶液储存槽,再由泵输送到晶体生长槽中。由于T_3略低,溶液处于亚稳过饱和状态,使溶质在籽晶上生长。

在晶体生长槽消耗掉溶质而变稀的溶液经由管道流回饱和溶液配制槽,在较高温度下再度溶解原料,形成过饱和溶液,并不断循环流动。在此过程中,溶质不断被输送到晶体生长槽中,使晶体能够持续生长,形成大单晶[26]。

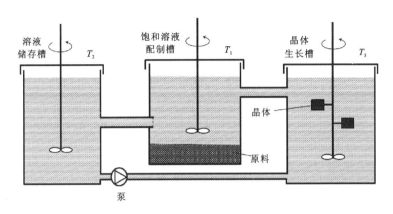

图 2-5 循环溶液育晶装置示意图

2.3 水热法晶体生长技术

水热法是一种在高温高压条件下水溶液中生长晶体的技术。水热法适合于那些在常压和较低温度下难溶于水但在高温高压条件下有足够大溶解度的物质。水热法是晶体生长的重要方法,在众多种类的晶体生长中得到了应用。生长的代表性晶体有:以压电水晶、红蓝宝石为代表的氧化物;以石榴子石、铁氧体为代表的复合氧化物;以冰洲石为代表的碳酸盐矿物;部分硅酸盐、硫化物、磷酸盐、锗酸盐等单晶。

2.3.1 水热法晶体生长条件

水热法生长晶体的基本原理与溶液法相同,即通过控制溶质在水中的浓度,使其处于过饱和状态,利用籽晶在亚稳过饱和溶液中生长晶体。水热溶液的制备除了高温高压条件外,常需添加一定的矿化剂,以提高原料在水中的溶解度。

2.3.1.1 晶体生长的必要条件

在高温高压溶液中生长高质量单晶的必要条件如下。

(1)生长原料在高温高压下的某种矿化剂水溶液中具有一定的溶解度(如1.5%~5%),并形成稳定的单一晶相。

(2)形成的水溶液有足够大的溶解度温度系数,以便能在适当的温差下形成亚稳过饱和溶液,避免自发成核的发生。

(3)溶液具有足够大的密度温度系数,使溶液在适当的温差条件下产生能够满足晶体生长所需的溶液对流和溶质传输。

(4) 有适合晶体生长所需的一定切型和规格的籽晶,并使原料的总面积与籽晶的总面积之比达到足够大。

(5) 具有耐高温高压、抗腐蚀的容器,即高压釜。

2.3.1.2 晶体生长的技术条件

1. 结晶温度与温差

温度决定着结晶的活化能、溶质的浓度、溶液的对流以及过饱和状态。因此,选择适当的结晶温度和控制合适的温差,是实现优质晶体生长的决定性因素之一。在其他条件恒定的情况下,晶体的生长速率一般随结晶温度的提高而加快。研究表明,很多晶体生长速率的对数与绝对温度的倒数成线性关系。有以下经验公式:

$$\frac{\mathrm{d}\lg v}{\mathrm{d}T}=\frac{C_\mathrm{k}}{RT^2} \tag{2-3}$$

式中,v 为生长速率(mm/d);C_k 为常数;R 为理想气体常数;T 为绝对温度(K)。

温差是指在其他条件不变的情况下,生长区与溶解区之间的温度差。温差的大小决定着溶液的对流状态、溶质的传输和生长区溶质的过饱和度。一般来说,温差越大,生长区溶液的过饱和度越大,生长速率越快。只要选择适当的温度、压力,并调整温差,便可获得适当的晶体生长速率。

为了在高压釜内建立合适的温差,在溶解区与生长区之间插入一个缓冲器,以获得近似等温的溶解区与生长区,使生长区达到比较均匀的质量传输状态,从而提高晶体生长速率,并使生长区上、下部晶体速率接近。

2. 压力

压力是作为容器内的溶剂及其浓度、初始充填度、温度、温差的函数而存在的。加大压力就意味着其他参量的改变以及溶解度和质量传输的增强,因此可提高晶体的生长速率。

加大压力可以通过增加充填度来实现。不同充填度下水的蒸气压与温度的关系如图 2-6 所示[26]。充填度确定后,蒸气压与温度之间成线性关系。充填度越大,获得高蒸气压的温度越低。增加充填度可以在同一温度下获得高的压力,从而提高物质的溶解度。这一方面可提高晶体生长速率;另一方面可克服低压高温下生长区溶质供应不足的情况,有利于改善晶体质量。但是必须注意,如果充填度过高,产生的压力过大会引发安全问题,甚至引起重大事故。因此,高压釜的使用必须把压力控制在安全范围之内。

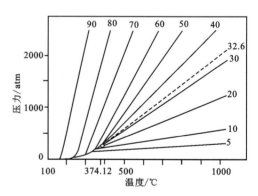

图 2-6 不同充填度下水的蒸气压与温度的关系

注:1atm=101 325Pa,为 1 个标准大气压。

3. 矿化剂及其浓度

水热生长体系中引入矿化剂有利于提高结晶物质的溶解度,提高晶体的生长速率。常用的矿化剂有 5 类:①碱金属及铵的卤化物;②碱金属的氢氧化物;③弱酸(H_2CO_3、H_3BO_3、H_3PO_4、H_2S)与碱金属形成的盐类;④强酸的盐类;⑤酸类(一般为无机酸)。其中,碱金属的卤化物及氢氧化物最有效,应用最广。

这些矿化剂对结晶速率的影响都是通过改变结晶物质的溶解度与温度、压力的关系来体现的。矿化剂浓度的增加一般可提高原料的溶解度和晶体生长速率,但若矿化剂浓度过高,则可能会引起溶液的黏度和密度增加,影响溶液的对流,不利于晶体生长。

4. 培养料与籽晶

水热法晶体生长原料称为培养料。对培养料要求主要是高纯度,一般纯度要求在99.9%以上。

籽晶是从优质晶体中切取,要求无宏观弊病和孪生、位错密度低,以确保晶体的生长质量。

由于水热法晶体生长与培养料的溶解同时发生,因此培养料的溶解总面积与籽晶生长总面积之比对晶体生长有影响。在相同生长参量下,釜内籽晶悬挂得少时,其生长速率比籽晶悬挂得多时要大,即生长速率与籽晶的总表面积成反比关系。

2.3.2 水热法晶体生长装置

高压釜是水热法晶体生长的关键设备,典型装置如图 2-7 所示。高压釜机械强度很高,能在高温高压下工作;化学稳定性好,能耐酸碱腐蚀;结构密封性好,能安全可靠地运行。

水热法一般采用温差法生长晶体。高压釜内充填一定容量和浓度的矿化剂溶液作为溶剂介质。培养料放在高压釜的下部溶解区,籽晶悬挂在高压釜的上部生长区,两者之间存在一定的温度差。下部溶解区的温度(T_1)较高,以促进培养料溶解。上部生长区的温度(T_2)较低,以获得过饱和溶液。溶解区和生长区的温差驱动溶液的对流和溶质的输运,使溶质不断从溶解区输运至生长区。晶体生长的条件是确保生长区的溶液始终处于亚稳过饱和状态。

2.3.3 水热法晶体生长特征

水热法晶体生长是基于结晶物质 A(培养料)溶液的平衡浓度(C_A)与压力(P)、温度(T)和

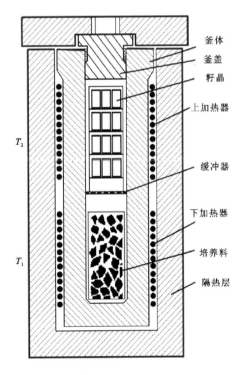

图 2-7 水热法晶体生长装置
(高压釜)示意图[24]

矿化剂浓度(C_B)等参数之间的关系。特征是通过加入矿化剂 B 并在高温高压条件下使物质 A 在水中的溶解度提高,并获得适当的过饱和度。对于具有正溶解度温度系数的物质,可以采用如图 2-7 的高压釜,通过调控温度 T_1 和 T_2($T_1 > T_2$),建立适当的温度梯度,使生长区的溶液处于亚稳过饱和状态,实现晶体生长。对于溶解度温度系数为负的物质,则采用相反的温度梯度,即 $T_1 < T_2$。在这种情况下,一般采用水平高压釜,以利于晶体生长控制。可以通过改变溶解区和生长区的温度与位置,使晶体周期性重复生长。下面重点讨论具有正溶解度温度系数物质的晶体生长特征。

在高压釜中,溶液的密度(ρ_c)与温度和溶液的浓度有关。由于下部溶解区的温度(T_1)和溶液浓度(C_1)与上部晶体生长区的温度(T_2)和溶液浓度(C_2)不同,因此 ρ_c 沿着高压釜轴向变化。一般来说,溶液密度随溶液浓度的增高而增大,随温度升高而降低。如果溶解区的溶液密度 $\rho_c(C_1, T_1)$ 小于生长区的溶液密度 $\rho_c(C_2, T_2)$,则上部溶液向下流动,而下部的溶液向上流动。在溶解区,高温引起热膨胀,使溶液密度降低,同时物质不断地溶解,又会引起溶液密度增加。因此,当建立的温度梯度使热膨胀引起的溶液密度降幅大于物质溶解引起的密度增幅时,对流就会发生。这种对流状态直到培养料全部溶解后才会结束。

在水热条件下,各晶面的生长速率 v 与过饱和度 ΔC_A 为线性关系[24],有:

$$v = \beta \Delta C_A \tag{2-4}$$

式中,β 为动力学系数。由于 ΔC_A 与溶解区和生长区之间的温差(ΔT)是线性关系,因此晶体生长速率与 ΔT 之间也是线性关系。

在过饱和度恒定的情况下,晶面的增长速率随温度升高而加快。根据式(2-4),系数 β 存在温度依赖性。在许多情况下(尤其是对于快速生长的晶面),β 与 T 的关系满足 Arrenius 方程:

$$\frac{\partial \ln(\beta)}{\partial T} = \frac{E_a}{RT^2} \tag{2-5}$$

式中,E_a 是晶体生长活化能;R 是气体常数。E_a 可以通过 $\ln v - 1/T$ 的线性关系来确定,$\ln v - 1/T$ 坐标中的直线斜率等于 E_a。

晶体生长速率还受压力和矿化剂的影响,因为压力和矿化剂均影响结晶物质的溶解度。研究表明,当结晶物质的溶解度比较高(如 Al_2O_3 达到质量分数 2.5%)时,矿化剂的浓度对晶体生长速率的影响就不明显了。另外,在晶体生长过程中,矿化剂可能被吸附在晶面上,从而阻碍晶体生长。但如果矿化剂离子与吸附于晶面的杂质相互作用,则可能会促进晶相生长。

必须指出,利用温度梯度进行晶体生长的方法仅适用于溶解度随温度有显著变化的物质。溶解度温度系数越大,在相同温度梯度下获得的过饱和度越大。每一种物质都有其维系晶体生长的最低过饱和度,其相对的过饱和度($\Delta C_A / C_A$)一般为 0.01~0.1[24]。

2.3.4 水热法晶体生长实例:水晶的生长

水晶是成分为 SiO_2 的晶体。自然界的 SiO_2 晶体又称石英,是主要造岩矿物之一。石英族矿物有多个品种,其中 α-石英(又称低温石英)分布最为广泛,β-石英(又称高温石英)

和柯石英等也比较常见。天然石英无色透明,质地坚硬,稳定性好。在常温常压条件下,没有已知溶剂能使石英溶解达到适当的溶解度。但是在高温高压条件下,石英在水中具有一定的溶解度,如图 2-8 所示,这为水热法生长水晶奠定了基础。

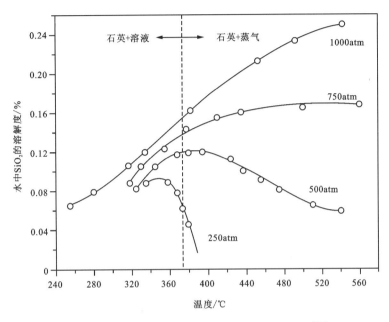

图 2-8 石英在不同温度和压力下的溶解度曲线[26]

水晶的生长通常采用高纯度的天然石英为原料(培养料),以 NaOH、NaCl 或 NaCO₃ 为矿化剂。将培养料放置于高压釜的底部,然后加入矿化剂水溶液,充填度为 80%。溶解区温度控制在 400℃,生长区温度控制在 360℃,温差为 40℃[23]。高压釜中压力约为 145MPa。随着溶解区的石英不断溶解,形成饱和溶液。在温差的驱动下,溶液向上移动至温度较低的生长区,达到亚稳过饱和状态,使悬挂在上部生长区的籽晶生长。晶体生长过程中,消耗掉溶质的溶液在温度梯度的驱动下向下移动,而新鲜的饱和溶液则向上移动,形成对流。生长区溶液始终保持在亚稳过饱和状态,使晶体持续生长,最终获得大尺寸的水晶晶体。在实际生产中,使用的高压釜尺寸较大,生长区可以悬挂多层籽晶,从而实现水晶的大规模生长。

2.4 高温溶液法(助熔剂法)晶体生长技术

高温溶液法又称助熔剂法或熔盐法。该方法采用助熔剂在高温下将溶质溶解形成高温溶液,再通过控制高温溶液的过饱和度,进行晶体生长。助熔剂具有远低于溶质的熔点,能使溶质相(原料)在较低温度下与助熔剂形成高温溶液,从而在较低温度下实现晶体的生长。由于高熔点物质总有与之对应的助熔剂,因此该方法适用范围广泛。

2.4.1 助熔剂及其选择

助熔剂种类繁多,概括来说,有两种类型:一类是金属,主要用于半导体单晶的生长;另一类为氧化物和卤化物等化合物,主要用于氧化物和离子晶体的生长。化合物助熔剂有四大类[7]:①简单离子性盐类,如 NaCl、LiF 等,其溶解能力低,使用少;②极性化合物,如 Bi_2O_3、PbO、PbF_2 等,其在熔融状态下的导电性、溶解能力很强,常与溶质形成复杂的离子团(络合离子),具有很强的离子性,应用广泛,如钇铝石榴石(YAG)晶体生长时采用 PbO/PbF_2 作为助熔剂,其熔点为 495℃;③网络溶液,以硼化物为代表,其熔点低,挥发性低,应用广泛;④复杂反应溶液,如钨酸盐、钼酸盐、卤化物等,其与溶质有较强的键合能力,在晶体生长过程中常有化学反应发生,因而应用不广泛。

采用高温溶液法生长晶体,助熔剂的选择是关键。在进行助熔剂选择时,必须考虑以下几个方面的物理化学性质。

(1)对溶质有足够大的溶解度,一般应为 10%~50%,且在生长温度范围内有适当的溶解度温度系数。如果溶解度温度系数过大,生长速率不易控制,常引起自发成核;如果溶解度温度系数过小,晶体生长速率会很小。

(2)与溶质的作用应是可逆的,不形成稳定的其他化合物,晶体是唯一稳定相,且在晶体中的固溶度应尽可能小。

(3)应具有尽可能低的熔点和尽可能高的沸点,以便有较宽的生长温度范围可供选择。

(4)应具有尽可能小的黏滞性,以利于溶质和能量的输运。

(5)在熔融状态时,其密度应与晶体材料相近,以获得浓度均一的高温溶液。

(6)应具有很低的挥发性(除助熔剂蒸发法外)和很弱的毒性,且对坩埚无腐蚀性。

(7)应可溶于对晶体无腐蚀作用的溶液如水、酸、碱溶液等,以便生长后将晶体与助熔剂进行有效分离。

2.4.2 生长方法的选择

高温溶液法的原理与溶液法类似,晶体生长的驱动力是溶液的过饱和度,因此晶体生长的基本条件是使溶液产生适当的过饱和度。可根据高温溶液的特征,选用缓慢冷却、溶剂蒸发、温度梯度等工艺。图 2-9 为典型的高温溶液溶解度曲线。在过饱和高温溶液中,也存在亚稳过饱和区。在亚稳过饱和区内,不会发生自发成核,但有籽晶时,可以生长晶体。

在图 2-9 中,路径 A→B→C 为通过降温使溶液从不饱和区进入亚稳过饱和区,如果不添加籽晶,B 点可选择靠近不稳定区一侧,利用自发成核形成少量晶核,然后在亚稳过饱和区内缓慢降温生长,对应的晶体生长方法称缓冷法。路径 A→D 为在保持温度不变的情况下使溶液从不饱和区进入亚稳过饱和区,实现这一目标的途径是移去溶剂,即使溶剂蒸发,对应的晶体生长方法称为蒸发法。路径 E→F 为在不饱和区与亚稳过饱和区之间形成温差,通过温度梯度输运使晶体生长,对应的方法称温差法或温度梯度输运法。

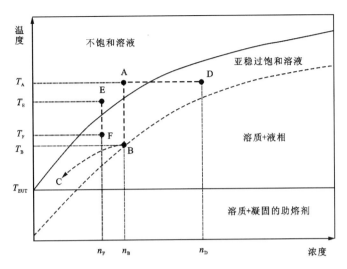

图 2-9 典型高温溶液的溶解度曲线及产生过饱和度的途径

2.4.3 高温溶液法生长工艺

2.4.3.1 缓冷法

缓冷法是在高温溶液中生长晶体最为简单的方法,典型生长装置如图 2-10 所示。将生长原料与助熔剂混合后装入坩埚中,然后放入高温炉内,将温度升至熔点以上十几摄氏度至 100℃,保温一段时间,使物料充分熔融、均化,形成高温溶液,然后缓慢降温。降温速率一般为 0.1～5℃/h。坩埚的底部温度一般比上部低几摄氏度至几十摄氏度,以利于底部成核生长。在降温过程中,当高温溶液进入不稳定区一侧时,发生自发成核。这一过程需谨慎控制,以免因成核数量太多而无法生长出优质的大晶体。产生有效数量的晶核后,高温溶液保持在亚稳过饱和区内缓慢降温,使晶体持续生长,直至接近共熔点(T_{EUT})。完成生长并将温度降至室温后,通过水洗、酸洗或碱洗,将晶体与助熔剂分离。

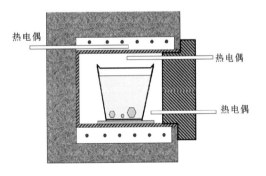

图 2-10 典型缓冷法晶体生长装置

2.4.3.2 助熔剂蒸发法

助熔剂蒸发法是通过蒸发助熔剂使高温溶液过饱和,从而实现晶体生长。该方法是在适当的温度下恒温生长,因而不需要降温控制,生长设备比较简单。但由于要求助熔剂有足够高的挥发性,而助熔剂蒸气多有毒和腐蚀性,危害大,需做好防护,因此生长设备一般为密封装置。图 2-11 为助熔剂蒸发法晶体生长装置示意图。助熔剂可采用两种不同的方法回收。在图2-11a的装置中,利用挡热板在高温溶液上部形成较低的温度,使蒸发的助熔剂冷凝,并通过容器收集冷凝的助熔剂,使高温溶液逐渐达到晶体生长所需的过饱和度。图2-11b采用冷凝管对助熔剂蒸气进行冷凝,冷凝管的下部放置有收集容器,收集冷凝的助熔剂。

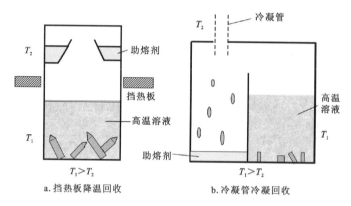

图2-11 助熔剂蒸发法晶体生长装置及助熔剂回收方法示意图

助熔剂蒸发法一般采用自发成核的方法获得籽晶。自发成核发生在初始阶段,随着助熔剂的蒸发,溶液逐渐过饱和,并达到不稳定区一侧,从而发生自发成核。这一过程必须谨慎控制,以避免过多晶核的形成。一旦有适当数量的晶核形成后,就将溶液维持在亚稳过饱和状态,使晶体逐渐长大。

2.4.3.3 温差法

温差法是利用原料溶解区与晶体生长区之间的温度差异,在生长区形成亚稳过饱和的高温溶液,通过籽晶生长晶体,生长装置如图2-12所示。温差法有两种主要的生长方式:一是将籽晶浸泡在高温溶液中生长;二是通过籽晶提拉的方法进行生长。在生长过程中,晶体生长与原料溶解过程同步发生,溶质通过温度梯度及籽晶转动的驱动,不断从下部溶解区传输至上部生长区,消耗掉溶质的助熔剂则向下移动,形成对流。生长区的高温溶液始终保持亚稳过饱和状态,使晶体持续生长,形成大尺寸晶体。

2.4.3.4 薄层溶剂浮区法

该方法把原料做成棒状,然后将一薄层助熔剂放置在籽晶和多晶原料棒之间,以高梯度温度场加热,多晶原料在助熔剂作用下发生部分溶解,形成薄层状高温溶液。薄层高温溶液与籽晶之间存在温度差,产生浓度梯度,使物质向低浓度冷晶面扩散,从而形成过饱和,使晶体生长。多晶原料棒与加热装置之间做缓慢的相对移动,可以是多晶棒移动(图2-13a),也可以是加热装置移动(图2-13b)。控制好薄层熔区的移动速度,使晶体生长与熔区移动速率相匹配。当薄层熔区从多晶棒的一端移动至另一端时,晶体生长结束,形成单晶体。

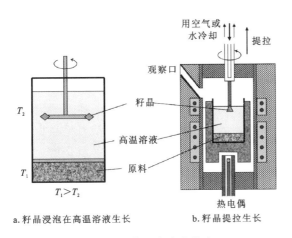
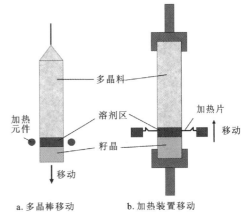

图 2-12 高温溶液温差法晶体生长装置示意图　　　图 2-13 薄层溶剂浮区法晶体生长示意图

2.5 熔体法晶体生长技术

熔体法是生长大单晶及特定形状单晶常用和最重要的方法,已广泛用于元素半导体、金属、氧化物、卤化物、硫族化合物等晶体的生长。熔体法具有生长速度快、晶体完整性好、纯度高、缺陷少、尺寸和形态可控等优点。采用熔体法生长的晶体最具代表性的是单晶硅。目前,市场上单晶硅主流产品的尺寸已是 12 英寸(1 英寸≈25.4mm)直径,报道的最大晶体直径已达 18 英寸(450mm),其不仅尺寸大,而且质量高。单晶硅片作为半导体集成电路的基础材料,其质量能够满足纳米级线宽的半导体工艺要求。

2.5.1 熔体体系及晶体生长条件

熔体法晶体生长要求材料熔融时不发生分解,没有多晶型转变,且化学活性低,或者在熔点具有可控的蒸气压。熔体体系主要有两种类型:一是晶体与熔体成分相同,即单元体系;二是晶体与熔体成分不同,即二元或多元体系,如元素掺杂体系、化合物体系以及多元固溶体体系等。在单元体系的晶体生长过程中,晶体与熔体的成分保持不变,熔点不变,因此容易生长出高质量的晶体,如单晶硅、锗等。二元或多元体系在晶体生长过程中,晶体与熔体的成分不断变化,熔点(或称凝固点)也随之发生变化,因此生长过程比较难以控制,较难生长出均匀的单晶。在固溶体体系中,如果某一组分浓度超过其在晶体中的固溶度极限,会产生组分偏析,从而破坏晶体生长。

熔体法晶体生长是一个复杂的多因素作用过程,不仅涉及固-液平衡问题,而且还存在固-气平衡和液-气平衡问题。从熔体(液相)到晶体(固相)的相变,伴随着结构的变化,熔体性质(如黏度、密度等)也会发生变化。杂质在熔体和晶体中的溶解度(固溶度)的不同,会引起熔体中杂质浓度随着晶体生长的进行而不断发生变化,从而影响熔体的性质甚至熔点的变化。某些晶体材料(如 GaAs、PbTiO$_3$ 等)具有较高的蒸气压或解离压,在高温下发生组分蒸发而使熔体成分偏离其化学计量比,使晶体生长变得困难。尽管熔体法晶体的生长过程很复杂,但是随着晶体生长技术的发展,各种晶体生长设备不断被设计和生产出来,使晶体生长过程中的各种问题逐渐得到解决,如高压单晶炉的出现,解决了高蒸气压或解离压材料的晶体生长问题,使这类材料的单晶生长得以实现。

熔体法生长过程只涉及从液相到固相的相变过程,是熔体在受控制的条件下的定向凝固。因此,晶体生长的必要条件是生长界面处于过冷状态。结晶过程的驱动力是晶相与熔体相之间的自由能之差 ΔG。而 ΔG 与过冷度 ΔT 成正比关系,因此加大 ΔT 就是增大结晶驱动力,从而促进晶体生长。对于自发成核体系,在结晶的起始阶段必须提供很大的过冷度,但在成核之后又要迅速控制 ΔT,使其处在合适的范围,以确保生长出单晶。

2.5.2 熔体法晶体生长工艺

从熔体中生长晶体的技术方法多种多样,具体的晶体生长方法需根据材料的物理化学性质进行选择。总体来看,熔体法晶体生长技术可分为从坩埚中生长和无坩埚生长两大类,常用的生长方法有提拉法、泡生法、坩埚移动法、热交换法、区熔法、基座法、焰熔法等。

2.5.2.1 提拉法

提拉法又称 Czochralski 法,它的发现可追溯到 1916 年[27]。当时,Czochralski 在研究金属熔体时,不小心将笔浸入坩埚的熔体中,拉出笔时,在笔端得到一个结晶的金属小球。后经研究发现,这个球竟是单晶,由此发明了提拉法晶体生长技术。在初期该技术主要用于金属单晶生长。1950 年,美国学者把该方法用于锗单晶生长。从此,提拉法发展成熔体法晶体生长技术中最常用的方法之一。目前,提拉法不仅应用于半导体和金属晶体生长,而且可用于生长某些高熔点氧化物如蓝宝石、红宝石、石榴子石、钨酸盐、钼酸盐等晶体。利用该方法已经生长出直径达 450mm 的半导体和卤化物晶体以及直径达 200mm 的氧化物晶体。

在提拉法晶体生长过程中,通过籽晶从熔体中缓慢拉出,实现晶体生长,熔体温度是恒定的或以预定方式变化,晶体和坩埚不接触,从而可实现晶体的高质量生长,生长装置如图 2-14 所示。将生长原料装入坩埚中,并加热至其熔点以上,形成熔体。然后将带籽晶的提拉杆下降至籽晶与熔体接触,再缓慢旋转提升。在此过程中,控制好熔体温度,确保籽晶不被熔掉。由于籽晶相对于熔体而言温度较低,因而在晶体与熔体界面处形成温差,产生温度梯度,这是晶体生长的驱动力。

温度梯度决定了晶体生长过程的主要特征,包括晶体生长速率、晶体尺寸和晶体生长界面形状等。要获得恒定的温度梯度,提拉速率与结晶速率应保持一致。在温度梯度保持不变的情况下,增加提拉速率,会引起晶体直径减小。提拉速率的急剧增加

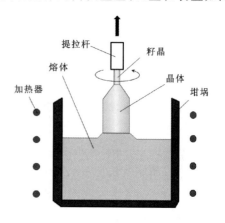

图 2-14 提拉法晶体生长示意图

可能使晶体与熔体分离,从而导致晶体生长过程中断;而降低提拉速率,可使晶体直径增大,但如果提拉速率过低,则可能会导致多晶生长。

在晶体生长体系中,穿过晶体-熔体界面的输入热量 q_{in} 是与结晶有关的热量 q_L 和熔体热流 q_M 之和,即:

$$q_{in}=q_L+q_M \tag{2-6}$$

其中,

$$q_L=A\rho_s\Delta H_{fus}\frac{dx}{dt} \tag{2-7}$$

式中,A 是靠近液-固界面穿过液体的等温面面积,由于非常靠近界面,可近似看作是晶体在液-固界面处的面积;ρ_s 为固体密度;ΔH_{fus} 为结晶热;dx/dt 为生长速率,其近似等于提拉速率。由式(2-7)可见,生长速率与 A 成反比,因此提拉速率越快,生长的晶体直径越小。

熔体热流由下式计算:

$$q_M=Ak_L\frac{dT}{dx_L} \tag{2-8}$$

式中,k_L 是液相的热导率;dT/dx_L 是液相的温度梯度。

q_{in} 也是流经晶体的热流,可由下式得出:

$$q_{in}=Ak_s\frac{dT}{dx_s} \tag{2-9}$$

式中,k_s 是晶体的热导率;dT/dx_s 是晶体的温度梯度。

将式(2-7)、式(2-8)和式(2-9)代入式(2-6),得:

$$Ak_s\frac{dT}{dx_s}=A\rho_s\Delta H_{fus}\frac{dx}{dt}+Ak_L\frac{dT}{dx_L} \tag{2-10}$$

即:

$$\frac{dx}{dt}=\frac{1}{\rho_s\Delta H_{fus}}\left[k_s\frac{dT}{dx_s}-k_L\frac{dT}{dx_L}\right] \tag{2-11}$$

由此可见,提拉法晶体生长速率取决于熔体和晶体的温度梯度。如果拉伸速率超过式(2-11)给出的 dx/dt 值,则晶体会从熔体中分离出来。如果拉伸速率小于式(2-11)给出的 dx/dt 值,则 A 增加,即提拉速率降低,晶体直径增大。如果 dT/dx_L 为负值,则熔体过冷,界面将快速推进,出现树枝状生长。而当 dT/dx_L 接近 0 时,晶体生长速率达到最大值,即:

$$\left(\frac{dx}{dt}\right)_{max}=\frac{1}{\rho_s\Delta H_{fus}}\left[k_s\frac{dT}{dx_s}\right] \tag{2-12}$$

可见,晶体生长的最大速率取决于晶体的温度梯度。为了获得良好晶体质量,实际生长速率比式(2-12)计算的最大值低 30%～50%,为 10^{-4}～10^{-2} mm/s[23]。

随着相关技术的进步与发展,提拉法晶体生长技术也不断得到发展与改进,其中最为重要的技术进步有以下几个方面。

(1)晶体直径的自动控制技术。提拉法是最早发展出生长过程全自动控制的技术之一。该生长控制系统采用具有极高灵敏度、准确性和可靠性的称重设备对装有熔体的坩埚或晶体的质量进行连续自动称量,并通过控制程序,实现对晶体生长过程的自动化控制,从而提高晶体的质量和成品率。

(2) 液相封盖技术和高压单晶炉生长技术。该技术使某些具有较高蒸气压或高解离压的材料的生长变成现实。例如Ⅲ-Ⅴ族元素熔体的蒸气压不一致，一般Ⅴ族元素的蒸气压高于Ⅲ族元素的蒸气压。在晶体生长过程中，熔体逐渐富含Ⅲ族元素，使熔体成分发生变化，从而影响晶体生长质量。为避免Ⅴ族元素损失，使用惰性液体（比如熔融的氧化硼）将熔体完全覆盖。传统提拉法和液相封盖技术的缺点是存在散热问题，其会使晶体产生径向温度梯度。对于大直径晶体生长来说，需要更加均匀的温度场和较低的温度梯度。实现该目标的有效方法是采用高压单晶炉生长技术。

(3) 导模生长技术。导模生长技术是实现晶体形状和尺寸控制的生长技术[23]。该技术采用各种形态的模具，使熔体通过模具进行生长，如图2-15所示。通过导模生长，可对晶体的形状和尺寸进行精确控制，晶体质量和均匀性也可以得到改善。利用该技术，已经生长出片状、带状、管状、纤维状以及其他特殊形态的晶体，如复杂形状的蓝宝石晶体、管状硅晶体、带状氧化物晶体等。

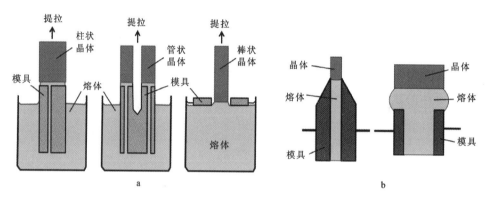

图2-15 导模法晶体生长示意图(a)及不同模具的熔体与晶体界面特征(b)

从生长工艺来看，提拉法具有多方面的优点，包括对晶体生长条件能进行很好的控制、晶体生长比较快、晶体质量高、能生长大尺寸单晶等。当然，提拉法也存在缺点，比如仅适用于完全融化或接近全融化的材料生长；采用坩埚生长存在高温熔体与坩埚反应的问题；生长设备价格昂贵，投资成本高等。尽管提拉法存在缺点，但其仍是高质量大单晶生长的最重要技术。

2.5.2.2 泡生法

泡生法又称Kyropoulos法，是一种通过受冷的籽晶与熔体接触，并缓慢均匀降低熔体温度，实现晶体在坩埚中生长的技术，如图2-16所示。为了促进晶体在坩埚内生长，在熔体降温的同时，稍微上提

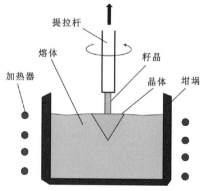

图2-16 泡生法晶体生长示意图

晶体,以产生一定的温度梯度。在晶体生长的不同阶段,冷却速率和提拉速率之间的关系在很大程度上决定着晶体的形状和质量。线性的温度降低和恒定的提拉速率会产生梨形晶体。在晶体生长初期,温度梯度大,晶体生长快,容易产生宏观缺陷和微观缺陷,因此初期必须降低晶体生长速率。当晶体直径变得与坩埚的内径相当时,随着晶体的生长,坩埚中熔融的液面也逐渐降低。熔体液面下降速率 v_d 与晶体直径 d、坩埚直径 d_c 和晶体提拉速率 v_n 之间存在以下关系[24]:

$$\frac{v_n}{v_d} = 1 - \left(\frac{d}{d_c}\right)^2 \tag{2-13}$$

为了获得稳定的晶体直径 d,v_n/v_d 必须保持不变。随着温度的不断降低,晶体从坩埚的顶部开始向下生长,直到坩埚中的熔体全部耗尽。在生长过程中,适当转动晶体可改善熔体温度分布的均一性。当然,也可以不转动晶体进行生长。由于晶体生长过程中热交换条件不断发生变化,这给晶体生长控制造成困难,因此泡生法的晶体生长过程必须采用自动化控制。

泡生法适合多组分或含某种过量组分体系的晶体生长。利用泡生法已生长出直径超过 350mm、质量达 80kg 以上的蓝宝石晶体。

2.5.2.3 坩埚移动法

坩埚移动法是一种熔体定向生长晶体的技术,包括坩埚垂直移动和水平移动技术。坩埚移动法的优点是能制造出大直径晶体,常用于生长熔点不高的材料如 Sb、Bi、Cd、In、Pb、Se、Te 和 PbTe 等晶体,碱金属、碱土金属的卤化物晶体以及低熔点化合物单晶。

坩埚垂直移动技术由 Bridgman 提出,后经 Stockbarger 改进,故该方法又称 Bridgman-Stockbarger 法[23,24,26],生长原理如图 2-17a 所示。在生长炉中加入挡板,使生长区产生温度突变,形成较大的垂直温度梯度。坩埚一般采用熔融石英或耐热玻璃管,根据原料的熔点选择。将生长原料装入管状坩埚后密封,垂直悬挂在梯度炉中。坩埚在炉子中部高温区停留一定时间,使原料完全熔化。然后将坩埚缓慢下降,从高温区逐渐进入较低温度的生长区,使熔体过冷,成核并生长晶体。这是一个自发成核的过程。如果管状坩埚底部最先自发

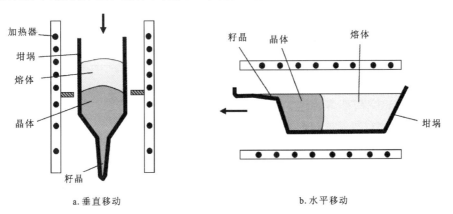

图 2-17 坩埚移动法示意图

成核产生的籽晶是多晶,则整个坩埚内形成的晶体就是多晶的;如果最先形成的籽晶是单晶,则生长的晶体是单晶。为了增加生长出单晶的机会,坩埚的底部做成圆锥形尖端或细管状等特殊形状。当坩埚底部的尖端进入生长区时,率先成核,并生长成籽晶。随着坩埚逐渐缓慢下降,熔体的凝固过程从坩埚的一端向另一端扩展,在籽晶的引导下逐渐生长成单晶体。

坩埚水平移动晶体生长技术也是由 Bridgman 提出,其原理与垂直移动方法基本相同,如图 2-17b 所示。

2.5.2.4 热交换法

热交换法晶体生长装置如图 2-18 所示。晶体生长驱动力是加热器和热交换器产生的热场变化。坩埚的底部设有热交换器,其通过气体或液体冷却剂来实现散热,从而在坩埚底部产生温度梯度。在原料加热熔化过程中,由于坩埚底部热交换器的冷却,籽晶不熔化。籽晶放在坩埚底部中间,通过控制热交换器冷却气流或液体冷却剂的流量来控制籽晶附近的温度梯度,为晶体生长创造条件。增大温度梯度,使籽晶逐渐长大,最终遍及整个坩埚。

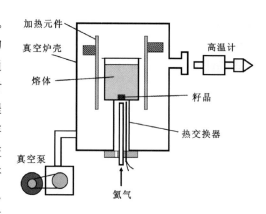

图 2-18 热交换法晶体生长装置示意图

热交换法可用于生长大直径单晶。利用该方法生长的蓝宝石晶体最大直径达 380mm,质量为 84kg[24]。

2.5.2.5 区熔法

区熔法是通过控制原料的区域熔化来进行晶体生长的技术,包括水平区熔法和浮区法。

1. 水平区熔法

水平区熔法是水平坩埚移动晶体生长技术的改进和发展,生长方法如图 2-19 所示。原料装在坩埚中,通过局部加热,使原料的狭小区域在其他部分均处于固态时发生熔融,在籽晶与原料之间建立局部熔化区。籽晶可以专门引入,也可以通过控制成核自发形成。将坩埚制成小船形状,其一端非常狭窄甚至为毛细管状,以便在有限的空间内迅速产生局部过冷,从而有利于形成单晶核。在晶体生长的过程中,坩埚缓慢通过高温区,熔区会从一端向另一端移动,晶体也随之生长,扫过整个坩埚。

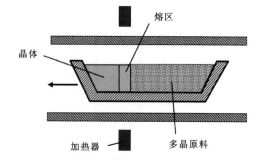

图 2-19 水平区熔法晶体生长示意图

2. 浮区法

浮区法是一种无坩埚的晶体生长技术,它的突出优点是生长的晶体具有高纯度,生长方法如图 2-20 所示。原料先制成棒状,然后局部加热形成狭窄的熔区,就像晶体与原料棒之间存在一个浮动熔化区。该熔融区域由熔体的表面张力支撑。浮区的机械稳定性取决于棒的半径、熔区的厚度、熔体的表面张力、熔体的密度以及液-固界面的形状[28]。

在晶体生长过程中,熔区沿原料棒向上或向下移动,使生长界面由棒的一端移向另一端,整个原料棒逐渐形成单晶。熔区收缩或扩展会引起晶体直径的变化。如果原料棒不够致密,熔体会填充棒中的孔洞,使得熔体的厚度难以控制。因此,原料棒必须采用铸造、烧结、区域熔化或热压等方法制备,以提高其致密性。原料棒两端由卡盘固定。加热源可以选用电阻丝加热、射频感应加热、电子轰击加热、辐射加热、光聚焦加热等。熔区的移动既可以通过移动加热器也可以通过移动原料棒来实现。熔区的移动方向对某些晶体的生长可能有一定影响,如熔区向上移动更加有利于硅晶体的生长。籽晶的引入可以使晶体生长具有所需的取向。如果不使用籽晶,则生长的单晶取向将是不可控的。

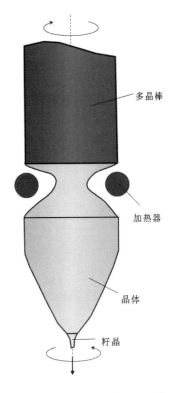

图 2-20 浮区法晶体生长示意图

2.5.2.6 基座法

基座法与浮区法相似,也是一种无坩埚晶体生长技术。基座法的多晶原料被做成比生长晶体直径大得多的原料块,通过激光等热源对原料块的顶部进行加热,使其上端熔化,在一定区域范围内形成熔体,然后将籽晶与熔体接触,采用向上旋转提拉工艺使晶体生长,如图 2-21 所示。

基座法既具有提拉法的晶体生长特点,又具有无坩埚生长技术的优点,适合高纯度晶体和某些特殊材料晶体的生长。

2.5.2.7 焰熔法

焰熔法又称 Verneuil 法,是第一种工业晶体生长技术,由 Verneuil 于 1902 年开发。该技术的原理是:将细

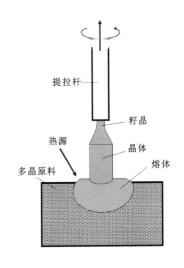

图 2-21 基座法晶体生长示意图

小的原料粉末撒入燃烧器中,使其熔融形成熔体液滴,并落入下方的籽晶顶部,通过籽晶与熔体液滴之间的温差使晶体生长[23,24,26],生长装置如图2-22所示。

焰熔法在早期主要是针对红宝石、蓝宝石晶体生长而开发的。燃烧器的加热方式在初期采用氢氧火焰,后来又发展了乙炔火焰和一氧化碳氧气火焰,但这种火焰很难在结晶区获得足够纯净的气氛。随着技术的进步,燃烧器的加热方式不断得到发展,新的加热技术如射频感应、等离子体、感应耦合等离子体、高温电弧以及大功率光源加热等被采用。材料的加热温度可达3000℃,一些高温材料也因此可以采用该方法进行晶体生长。尽管这些新的加热技术各有优点,但目前使用最广泛的加热源仍然是氢氧火焰。

给料装置位于燃烧器之上。给料速度的均匀性决定了晶体的生长质量和重复性。运作方式包括冲击或振动给料以及连续给料。在工业上采用锤驱动筛式给料器进行不连续的给料。

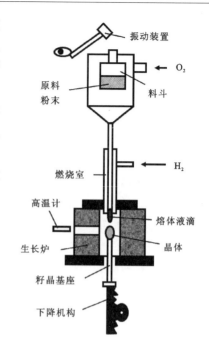

图2-22 焰熔法晶体生长装置示意图

晶体生长炉位于燃烧器下方,籽晶放置于炉中的基座上。生长炉必须具有良好的隔热性,并能进行独立加热控温,以降低晶体与熔体之间过高的温度梯度,消除热场不对称性。在生长中引入自动化控制,可以较好地消除各种影响因素,保持生长区和冷却区温度梯度等条件的稳定性,提高晶体生长质量。通过对籽晶基座运动方式的控制,可以生长出不同形态的晶体,包括棒状、板状、圆盘、管状、碗状等特殊形状。迄今为止,采用焰熔法已经生长出100多种不同的晶体,但该方法最适用于蓝宝石、红宝石和其他颜色刚玉晶体的生长[23]。

焰熔法生长晶体有以下优点[24]:①无坩埚生长,避免了与坩埚有关的问题;②在整个晶体生长过程中保持掺杂的均匀性;③可以通过改变燃烧气体中H_2/O_2的比例,调控结晶介质的氧化还原电位;④可以在晶体中引入大量的掺杂组分,甚至进行梯度掺杂或局部掺杂的晶体生长,如生长出含有蓝宝石带的红宝石棒状晶体;⑤生长技术简单,晶体生长成本较低。

该技术的主要缺点是生长区温度梯度高,可能导致生长的晶体中出现较高的残余应力。另外,该方法生长的晶体在结构完整性方面比不上其他熔体法生长的晶体。

2.5.3 熔体法晶体生长实例:单晶硅的生长

单晶硅是现代半导体产业的主导材料,是集成电路(IC)的基础。尽管已经有一些其他重要的半导体晶体被开发利用,而且硅在某些电子产品中并非最佳选择,但是由于硅有其独特的优势,如原料丰富、无毒无害、稳定性好、制造和加工工艺成熟、成本低廉等,故可以肯定在很长的时间内单晶硅还将主导半导体产业。

2.5.3.1 多晶硅原料的制备

硅是自然界中储量最丰富的元素,主要以 SiO_2 的形式存在。单晶硅的生长首先是将 SiO_2 还原成多晶硅,经提纯成半导体级多晶硅后,再作为原料生长单晶硅[17,29]。半导体级多晶硅的生产工艺流程如图 2-23 所示。

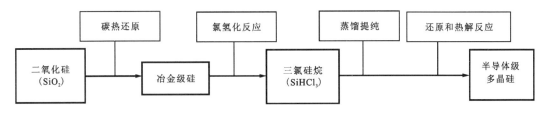

图 2-23 半导体级多晶硅的生产工艺流程图

1. 冶金级多晶硅的制备

冶金级硅采用碳热还原法生产,由石英(SiO_2)和焦炭冶炼而成。在 1500~2000℃ 的高温下,石英与焦炭发生还原反应,反应式如下:

$$SiO_2 + 2C \longrightarrow Si + 2CO \uparrow \qquad (2-14)$$

由于石英原料中存在各种杂质,因此在实际冶炼过程中发生的反应要复杂得多。通过该工艺获得的冶金级硅纯度为 98%~99%。

2. 半导体级多晶硅的制备

冶金级多晶硅要达到半导体级纯度要求,需要进一步精炼。基本原理是:采用无水 HCl 与冶金级多晶硅粉末在流化床反应器中反应,形成各种氯硅烷化合物;然后将硅烷通过蒸馏和化学气相沉积进行纯化,以形成半导体级多晶硅。产生的中间化合物包括甲硅烷(SiH_4)、四氯化硅($SiCl_4$)、三氯硅烷($SiHCl_3$)和二氯硅烷(SiH_2Cl_2)等。其中,多晶硅沉积通常使用 $SiHCl_3$,原因是:①可在较低温度(200~400℃)下通过无水 HCl 与冶金级多晶硅反应形成;②在室温下为液体,可使用标准蒸馏技术进行纯化;③操作简便,干燥后可用碳钢罐存放;④液态三氯硅烷很容易气化,当与氢气混合时,可用钢管传送;⑤在氢气存在时可在大气压下将其还原;⑥它的沉积可以在加热的硅上进行,无需与其他物质接触,避免可能的污染;⑦能在较低的温度(1000~1200℃)下反应,且反应速率更快。

$SiHCl_3$ 是在流化床反应器中于 300℃ 左右形成,反应式为:

$$Si + 3HCl \longrightarrow SiHCl_3 + H_2 \qquad (2-15)$$

这是一个放热反应,需除去热量以最大程度地提高 $SiHCl_3$ 的产率。在制备 $SiHCl_3$ 过程中,冶金级硅中的杂质如 Fe、Al、B 等会转化为卤化物($FeCl_3$、$AlCl_3$、BCl_3),同时还会产生一些副产物如 $SiCl_4$ 等。$SiHCl_3$ 具有低的沸点(31.8℃),采用蒸馏的方法可以将其与其他卤化物分离,获得高纯度的 $SiHCl_3$,其杂质浓度低于 1×10^{-9},这种高纯度 $SiHCl_3$ 再经蒸发,然后用高纯度氢气稀释,送入沉积反应器中,在石墨电极支撑的细硅棒表面加热发生还原反应,形成多晶硅沉积,反应式为:

$$SiHCl_3 + H_2 \longrightarrow Si + 3HCl \tag{2-16}$$

在多晶硅沉积过程中,同时发生以下反应,形成副产物 $SiCl_4$,反应式为:

$$HCl + SiHCl_3 \longrightarrow SiCl_4 + H_2 \tag{2-17}$$

$SiCl_4$ 可以被回收利用,比如用于制备高纯二氧化硅。

使用氢气在加热的硅棒上还原 $SiHCl_3$ 的方法通常称为西门子法。该方法的主要缺点是硅和氯的转换效率低、产量低及功耗高。为了提高原料利用率,西门子法被进行了改良,发展成为改良西门子法。该工艺增加了一些附加处理环节,将尾气中的有毒、腐蚀性气体 H_2、HCl、$SiCl_4$、$SiHCl_3$、SiH_2Cl_2 等分离出来,并将 H_2、HCl 和 $SiHCl_3$ 直接进行重复使用,$SiCl_4$ 则经过额外的氢化处理后形成 $SiHCl_3$,然后在工艺中重复使用。改良后,多晶硅的生产工艺实现了闭环生产,能耗得到了有效降低,原料利用率得到了显著提高。

另一种重要的多晶硅生产技术是硅烷法。该技术是将硅烷通入以多晶硅晶种为流化颗粒的流化床中,使硅烷裂解沉积,形成颗粒状多晶硅。在工业上,甲硅烷的制备是将镁和冶金级多晶硅粉在氢气条件下加热至 500℃ 合成 Mg_2Si,然后在 0℃ 以下与 NH_4Cl 在液氨中反应,形成甲硅烷(SiH_4)。高纯多晶硅的生产是在 700~800℃ 下对 SiH_4 进行热解反应来实现,反应式为:

$$SiH_4 \longrightarrow Si + 2H_2 \tag{2-18}$$

在 SiH_4 生成过程中,大多数硼杂质通过与 NH_3 反应从硅烷中去除,因此利用该工艺生产的多晶硅中硼含量可降低至 $1 \times 10^{-11} \sim 2 \times 10^{-11}$,这比采用三氯硅烷法制备的多晶硅的硼含量低得多。此外,由于甲硅烷分解不会引起金属腐蚀问题,在传输过程中受金属污染的机会少。因此,该方法产生的多晶硅纯度更高;缺点是甲硅烷制备成本较高,而且易燃、易爆、安全性差。

粒状多晶硅对于后续单晶硅生产有明显优势,其具有较大的表面积,流动性好,堆积密度高,能快速均匀地填充到坩埚中,这为单晶硅生产过程中向稳态熔体均匀进料提供了便利条件。

2.5.3.2 单晶硅的生长

单晶硅的生长有多种技术,但能够满足集成电路要求的单晶硅生长技术主要有两种,即提拉法和浮区法。据估计,目前,采用提拉法生长的单晶硅约占 95%,其余的主要是通过浮区法生长[29]。

作为集成电路的基础材料,半导体行业对单晶硅的纯度和缺陷浓度有着十分严格的要求。同时,为了降低生产成本,生产商越来越追求大直径的单晶硅。因此,高纯度、无缺陷、大直径是单晶硅发展的方向。

1. 单晶硅的浮区法生长

浮区法作为一种无坩埚晶体生长技术,可有效避免单晶硅生长过程中产生可能的杂质污染,确保晶体能达到半导体纯度要求,其生长工艺如图 2-24 所示。将半导体级多晶硅做成棒状,其中一端做成尖端,然后从尖端开始通过线圈加热,形成熔区。将籽晶与熔区接触,进行籽晶引种,并在缓慢转动籽晶的同时向下移动籽晶,使熔体与籽晶界面产生温度梯度,驱动熔体借助籽晶从底部开始逐渐生长成单晶硅。籽晶引种后,首先进行缩颈,可形成直径 2～3mm、长 10～20mm 的细颈。这一过程可以消除在籽晶引种操作过程中因热冲击而可能产生的位错。因此,颈缩技术是生长无位错晶体的基础,不仅在浮区法中,而且在提拉法中也普遍使用。颈缩之后,晶体逐渐长大,形成圆锥形后,进入目标直径的晶体生长。在生长过程中,通过计算机控制,调节加热线圈的功率和行进速率,实现对熔区形状和生长晶体直径的自动化控制。

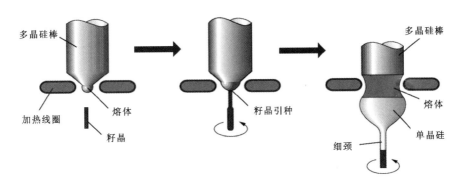

图 2-24 浮区法单晶硅生长工艺示意图[29]

由于籽晶和细颈位于单晶硅的底部,在晶体重心与生长体系的中心线保持一致的情况下,其能够支撑的最大晶体质量为 20kg。如果重心偏离中心线,籽晶很容易破裂。因此,浮区法生长晶体需采用晶体稳定和支撑技术。图 2-25 为浮区法单晶硅生长的一种支撑系统,通过该技术可以实现大单晶硅的生长。

在采用浮区法进行单晶硅生长过程中,也可以进行掺杂,以获得所需电阻率的 n 型或 p 型单晶硅。掺杂技术有多种,但常用的是向熔体区吹送掺杂剂气体,如磷化氢(PH_3)、乙硼烷(B_2H_6)气体,分别进行 n 型和 p 型掺杂。掺杂剂气体通常采用载气如氩气稀释。在晶体生长过程中掺杂时,由于 P 在 Si 中的平衡分凝系数远小于1,因而可能在径向上产生杂质浓度梯度,引起晶体结构变化、缺陷条纹以及电阻率不均匀等问题。

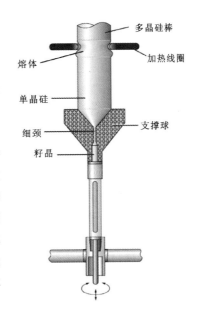

图 2-25 浮区法单晶硅生长支撑系统[29]

浮区法比提拉法生长的单晶硅具有更高的纯度,因而具有较高的电阻率。大部分浮区法生长的单晶硅的电阻率在 10～200Ω·cm 之间。因此,浮区法生长的单晶硅主要用于制造能承受超过 750～1000V 反向电压的半导体功率器件。另外,浮区法生长的单晶硅机械强度较弱,更容易受到热应力的影响。抗热应力机械稳定性差造成了浮区法生长的单晶硅在 IC 器件制造中的使用远少于提拉法生长的单晶硅。在改善浮区法生长单晶硅的抗热应力机械稳定性方面,还有大量工作要做。

2. 单晶硅的提拉法生长

提拉法是一种有坩埚的晶体生长技术,比较适合于大直径单晶的生长。目前,采用提拉法已经生长出直径大于 400mm、长 1800mm 的单晶硅。典型的提拉法单晶硅生长装置如图 2-26 所示,具体生长流程如下。

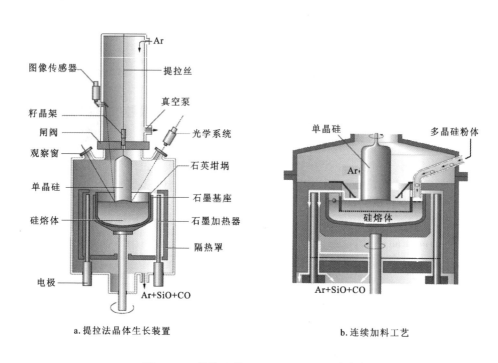

图 2-26 提拉法单晶硅生长工艺示意图[29]

(1)将多晶硅块或粉体装入石英坩埚中,然后在惰性气体中加热至高于硅熔点(1420℃),形成熔体。

(2)熔体在高温下保温一段时间,排出熔融过程中产生的微小气泡,以免引起晶体缺陷。

(3)选择具有所需晶体取向的籽晶,浸入熔体中,直到其自身开始熔化。然后从熔体中拉出籽晶,并通过控制,逐渐减小直径,形成细颈,以消除可能产生的晶体缺陷。这是最精密的步骤。

(4)通过提拉速率及熔体温度的控制,使晶体逐渐长大,直至晶体直径增加到目标直径,并保持恒定,形成圆柱状晶体。在晶体生长过程中,通入惰性气体(氩气),以带走产生的 SiO、CO 等反应产物。

(5)在生长结束之前,必须逐渐减小晶体直径,形成端锥,以最大程度地减少热冲击及位错的产生。当直径足够小时,晶体可与熔体分离而不会产生位错。

缩颈技术在提拉法中被广泛使用,通常细颈控制在 3~5mm 之间,以消除晶体缺陷。但随着大直径单晶硅的生长,这样的细颈已无法承受大单晶的质量。因此,在大单晶生长中,需要适当增大细颈的直径,或者采用无缩颈工艺的生长技术。据报道,细颈直径增大到12mm时,可承受2000kg的大单晶硅。而无缩颈提拉技术也取得了进展,已生长出无位错的直径200mm单晶硅。

在提拉法传统工艺中,石英坩埚仅使用一次,增加了生长成本。为了降低成本,采用连续加料技术已成为提拉法的发展方向。图2-16b为一种单晶硅生长过程中连续加料方案的示意图。该方案采用流动性好的多晶硅粉体为原料,通过振动给料器送入正在生长晶体的坩埚中。为防止进料引起熔体湍流,影响晶体生长,用石英挡板分隔进料区与生长熔体,以确保晶体生长的稳定性。这种连续进料工艺使晶体生长能持续进行,不仅可以节省坩埚成本,而且可以保持热量和熔体流动条件的稳定,有利于生长高质量的单晶硅。

坩埚的使用对单晶硅生长的明显缺点是会产生O污染。熔体与石英坩埚表面接触,会发生以下反应:

$$SiO_2 + Si \longrightarrow 2SiO \tag{2-19}$$

这使得硅熔体富含O。大多数O以SiO的形式从熔体表面蒸发,随通入的氩气一起排出,但仍有一些O会进入硅晶体中。另外,由于多晶硅原料中一般含有$0.1 \times 10^{-6} \sim 1 \times 10^{-6}$的碳,提拉设备中的石墨零件也会产生一定的碳污染,其与O反应形成CO,CO_2,溶解于硅熔体中,并进入硅晶体,成为杂质。O和C是单晶硅中两种主要的非掺杂杂质,对晶体质量产生不利影响,因此在晶体生长过程中应尽可能消除。研究表明,在单晶硅的提拉生长工艺中引入磁场,可以有效控制氧浓度,并提高晶体生长速率,改善晶体质量。施加磁场与连续加料技术相结合,有望成为生长满足微电子应用需求的理想单晶硅的生长技术。

在单晶硅生长过程中,也可以根据需要进行元素掺杂,生长出n型或p型单晶硅。使用的掺杂剂应具有适当能级、高固溶度、合适或低扩散率以及低蒸气压等特征。P和B分别是硅最常用的施主与受主掺杂元素。

2.5.3.3 单晶硅的加工

硅单晶要用于集成电路等器件制造,必须加工成硅片。这需要进行一系列的机械和化学加工过程[17],工艺流程如图2-27所示。

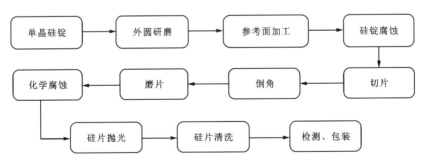

图2-27 单晶硅片加工工艺流程图

1. 单晶硅锭的外形加工

在切片之前需要对单晶硅锭进行外形加工,包括切割分段、外圆滚磨、参考面研磨和单晶硅锭的表面腐蚀等,以获得直径尺寸达到规格要求的硅锭。在晶锭表面磨出1个或2个平面作为参考面,如图2-28所示,较宽的平面称主参考面,较窄的平面称副参考面。主参考面主要作用是在硅片加工设备中作为定位的参考面,副参考面主要是作为识别晶向和导电类型的标志。

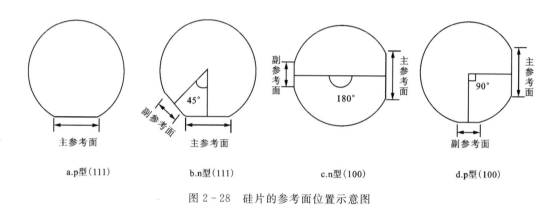

图2-28 硅片的参考面位置示意图

2. 切片

切片是将硅锭切割成一定厚度硅片的加工工序。该工序基本决定了硅片的晶向、厚度、平行度和翘曲度等参数。为保证切割出来的硅片表面具有严格一致的晶面取向,切片过程必须固定在经X射线定向的位置上。可用黏结剂将硅锭黏结在石墨块上,以确保切割方向的稳定。

切割方法主要有两种:一种是采用内圆金刚石锯片磨削;另一种是采用钢丝与游离磨料磨削。内圆切割机具有切片合格率高、质量稳定、切割速度快、环境污染较小等优点。线式切割机对大直径单晶硅的切割更具优势。

切割结束后,去除石墨块,采用碱性清洗液对硅片进行清洗,然后检测厚度、翘曲度、平行度、电阻率和导电类型等。

3. 倒角

倒角是利用砂轮磨去硅片边缘锋利的棱角、崩边、裂缝等,以避免给后续表面加工和集成电路工艺带来危害。倒角工艺可以在磨片之前进行,也可以在磨片之后、化学腐蚀之前进行。倒角后需进行清洗处理。

4. 磨片

磨片的目的是去除硅片表面的切片刀痕,使表面加工损伤均匀一致,以便在后续的化学腐蚀过程中表面腐蚀速度均匀一致。同时,调节硅片厚度使同一硅片的厚度均匀,不同片厚度相差减小,并提高硅片表面的平整度和平行度。

常采用行星式磨片机进行磨片。采用硬度比硅高的磨料,如Al_2O_3、SiC、ZrO_2、SiO_2等,其粒度尽可能均匀,以免硅片表面产生严重划痕。粉末状磨料与矿物油先配制成均匀悬浮液,再加入磨片机中使用。

磨片后采用三氯乙烯等有机溶剂去除硅片表面附着的油层,然后再进行一次常规清洗。

5. 化学腐蚀

化学腐蚀的目的是完全除去硅片表面在机械加工过程中产生的损伤和油污,并暴露磨片过程中产生的不易观察的划痕等缺陷。由于磨片过程中可能产生的加工损伤层厚度为 $10\sim20\mu m$,因此化学腐蚀应从硅片两个表面各去除 $20\mu m$ 左右的厚度。

硅片的腐蚀可采用酸性腐蚀液和碱性腐蚀液。酸性腐蚀液中硝酸含量较高时,在适当的温度下可以获得光滑的腐蚀表面。碱性腐蚀液对硅片的腐蚀属于反应控制过程,反应速度取决于表面悬挂键的密度,因而腐蚀速率与晶面取向有关。在实际工艺中,使用酸性腐蚀液时常通过旋转硅片或搅拌腐蚀液来控制腐蚀速率,而使用碱性腐蚀液时则不需要搅拌。与酸性溶液腐蚀相比,碱性溶液腐蚀的硅片表面比较粗糙,优点是不会产生有毒气体 NO_x。另外,对于较大直径的硅片,腐蚀液的流动不容易保证边界层厚度在整个硅片表面上的一致性,因此采用酸性腐蚀液难以保证硅片的平行度,而采用碱性腐蚀液则可保证硅片的平行度。

6. 抛光

抛光是硅片表面加工的最后一道工序,也是最精细的表面加工。抛光的目的是获得洁净、无加工损伤、平整(镜面光滑)的硅片表面。

抛光工艺包括机械抛光、化学抛光和化学-机械抛光。机械抛光采用比磨片更细的磨料,其抛光平整度高,但会产生较深的损伤层。化学抛光采用 HNO_3-HF 腐蚀液进行,其抛光速度快,可做到无损伤抛光,但平整度较差。化学-机械抛光兼具机械抛光和化学抛光的双重作用与优点,因而被普遍采用。化学-机械抛光采用的抛光液是由抛光粉和氢氧化钠溶液配制成的胶体溶液,抛光粉常用 SiO_2 粉或 ZrO_2 粉。

7. 硅片的清洗

硅片经抛光后需要进行超净化学清洗,以确保硅片表面清洁度达到器件制造的质量要求。一般采用全封闭式离心喷淋清洗系统进行化学清洗。该清洗系统的特点是:硅片置于密闭的清洗机中,可以避免清洗过程中来自环境的颗粒污染。清洗过程由程序控制,可按不同工艺要求设置不同清洗工艺程序。系统中清洗剂的供给、废气和废液排放均有专门管道输送,有利于防止对环境的污染。

8. 抛光片的包装和储存

合格的硅抛光片的包装、储存、运输等环节需采用必要措施,避免造成二次污染而影响产品质量。硅抛光片的包装需注意的问题有:包装应保证一定的温度、湿度、洁净度和良好的气氛环境;包装材料应能保证硅抛光片不会受到挤压、擦伤和污染,一般采用符合清洁度的内包装袋、金属复合膜防静电外包装袋和净化外包装盒进行包装,并采用真空或充氮方式进行热压焊封口。硅抛光片的储存期不宜过长。

2.6 气相法晶体生长技术

气相法晶体生长主要应用于无法采用熔体或者溶液进行单晶生长的材料,如大多数的Ⅱ-Ⅵ族化合物、Ⅰ-Ⅲ-ⅥA族化合物,以及 SiC、AlN 等。这类晶体材料具有熔点高、蒸气压或解离压力大、在冷却或加热过程中发生相变等特点,因而难以通过熔体或液相方法生长。

气相法晶体生长主要涉及3个阶段,即原料气化、气相输运和沉积生长。气化是将固体或液体原料加热到高温而形成气相的过程。在气化动能的驱动下,蒸气在真空生长室中发生传输。气相物质的沉积生长是通过冷凝或化学反应而实现的。晶体生长技术主要有升华法、化学气相传输法、化学气相沉积等[30]。它们的主要区别在于原料性质以及将气相原料传输到晶体生长表面的方式和机理的不同。从原理来看,最简单的技术是升华法,其将原料放置于密封容器的一端,并加热使其升华,然后输送到容器较冷的区域,沉积生长。化学气相传输法技术更加复杂一些。其经历了某些化学反应过程,比如固相原料在源区与输运剂反应,形成气相产物。当气相原料传输到生长区后,发生可逆反应,在适当的条件下实现晶体的生长。

气相法通常是在远低于晶体熔点的温度下实现晶体生长,因此与熔体法相比,生长晶体的点缺陷和位错密度更低,晶体结构完整性更好。

2.6.1 气相体系的成核条件

物质从气相到晶相经历了从成核到生长的过程。晶核的形成与稳定取决于成核能势垒,而成核能势垒的高低则取决于温度、过饱和度以及物质原子或分子的相互作用。气相中物质的过饱和比 S 定义为成核前成核物质分压 $p_i(T)$ 与相同温度下的饱和蒸气压 $p_{vap}(T)$ 之比[31]:

$$S = \frac{p_i(T)}{p_{vap}(T)} \tag{2-20}$$

当 $S<1$ 时,该物质的气相是稳定状态的;$S=1$ 时,为饱和状态;$S>1$ 时,为过饱和状态。在不同过饱和度下,团簇的形成能变化特征如图 2-29 所示。在亚稳过饱和状态下,均相物质形成临界晶核,需要有足够大的能量,因此,物质不会自发成核,但有籽晶存在时,可以依托籽晶生长。过饱和比越大,成核能势垒越低,临界晶核半径减小。如果过饱和度过大,则系统变得不稳定,容易发生自发成核。

在升华法生长体系中,亚稳过饱和区如图 2-30 所示。图中实线为气-固线(V-S 线),阴影部分为物质 A 的亚稳过饱和区。对于物质 A 来说,在该区之外的不稳定区会发生不可控的成核和晶体生长。亚稳区边界线 $p_A = p_A(T)$ 不容易确定,因为其不仅取决于物质 A 蒸气的特性,而且还受到蒸气组成(包括杂质)和蒸气传输过程中的流体动力学模式等因素的影响。如果占主导地位的因素不同,发生自发成核的过饱和度会有很大的不同。当各种因素随机叠加影响时,在亚稳过饱和区内进行晶体生长也会变得相当难以控制。例如在升华法晶体生长过程中,以自由对流和强制对流模式占优势时,亚稳过饱和区的宽度会变得非常狭窄,这就很容易出现不受控制的自发成核现象。

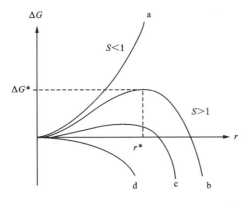 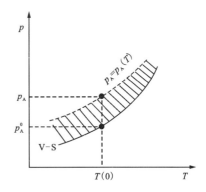

图 2-29 不同过饱和比下团簇形成能变化示意图
a 线为 $S<1$；b,c,d 线为 $S>1$；b,c 为亚稳过饱和态；
d 为不稳定态；r^* 为临界晶核半径

图 2-30 气相生长体系的 p-T
曲线及亚稳过饱和区示意图

单晶生长是一个可控的晶体生长过程。为了实现晶体从气相体系中持续生长，不仅要控制好过饱和度，而且要控制好晶体的生长温度、蒸气传输速率以及载气流的流量等参数。

2.6.2 升华法生长

升华法又称为物理气相传输法(PVT)[32]。该方法是一种封闭系统的晶体生长技术。原料是固体，通过高温升华，转化成气相(蒸气)。当生长材料的蒸气压超过 10^{-2} Torr(Torr 即托尔，为一种大气压单位，1Torr=133Pa)时，在适当温度下实现晶体生长。在具有较低温度的生长区，蒸气原子撞击籽晶表面并被吸附，释放出部分冷凝潜热，并在晶体表面上移动，直至结合到晶格中，释放出全部凝结余热，否则会重新蒸发。

升华法的生长装置如图 2-31 所示。密封容器(坩埚)根据生长温度选择不同材质。对于低温工艺(<200℃)，选用玻璃管。对于较高温度(<1150℃)的工艺，选择石英玻璃管。对于更高温度的生长工艺，则需采用难熔合金坩埚或石墨坩埚。原料区温度高，生长区温度

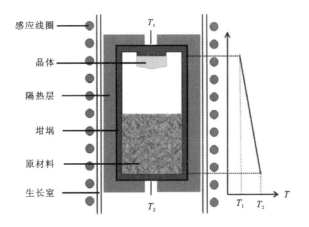

图 2-31 升华法典型晶体生长装置及轴向温度分布示意图[33]

较低,可以通过温度控制,在生长界面处获得较高的温度梯度,以利于生长界面的稳定。但是,温度梯度不能过高,否则会发生自发成核,形成多晶体。

某些化合物在高温升华过程中会发生分解,反应式为:

$$AB_{(s)} \rightleftharpoons A_{(g)} + B_{(g)} \quad (2-21)$$

对于这类化合物,生长的晶体容易出现化学组分偏离其计量比的现象。为此,需要根据气相的成分配比,从外部提供独立的物质补充,以控制晶体的化学计量偏差。比如原料升华产生的气相中成分 A 不足,可以添加一个单独加热的储存器,补充 A 物质。通过温度控制,使 $A_{(g)}$ 在生长区有足够的蒸气压 p_A,公式为:

$$p_A = p_{A(AB)} + p_{A(A)} \quad (2-22)$$

式中,$p_{A(AB)}$ 为 AB 物质升华产生的 $A_{(g)}$ 分压;$p_{A(A)}$ 为独立储存器中 A 物质产生的 $A_{(g)}$ 分压。这种方法被用于Ⅱ-Ⅵ族半导体化合物等晶体生长中。例如 ZnSe 在升华过程中,会产生 Zn 和 Se_2 蒸气[34],公式为:

$$ZnSe_{(s)} \rightleftharpoons Zn_{(g)} + \frac{1}{2}Se_{2(g)} \quad (2-23)$$

蒸气中,Zn 和 Se_2 偏离气化学计量比,使气相组成出现显著变化。为了解决该问题,通过连接一个 Zn 或 Se 储存器来直接控制 Zn 和 Se_2 的分压,可以实现 ZnSe 晶体的稳定生长。另外,在生长过程中,通过排出一些原料气来控制气体的分压也可以解决此问题。

随着生长技术的发展,升华法除了封闭体系,还发展出了开放体系、半开放体系、自封闭体系等技术。在开放体系中,利用惰性气体如氮气、氩气等为载气,把原料升华后产生的蒸气输送到晶体生长区域。晶体的生长过程受流速、温度和温差 ΔT 的影响。半开放体系是在生长容器与外界真空环境之间设有连通泄漏口的体系,其只允许少量物质从系统中逸出。在整个生长过程中,逸出的质量一般小于1%。逸出孔的设置可以减少生长界面处的杂质堆积,降低由此产生的扩散势垒,使晶体生长速度显著提高。因此,半开放体系生长技术特别适用于那些升华产生的蒸气成分偏离其化学计量的化合物晶体生长。自封闭体系是半开放体系的变种,其也设有逸出孔,在开始生长时供杂质排出,随着晶体的生长,逸出孔逐渐被生长的晶体封闭。由于大多数挥发性杂质在晶体生长初期被排出,因此该方法可获得较纯的晶体。

升华法在高熔点材料和Ⅱ-Ⅵ族化合物晶体生长中已取得很大的进展,特别是在大尺寸 SiC 单晶生长方面,已经可以生长出达到半导体级水平的单晶。

2.6.3 化学气相传输法生长

化学气相传输法(CVT)是一种可以在低于材料熔点的温度下生长各种化合物单晶的技术,已得到广泛的应用。该技术的主要关键工艺环节是利用输运剂与原料之间发生化学反应,形成挥发性气相,使得晶体生长物质在远低于其熔点的温度下以蒸气的形式传输。蒸气输送可以通过外部连续气流(采用开放体系时)或通过内部循环(采用封闭体系时)来实现。当蒸气到达生长区后,在较低的温度下发生逆反应,使化合物分子沉积,从而实现晶体生长。在初始阶段,如果无籽晶,可通过控制随机沉积来形成晶种。适当调节原料蒸发温度和晶体生长温度,使晶体生长界面附近的化学平衡偏离小到足以避免自发成核,并能满足晶体生长稳定性的要求时,便可生长成大单晶[32]。生长装置如图 2-32 所示。

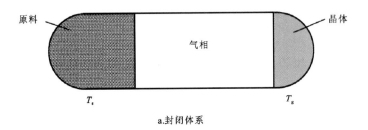

a.封闭体系

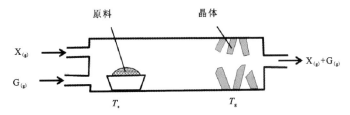

b.外部输入输运剂的开放体系

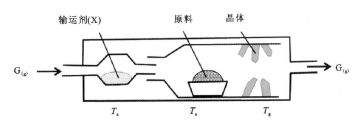

c.带输运剂气化装置的开放体系

图 2-32 化学气相传输法晶体生长装置示意图[32]
T_x.输运剂气化温度;T_s.原料区温度;T_g.晶体生长区温度

在封闭体系中,固体原料 $A_{(s)}$ 与输运剂 $X_{(g)}$ 之间的传输反应如下:

$$A_{(s)} + X_{(g)} \xrightarrow{T_s} AX_{(g)} \xrightarrow{T_g} A_{(晶)} + X_{(g)} \tag{2-24}$$

式中,T_s 为原料区的温度;T_g 为晶体生长区的温度,一般 $T_s > T_g$。在实际生长中,可以根据原料的组成选用多种输运剂,同时发生多个传输化学反应。因此,实际情况比式(2-24)要复杂。在体系中,固-气和气-固的准平衡温度及蒸气的传质速率取决于原料区与生长区的温度以及两者的温差 ΔT。温差不能太大,以免产生过大的过饱和度,造成晶体生长不稳定。

在封闭体系中,晶体生长存在明显不足。其准备工作相当复杂,步骤包括原料装载、抽真空、输运剂在真空条件下的装填和生长室的密封以及加热到所需温度等环节,而且生长室一旦密封,系统与外界的联系就被完全切断。另外,如果生长容器较大,气体对流会比较强,对晶体生长的稳定性造成影响。

在开放体系中,输运剂气体 $X_{(g)}$ 从外部输入,可根据需要同时输入惰性气体(如 N_2、Ar 等)作为载气流 $G_{(g)}$。如果使用的输运剂在室温下不是气态,可以采用图 2-32c 的方法,先加热至 T_x 使其气化,再由载气流送入,在 T_s 下与原料反应,形成蒸气,最后由载气流携带至生长区,在 T_g 下生长晶体。这种体系的晶体生长过程存在两种反应类型,即蒸气分解和直接合成反应:

$$AX_{(g)} \xrightarrow{T_g, G_{(g)}} A_{(晶)} + X_{(g)} \quad (蒸气分解) \tag{2-25}$$

$$AX_{(g)} + B_{(g)} \xrightarrow{T_g, G_{(g)}} AB_{(晶)} + X_{(g)} \quad (直接合成) \tag{2-26}$$

需要指出的是,在有的文献中,开放体系常被称为化学气相沉积,而化学气相传输法仅指封闭体系。

化学气相传输法生长单晶的典型例子是 ZnSe 单晶生长[30,34],采用碘作为输运剂,反应式如下:

$$ZnSe_{(s)} + I_{2(g)} \xrightarrow{T_s} ZnI_{2(g)} + \frac{1}{2}Se_{2(g)} \xrightarrow{T_g} ZnSe_{(晶)} + I_{2(g)} \tag{2-27}$$

ZnSe 多晶原料、籽晶及适量的碘被放入安瓿瓶中,并抽出安瓿瓶内空气,然后将多晶原料区升至 900℃,使气态碘与 ZnSe 反应,生成 ZnI_2 和 Se_2 的气态混合物。籽晶放置在瓶的另一端,其温度为 850℃。随着 ZnI_2 和 Se_2 气体传输到籽晶,ZnSe 晶体逐渐生长。碘的用量一般约为 $5mg/cm^3$,瓶内气压约为 2atm。利用该方法很容易生长出直径 10mm 的 ZnSe 晶体。更大直径单晶的生长则需在更大的安瓿瓶中进行,但安瓿瓶内的气体对流较强,晶体生长的稳定性不好。为了减少气体对流的影响,Fujiwara 等开发了旋转的化学气相传输生长装置,通过水平匀速转动,在 60r/min 的转速下,实现对瓶内气体对流的有效抑制,生长出直径大于 1 英寸的 ZnSe 单晶[34]。

采用化学气相传输法生长的 ZnSe 晶体中含有约 2×10^{-4} 的碘,成为施主杂质,其在生长的 ZnSe 晶体中被锌空位完全补偿,因而晶体具有高电阻率。但如果将 ZnSe 晶体置于 Zn 气氛中退火,其电阻率可降低至约 $0.05\Omega \cdot cm$。在单晶生长过程中实现掺杂,是该方法生长 ZnSe 单晶的优势。

化学气相传输法晶体生长受多因素的影响,包括自由能变化 ΔG、输运剂浓度、原料区温度 T_s、生长区温度 T_g 等。反应的自由能变化在很大程度上取决于反应中所用化学物质的分压。而原料区到生长区的物质传输量则强烈依赖输运剂。一些研究结果显示,生长的晶体尺寸和质量也与输运剂密切相关。

2.6.4 化学气相沉积生长

化学气相沉积(CVD)是一种直接从气相中生长晶质材料的方法,常用于薄膜或粉体材料的合成。化学气相沉积单晶生长技术是外延技术的发展,解决了从薄膜制备到大单晶生长的技术问题。该技术适合生长高质量单晶,多年来受到广泛关注和大量研究,已成为某些材料如 SiC 等晶体生长的重要技术之一。代表性的技术有高温化学气相沉积(HTCVD)和卤化物化学气相沉积等。

2.6.4.1 高温化学气相沉积

高温化学气相沉积晶体生长装置是一种立式热壁反应器[33]，如图 2-33 所示。这种反应器最初是为 MOCVD 技术制备Ⅲ-Ⅴ族化合物薄膜异质结材料而设计的，后来被改造用来生长 SiC 薄膜及单晶。在这种反应器中石墨坩埚被放置于石英管内，坩埚与石英管壁之间充填隔热层。反应器顶端设置石墨支架，籽晶放置于石墨支架上。前驱气体从反应器下端流入，尾气从顶部排出。前驱气体为 SiH_4 和由氢气载气流稀释的碳氢化合物如 C_2H_4 和 C_3H_8 等。反应区温度为 2100~2300℃，流经反应区的气体被高温激活，发生气相化学反应，使 SiC 晶体生长[35]。这一过程受到籽晶附近生长物质的浓度和温度梯度影响。在给定的源气体供应的条件下，决定晶体生长速率和晶体质量的最重要参数是籽晶的温度以及轴向温度梯度。通过适当提高反应器的温度，同时

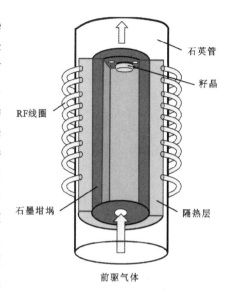

图 2-33 高温化学气相沉积
立式反应器示意图[33]

使籽晶保持较低的温度，使生区过饱和度增大，可以获得高的晶体生长速率。典型的生长气压为 25~80kPa，生长速率为 0.3~1.5mm/h[36]。

化学气相沉积工艺的挑战之一是生长工艺条件选择具有很大的自由度。但对于高温化学气相沉积晶体生长技术来说，这种自由度有利于在晶体生长过程中随时根据实际情况对工艺条件进行调节和控制，以实现晶体的稳定生长。另外，高温化学气相沉积晶体生长技术具有纯度高、成分配比可以方便调控及原料可以连续供给等优点。

2.6.4.2 卤化物化学气相沉积

卤化物化学气相沉积是一种适合于 SiC 单晶生长的技术，其以 $SiCl_4$、C_3H_8 和 H_2 为反应气体，在 2000~2150℃下实现 SiC 的生长[37]。生长装置如图 2-34 所示。反应器通过双层同心石墨喷射管从底部送气，内管输送 $C_3H_8+H_2$ 气体，外管输送 $SiCl_4+Ar$ 气体。这样送气的目的是为了最大程度地减少 C_3H_8 在热喷射器内的停留时间，并降低 C-前驱体的消耗。SiC 籽晶安放在反应器顶部的坩埚盖上，其正对着喷射器口，两者距离约 5cm。反应气体在反应区混合，并被带到籽晶表面。废气从底部抽出。反应器温度设定使外部喷射器顶部的温度最高，向籽晶方向逐渐降低，形成温度梯度。整个反应器密

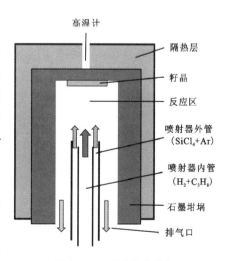

图 2-34 卤化物化学气
相沉积装置示意图

封,并在生长前抽真空。在生长过程中,通过对反应气体的流量控制,保持气压稳定。通过改变工艺气体的流速和生长温度,实现对气相组成的控制。关于气相组成的控制有两种方案:一是保持 $C_3H_8+H_2$ 气体混合物与石墨组件之间的局部平衡,在此条件下通过增加喷射器内管顶部的氢气流量和(或)温度来提高气相中烃的浓度,从而提高 C/Si 比;二是喷射器内管的温度较低以及 $C_3H_8+H_2$ 气体混合物的停留时间较短,气相组成受到动力学控制,这一过程类似于半导体材料的标准化学气相沉积生长,可以通过控制 Si 和 C 前驱体的流量来精确调控气相组成与晶体生长速率。通过适当的工艺条件控制,SiC 晶体的生长速率可达 $50\sim300\mu m/h^{[38,39]}$。

2.6.5 气相法晶体生长实例:SiC 单晶生长

碳化硅(SiC)是具有独特物理和化学特性的 IV-IV 族化合物。SiC 晶体的基本结构单元由硅(或碳)原子和碳(或硅)原子通过 sp^3 共价键结合在一起,每个碳(或硅)原子被 4 个硅(或碳)原子包围。SiC 四面体键很强,但层错形成能量却很低,因而其多型体多达 250 余种。最常见的多型体为立方密排的 3C - SiC、六角密排的 4H - SiC、6H - SiC 和菱形密排的 15R - SiC。目前,使用的元件级 SiC 单晶主要是 4H - SiC 和 6H - SiC。

SiC 具有很高的硬度和化学惰性,并有优越的电学性能与光学性能。SiC 禁带宽度大(2.3~3.3eV),是 Si 的 2~3 倍;热导率高,约为 Si 的 3 倍;临界击穿电场强度约为 Si 的 10 倍,电子的饱和漂移速度为 Si 的 2 倍。因此,SiC 晶体已经成为高温、高压、高频、大功率、抗辐照的半导体器件的优选材料,广泛应用于航天、军工、核能、轨道机车、工业电机控制等领域。然而,SiC 的物理和化学稳定性使其单晶生长变得极为困难,并严重阻碍了 SiC 半导体器件的发展。另外,SiC 的结构多变性也是电子级 SiC 晶体生长的挑战。

对于 SiC 单晶生长技术有很多探索和研究,包括熔体法和气相法。随着技术的进步,尽管在熔体提拉法生长 SiC 已取得重要突破,但气相法仍然是大尺寸优质 SiC 单晶生长的主要方法。由 Si - C 相图(图 2 - 35)可见,在 Si - C 二元体系中,不存在化学计量的 SiC 液相,因此不可能采用同成分熔体进行 SiC 单晶生长。但是,SiC 在 1800℃ 以上的高温下会升华,这为 SiC 晶体的升华法生长奠定了基础。与其他气相法相比,升华法更加适合 SiC 大晶体生长,因而成为 SiC 单晶生产的主要技术[37,40,41]。

SiC 晶体的升华法(PVT)生长过程包括 3 个环节:①SiC 源的升华;②升华物质的传输;③表面反应和结晶。在升华产生的气相中,主要成分不是化学计量的 SiC 分子,而是 Si_2C、SiC_2 分子以及硅原子。

SiC 单晶升华法生长装置如图 2 - 36 所示。SiC 源为 SiC 粉末或烧结的多晶 SiC,其放置在圆柱形的致密石墨坩埚底部,SiC 籽晶放置在坩埚的顶部。SiC 源与籽晶之间的距离通常为 20~40mm。采用射频感应加热或电阻加热,坩埚温度为 2300~2400℃,籽晶温度比源温度低 50~100℃。为了增强物质从源到籽晶的传输,通常是在低压条件下生长,即抽真空,然后通入高纯氩气(或氢气)。

SiC 晶体的生长速率主要取决于源的供应量(升华速率)及其从源到籽晶的传输效率。升华速率是源温度的函数,而传输效率在很大程度上取决于生长体系的气压、温度梯度以及源与籽晶之间的距离。由于传质在升华法晶体生长过程中受到扩散的限制,因此晶体的生长速率几乎与生长气压成反比。物质的浓度梯度基本上由源到籽晶的温度梯度决定。任何温度分布和压力的波动都可能会引起组分过冷(导致 Si 液滴的形成)、表面石墨化和 C 杂质,从而在 SiC 单晶中出现宏观和微观缺陷。在实际生长工艺中,生长气压一般为几百帕或更低,晶体生长速率为 0.3~0.8mm/h[41,42]。如果晶体生长速率太快,容易引起大量缺陷的产生。

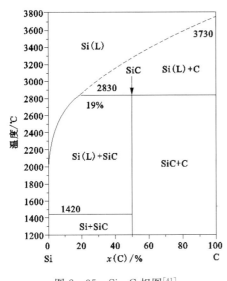

图 2-35 Si-C 相图[41]

注:图中横坐标单位为原子百分数。

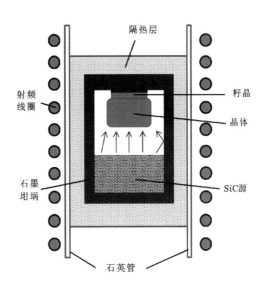

图 2-36 SiC 晶体升华法生长装置示意图[41]

SiC 单晶升华法生长是在准封闭的石墨坩埚中进行的,仅从外部控制温度和压力等工艺参数,对坩埚内部无法进行监控。为了在晶体生长过程中监控好气相和生长表面的化学反应,更好地控制 SiC 晶体的生长,需要建立可靠的高温化学反应数据库及其有关模拟软件工具,解决晶体生长速率、形貌及热应力控制等问题。热应力对 SiC 晶体产生扩展位错缺陷起关键作用。热应力产生的原因包括 SiC 晶体与石墨坩埚之间的热膨胀系数差异以及径向或轴向温度不均匀性。当初生滑移系的切应力超过临界应力时,会发生滑移和位错的倍增,从而导致晶体中位错密度显著增加。

通过长期的努力,升华法生长的 SiC 单晶尺寸和质量都得到了显著改善。2015 年,通过升华法已生产出直径达 200mm 的 SiC 晶体[41]。

思考题

1. 在溶液体系中,亚稳过饱和溶液有何特点?其对晶体生长有何意义?
2. 溶液法主要适合哪些类型的晶体生长?

3. 水热法晶体生长技术有何特点？
4. 分析水热法中矿化剂的作用及其对晶体生长可能产生的影响。
5. 熔体法与高温溶液法晶体生长技术的主要区别是什么？
6. 高温溶液法中助熔剂的选择应遵循什么原则？
7. 比较提拉法和焰熔法的工艺特点，分析哪一种方法更适合大单晶生长。
8. 气相法晶体生长技术的主要特点有哪些？
9. 分析气相法晶体生长技术的优缺点。
10. 举例分析如何利用相图来确定晶体的生长方法和工艺条件。
11. 单晶硅生长技术有何特点？你认为单晶硅生长技术存在哪些挑战？
12. 分析 SiC 单晶生长的技术难点及可能的发展方向。

3 粉体材料的合成与制备

粉体,特别是高性能的微粉和超微粉,是材料领域的重要基础材料,其应用领域极广,包括电子材料、光电子材料、磁性材料、催化剂材料、储能材料、传感器材料、高强高韧材料,以及各种填料、涂料等。不同的应用领域对粉体的特征及其性能要求不同,但由于粉体的性能主要取决于纯度和粒度,因此很多领域对粉体的纯度和粒度都有严格的要求。合成技术不仅可以对粉体纯度和粒度进行有效控制,而且还可以对颗粒形貌及分散状态进行调控,以满足各种应用的需要。粉体的合成与制备方法种类繁多,概括起来可分为固相法、液相法和气相法三大类[43]。

3.1 粉体的基本特征

粉体是由各种粒度的颗粒组成的粉末状材料,其粒度分布可以是单一尺寸,称单分散体系,也可以是不同尺寸,称多分散体系。对于一般粉体来说,粒级通常采用筛网孔眼目数来表示,但对于超细粉体或纳米粉体则采用颗粒尺寸表示。关于微细粉的尺寸还没有统一的定义,一般认为微细粉的粒径为 $0.1 \sim 10 \mu m$,也有人提出为 $0.1 \sim 1 \mu m$。超微粉又称纳米粉体,粒径范围为 $1 \sim 100 nm$。

粉体的性能与粒度大小有很大的关系。随着粉体的粒度减小,颗粒表面原子所占比例逐渐增高,当达到某一界限时,其性能会发生突变[4]。因此,粉体进入超微细化后,它的物理、化学性质均表现出很多独特的特征。

3.1.1 颗粒的表面效应

对于固体颗粒来说,其表面原子与内部原子所处的环境不同。内部原子被其周围的原子包围,而表面原子的外侧不存在原子,因此表面原子会表现出与内部原子不同的性质。假设颗粒的半径为 r,其表面积为 $S=4\pi r^2$,体积为 $V=4\pi r^3/3$,因此该颗粒的比表面积 S_B 为:

$$S_B = \frac{S}{V} = \frac{3}{r} \propto \frac{1}{r} \quad (3-1)$$

根据式(3-1),一个粒径为 $2\mu m$ 的球形颗粒与一个粒径为 $2nm$ 的球形颗粒相比,它们的比表面积相差 1000 倍以上。

假设一个原子是边长为 d 的立方体,体积为 V 的颗粒中存在 V/d^3 个原子,其中表面原子数为 S/d^2,则比表面原子数 S_a 为:

$$S_a = \frac{S/d^2}{V/d^3} = \frac{Sd}{V} \quad (3-2)$$

将式(3-2)应用于球形颗粒,则:

$$S_a \approx \frac{d}{r} = \frac{1}{r/d} \tag{3-3}$$

式(3-3)说明颗粒的比表面原子数与以原子数量计算的颗粒一维长度成反比。如果同样的原子形成半径为 $1\mu m$ 的球形颗粒,假设原子间隔为 0.2nm,其 $S_a \approx 2 \times 10^{-4}$,其表面原子只约占 0.02%。颗粒半径为 $10\mu m$ 及以上时,其表面原子占比更低,几乎可以忽略。但如果颗粒半径为 1nm,则 $S_a \approx 0.2$,即颗粒的表面原子约占 20%。颗粒越小,其表面原子所占的比例就越大。因此,对于超微颗粒来说,其表面原子所占的比例达到了不可忽略的程度,这就是所谓的表面效应[4]。

颗粒内部的原子由于受其周围原子的吸引或排斥,总是保持平衡状态。而表面原子只受到内部原子吸引,因此颗粒的表面原子与内部原子相比处于较高的能量状态。这一多余的能量分配给单位面积的量就是表面能。颗粒的粒径越小,表面能越大。当表面能与颗粒总能量的比例增大到某一临界值时,颗粒的外形可能也会改变。

颗粒的表面效应还可能引起其他性质的变化,包括熔点下降以及晶体结构、电子结构、磁性结构的异常变化等。

3.1.2 颗粒的体积效应

粉体的性能与颗粒尺寸之间存在着一个界限,当颗粒尺寸减小至这一界限时,其性能与大颗粒的差别变得更加显著。这种由颗粒尺寸引起的性能差异,称为体积效应。对于超微颗粒来说,体积效应和表面效应常同时发生作用,其性能的变化是两种效应共同作用的结果。

当超微颗粒尺寸下降到某一数值时,就会产生所谓的量子尺寸效应,即费米能级附近的电子能级由准连续变为离散或者能隙变宽的现象。由此导致纳米颗粒的电、光、磁、热、超导等特性与宏观性能的显著不同。关于超微颗粒的电子性质与颗粒尺寸之间的关系,日本学者久保早在 20 世纪 60 年代就提出了针对金属超微颗粒费米面附近电子能级状态分布特征的理论,后来被称为久保理论或久保效应。久保理论认为,当颗粒尺寸下降到纳米尺度时,费米能级附近的电子能级将由原来的准连续变为离散。在费米能级 E_F 附近,电子能级的平均间距 δ 与颗粒所含的自由电子总数 N 之间存在以下关系:

$$\delta = \frac{4}{3}\frac{E_F}{N} \tag{3-4}$$

对于宏观金属材料,电子总数 N 很大,δ 很小,所以电子能级可以看作是连续的。如果金属颗粒为纳米尺度,颗粒所含电子总数 N 很小,δ 就会很大,电子能级发生分裂。当能级间距大于热能、磁能、静磁能、静电能、光子能量或超导态的凝聚能时,就会产生量子尺寸效应,出现奇异的物理化学性质。例如直径为 6nm 的铁晶粒,其断裂强度比宏观铁高 12 倍;纳米铜晶粒的自扩散系数是宏观铜的 $10^{16} \sim 10^{19}$ 倍,热容是宏观铜的 2 倍;纳米铅的热膨胀系数为宏观铅的 2 倍[4]。

3.1.3 颗粒的相互作用

在粉体中,相邻颗粒的表面是相互接触的,当颗粒尺寸小至纳米尺度时,相邻颗粒原子之间将产生相互影响。如果在颗粒界面处还存在其他原子或分子,这些异质的原子或分子也会通过界面直接或间接地与颗粒发生相互作用。对于纳米颗粒来说,如果颗粒表面吸附一层异质的原子,其在颗粒总原子数中所占比例可达百分之几十,因而对粉体特性的影响是很大的。由于纳米颗粒的比表面积非常大,由界面与媒介物质的相互作用而引起的性能反常,如光学和介电常数等反常,变得更加显著。

颗粒之间的相互吸附是粉体普遍存在的现象,对于纳米颗粒更加突出。纳米颗粒的表面原子与内部原子的距离极短,相邻颗粒或界面附近的媒介物质会直接影响到颗粒内部。范德华力、强磁性的磁场及离子的静电场等的影响范围可能扩展到整个颗粒[4]。因此,超微颗粒常相结合在一起,而且其一旦结合后,就难以再将它们分散开,这使得超微颗粒的储运变得困难。如果把超微颗粒分散于某种媒介中,媒介物质与颗粒的相互作用不只会影响到表面原子,而且会影响到整个颗粒,从而可能引起颗粒性能的变化。所以,在超微颗粒研究中,应注意表面与界面特征对粉体性质的影响。

3.2 粉体的固相合成与制备

粉体的固相合成与制备是在原料及产物均为固相的情况下进行,主要方法包括机械粉碎法、固相反应合成法、机械化学合成法等。

3.2.1 机械粉碎法

机械粉碎法是以大块固体为原料,通过破碎和粉磨工艺来制备粉体的方法。这是粉体制备的最常用方法之一,主要是通过磨介的搅拌研磨或者利用高速气流对颗粒施加强大的压缩力和摩擦力来进行粉碎。常用的设备有辊压式粉碎机、辊碾式粉碎机、球磨式粉碎机、介质搅拌式研磨机、高速旋转式粉碎机、气流式粉碎机、液流式粉碎机、射流式粉碎机、超低温粉碎机、超临界粉碎机、超声波粉碎机等。不同的材料粉碎需要选择适合的粉碎设备,以获得预期的粉碎效果。

机械粉碎法通常适合于制备微米级的粉体。传统的粉碎设备能够达到的粒径极限大部分在 $3\mu m$ 附近,因而有所谓的"$3\mu m$ 极限"之说[4]。随着高效研磨机的出现以及高效分级机的使用,粉碎法的极限得到了突破,可制备出亚微米级甚至纳米级粉体。但是,在机械粉碎过程中,不可避免地有杂质混入,使粉体的纯度下降。另外,机械粉碎的效果与材料性质有关。因此,粉体的机械粉碎法制备需考虑材料性质及其应用领域对粉体特征的要求。

3.2.2 固相反应合成法

粉体的固相合成是指在固相情况下进行粉料合成的技术。在合成工艺中,原料为固相,反应过程不存在液相,合成产物无需进行液-固分离,因而工艺简单,易于实现规模化生产,是粉体制备的重要方法。从反应特点来看,粉体的固相合成包括固相热分解、高温固相反应等。

3.2.2.1 固相热分解法

固相热分解法是利用某些固体原料在一定温度下发生热解反应的特性来制备粉体的方法。固体物料的分解一般有 3 种情况,反应式如下:

$$S_1 \longrightarrow S_2 + G_1 \tag{3-5}$$

$$S_1 \longrightarrow S_2 + G_1 + G_2 \tag{3-6}$$

$$S_1 \longrightarrow S_2 + S_3 \tag{3-7}$$

式中,S_n 为固体;G_n 为气体。显然,利用热解反应要制备单一相组成的粉体,只能通过式(3-5)和式(3-6)来实现。热分解原料主要有氢氧化物、碳酸盐、草酸盐、硫酸盐以及其他金属有机化合物等。例如 ZnO 粉体可以通过 $Zn(OH)_2$、$ZnCO_3$、$Zn_2(OH)_2CO_3$、$ZnC_2O_4 \cdot 2H_2O$ 等的热解来制备,反应式为:

$$Zn(OH)_2 \longrightarrow ZnO + H_2O_{(气)} \uparrow \tag{3-8}$$

$$ZnCO_3 \longrightarrow ZnO + CO_2 \uparrow \tag{3-9}$$

$$Zn_2(OH)_2CO_3 \longrightarrow 2ZnO + CO_2 \uparrow + H_2O_{(气)} \uparrow \tag{3-10}$$

$$\left.\begin{array}{l} ZnC_2O_4 \cdot 2H_2O \longrightarrow ZnC_2O_4 + 2H_2O_{(气)} \uparrow \\ ZnC_2O_4 \longrightarrow ZnO + CO \uparrow + CO_2 \uparrow \end{array}\right\} \tag{3-11}$$

在式(3-11)中,脱水温度为 120~300℃,热解温度为 320~400℃。经上述反应可直接得到纯相的 ZnO。

固相热分解工艺简单,是氧化物粉体制备的常用方法。在热分解工艺中,如果热解温度较低,产物为粉体,没有明显的烧结、粘连现象,无需进行粉碎处理。如果热分解温度较高,产生颗粒粘连现象,则需进行粉磨,以获得所需粒度的粉体。另外,热解过程中有大量废气产生,有的是有害气体,需要进行适当处理,以免造成危害。

3.2.2.2 高温固相反应法

高温固相反应法是通过高温作用使得相互均匀混合的固体粉末发生化学反应,形成新晶相的粉体制备方法,是复合氧化物或各种复杂氧化物制备的常用方法。固相反应是通过相互接触的固体颗粒中原子或离子的扩散来实现的。在高温驱动下,原子或离子的扩散遵循由高浓度向低浓度方向迁移的原则,从颗粒接触处开始,逐渐扩散到颗粒的内部,如图 3-1 所示。为了提高原料颗粒的表面活性和接触面积,使反应能更容易地进行,原料颗粒应尽可能细小,而且必须进行充分均匀混合。

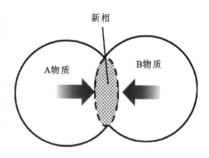

图 3-1 固相反应示意图

为此,在制备工艺中通常采用球磨方法对原料粉体进行长时间的研磨,以提高其细度和混合的均匀性。

高温固相反应常用的反应物为氧化物、碳酸盐、氢氧化物等。将反应物按计量称量、混合、球磨后,可以直接进行高温煅烧,也可以先制成料块,再进行高温煅烧。煅烧温度随合成物质的不同而有很大的差异,一般在数百摄氏度至1000多摄氏度。由于煅烧温度较高,形成的产物常存在烧结现象,有的晶粒比较粗大,因此形成的熟料块体需要进行粉碎、研磨,直至获得所需粒度的粉体。

该法常被用于制造成分复杂的电子陶瓷粉体,适合大批量合成。例如电子工业中使用的钛酸钡粉料常采用该方法制备,使用的原料为 $BaCO_3$ 和 TiO_2,其反应式为:

$$BaCO_3 + TiO_2 \longrightarrow BaTiO_3 + CO_2 \uparrow \tag{3-12}$$

该方法的优点是工艺简单,产率高,生产成本较低,容易进行产业化。缺点是需通过机械研磨来获得粉体,粉体粒度受机械粉碎技术的限制,即使采用高效的粉磨技术也难以获得纳米级粉体。另外,机械研磨容易引入杂质。

3.2.3 机械化学合成法

机械化学(mechanochemistry)又称机械力化学,是研究物质在高能机械力作用下诱发的化学反应[44,45]。机械化学这一概念是德国学者Ostwald在19世纪末提出,但有关机械化学的应用可追溯到公元前4世纪希腊古籍中记载以铜杵研磨天然朱砂制备汞。最早开展机械化学实验研究并发表学术论文的是Lea,他于1892—1893年发表了两篇关于研钵研磨过程中卤化银和卤化汞分解的论文。但早期机械化学的发展比较缓慢,直至20世纪60年代才得到快速发展。该时期的固体物理学进展为机械应力诱发发射现象的实验研究以及断裂力学和化学力学的发展奠定了基础。研究获得了关于变形和断裂时发生的基本过程知识,极大地促进了对机械能与化学能转化机理的认识。1962年Peters阐述了粉碎技术与机械化学的关系,明确指出机械化学反应是由机械力诱发的化学反应,其既可以是简单的分解反应,也可以是多元体系的复杂合成。20世纪60年代后期,通过球磨法制备了氧化物弥散强化镍基和铁基高温合金,称为"机械合金化"[46]。在随后的几十年中,机械化学发展成为一种重要技术,用于制备以传统的熔融和铸造技术难以制备的合金或化合物。现在,机械化学已经成为绿色化学的重要内容,其在无溶剂的情况下通过研磨实现化学反应,满足了合成工业对更清洁、更安全、更高效的需求,已在粉末冶金、矿物加工、有机合成等领域得到应用[47,48]。

3.2.3.1 机械化学法的特点

机械化学法通过研磨或球磨实现化学转化,而无需加入溶剂。使用的设备包括球磨机、行星式球磨机、振动磨机、搅拌式研磨机、棒销式研磨机、轧辊研磨机等。合成工艺是在室温下进行,避免了搅拌器和加热器的使用。

球磨是机械化学法的常用工艺,其在密闭罐中进行,研磨球和球磨罐可采用不锈钢、氧化锆、碳化钨或聚四氟乙烯等制成。其中,钢磨球密度大,冲击力强,是最常用的磨介,但其长时间的研磨会产生金属污染。

机械化学法属于机械力作用下的低温固相化学反应合成,具有高选择性、高产率、低成本、工艺流程简单、产品性能优良、对环境污染小等优点。工艺中不使用溶剂,无废液排放,并且减少了由高温固相反应所引起的诸如产物不纯、颗粒烧结、回收难等不足,同时可获得传统方法无法制备的亚稳态产品。因此,机械化学法在新型、高性能、低成本材料的开发中具有广阔应用前景。

3.2.3.2 机械化学反应机理

机械化学是一种在机械应力作用下产生的化学活化。固体原料在高能球磨过程中,机械力使粉末颗粒产生剪切应变,使颗粒发生强烈塑性变形,引起固相晶格中点、线和平面缺陷的积累。颗粒内产生的大量结构缺陷会导致局部结构扭曲,晶体结构对称性发生变化,甚至出现颗粒非晶化。结构对称性的破坏降低了化学键电子结构的稳定性,使元素的扩散激活能显著降低,组分之间在室温下也可以显著地进行原子或离子扩散。颗粒不断破裂、细化,形成了无数的扩散活性点,同时扩散距离也大大缩短。应力、应变、缺陷和大量纳米晶界、相界的产生,使系统储能很高(达每摩尔十几千焦),粉末活性大大提高,使得系统脱离热力学平衡状态,化学反应性显著提高,从而诱发化学反应。

机械作用引起的局部结构激发特征及寿命取决于很多因素,包括晶格结构、机械应力强度和温度等。由于固相中弛豫过程速度很快,因此局部激发态的寿命是很短暂的,约为纳秒级。尽管如此,只要参与局部结构激发的受激原子与其他化学物质直接相互作用,就会对化学反应起促进作用。

在高能球磨过程中,固体颗粒的比表面积变化以及固相反应进程可分为3个阶段[48],如图3-2所示。第Ⅰ阶段为固体颗粒的活化过程,颗粒不断碎裂、细化,比表面积逐渐增大,表面能也随之增大。该阶段颗粒保持其原来的晶态,但颗粒中可能产生各种微裂纹,反应发生在相互接触的颗粒表面。第Ⅱ阶段发生颗粒的无序化和塑性变形,颗粒被打散的同时形成二次颗粒,比表面积几乎保持不变。该阶段聚集体内部相互接触的颗粒之间发生化学反应。第Ⅲ阶段可能会发生固相产物的结晶以及反复的非晶化,直到这两者之间达到某种平衡状态。各阶段的持续时间取决于施加的机械能的高低。如果施加的机械能较低,反应可能在第Ⅱ阶段停止。如果机械能高,则会发生第Ⅱ、第Ⅲ阶段的过程。

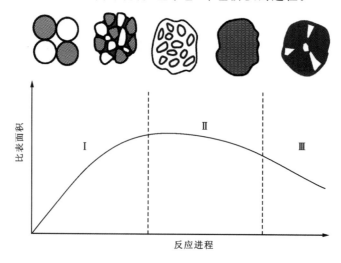

图3-2 机械化学反应进程与颗粒比表面积的变化[48]

3.2.3.3 机械化学法粉体合成

机械化学法可通过分解反应、氧化还原反应、合成反应等来制备粉体[48]。

1. 机械化学分解反应

分解反应是机械化学最早研究的类型。在机械化学中容易发生分解反应的物质有硫化物、卤化物等。最早研究的机械化学分解反应是 $AgCl$、Hg_2Cl_2 的分解,反应式为:

$$2AgCl \longrightarrow 2Ag + Cl_2 \uparrow \quad (3-13)$$

$$Hg_2Cl_2 \longrightarrow 2Hg + Cl_2 \uparrow \quad (3-14)$$

通过机械化学分解,可以制备出金属纳米颗粒和氧化物纳米粉体等。例如 $Al(OH)_3$ 经机械化学活化,逐渐分解形成 $\alpha\text{-}Al_2O_3$,反应过程为:

$$Al(OH)_3 \longrightarrow \gamma\text{-}AlOOH \longrightarrow \gamma\text{-}Al_2O_3 + \alpha\text{-}Al_2O_3 \longrightarrow \alpha\text{-}Al_2O_3 \quad (3-15)$$

勃姆石($\gamma\text{-}AlOOH$)经 1.5h 的机械化学活化可在不加热的情况下分解形成 $\alpha\text{-}Al_2O_3$。

其他的氢氧化物如氢氧化锆、氢氧化钛、碱式碳酸锌、水合二氧化硅等,均可以通过机械化学活化转化成氧化物。$Ti(OH)_4$ 经过 3~10h 研磨,转化成 TiO_2。$Zr(OH)_4$ 经 0.5h 振动磨或者球磨 3h,可转化成 ZrO_2。$Zn_5(CO_3)_2(OH)_6$ 和 $Zn_4(CO_3)_2(OH)_6 \cdot H_2O$ 通过高能磨,在转速 1000r/min 下研磨 2h,可直接分解为晶态的 ZnO。

2. 机械化学氧化还原反应

氧化还原是机械化学法中常见的反应类型。反应式可表示为:

$$Me_1X + Me_2 \longrightarrow Me_1 + Me_2X \quad (3-16)$$

式中,Me_1 为被还原金属;Me_2 为还原金属;X 为 O、Cl、F、S 等。常用的还原金属有 Al、Ca、Mg、Na 和 Si(以 FeSi 形式),也可以使用其他金属,如 Cu、Mn 和 Fe 等。还原金属的选择应基于其热力学特征,确保完全还原,且不会形成金属间化合物,同时考虑纯度和成本,易于处理等。

在机械化学的固-固反应中,反应产物的分离是一个突出问题。但对于单一产物粉体的制备,该方法具有明显优势。例如利用高能球磨技术,可使 $\alpha\text{-}Fe_2O_3$ 与 Fe 反应,直接生成 $Fe_{1-x}O$[49],反应式为:

$$Fe_2O_3 + (1-3x)Fe \longrightarrow 3Fe_{1-x}O \quad (3-17)$$

球磨是在大气条件下进行的,研磨容器通过水冷使球磨过程中温度恒定。在样品与磨球的质量比为 1:30 的情况下,经 10min 球磨后,可获得 $Fe_{0.96}O$ 粉体;40min 球磨后,得到 $Fe_{0.87}O$ 单一相粉体。粉体由 5~20nm 的晶粒聚集成 0.2~2μm 的颗粒。随着球磨时间增加,聚集颗粒的致密度增加。如果将该产物在真空中 200℃下处理,则可形成 Fe/Fe_3O_4 纳米复合粉体。

制备纳米复合粉体是机械化学法的一个独特优势,可在室温下直接制备出某些高熔点复合粉体,如 $Al_2O_3\text{-}TiB_2$ 纳米复合粉体[50]。$Al_2O_3\text{-}TiB_2$ 复合材料具有高弹性模量、高耐磨性、高韧性等特征,在陶瓷刀具、耐火材料、军事装甲,以及耐腐蚀、抗磨损等领域中有很好的应用潜力。该材料一般采用高温法合成,不仅能耗高,而且难以获得均匀的微观结构。机械化学法合成可在室温下进行,可以消除传统合金化过程中由于熔化和非均匀性问题而产生的不良反应。以 Al、B_2O_3 和 TiO 粉末为原料,以行星式研磨机进行机械化学合成。起始原料在氩气环境中进行称量和研磨,磨球与粉体质量比为 20∶1,转速为 600r/min。经 2h 球磨后,可获得高结晶度的 Al_2O_3-TiB_2 复合粉体,经历的化学反应可能包括以下几个:

$$6Al + 3B_2O_3 \longrightarrow 3\alpha\text{-}Al_2O_3 + 6B \tag{3-18}$$

$$2Al + 3TiO \longrightarrow \alpha\text{-}Al_2O_3 + 3Ti \tag{3-19}$$

$$3Ti + 6B \longrightarrow 3TiB_2 \tag{3-20}$$

总反应为:

$$8Al + 3B_2O_3 + 3TiO \longrightarrow 3TiB_2 + 4\alpha\text{-}Al_2O_3 \tag{3-21}$$

形成的 Al_2O_3-TiB_2 复合粉体的粒径最小可达 15.7nm,比表面积可达 72.86m^2/g。颗粒形态随着球磨时间的增加而改变,且增强相和基体相混合在一起形成均匀的结构。

3. 机械化学合成反应

机械化学合成反应在各种粉体的制备中得到了较好的应用,包括铝酸盐、硅酸盐、钛酸盐、钒酸盐、锰酸盐、铁酸盐、钴酸盐、氧化铟锡、磷酸盐或其他化合物,可以是简单化合物粉体,也可以是复杂化合物粉体。例如利用机械化学法可直接合成 ZnSe 纳米晶粉体。所用原料为高纯锌粉和硒粉,其按比例称量后装入碳化钨球磨罐中。磨球为碳化钨球,其与试样质量比为 20∶1。在氮气气氛中以高能球磨机研磨 2h 后,得到纯相的 ZnSe 粉体[51],反应式为:

$$Zn + Se \longrightarrow ZnSe \tag{3-22}$$

合成的 ZnSe 粉体颗粒直径约为 100nm,是由平均尺寸为 5.17nm 的晶粒聚集而成。如果在大气条件下球磨,则获得的 ZnSe 粉体中会含有少量的 ZnO 次晶相。该方法制备的 ZnSe 纳米晶存在残余应力和晶格畸变,可以通过退火消除。

复杂化合物如 $PrBaMn_2O_{5+\delta}$、Mg^{2+} 掺杂 $CaCu_3Ti_4O_{12}$ 等也可以通过机械化学法直接合成。在 $PrBaMn_2O_{5+\delta}$ 粉体的合成中,以 Pr_6O_{11}、BaO_2、MnO 为原料,按化学计量比配料,然后利用行星式球磨机以 600r/min 的转速在空气中研磨 150min,合成出 $PrBaMn_2O_{5+\delta}$ 粉体[52],反应式为:

$$Pr_6O_{11} + 6BaO_2 + 12MnO \longrightarrow 6PrBaMn_2O_{5+\delta} \tag{3-23}$$

合成粉体的晶相为假立方钙钛矿结构。该粉体在氩气中于 900℃下退火后,晶相可转变为四方相,而在 1100℃下退火则可获得层状 $PrBaMn_2O_5$ 相。该材料具有很高的电导率,有望成为固体氧化物燃料电池的电极材料。

Mg^{2+} 掺杂 $CaCu_3Ti_4O_{12}$ 粉体的合成是以 CaO、TiO_2、CuO 和 MgO 为原料,按化学计量混合,然后与氧化锆磨球按球粉质量比 40∶1 装入磨罐中,采用行星式球磨机以 550r/min 的转速研磨 2h,可合成单一晶相的 $CaCu_3Ti_4O_{12}$ 或 $CaCu_{3-x}Mg_xTi_4O_{12}$(0.1≤x≤0.5)固溶体粉体[53]。该晶相具立方钙钛矿结构,可用于介电陶瓷的制备。

在机械化学合成反应中,如果产物含有可溶性盐类,可通过洗涤、脱水、烘干等工序,制得纯相纳米粉体。例如 $CuBi_2O_4$ 纳米粉体的合成以 $Cu(CH_3COO)_2$、$Bi(CH_3COO)_3$、NaOH 为原料,混合研磨,反应生成 $CuBi_2O_4$ 和 $NaCH_3COO$,反应式为:

$$Cu(CH_3COO)_2 + 2Bi(CH_3COO)_3 + 8NaOH \longrightarrow CuBi_2O_4 + 8NaCH_3COO + 4H_2O \quad (3-24)$$

产物中 $NaCH_3COO$ 溶于水,可用去离子水洗涤,也可以在水洗后再用丙酮洗涤,然后用离心分离法进行固液分离,在空气中干燥后,得到纯的四方晶相 $CuBi_2O_4$ 纳米粉体[54]。该粉体对革兰氏阳性金黄色葡萄球菌具有很好的抗菌活性,可作为抗菌剂使用。

3.3 粉体的液相合成

液相法是实验室和工业生产广泛采用的合成超细粉体的方法。该类方法的主要特征是:合成反应在液相介质中进行,化学组成容易进行精确控制,可合成多组分、单一晶相的超细粉体,获得晶形完整、形态及晶粒尺寸可控的颗粒,且工业化生产成本较低。

粉体的液相合成工艺方法较多,主要有沉淀法、水热法、溶剂热法、溶胶-凝胶法、水解法、喷雾法、冷冻干燥法、熔盐法等。

3.3.1 沉淀法

沉淀法是利用某些阴离子与阳离子在溶液中发生反应,生成不溶于水的物质而进行合成的方法,包括化合物沉淀法和共沉淀法。通过化学反应产生的沉淀物,再经过脱水、烘干,或者再加热分解,便得到所需化合物粉体。

物质从溶液中沉淀也经历了成核和生长过程。沉淀产生的颗粒尺寸取决于晶核形成和成长的速率及时间。若成核速率小于核成长的速率,则生成的晶粒数就少,单个晶粒的粒径就大;反之,粒径就小。一般来说,沉淀物的溶解度越小,沉淀物的粒径也越小。由于沉淀是一个极复杂的过程,成核及晶粒成长受多因素控制。

沉淀法具有成本低、工艺简单、合成周期短等优点,在纳米粉体材料的合成中得到了广泛的应用。

3.3.1.1 化合物沉淀法

化合物沉淀法是使金属离子以与配比组成相等的化学计量化合物的形式沉淀来制备粉体的方法,沉淀物的化学组成具有在原子尺度上的均匀性。化合物沉淀法不仅被用于直接合成目标粉体,也可以用于制备目标粉体的前驱体粉体,该前驱体粉体再经过热解,转变为目标粉体。

1. 直接沉淀合成粉体

在粉体的沉淀合成工艺中,沉淀物为目标化合物,副产物为可溶性的,其可以通过固液分离、洗涤等工序实现分离。沉淀物经脱水及烘干,即得到所需粉体。这种粉体的合成工艺简单,可在反应过程中对晶体尺寸进行控制,获得纳米级粉体。例如 CdS 纳米颗粒的合成是以 $CdCl_2$ 和 Na_2S 为原料,分别溶解于去离子水中,均制成摩尔浓度为 4mol/L 的溶液,然后在不断搅拌的条件下,将 Na_2S 溶液缓慢滴加到 $CdCl_2$ 溶液中,在 20~80℃下反应至溶液由浅色变为深黄色。反应式如下:

$$CdCl_2 + Na_2S \longrightarrow CdS\downarrow + 2NaCl \tag{3-25}$$

反应产物通过离心分离,再用无水乙醇洗涤数次,以除去副产物 NaCl。产物经固液分离后,在 50℃下烘干,即得到晶粒尺寸为 4~7nm 的 CdS 纳米粉体[55],其晶粒尺寸随反应温度的增高略有增大。

在化合物沉淀工艺中,也可以将气相原料通入溶液中,反应生成沉淀物。例如 PbS 纳米颗粒的合成,以去离子水溶解 $Pb(NO_3)_2$,形成溶液,再用氨水调节 pH 值至 8,然后通入 H_2S 气体,鼓泡反应数秒,产生 PbS 黑色沉淀物。固-液分离后,用去离子水洗涤数次,再离心脱水,在 100℃下烘干,得到 30~50nm 的 PbS 粉体[56]。反应式为:

$$Pb(NO_3)_2 + H_2S + 2NH_4OH \longrightarrow PbS\downarrow + 2NH_4NO_3 + 2H_2O \tag{3-26}$$

2. 沉淀合成前驱体粉体

采用沉淀法合成前驱体粉体,是氧化物粉体制备的常用方法。反应生成的沉淀物通常是氢氧化物、碳酸盐、硫酸盐、乙酸盐、草酸盐等。这些沉淀物可以是简单化合物,也可以是由两种及以上金属元素组成的化合物。简单化合物前驱体的热解过程比较简单,其直接转化成氧化物,可通过前驱体颗粒尺寸控制,来调控氧化物粉体的最终粒度。例如利用 $Ni(NO_3)_2$ 与 NaOH 溶液反应,形成 $Ni(OH)_2$ 沉淀,反应式为:

$$Ni(NO_3)_2 + 2NaOH \longrightarrow Ni(OH)_2\downarrow + 2NaNO_3 \tag{3-27}$$

为了控制形成的晶粒尺寸,在反应溶液中可加入适量的表面活性剂或有机分散剂如十六烷基三甲基溴化铵、聚乙烯吡咯烷酮或聚乙二醇等。形成的沉淀物用去离子水和乙醇洗涤数次,然后脱水、烘干,再在 300~600℃下煅烧,使 $Ni(OH)_2$ 粉体分解成 NiO 粉体,反应式为:

$$Ni(OH)_2 \xrightarrow{\Delta} NiO + H_2O_{(气)} \tag{3-28}$$

形成的 NiO 晶粒尺寸为 25~65nm。晶粒尺寸不仅与煅烧温度的高低有关,而且受前驱体粉体沉淀时使用的表面活性剂或有机分散剂的影响。使用聚乙烯吡咯烷酮或聚乙二醇作为分散剂时,制备的 NiO 粉体粒度更细,分散性更好[57]。

化合物沉淀法合成两种及以上金属元素组成的化合物前驱体,如 $BaTiO(C_2O_4)_2 \cdot 4H_2O$、$BaSn(C_2O_4)_2 \cdot 1/2H_2O$、$CaZrO(C_2O_4)_2 \cdot 2H_2O$、$ZnFe_2(C_2O_4)(OH)_3 \cdot 4H_2O$、$ZnCo_2(C_2O_4)_3 \cdot 6H_2O$、$LaFe(CN)_6 \cdot 5H_2O$ 等,是制备复合氧化物粉体的常用方法。对于由两种以上金属元素组成的化合物,当金属元素之比符合化学计量比时,沉淀物组成的均匀性能够得到保证,但要定量添加微量成分时,其成分的均匀性常难以得到保证。

多元素组成的沉淀物经过热解形成复合氧化物,如 $BaTiO_3$、$BaSnO_3$、$CaZrO_3$、$LaFeO_3$、$ZnFe_2O_4$、$ZnCo_2O_4$ 等,但热解过程并非简单的直接合成,可能经历复杂的变化过程。例如 $BaTiO(C_2O_4)_2 \cdot 4H_2O$ 的热解可能经历以下过程[4,58]:

$$BaTiO(C_2O_4)_2 \cdot 4H_2O \longrightarrow BaTiO(C_2O_4)_2 + 4H_2O_{(气)} \tag{3-29}$$

$$BaTiO(C_2O_4)_2 + \frac{1}{2}O_2 \longrightarrow BaCO_{3(无定形)} + TiO_{2(无定形)} + CO + 2CO_2 \tag{3-30}$$

$$BaCO_{3(无定形)} + TiO_{2(无定形)} \longrightarrow BaCO_{3(晶)} + TiO_{2(晶)} \tag{3-31}$$

$$BaCO_{3(晶)} + TiO_{2(晶)} \longrightarrow BaTiO_3 + CO_2 \tag{3-32}$$

可见，$BaTiO_3$ 不是由 $BaTiO(C_2O_4)_2 \cdot 4H_2O$ 直接热解合成，而是分解成碳酸钡和二氧化钛后，再经过固相反应形成。$BaTiO(C_2O_4)_2 \cdot 4H_2O$ 热解产生的碳酸钡和二氧化钛颗粒细小，活性高，且相互混合均匀性好，可在450℃下开始反应形成钛酸钡，并在750℃下形成单一晶相的钛酸钡粉体。在升温过程中的各个温度区域，伴随着各种中间产物参与形成 $BaTiO_3$ 的反应，各中间产物的活性不同，因此 $BaTiO_3$ 的形成过程是很复杂的。由其他两种以上金属元素组成的化合物的热解情况也类似，几乎都存在中间产物生成的情况。中间产物之间的热稳定性差别越大，形成的粉体组分不均匀性就会越大。

3.3.1.2 共沉淀法

共沉淀是指溶液中某些特定离子发生沉淀时，共存于溶液中的其他离子也一起沉淀的现象。利用混溶于溶液中的两种或多种金属阳离子与沉淀剂发生共沉淀来制备粉体的方法，称为共沉淀法。常用的沉淀剂有氢氧化物、碳酸盐、硫酸盐、草酸盐等。例如溶液中的金属离子 M^{n+} 与 OH^- 反应，形成氢氧化物沉淀，反应式为：

$$M^{n+} + nOH^- \longrightarrow M(OH)_n \downarrow \quad (3-33)$$

金属离子与沉淀剂的反应受到沉淀物溶度积的控制。溶液中不同的金属离子发生沉淀的条件可能不同。在同一条件下发生沉淀的金属离子种类很少，即同一条件下，要使组成材料的多种金属离子同时沉淀几乎不可能。大多情况下，共沉淀是使金属离子按满足条件的顺序依次沉淀下去，形成混合沉淀物。因此，共沉淀法本质上是分别沉淀，其沉淀物不是一种化合物。当构成沉淀物微粉的金属元素的原子数大致相等时，沉淀物组成的均匀性只能达到微粉粒径层次。如果利用共沉淀法添加微量成分，则很难实现微观级别的组成均匀性。在制备工艺中，为了获得均匀的沉淀物，常在反应过程中进行高速搅拌，并适当调节溶液的pH值。共沉淀的影响因素较多，主要包括溶液浓度、pH值、沉淀剂类型、混合方法、搅拌速度、温度等。适当的制备工艺条件控制是获得混合均匀的沉淀物的关键。

共沉淀法是制备含有两种及以上金属元素的复合氧化物超细粉体的重要方法，也被用于微量元素掺杂氧化物粉体的制备[60]。在复合氧化物粉体的制备中，共沉淀法常被用于制备前驱体粉体，然后通过洗涤、脱水、干燥和煅烧，转化成氧化物粉体。例如在 $Bi_4Ti_3O_{12}$ 粉体的制备中以乙醇溶解 $Ti(OC_4H_9)_4$，并与草酸乙醇溶液混合，形成 $H_2TiO(C_2O_4)_2 \cdot 4H_2O$ 溶液。将 $Bi(NO_3)_3 \cdot 5H_2O$ 溶解于硝酸中，在不断搅拌条件下，添加到 $H_2TiO(C_2O_4)_2 \cdot 4H_2O$ 溶液中，用氨水将反应溶液的pH值调节至2，使其充分反应，形成共沉淀。沉淀物经过滤、洗涤、烘干，在650℃下煅烧1h，可得到纯相的 $Bi_4Ti_3O_{12}$ 粉体[60]。

除合成前驱体粉体外，某些多元素氧化物粉体可以通过控制共沉淀工艺条件直接合成。例如 $CoFe_2O_4$ 纳米粉体可以在60~90℃下通过共沉淀法合成[61]。以氯化钴（$CoCl_2 \cdot 6H_2O$）和氯化铁（$FeCl_3 \cdot 6H_2O$）为原料，NaOH为沉淀剂，氯化铁和氯化钴按 Fe^{3+}/Co^{2+}（摩尔比）为2:1配制水溶液，然后滴入摩尔浓度为1.5mol/L的NaOH溶液中，加热至60~90℃搅拌反应。溶液的pH值通过添加HCl和NaOH溶液来调控，固定在12。形成的沉淀物具有磁性特征，可通过强磁体收集，再经洗涤、脱水，在100℃下烘干，即得到纯相的 $CoFe_2O_4$ 纳米粉体，其粒径约为70nm。如果在反应溶液中加入表面活性剂（如油酸），则可获得更小粒径的纳米粉体。

共沉淀法的优点是：工艺简单、温度低、反应快速、高效节能；粉体的粒度和组成易于控制，可制备纳米粉体；通过对合成条件的调控，可以实现对颗粒表面状态和整体均匀性的控制。缺点是：痕量杂质也可能随产品沉淀；存在批次间的可重复性不好的问题；对沉淀速率相差较大的反应物，该方法难获得好的均匀性。

3.3.2 水热法和溶剂热法

3.3.2.1 水热法

1. 水热合成技术

水热合成是指以水溶液为反应体系，利用高压密闭反应容器（高压釜），在一定温度和压力条件下进行粉体合成的技术[62-64]。反应物通常是金属盐、氧化物、氢氧化物、金属粉末等。反应容器常用带特氟龙内衬的高压釜。反应温度一般为100～300℃，高压釜内压强为0.1～100MPa，其大小取决于反应釜的填充度。水热法的一般工艺流程如图3-3所示。工艺参数主要有温度、压力、时间、溶液的浓度及pH值等。合成产物一般不需要煅烧，但某些氧化物如ZrO_2常需煅烧以获得所需的晶相。

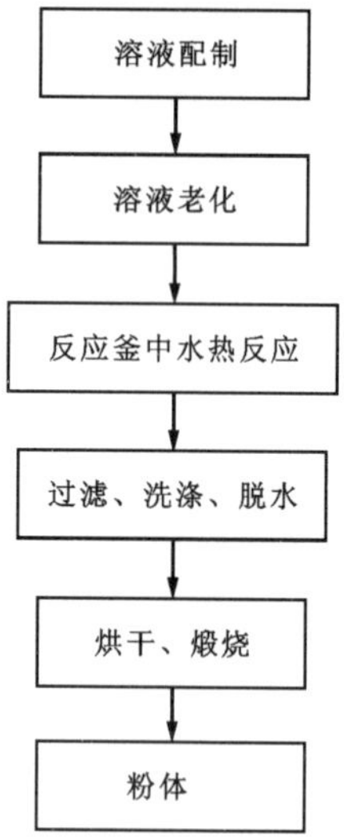

2. 水热合成的特点

与其他粉体制备技术相比，水热法具有许多优势，具体如下。

（1）在水热环境中合成粉体，有利于保持晶粒的完整性，组成保持化学计量比，获得分散性好、粒度分布窄的粉体。水热条件还可以促进物质的扩散和吸附过程，提高反应和结晶速率。

图3-3 水热合成一般工艺流程图

（2）合成过程在较低的温度下进行，可避免高温工艺中存在的烧结和组分蒸发等问题，对合成产物无需进行研磨。

（3）水热工艺可以合成复杂成分化合物或固溶体粉体，并易于对晶粒尺寸和晶体形态的控制。

（4）水热结晶是一种自纯化过程，杂质在晶粒的生长过程中往往会被排斥，并在后期的洗涤及固-液分离中被除去，使合成粉体的纯度远高于起始原料的纯度。

（5）水热合成是在密闭容器中进行，反应形成的化学溶液及物质可以回收和循环利用，对无法回收利用的废物可方便地进行处置，不会对环境产生危害。

（6）合成工艺的可重复性较好，适合于粉体的大规模工业化生产。

水热合成技术适应性很广，不仅可用于合成氧化物，而且也适合合成非氧化物粉体。其可以与其他技术如微波、超声波、机械化学等相结合，使反应动力得到增强，实现各种新材料的制备。

3. 水热条件下的粉体制备工艺

水热合成技术适合各种粉体的制备，包括：简单氧化物如ZrO_2、TiO_2、SiO_2、ZnO、Fe_2O_3、

Al_2O_3、CeO_2、SnO_2、Sb_2O_3、Co_3O_4、HfO_2 等；复杂氧化物如 $BaTiO_3$、$BaCaTiO_3$、$BaSrTiO_3$、$PbTiO_3$、$Pb(Zr,Ti)O_3$、$KNbO_3$、$KTaO_3$、$LiNbO_3$、铁氧体、磷灰石、钨酸盐、钒酸盐、钼酸盐和沸石分子筛等；非氧化物如硒化物（$CdSe$、$HgSe$、$CoSe_2$、$NiSe_2$、$CsCuSe_4$）、碲化物（$CdTe$、Bi_2Te_3、Cu_xTe_y、Ag_xTe_y）、硫化物（CuS、ZnS、CdS、PbS、$PbSnS_3$）、氟化物、氮化物（立方 BN、六方 BN）、砷化物（$InAs$、$GaAs$），以及金属、半导体、金属间化合物等粉体。合成工艺主要有以下几种。

(1) 水热金属氧化：在水热条件下，金属粉体如 Zr、Ti、Al、Fe、Zn、Cr、Nb、Hf 等可与水反应，形成氧化物[64]。例如 Zr 粉在 300℃、98MPa 条件下，与 H_2O 反应形成 ZrO_2 和 ZrH_x；在 400℃、98MPa 条件下，与 H_2O 反应形成 ZrO_2 粉体，反应式为：

$$Zr + H_2O \xrightarrow{300℃} ZrO_2 + ZrH_x \xrightarrow{400℃} ZrO_2 + H_2 \qquad (3-34)$$

Al 粉末在 100MPa 下与 H_2O 反应，在温度为 100℃ 时形成 AlOOH，而在 500～700℃ 时形成 α-Al_2O_3，反应式为：

$$Al + H_2O \xrightarrow{500～700℃} \alpha\text{-}Al_2O_3 + H_2 \qquad (3-35)$$

Ti 粉末在 100MPa 的水热反应，在 450～650℃ 形成金红石型和锐钛矿型 TiO_2 以及 TiH_x；在高于 650℃ 时，形成金红石型 TiO_2，反应式为：

$$Ti + H_2O \xrightarrow{450～650℃} TiO_2 + TiH_x \xrightarrow{>650℃} TiO_2 + H_2 \qquad (3-36)$$

(2) 水热分解：在水热条件下，某些稳定的物质会发生分解[64]。如钛铁矿与 10mol/L 的 KOH 或 NaOH 混合，在 500℃、30MPa 的水热条件下，可完全分解。当钛铁矿与碱溶液配比为 5:3 时，钛铁矿完全分解的时间为 63h。当钛铁矿与碱溶液配比为 5:4 时，钛铁矿完全分解的时间为 39h。在 KOH 溶液中，钛铁矿的分解反应如下：

$$FeTiO_3 + H_2O \longrightarrow Fe_{3-x}O_4 + TiO_2 + H_2 \qquad (3-37)$$

$$FeTiO_3 + KOH \longrightarrow K_2O(TiO_2)_n + Fe_3O_4 + H_2O \;(n=4 \text{ 或 } 6) \qquad (3-38)$$

水热分解的另一个重要的例子是锆石（$ZrSiO_4$）的分解。锆石是一种稳定性很好的矿物，其在氧化条件下的分解温度高达 1550～1750℃。在压力为 17MPa 的水热体系中，在 $Ca(OH)_2$ 和 NaOH 溶液存在的情况下，锆石粉末可在 350℃ 下分解形成 ZrO_2，反应式为：

$$ZrSiO_4 + Ca(OH)_2 \longrightarrow ZrO_2 + CaO \cdot SiO_2 \cdot H_2O \qquad (3-39)$$

(3) 水热水解或沉淀：溶液中的金属离子在高温高压下发生水解，形成氢氧化物沉淀，反应式为：

$$M^{n+} + nOH^- \longrightarrow M(OH)_n \downarrow \qquad (3-40)$$

除了形成氢氧化物之外，有的金属离子可以直接形成氧化物沉淀。如 $ZrOCl_2 \cdot 8H_2O$ 溶液在添加适量尿素的情况下，可在水热条件下沉淀，形成 ZrO_2 粉体[65]。在 Y_2O_3 掺杂的 ZrO_2 粉体制备中，以去离子水溶解 $ZrOCl_2 \cdot 8H_2O$、$YCl_3 \cdot 6H_2O$、$CO(NH_2)_2$，配制成混合溶液，然后装入高压反应釜中，在 220℃、7MPa 条件下反应 5h，经过滤、洗涤、烘干，得到晶粒尺寸为 20nm 的 ZrO_2 粉末。其由亚稳态的立方氧化锆和少量单斜氧化锆组成。单斜晶相的含量随温度的升高而降低。该粉体可在 800℃ 以上的温度下煅烧，使亚稳立方相转变为四方相。

(4) 水热结晶：对于在常压条件下难溶于水的物质，可以在添加矿化剂的情况下进行水热结晶，形成晶质的氧化物粉体。例如 ZrO_2 纳米粉体的合成，可以用 $ZrCl_4$ 溶液与 NH_4OH 反应形成水合氧化锆沉淀，其过滤、洗涤、脱水、干燥后，用于水热反应。经120℃烘干的沉淀物为无定形的水合氧化锆（$ZrO_2 \cdot nH_2O$）。以 KF 或 NaOH 等为矿化剂，在300℃、100MPa 的水热条件下反应24h，无定形的水合氧化锆结晶形成单斜相 ZrO_2，晶粒尺寸为 10～40nm[66,67]。

(5) 水热合成：金属盐溶液在水热条件下反应形成化合物，包括氧化物或者其他化合物。例如 ZnO 纳米粉体的合成，以去离子水溶解乙酸锌形成溶液，以氢氧化钾或氢氧化钠溶液和氨水溶液为反应剂，利用带特氟龙内衬的高压釜进行水热反应，在 180～200℃ 下合成 ZnO 纳米粉体。如果在反应溶液中添加适量有机溶剂（如乙二胺等），可以合成出棒状、长柱状和椭圆形等形态的 ZnO[68]。形成的粉体经过滤、洗涤和烘干，即得 ZnO 纳米粉末。该粉体具有良好的分散性和完整的晶体形态。

利用水热法也可以直接合成非氧化物粉体如 CdS、CdSe 粉体等。在 CdS 合成中，以二水乙酸镉为镉源，以硫脲为硫源，以去离子水配制成一定浓度的溶液，并按一定配比混合均匀，然后装入带特氟龙内衬的高压釜中，在 160℃ 下反应 12h，产物经离心分离，再用去离子水和无水乙醇洗涤多次，烘干后得到晶质的 CdS 亚微米球形颗粒。该颗粒分散性良好，粒度分布比较均匀，粒径约为 $0.5\mu m$[69]。

在 CdSe 粉体的合成中，以六水高氯酸镉为镉源，以 N,N-二甲基硒脲为硒源，以二水柠檬酸三钠和硫代乙酰胺为稳定剂，用去离子水配制成溶液；然后将高氯酸镉溶液与柠檬酸钠溶液混合，并用 NaOH 溶液将其 pH 值调节至 9.0，再按配比加入 N,N-二甲基硒脲溶液；然后立即装入不锈钢反应釜中，在 200℃ 下反应 1.5min，合成平均粒径为 5nm 的 CdSe 粉末[70]。晶粒尺寸随反应温度的升高以及反应时间的延长而增大。

水热合成技术还可用于多孔材料如沸石分子筛的制备。孔径在 1.5～10nm 之间的 M41S 族分子筛具有较高的表面积，是重要的介孔材料。MCM-41 是 M41S 族分子筛的典型代表，它具有六方有序孔道结构，孔径均匀，比表面积高，吸附容量大，有利于大分子的快速扩散，在石油化工方面有很大的应用价值。MCM-41 可以用十六烷基三甲基氢氧化铵为模板，通过水热合成来制备[71]，形成机制如图 3-4 所示。将胶态氧化硅与四甲基硅酸铵按比例混合，并在室温下搅拌 30min，然后在剧烈搅拌下加入模板剂及质量分数 0.2% 的消泡剂，用乙酸将溶液的 pH 值调节至 11.5，再装入反应釜中，在 100℃ 下水热合成 6d。反应结束后，经过滤、洗涤、干燥，再将产物在氮气气氛中于 540℃ 下煅烧 20h，然后在流动的氮气中煅烧 1h，最后在 540℃ 的流动空气中煅烧 6h，以除去残留的有机物，形成 MCM-41 分子筛[72]。合成的 MCM-41 分子筛结构完整性好，孔径为 2～3nm，壁厚 1.5～2nm，比表面积可达 $1500m^2/g$ 以上。

(6) 微波水热合成：微波为频率在 300MHz 至 300GHz 之间的电磁波，其是与电磁场相关的电磁能的一种形式。当微波照射到介质表面时，它的一小部分被反射，但大部分会渗透到介质的内部，并被介质吸收而转化为热能。微波对介质的加热主要通过偶极极化和离子传导两个机制进行。微波能量场每秒会连续变化数亿次，并且正极性与负极性的频率相同。

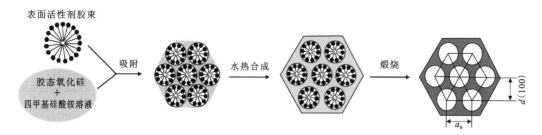

图 3-4　MCM-41 分子筛合成机制示意图

在微波作用下,分子运动从原来的混沌状态变为有序的高频振动,产生碰撞、摩擦和挤压,使微波能转化为热能。微波加热效率高,速度快。将微波加热技术与水热合成相结合,可有效提高结晶反应的动力学,使反应速度提高 1~2 个数量级。

微波水热合成是近年来开发的用于粉体制备的新方法。该方法利用水热法的原理结合微波加热技术,充分发挥了微波和水热技术的优点。由于微波具有强的穿透力,可避免热传导引起的温度差,从而大大提高了反应速度。与传统的水热法相比,微波水热合成具有更快的加热速度、更均匀的加热体系以及更灵敏的反应等特点,可以快速制备出粒径分布窄、形貌均匀的纳米粉体,尤其适合反应时间长、对温差敏感的粉体制备[73]。

微波水热合成技术已被用于制备简单氧化物粉体如 TiO_2、ZrO_2、SnO_2、Cu_2O、Fe_2O_3 等,复合氧化物粉体如 $BaTiO_3$、$CaTiO_3$、$BiFeO_3$、$KNbO_3$、$BiVO_4$、$ZnFe_2O_4$、$Y_3Fe_5O_{12}$ 等,以及生物材料如羟基磷灰石纳米粉体等。

(7)水热机械化学合成:水热机械化学合成将机械化学反应与水热合成结合在一起,充分利用了水热环境与机械力对化学反应的促进作用,在较低温度下能使界面反应、晶体溶解或脱羟基反应速率提高 1~2 个数量级。在机械研磨过程中,磨球引起摩擦效应和气泡使反应物产生局部高温及局部高压,而整体系统保持较低的温度(接近室温)。因此,水热机械化学合成可以在不需要使用压力容器或外部加热的情况下进行,例如羟基磷灰石、碳酸磷灰石等可在室温下通过球磨工艺实现合成。

如果将球磨与水热高压反应相结合,则可以直接合成氧化物粉体。例如钡铁氧体($BaO·6Fe_2O_3$)粉体的合成,以 $Ba(OH)_2$ 和 $FeCl_3$ 为原料,分别配制成溶液后,混合沉淀,再把沉淀物、溶液与不锈钢磨球一起装入带球磨装置的高压釜中,在 200℃、2MPa 条件下进行水热球磨,反应 4h 后,合成出钡铁氧体粉体[64]。

(8)超声波辅助水热合成:超声波辅助水热合成是在水热合成工艺中引入超声波(0.02~10MHz),可在结晶过程中抑制团聚的产生或晶粒聚集体的形成,同时声化学环境还可以改变分子化学(如化学键断裂、产生激发态以及加速化学反应中的电子转移等),并增强质量传输和结晶动力学,从而加快水热反应的进程[74]。超声波辅助水热合成装置如图 3-5 所示,超声波换能器被加入到带特氟龙内衬的高压反应釜中。利用该装置可比较快速地合成 $(K,Na)NbO_3$ 粉体。以 $NaOH$、KOH、Nb_2O_5 为原料,先将 $NaOH$、KOH 配制成溶液,然后按配比与 Nb_2O_5 粉末混合均匀,再装入反应釜中。密封后放置于烘箱中,加热至 210℃。在水热反应过程中启动超声波换能器。经 4h 反应后,获得纯相的(K,Na)NbO$_3$ 粉体,产率可达 100%。完成反应所需的时间仅为无超声波水热合成的一半。

3.3.2.2 溶剂热法

粉体的溶剂热合成技术是在水热法的基础上发展起来的,其使用的合成设备及工艺过程与水热法基本相同,但使用的溶剂不是水,而是有机溶剂或非水溶剂。溶剂热法适合于对水敏感的化合物如Ⅱ-Ⅵ族半导体、Ⅲ-Ⅴ族半导体、碳化物、氟化物、磷(砷)酸盐等粉体的合成,也被用于氧化物的合成,以获得形貌独特、分散性好的纳米粉体[75]。

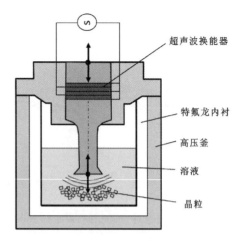

图 3-5 超声波辅助水热合成装置示意图[74]

1. 半导体粉体的合成

溶剂热法被广泛用于Ⅱ-Ⅵ族半导体(如 ZnS、ZnSe、ZnTe、CdS、CdSe、CdTe、HgS、HgSe、HgTe 等)、Ⅲ-Ⅴ族半导体(如 BN、GaN、GaAs、InAs、GaP、InP 等)以及Ⅳ族半导体(如 Si、Ge 等)纳米粉体的合成。例如 ZnS 纳米粉体的合成以 Zn(NCS)$_2$(C$_5$H$_5$N)$_2$ 为前驱体,以乙二醇为溶剂,在填充度为 80%的情况下于 160~200℃下合成 12h,获得直径为 200~450nm 的 ZnS 纳米球[76]。另外,以 ZnCl$_2$、MnCl$_2$ 和硫粉为前驱体,以油酸为合成介质,在 180℃下合成 60h,可获得 Mn 掺杂的 ZnS 纳米球[77]。

GaN 纳米粉体可以在溶剂热环境中通过 GaCl$_3$ 与 Li$_3$N 反应合成。以苯为溶剂,其与反应物混合均匀后装入镀银的不锈钢高压釜中,充填度为 75%。在 280℃下反应 6~12h,可合成出平均粒径为 32nm 的 GaN,产率可达 80%[78],反应式为:

$$GaCl_3 + Li_3N \longrightarrow GaN + 3LiCl \qquad (3-41)$$

反应产物经离心分离,再采用无水乙醇洗涤数次,以除去副产物 LiCl$_3$。

GaN 纳米粉体也可以用 GaCl$_3$ 和 NaN$_3$ 在四氢呋喃(220℃)或甲苯(260℃)中合成[79],但反应时间较长(2~4d),而且形成的金属叠氮化物热不稳定,并对冲击敏感,因此合成过程需格外小心,反应过程如下:

$$GaCl_3 + 3NaN_3 \longrightarrow Ga(N_3)_3 + 3NaCl \qquad (3-42)$$

$$Ga(N_3)_3 \longrightarrow GaN + 4N_2 \uparrow \qquad (3-43)$$

在 Si 纳米粉体的制备中,以 SiCl$_4$ 为硅源,以金属锂为还原剂,以正己烷为溶剂,在氩气气氛手套箱中混合均匀后装入不锈钢高压釜中,然后在 280℃下反应 10h,可合成出 Si 纳米颗粒[80],反应式为:

$$4Li + SiCl_4 \longrightarrow Si + 4LiCl \qquad (3-44)$$

反应产物用稀 HCl 溶液洗涤,再用去离子水和无水乙醇洗涤数次,最后以真空干燥箱在 60℃下干燥,得到粒径为 20nm 的 Si 粉体。

Ge 纳米粉体的合成可以以 GeCl$_4$ 和苯基-GeCl$_3$ 为前驱体,以金属钠为还原剂,以己烷为溶剂,可添加适量的表面活性剂如七甘醇单十二烷基醚等。各原料混合均匀后,装入高压反应釜中,使充填度达 65%。然后在 280℃下反应 72h。反应产物用乙醇、去离子水和己烷清洗,以除去副产物 NaCl。如果在合成体系中添加适量的七甘醇单十二烷基醚表面活性剂,形成的 Ge 纳米颗粒为边长 100nm 的立方体[81]。如果添加五乙二醇醚表面活性剂,则会形成粒径为 15~70nm 的球形、菱形和六边形的 Ge 纳米混合颗粒[82]。可见,Ge 纳米颗粒的形貌可以通过添加表面活性剂来调控。

2. 碳化物粉体的合成

碳化物如 SiC、TaC、TiC、BC 等可采用溶剂热法在较低温度下合成。SiC 纳米材料的合成是以 CaC$_2$ 和 SiCl$_4$ 为原料,其中 SiCl$_4$ 还充当溶剂,因而需过量添加。反应物的混合是在氩气气氛下的干燥手套箱中进行。将反应物装入高压反应釜后,在 180℃下合成 36h。反应式为:

$$2CaC_2 + SiCl_4 \longrightarrow SiC + 2CaCl_2 + 3C \tag{3-45}$$

反应产物用去离子水和稀盐酸洗涤,以除去副产物 CaCl$_2$ 和未反应的原始物质。然后用稀 HF 和热浓 H$_2$SO$_4$ 处理样品,以除去 Si 或 SiO$_2$ 和无定形碳。再用蒸馏水洗涤,除去副产物和其他杂质。最后进行真空干燥,获得片状 SiC 纳米颗粒[83]。SiC 纳米颗粒厚度为 15nm,直径为 200~500nm。

可以采用类似的工艺以一种液体原料与其他固体原料来合成 TaC、TiC 纳米粉体[84,85]。TaC 合成所用原料为 TaCl$_5$、Na 和 C$_4$Cl$_6$,其中 C$_4$Cl$_6$(六氯丁二烯)为液体。TiC 合成所用原料为 Ti、Na 和 CCl$_4$,其中 CCl$_4$ 为液体。原料在氩气气氛下的干燥手套箱中按配比混合,并装入带玻璃内衬的不锈钢高压釜中。TaC 合成温度为 650℃,而 TiC 的合成温度为 450℃,反应时间均为 8h。两者的反应式分别为:

$$4TaCl_5 + C_4Cl_6 + 26Na \longrightarrow 4TaC + 26NaCl \tag{3-46}$$

$$Ti + CCl_4 + 4Na \longrightarrow TiC + 4NaCl \tag{3-47}$$

反应结束后,将高压釜冷却至室温,取出反应产物,依次用无水乙醇、稀盐酸和去离子水洗涤,以除去副产物 NaCl 和其他杂质。最后再进行真空干燥,得到 TaC、TiC 纳米粉末。

3. 氟化物粉体的合成

溶剂热法不仅适合于简单氟化物如 InF$_3$、ZnF$_3$、MnF$_2$、FeF$_3$ 等,而且适合复杂氟化物如 NaCoF$_3$、KMgF$_3$、NaMgF$_3$、NaYF$_4$:Ln^{3+}(Eu^{3+}、Tb^{3+}、Yb^{3+}/Er^{3+})等纳米粉体的合成。通过工艺条件的调整,可实现对粉体的晶粒尺寸、形貌、结构、组成以及分散性的控制。例如利用溶剂热法在无模板的情况下可合成不同结构和组成的氟化铁粉体[86]。以 Fe(NO$_3$)$_3$·9H$_2$O 为原料,将其溶于无水乙醇中,然后加入一定量 NH$_4$HF$_2$。Fe(NO$_3$)$_3$·9H$_2$O 与 NH$_4$HF$_2$ 的摩尔比为 2:3。将混合溶液装入带特氟龙内衬的高压釜中,在 85℃下反应 1~4h。反应产物经离心分离后,用无水乙醇洗涤,再在 60℃下真空干燥,得到 FeF$_3$·0.33H$_2$O 粉体。粉体的粒度和结构随反应时间、溶液浓度以及反应体系中 H$_2$O 含量的高低而变化。当反应时间为 1h 时,形成由小纳米颗粒组成的空心纳米球,直径为约 150nm。当反应时间为 4h 时,形成的空心球直径达到 400nm,粒度均匀。粉体的粒度还随 Fe(NO$_3$)$_3$·9H$_2$O 浓度以及H_2O含量的增加而增大。但若H_2O含量到一定数量时,将形成$Fe_{1.9}F_{4.75} \cdot 0.9H_2O$,而不是$FeF_3 \cdot 0.33H_2O$,且不再是空心球粉体而是八面体颗粒。因此,通过调节溶剂中醇与水的比例,可以调控氟化铁的形态和组成。

4. 磷酸盐粉体的合成

利用溶剂热法可合成各种磷酸盐如磷酸铁锂、磷酸锑、磷酸锌、磷酸钒、β-磷酸三钙、氯化磷酸锶、硅柱撑磷酸钛等。在$LiFePO_4$纳米粉体的合成中,以$FeSO_4 \cdot 7H_2O$、H_3PO_4和$LiOH \cdot H_2O$为原料,以乙二醇为溶剂。首先将$FeSO_4 \cdot 7H_2O$和H_3PO_4溶解于乙二醇中,同时用乙二醇溶解$LiOH \cdot H_2O$,以形成澄清溶液。然后按$FeSO_4 \cdot 7H_2O:H_3PO_4:LiOH \cdot H_2O$的摩尔比为1:1:2.7的配比,在不断搅拌下将$LiOH$-乙二醇溶液缓慢地添加到$FeSO_4$-$H_3PO_4$-乙二醇溶液中。混合物装入高压釜中,在180℃下保温10h。沉淀物用去离子水和乙醇洗涤后,在60℃下干燥,得到$LiFePO_4$粉末[87]。其纯度高,粒度均匀。晶粒呈板状,平均长200nm,宽100nm,厚30nm。

5. 氧化物粉体的合成

各种氧化物如ZnO、TiO_2、NiO、WO_3、MoO_3、Ta_2O_5、α-Fe_2O_3、CuO、$BaTiO_3$、$BaZrO_3$、$LiNbO_3$等可用溶剂热法合成。例如ZnO纳米粉体的合成以$Zn(CH_3COO)_2 \cdot 2H_2O$为原料,以甲醇为溶剂。$Zn(CH_3COO)_2 \cdot 2H_2O$首先溶于甲醇中,然后加入适量的$NaOH$甲醇溶液,使反应溶液的pH值介于8~11之间。再将溶液装入带特氟龙内衬的不锈钢高压釜中,在150~200℃下合成6h。高压釜自然冷却到室温后,用甲醇对产物进行洗涤、过滤,然后在60℃下烘干,得到ZnO纳米粉末,平均尺寸约10nm。如果以$Zn(C_5H_7O_2)_2 \cdot H_2O$为原料,以无水乙醇或1-辛醇为溶剂,并添加适量的三乙醇胺,则可合成ZnO球形颗粒[88]。该球形颗粒由纳米晶粒集合而成。纳米晶粒聚合成球的程度与三乙醇胺添加量和反应时间有关。当三乙醇胺:$Zn(C_5H_7O_2)_2 \cdot H_2O$的摩尔比为1:1,反应时间为24h时,形成的球形颗粒直径大于500nm。如果以无水乙醇为溶剂,球形颗粒尺寸更大,表明溶剂类型对球形颗粒的形成也有影响。对于TiO_2粉体的合成,以钛酸四丁酯和硝酸银为原料,以乙二醇为溶剂,在240℃高压釜中合成14h,可获得具有海胆形貌的Ag修饰TiO_2粉体[89]。

3.3.3 溶胶-凝胶法

溶胶-凝胶法是一种常用的粉体合成方法,其是通过溶液中的分子或离子的缩聚来制备材料的技术。所谓溶胶是指有机溶液通过水解和聚合作用形成的由有机或无机胶体颗粒组成的稳定液体分散体系。而凝胶则是溶胶中的胶体颗粒在一定条件下互相连接而成的、具有空间网络结构的类固态分散体系,其具有一定的外形和弹性。粉体的溶胶-凝胶法制备是通过溶胶转化为凝胶后,除去溶剂,再经过热解,最终形成氧化物粉体。

3.3.3.1 溶胶-凝胶的形成

在溶胶-凝胶技术中,通常采用可溶性金属无机盐或有机盐,如硝酸盐、氯化物、乙酸盐和醇盐等,以水或有机溶剂溶解,加入适量催化剂和稳定剂,在一定温度条件下形成溶胶。

当条件改变时,溶胶可转变为凝胶。相关化学变化包括水解和缩聚过程。

1. 有机溶胶-凝胶的形成机制

对于有机溶胶,金属醇盐发生水解的基本反应为[90,91]:

$$M(OR)_n + xH_2O \longrightarrow M(OH)_x(OR)_{n-x} + xROH \quad (3-48)$$

式中,M 为金属;R 为烷基。金属醇盐水解后,通过缩聚形成网络结构。缩聚作用有两种,分别为羟联和氧联。羟联是带负电性的 OH 基团与带正电的金属离子作用,引起水分子配体离去,形成 OH 桥联,反应式为:

$$R-M-OH + R-M-OH_2 \longrightarrow R-M-OH-M-R + H_2O \quad (3-49)$$

氧联是水合金属阳离子的两个 OH 基团缩合,放出一个水分子,或者水合金属阳离子与醇盐反应,析出醇分子,使金属离子通过氧连结在一起。反应式如下:

$$R-M-OH + HO-M-R \longrightarrow R-M-O-M-R + H_2O \quad (3-50)$$

$$R-M-O-R + HO-M-R \longrightarrow R-M-O-M-R + R-OH \quad (3-51)$$

水解和聚合作用受温度、pH 值、H_2O/溶剂、搅拌时间等工艺参数的显著影响。因此,可以通过对工艺参数的调节来控制水解和缩合速率。如果水解速度非常快,形成的颗粒就会很小,且互连成高度网状凝胶;如果水解速度较慢,则形成的颗粒会较大,且互连较少。

2. 水基溶胶-凝胶的形成机制

对于水基溶胶,金属阳离子在水中溶解后,形成配合物 $H_2O-([M(OH_2)_n]^{z+})$,$OH-([M(OH)_n]^{(n-z)-})$ 或 $O-([M(O)_n]^{(2n-z)-})(2<n<8,1<z<7)$。这些配合物也有羟联和氧联两种缩合机制[92]。羟联发生在由 $OH-$(或$-OH$)和 H_2O-(或$-OH_2$)基团组成的配合物之间。其首先发生以下反应:

$$M-OH + H_2O-M \longrightarrow M-O\overset{H}{\vert}\cdots H-\overset{H}{\overset{\vert}{O}}-M \quad (3-52)$$

然后,M—OH_2 键断裂,形成羟联,并放出配体 H_2O,反应式为:

$$M-O\overset{H}{\vert}\cdots H-\overset{H}{\overset{\vert}{O}}-M \longrightarrow M-OH-M + H_2O \quad (3-53)$$

羟联反应通常是比较快速的,其主要取决于 M—OH_2 键的断裂能力。M—OH_2 键的不稳定性取决于阳离子的极化。对于低电荷的阳离子或者较大的阳离子,M—OH_2 键容易断裂。

氧联发生在两种前驱体均不包含与金属阳离子配位的任何水配体($-OH_2$)的情况。其由两个羟基缩合形成 H_2O,首先发生亲核加成反应,形成不稳定的过渡态,反应式为:

$$\overset{\delta^-}{M}-\overset{\delta^+}{O}H + \overset{\delta^+}{M}-\overset{\delta^-}{O}H \longrightarrow M-O-M-\overset{H}{\overset{\vert}{O}}-H \quad (3-54)$$

然后,质子转移到末端—OH 配体,形成氧联,并最终放出水分子,反应式为:

$$\overset{\delta^+}{M}-\overset{H}{\overset{\vert}{O}}-M-\overset{\delta^-}{O}-H \longrightarrow M-O-\overset{\delta^+}{M}-\overset{\delta^-}{O}H_2 \longrightarrow M-O-M + H_2O \quad (3-55)$$

与羟联反应相反,氧联反应通常受溶液酸度的影响,反应速度比较慢。氧联反应的发生需要两个基本条件:一是在阳离子的配位域中存在带有负电荷($\delta_{OH} < 0$)的羟基(—OH)配体;二是阳离子 $M^{\delta+}$ 的正电荷必须足够高($\delta > +0.3$),才能与 OH 发生亲核反应。当两种机制竞争时,羟联总是比氧联快。

缩聚反应后,溶胶即转变成凝胶。固态分散相颗粒互相连接,形成多孔结构,液体充填于孔洞中,从而形成半固体状态。与真正的固体不同,凝胶是由固、液两相组成,其属于胶体分散体系,结构强度有限。

3.3.3.2 粉体的溶胶-凝胶合成工艺

溶胶-凝胶技术已被广泛用于氧化物纳米粉体的合成[93]。尽管也有用于合成非氧化物如 CdS 等纳米材料,但氧化物是溶胶-凝胶技术制备的主要材料类型。粉体的溶胶-凝胶合成工艺包含两个主要环节,一是溶胶-凝胶的制备,二是将无定形的凝胶热解,制成晶相的化合物粉末。根据溶剂的不同,形成两种合成体系,即有机体系和水基体系。工艺流程如图 3-6 所示。

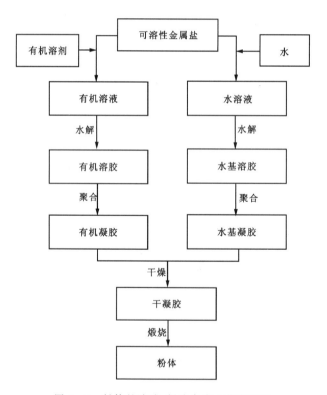

图 3-6 粉体的溶胶-凝胶合成工艺流程图

有机体系合成工艺是溶胶-凝胶技术的经典工艺。该工艺的特点是采用有机溶剂,形成有机凝胶。例如 TiO_2 纳米粉体的制备以 Ti 的醇盐如 $Ti(OC_2H_5)$、$Ti(OC_3H_7)_4$、$Ti(OC_4H_9)_4$、$C_{12}H_{28}O_4Ti$ 为前驱体,以乙二醇甲醚、无水乙醇等为溶剂,以乙酸、聚乙二醇等为稳定剂。如以无水乙醇为溶剂时,先将无水乙醇与乙酸按体积比 8∶3 混合,并加入适量甘油,然后滴加 $C_{12}H_{28}O_4Ti$,在氮气气氛下搅拌 3h。再按 $C_{12}H_{28}O_4Ti：H_2O=1：1$ 加入去离子水,并在 60℃下加热直至胶凝反应完成。凝胶干燥后,加热至 400℃煅烧 10h,使凝胶热解,形成锐钛矿相 TiO_2 纳米粉体,粒径可达 4~10nm[94]。也可以将 $C_{12}H_{28}O_4Ti$ 与乙酸混合,然后加入去离子水,剧烈搅拌 1h 后,老化 24h,再在 70℃烘箱中保温 12h,以形成凝胶。将凝胶干燥后,在 300~600℃下煅烧 1h,得到锐钛矿相 TiO_2 纳米粉体。

相对于有机体系,水基体系对环境更加友好,因而越来越受到重视。利用水基溶胶-凝胶技术,不仅可以制备简单氧化物如 ZnO、TiO_2、RuO_2、Al_2O_3 等粉体,还可以合成复杂氧化物如 $BaTiO_3$、$BaSnO_3$、$MgAl_2O_4$、$YBa_2Cu_4O_8$ 等粉体。例如 Y 掺杂 $BaTiO_3$ 粉体的合成以 $Ba(CH_3COO)_2$、Y_2O_3 和 TiO_2 为原料,先将 Y_2O_3 溶解在 0.2mol/L 的 CH_3COOH 中,在 65℃搅拌 2h,形成透明溶液,再加入 $Ba(CH_3COO)_2$,在相同温度下继续搅拌 2h 后,添加适量的酒石酸水溶液作为络合剂。TiO_2 用 0.2mol/L 的 CH_3COOH 混合后,添加到上述溶液中,再加入少量质量分数 10% 的聚乙烯醇溶液作为酯化剂,在 60~90℃下搅拌 24h。最后将溶液在 65℃浓缩,形成白色凝胶。该凝胶在 90℃下干燥,得到干凝胶,再在 800~900℃下煅烧 2~4h,冷却后研磨,即得 Y 掺杂的 $BaTiO_3$ 粉体[95]。在 $BaTiO_3$ 的水基溶胶-凝胶合成工艺中,Gomes 等利用椰子水和 $Ba(CH_3COO)_2$ 及 $TiCl_3$ 盐酸溶液(质量分数 15% 的 $TiCl_3$ 盐酸溶液,即 100g 溶液中含有 $15gTiCl_3$)制备水基溶胶,并通过对椰子水用量及煅烧温度的控制,制备出纳米级的 $BaTiO_3$ 粉体[96]。

3.3.3.3 溶胶-凝胶法的优缺点

溶胶-凝胶法具有很多优点:①溶胶-凝胶法适合合成各种氧化物粉体,特别是对多元素成分复杂的氧化物粉体具有更突出的优势,能将元素分布的均一性控制在分子水平上;②溶胶-凝胶技术合成的粉体纯度高,粒度细,化学活性高;③粉体的溶胶-凝胶法合成温度比较低,不仅能耗较低,而且可有效减少材料与容器壁之间的化学作用;④溶胶-凝胶转变过程中的各种化学反应动力可以通过处理温度、前驱体的性质、溶液的浓度以及溶剂性质等进行控制,通过控制胶体颗粒的成核和生长,获得特定形状、尺寸及其分布的粉体;⑤溶胶-凝胶工艺可避免粉尘污染。

溶胶-凝胶法也有其缺点:一是以金属醇盐为前驱体时,价格比较贵,成本高;二是溶胶-凝胶工艺过程所需时间较长,生产效率不高;三是使用有机物和有机溶剂时,可能产生有害气体,对环境及人体健康产生危害。

3.3.4 水解法

水解法是利用某些化合物可水解生成沉淀的性质来合成超细粉体的技术。水解反应产物一般为氢氧化物或水合物。由于反应体系仅由金属盐和水组成,只要利用高纯度的金属盐,就可以合成出高纯度的超细粉体。

3.3.4.1 无机盐水解法

无机盐水解法是利用金属的硫酸盐、氯化物、硝酸盐等溶液,通过水解形成胶体来合成超细粉体的方法。最早为人熟知的是制备金属氧化物和含水金属氧化物。水解产物经烘干或煅烧后,得到氧化物粉体。最典型的例子是 TiO_2 和 Fe_2O_3 粉体的制备。

在 TiO_2 粉体制备中,利用 $TiCl_4$ 的盐酸-乙醇水溶液,在 40~90℃ 下进行水解。$TiCl_4$ 不能直接与水混合,因为其遇水即剧烈反应,释放出大量的热量,并放出有毒的腐蚀性烟气,快速水解生成 $Ti(OH)_4$,阻止 TiO_2 颗粒的均匀沉淀。因此,$TiCl_4$ 先与浓盐酸混合,形成摩尔浓度为 1.0mol/L 的混合液。然后以 1:9 体积比与乙醇水溶液混合。$TiCl_4$ 的最终摩尔浓度为 0.1mol/L。以 2℃/min 的速率加热至 40~90℃,反应形成 TiO_2 沉淀。沉淀物在恒温下老化 30min,然后通过离心分离,再用乙醇和水洗涤,干燥后即得金红石型 TiO_2 粉末。当使用的乙醇水体积比为 3:1 时,形成的 TiO_2 为 150nm×30nm 的棒状晶粒[97]。如果以甲醇代替乙醇,则形成尺寸更小的棒状 TiO_2 晶粒。另外,随着水含量的增加,纳米晶体的平均尺寸减小。如果不加入醇,则形成不规则形状的晶粒。

α-Fe_2O_3 粉体可通过水解三价铁盐溶液来制备。Fe^{3+} 溶液的水解总是产生各种铁化合物,包括 $Fe(OH)_3$、$FeOOH$、Fe_2O_3 等。在合成中,控制铁化合物的类型、尺寸、形状和晶体结构至关重要。一般情况下,Fe^{3+} 溶液的水解会先形成具有近似赤铁矿结构的中间羟基氧铁盐,然后通过溶解到再沉淀过程,形成结晶度较差的水合铁氧化物。Fe^{3+} 溶液也可以快速水解,直接沉淀出水合铁氧化物。沉淀物的有序度与溶液的 pH 值高低及温度有关。当 pH 值大于 3 时,形成的水合铁氧化物有序度低,而当溶液的 pH 值较低且温度较高时,形成的水合铁氧化物有序度较高。经过进一步水解,可获得热力学更稳定的 α-Fe_2O_3 或 α-$FeOOH$。高温或中性(pH 约为 7)溶液,有利于 α-Fe_2O_3 的形成,而 pH<4 或者 pH>10 的溶液,则有利于形成 α-$FeOOH$。

以 $FeCl_3 \cdot 6H_2O$ 为原料,用去离子水制成摩尔浓度为 3mol/L 的溶液,然后在搅拌条件下逐滴加入摩尔浓度为 0.234mol/L 的 HCl 溶液,盐溶液与酸溶液的体积比为 1:3。完全混合后,加入去离子水将溶液稀释至 Fe^{3+} 摩尔浓度为 0.01mol/L。该溶液首先会形成氢氧化铁,其经 48h 老化后,再将悬浮液在硅油浴中加热至 96℃,搅拌反应 48h,然后将混合物倒入冷水中淬冷,形成橘红色的 α-Fe_2O_3 纳米颗粒。沉淀物经洗涤、脱水、烘干,得到晶粒尺寸为 10~90nm 的 α-Fe_2O_3 纳米粉体[98]。

3.3.4.2 醇盐水解法

金属醇盐是金属有机化合物的一类,通式为 $M(OR)_x$,如 $Si(OC_2H_5)_4$、$Ba(OC_2H_5)_2$、$Al(OC_4H_9)_3$、$Ti(OCH_2CH_3)_4$、$Zr(OCH_2CH_3)_4$ 等。金属醇盐与水反应生成氧化物、氢氧化物及水合物沉淀。沉淀物为氧化物时,可通过干燥得到氧化物粉体。如果是氢氧化物、水合物时,则经过煅烧,使沉淀物转化成氧化物粉体。醇盐水解法工艺简单,反应条件温和,制备的粉体纯度高,粒度细,分布均匀,已成为氧化物粉体的重要制备方法之一,在各种氧化物纳米粉体的合成中得到了广泛的应用。现以 TiO_2 粉体合成为例说明其工艺过程[99]。

以异丙醇钛($Ti[OCH(CH_3)_2]_4$)为前驱体,先与异丙醇按体积比 1:3 混合,形成均匀混合溶液。然后加入混合溶液体积 12.5 倍的去离子水,并剧烈搅拌。异丙醇钛发生水解后,会形成浑浊溶液。再加热至 60~70℃保温 18~20h,得到悬浮液。离心脱水后,沉淀物

经乙醇洗涤,在100℃下真空干燥,得到锐钛矿相 TiO_2 纳米粉末。反应过程如下:

$$Ti[OCH(CH_3)_2]_4 + 4H_2O \longrightarrow Ti(OH)_4 + 4CH(CH_3)_2OH \quad (3-56)$$

$$Ti(OH)_4 \longrightarrow TiO_2 + 2H_2O \quad (3-57)$$

在合成工艺中,如果用 HNO_3 调节去离子水的 pH 值至 2,则形成的 TiO_2 纳米晶粒粒径小于 10nm。干燥后的粉体在 600℃下退火,其晶粒粒度会增大至 39nm,同时晶相由锐钛矿相转变为金红石相。

醇盐水解法制备的粉体晶粒细小,化学活性高,如果用于陶瓷制备,其烧结温度可显著降低。例如普通 TiO_2 粉体的烧结温度为 1300~1400℃,而采用醇盐水解法制备的 TiO_2 粉体烧结温度为 800℃时,烧结体的体积密度可达 99%以上,表现出优良的烧结性能。但醇盐水解法采用的金属醇盐价格昂贵,制备成本高。

3.3.5 喷雾法

喷雾法是利用喷雾技术将金属盐液体雾化成细小液滴,然后使液滴内的金属盐发生干燥、水解、热解或反应,形成粉体的方法。捕集的粉体直接或者经过热处理后获得化合物颗粒。根据喷雾液滴的处理过程,可分为喷雾干燥法、喷雾水解法、喷雾热解法等。

3.3.5.1 喷雾干燥法

喷雾干燥是一种将湿物料雾化并干燥的技术,广泛应用于各种粉体的干燥工艺中。喷雾干燥法就是将喷雾干燥技术应用于粉体制备的方法。该方法是将金属盐液体或浆料通过喷嘴雾化,并与热空气接触,使细小的液滴中的水分迅速气化,形成干燥的前驱体粉末,然后将这些粉末在适当的温度下煅烧,形成氧化物粉体。该方法是大规模生产粉体的有效方法。

利用喷雾干燥法可以制备出各种亚微米级的氧化物粉体。例如以 Ni、Zn、Fe 的可溶性盐为原料,用水制成混合溶液后,通过喷雾形成 10~20μm 的液滴,这些雾状液滴与热空气直接接触,被干燥成混合盐的球状颗粒,然后在 800~1000℃下煅烧,得到 Ni-Zn 铁氧体粉体[4]。喷雾干燥法一般不用进行粉磨,直接得到粉体材料。如果煅烧温度较高,可能会出现轻微烧结的情况,这种粉体经过适当研磨,很容易得到亚微米级粉体。

喷雾干燥法也被广泛用于造粒。将粉末制成浆料,然后喷雾干燥成一定尺寸的颗粒。浆料可用原料粉末与含有第二组分的溶液制备,其喷雾干燥后,可得到各组分均匀混合的颗粒。这种方法在陶瓷制备中得到了广泛应用。

3.3.5.2 喷雾水解法

喷雾水解法是将喷雾技术与水解工艺相结合的粉体制备方法。该方法有两种基本工艺:第一种工艺是将金属盐溶液喷雾成液滴后,使其水解,再经过干燥和热解,形成氧化物粉体;第二种工艺是将水雾化,喷射到金属有机醇盐溶液中,使有机醇盐在水滴-有机相界面处快速水解,形成沉淀,再将沉淀物洗涤、干燥、热解,形成氧化物粉体。

利用金属盐溶液喷雾水解工艺,可制备球形粉体。例如 CeO_2 粉体是以 $Ce(NO_3)_3$ 为原料,将其与草酸二甲酯一起溶解于去离子水中,形成混合溶液,其中 $Ce(NO_3)_3$ 的摩尔浓度为 0.75mol/L,草酸二甲酯的摩尔浓度为 0.50～1.50mol/L。该溶液可在室温下稳定超过 2h,可确保喷雾前不发生水解。采用超声波雾化器将溶液雾化,并用空气流将液滴带入温度 75～98℃、湿度 90% 的水解反应器中。当温度高于 80℃ 时,液滴中的草酸二甲酯迅速水解,并释放出草酸,与金属离子反应,形成草酸盐。随后,含有草酸盐的液滴随着空气流入温度为 500～600℃ 的热解炉中,进行干燥、热解,形成 CeO_2 颗粒[100]。制备装置如图 3-7 所示。该工艺涉及的化学反应如下:

$$CH_3O_2CCO_2CH_3 + 2H_2O \longrightarrow 2CH_3OH + C_2O_4^{2-} + 2H^+ \quad (3-58)$$

$$3C_2O_4^{2-} + 2Ce^{3+} \longrightarrow Ce_2(C_2O_4)_3 \quad (3-59)$$

$$Ce_2(C_2O_4)_3 + 2O_2 \longrightarrow 2CeO_2 + 6CO_2 \quad (3-60)$$

该工艺具有连续生产的特点,可制备粒径为 1～2μm 的球形 CeO_2 粉体。

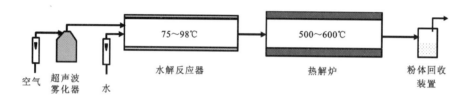

图 3-7 喷雾水解法粉体制备装置示意图

第二种工艺将水雾喷射到金属醇盐有机溶液中进行水解,被用于制备 TiO_2 亚微米级颗粒以及中空颗粒。例如将钛酸异丙酯与己烷配制成体积分数为 10% 的溶液,然后将去离子水雾化,以 2mL/min 的进水速度喷射到钛酸异丙酯-己烷溶液中,迅速产生无定形的 TiO_2 沉淀,粒径约为 200nm。该沉淀物经洗涤、干燥后,在 400℃ 下煅烧,得到晶态的 TiO_2 粉体,粉体主要由锐钛矿相和极少量的板钛矿相组成。如果在 800℃ 下煅烧,则形成以金红石相为主的 TiO_2 粉体。

在 TiO_2 中空颗粒制备中,钛酸异丙酯与己烷或环己烷配制成溶液,然后以氮气为载气,用直径约为 16μm 的喷嘴将去离子水雾化,喷射到钛酸异丙酯溶液中,迅速产生 TiO_2 沉淀,可得分散性好的 TiO_2 中空颗粒,其壳厚度约为半径的 20%。由于己烷、环己烷与水不混溶,当水滴与钛酸异丙酯溶液接触时,钛酸异丙酯在水-有机溶剂界面处迅速水解,形成球形空心 TiO_2 颗粒,颗粒之间被溶剂环己烷分隔,因而具有良好的分散性。空心球的壳厚可以通过在喷雾的水中添加适量乙醇来加以调控。形成的产物通过过滤,再用溶剂洗涤,然后在室温下干燥,得到空心球 TiO_2 粉体。微球直径为 26～41μm[101]。

3.3.5.3 喷雾热解法

喷雾热解法是通过将金属盐溶液喷雾到热空气中而将液滴转化为粉末并直接热解成氧化物的技术。该方法包括几个环节:①通过雾化器产生微米级液滴;②液滴被输送到一定温度的反应器中,液滴中的溶剂被蒸发;③液滴内溶液过饱和,发生成核和结晶作用;④在反应器停留时间(2～10s)内,颗粒在较高温度(1000～1600℃)下发生致密化。喷雾热解法具有合成工艺简单、速度快,组成控制精确、均一性好,形成的粉体粒度分布窄、形状均匀,可连续生产等优点,已成功应用于各种微米级球形氧化物粉体的合成。

喷雾热解法不仅可以制备简单氧化物粉体,还可以制备掺杂氧化物或复杂氧化物粉体。例如以乙酸锰、硝酸铜、硝酸镍或乙酸镍为前驱体,用水制成摩尔浓度 0.1mol/L 的溶液,然后用超声波雾化器雾化,用空气流携带进入热解炉,在 400~800℃ 下热解,形成 MnO、CuO、NiO 微米级粉体。如果将热解时的气压降低至 60Torr,则可获得颗粒尺寸约 10nm 的氧化物粉体。但在低气压下,乙酸锰液滴热解产生的氧化物为 Mn_3O_4,硝酸铜液滴热解产生 CuO 和 Cu_2O,硝酸镍或乙酸镍液滴热解产生 NiO 与 Ni 颗粒共存。

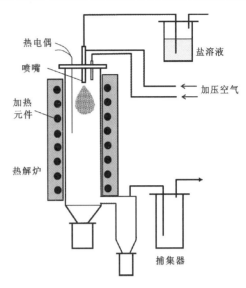

图 3-8 喷雾热解装置示意图[4]

利用喷雾热解法也可以直接合成耐高温氧化物,如镁铝尖晶石($MgAl_2O_4$)等,制备装置如图 3-8 所示。以 $Mg(NO_3)_2 \cdot 6H_2O$ 和 $Al(NO_3)_3 \cdot 9H_2O$ 为原料,用去离子水溶解,制成混合溶液,然后雾化,由压缩空气带入热解炉中,在 800~900℃ 下直接热解反应,形成微米级镁铝尖晶石粉体。如果在合成 $MgAl_2O_4$ 的同时喷入 $ZrOCl_2 \cdot 8H_2O$ 和 $YCl_3 \cdot 6H_2O$ 溶液,则可制备 $MgAl_2O_4$-ZrO_2 复合粉体[102]。

3.3.6 冷冻干燥法

冷冻干燥法是利用金属盐溶液在冷冻过程中发生升华的性质来合成粉体的技术。水的升华可以在三相点以下的压力和温度条件下进行。而盐溶液的升华,则需在冰、盐、溶液、蒸气的四相共存点以下的压力和温度条件下进行。图 3-9 显示了盐水溶液的压力-温度关系[4]。M 点为水的三相点,E 点为冰、盐、溶液、蒸气的四相共存点。盐水溶液的升华发生在 E 点以下。可以通过对温度和气压的调控,使溶液沿着 ①→②→③→④ 的路线转变成盐;从点①至点②处,溶液转变成冰;从点②至点③,降低体系的气压;从点③至点④处,在低气压下升温,冰逐渐升华,排出水,形成盐。

为了获得组成均匀的粉体颗粒,首先必须把溶液变成细小的液滴,然后使液滴急速冷冻,以避免金属盐组分的分离。液滴越小,冷冻越

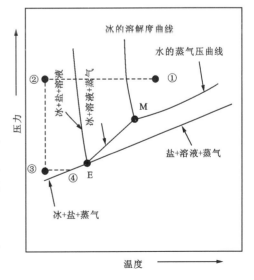

图 3-9 盐水溶液的压力-温度关系图[4]

快,液滴中的各组分越不容易偏析,颗粒的组分均匀性就越好。

在冷冻过程中,为了获得细小的冰颗粒,早期是把溶液喷雾到由干冰-丙酮冷却的己烷中。水溶液与己烷不互溶,因而容易制成尺寸为 0.1～0.5mm 的冰粒。干冰-丙酮冷却的己烷温度为 -77℃,可以实现液滴的快速冷冻,能够满足冷冻干燥工艺的要求。但由于该方法存在除去己烷的问题,因此目前采用的冷冻剂多为液氮。液氮温度为 -196℃,与干冰-丙酮冷却的己烷相比,理论上可以更快地将溶液冷冻成冰粒。但在液滴冷冻时,液滴周围有气相氮包覆,妨碍了液滴向周围环境传热。因此,液氮的实际冷冻效果并不比由干冰-丙酮冷却的己烷更好。

干燥过程必须确保冰粒不解冻而升华。升华需要热量,适当的加热可以加快干燥速度。升华是在低压条件下进行,真空度越高,热传导就越差,因此加热是必要的。另外,金属盐溶液的溶解度对冷冻干燥效率有很大的影响。高浓度的溶液可以减少水的升华量,从而提高处理能力,但浓度太高又会使溶液的凝固点显著下降,反而使冷冻干燥效率降低。为了获得好的效果,盐溶液除了采用水作为溶剂之外,也可以选用其他溶剂。溶剂的选择需考虑其溶解度要高,冰点下降要小,而且在一定热量输入条件下的升华速率或平衡蒸气压要高,升华潜热要小。

干燥获得的前驱体颗粒再进行高温煅烧处理,便得到最终的粉体。煅烧的温度及气氛根据粉体的类型来确定。冷冻干燥法不仅可以制备氧化物粉体,也可以制备非氧化物,如 WC、TiC、TaC、ZnS、CdS 等粉体[103]。

在利用冷冻干燥法制备 ZnO 粉体的工艺中,首先用去离子水将原料 $Zn(NO_3)_2 \cdot 6H_2O$ 制成摩尔浓度为 1mol/L 的溶液,然后喷雾到液氮中,冷冻成直径约为 $70\mu m$ 的冰粒。利用冷冻干燥机在温度 -30～20℃、压力 13～20Pa 的条件下进行冷冻干燥。干燥后的粉末在大气压条件下于 275℃ 处理 2h,即得到六方晶相的 ZnO 粉体[104],其平均晶粒尺寸 25.9nm,聚集体颗粒尺寸 15～20μm。

在 WC 超细粉体的冷冻干燥合成工艺中,以钨酸铵水溶液与胶体石墨制成均匀悬浮液,再喷雾到液氮中,快速冷冻成冰粒,使钨酸铵与胶体石墨保持均匀混合状态。然后在冷冻干燥机中除去溶剂,得到 W 和 C 的混合物颗粒。该混合颗粒在真空炉中于 1500℃ 下反应 30min,形成 WC 粉体,晶粒尺寸在 20～50nm。利用该工艺,也可以合成 Mo_2C、TiC、TaC、HfC、VC 等碳化物超细粉体[105]。

3.3.7 熔盐法

熔盐法是一种以熔融无机盐为溶剂合成超细粉体的技术。熔盐对固体反应物有溶解作用,可促进物质的扩散、晶核的形成和晶粒的生长,从而在较低温度下形成尺寸和形貌可控、纯度高、均一性好的粉体。该技术具有工艺简单、合成快速、晶粒缺陷密度低、产品重复性好等特点,被广泛应用于各种无机粉体合成[106,107]。

3.3.7.1 工艺原理

从根本上说,熔盐法是一种基于溶剂的粉体合成方法,但熔盐与普通溶剂又明显不同。在很多情况下,熔盐合成反应是在反应物固体颗粒存在的情况下发生,熔盐对反应物质的有效扩散和化学反应的发生起促进作用。而普通溶剂会将固体反应物完全溶解,然后再从均一的液相中沉淀产生晶粒。

熔盐法的基本工艺原理是:采用一种或数种低熔点的盐类作为反应介质,盐首先与前驱体原料均匀混合,然后在高于其熔点的温度下加热熔融,形成高温熔盐体系;当反应物质溶解于熔盐中的浓度达到其过饱和度时,即发生均匀成核,大量的晶核几乎同时产生,并生长成晶粒。熔盐的存在提高了反应离子的扩散速率且增大了反应物的接触面积,因而可显著提高前驱体的反应性,使合成反应能够在较快的速度下进行。通过对反应时间的控制,可以获得各种粒度的粉体。反应结束后,将熔盐冷却,采用适当的溶剂将盐类溶解、过滤、洗涤、脱水、干燥,即可得到合成产物。

熔盐合成工艺的主要特点是:①反应物在熔盐中有一定的溶解度,有利于各组分实现原子尺度的混合;②在熔盐介质中各组分有较快的扩散速度,有利于晶体生长;③合成反应可在较短的时间内和较低的温度下完成;④由于反应体系为液相,合成产物的各组分配比准确,成分均匀,无偏析;⑤在反应过程中,熔盐贯穿在生成的粉体颗粒之间,阻止了颗粒之间的相互连接,使合成粉体具有良好的分散性,经溶解、洗涤后的产物几乎没有团聚现象存在;⑥熔盐反应以及随后的清洗有利于杂质的清除,获得高纯度粉体。

3.3.7.2 工艺参数

熔盐法的关键工艺参数包括熔盐种类、熔盐与前驱体的比例、前驱体在熔盐中的溶解度、反应温度等。另外,前驱体性质、升温速率、反应时间等对合成结果也产生重要影响。

1. 熔盐的选择

适合于粉体合成的熔盐应具有以下特征:①具有低的熔点,以便合成反应可在较低温度下进行;②具有低的蒸气压,以避免反应过程中蒸发损失;③与反应物相容性好,对反应物有良好的溶解能力;④热稳定性高,化学稳定性好;⑤具有高水溶性,在合成后只需用水洗涤即可容易去除;⑥无毒、惰性、廉价,且易于获得。

常用的熔盐类型有卤化物、氢氧化物、碳酸盐、硝酸盐、硫酸盐等。各熔盐体系及其熔点如表3-1所示。某些低熔点的氧化物如氧化铋、氧化铅等也被用于熔盐体系,但通常避免使用硼酸盐、磷酸盐或某些硅酸盐作为熔盐,因为此类盐的阴离子基团的共价性质会引起液相黏度增高和玻璃相的形成。

需要强调的是,熔盐法是在高于盐熔点的温度下进行合成反应,如果采用两种或两种以上熔盐时,通过适当的盐配比可获得低的共熔温度,并为合成反应提供更宽的工作温区。例如NaCl和KCl的熔点分别为801℃、770℃。当采用0.5NaCl-0.5KCl成分组合时,其共熔温度显著降低至658℃。因此,在大多数粉体的熔盐法合成中,优选两种或两种以上熔盐的低共熔组合,而不是使用单一熔盐[106]。

2. 熔盐与前驱体的比例

在粉体合成工艺中,熔盐的使用可显著提高合成反应速率,但熔盐与前驱体的用量配比对合成结果有重要影响。熔盐的用量决定了液相对前驱体间隙的填充程度以及对前驱体物质表面的覆盖程度。如果熔盐比例太少,熔盐形成的液相将无法达到预期的作用。相反,如果熔盐比例太高,则可能产生两个问题:一是由于前驱体分子尺寸和密度的不同,其沉降速率不同,因而可能产生前驱体颗粒的沉淀分离;二是由于前驱体间隙空间是有限的,多余的熔盐从前驱体与盐的混合体系中分离,溶盐不仅起不到溶剂的作用,而且会粘连在坩埚壁上,其冷却后变成坚硬的固体,给后期的溶解处理增加负担。

表 3-1 常用的熔盐体系及其熔点[106,107]

熔盐类型	熔盐体系	成分配比(摩尔分数)/%	熔点/℃
卤化物	NaCl	100	801
	KCl	100	770
	LiCl∶KCl	59∶41	352
	NaCl∶KCl	50∶50	658
	$AlCl_3$∶NaCl	50∶50	154
	KCl∶$ZnCl_2$	48∶52	228
	LiF∶NaF∶KF	46.5∶11.5∶42	459
	LiI∶KI	63∶37	286
含氧盐	KNO_3	100	334
	$NaNO_3$	100	307
	$LiNO_3$∶KNO_3	43∶57	132
	Li_2SO_4∶K_2SO_4	71.6∶28.4	535
	Li_2CO_3∶K_2CO_3	50∶50	503
	Li_2CO_3∶Na_2CO_3	50∶50	500
	$NaNO_3$∶KNO_3	50∶50	228
	$LiBO_2$∶KBO_2	56∶44	582
	Na_2SiO_3∶K_2SiO_3	18∶82	753
氢氧化物	NaOH∶KOH	51∶49	170

熔盐与前驱体的比例还会对合成粉体的颗粒尺寸产生影响。即使所有的反应物质都溶解于熔盐中,形成的颗粒尺寸也不会是单分散性的。例如以 Bi_2O_3 和 WO_3 为前驱体,在 NaCl-KCl 共晶熔盐体系中合成 Bi_2WO_6 粉体,当熔盐与前驱体的质量比分别为 0.25、2.0 时,在 650~800℃下反应 1h,合成的 Bi_2WO_6 板状颗粒尺寸显著不同,分别为数微米和 100μm[108]。有的粉体如 $Sr_3Ti_2O_7$ 粉体,其晶粒尺寸和形貌受熔盐与前驱体比例的显著影响。

3. 前驱体在熔盐中的溶解度

熔盐法的反应速率与前驱体在熔盐中的溶解度成正比。对于金属、中性前驱体和气态分子来说，高温熔盐是很好的溶剂。金属在熔盐中的溶解度取决于许多因素，包括原子大小、电负性、极性等。大多数金属可溶于其卤化物，其在特定温度以上可完全混溶。对于同族金属在其卤化物熔盐中的溶解度，表现出随分子量增加而增加的特点[106]。例如在1000℃下碱土金属在其氯化物的溶解度变化趋势为：$Sr/SrCl_2 > Ca/CaCl_2 > Mg/MgCl_2$。

大多数金属氧化物在高温下可以溶于金属熔盐中。金属氧化物在熔盐中的溶解度取决于溶质与溶剂之间各种物理化学性质如电负性、极化度、键合性质等的密切关系。不同体系的溶解度相差很大，从摩尔分数小于 $1×10^{-10}$ 到摩尔分数大于 0.5，通常为摩尔分数 $1×10^{-3} \sim 1×10^{-7}$ [109]。可以根据硬软酸碱理论预测氧化物在熔盐中的溶解度。熔盐体系通常是高度极化的介质，其更容易溶解可极化的溶质。例如可极化的 CaO 容易溶解于 $CaCl_2$ 熔盐中，其在 800℃下的溶解度大于 15%[106]。强共价氧化物如 SiO_2 难以被金属氯化物熔盐溶解，但金属氟化物熔盐却是其很好的溶剂，因为 F^- 是强亲核性的[107]。总体来说，熔盐的溶剂化过程是很复杂的，需根据具体情况对熔盐类型进行选择。

4. 合成温度

对于熔盐合成体系，提高合成温度可缩短反应物质的扩散距离，提高传输速率。合成温度必须高于熔盐的熔点 T_m。温度上限除了沸点，还取决于熔盐的分解温度、蒸气压等因素。对于很多金属盐来说，其分解温度远低于沸点。而蒸气压的高低则决定着盐分蒸发流失的速率。许多具有离子/共价混合键（非纯离子键）的盐，例如重金属卤化物、某些过渡金属卤化物（如 $BaCl_2$、$ZnCl_2$）以及金属碘化物等，具有较高的蒸气压。除非是在密闭系统中合成，否则在使用这些熔盐时，其合成温度不应高于其熔点过多[107]。

为了拓宽合成温度范围，通常使用具有低共熔点的多组分盐体系。根据熔盐类型的不同，合成温度可在 100~1000℃ 范围内变化，可在保持熔盐稳定的前提下选择合成温度。

3.3.7.3 熔盐法的模板效应

用干粉体合成的熔盐体系有两种主要类型：一是反应物溶解于熔盐，形成高温溶液，当达到过饱和时，在熔盐介质中成核并生长，形成沉淀物；二是有一种反应物在熔盐中保持固态，其他反应物溶解于熔盐中，晶粒的生长是通过溶解组分扩散到未溶解的反应物颗粒内部进行的，形成的新晶粒继承了未溶解反应物颗粒原来的形貌。在第二种熔盐体系中，未溶解的反应物颗粒为新晶粒的形成提供了模板，故称"模板效应"，生长机制如图 3-10 所示。

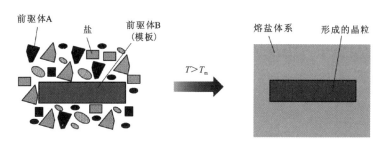

图 3-10 熔盐法的模板效应示意图[110]

熔盐法中晶体生长的模板效应属于拓扑化学微晶转化。其产生的必要条件是合成反应过程以溶液扩散占主导地位。合成产生的晶粒可以具有与模板相同的晶体结构，也可以形成与模板不同的晶体结构。

熔盐法的模板效应已被广泛应用于各种粉体的合成中。例如以板状 α - Al_2O_3 为模板，利用熔盐法合成板状 $MgAl_2O_4$ 尖晶石粉体[111,112]。在合成工艺中，熔盐可选用 LiCl、KCl、NaCl 或 K_2SO_4，原料为板状 α - Al_2O_3 和 MgO 或 $Mg(NO_3)_2$。其中，MgO 或 $Mg(NO_3)_2$ 在合成温度下溶解于熔盐中。合成温度依熔盐的不同而有所不同，形成的晶粒也略有不同。以 LiCl 熔盐与板状 α - Al_2O_3 和 MgO 在 1100℃ 下合成 3h，形成具有粗糙表面的板状 $MgAl_2O_4$ 晶粒。而以 K_2SO_4 熔盐与板状 α - Al_2O_3 和 MgO 在 1150℃ 下合成 3h，则形成表面比较光滑的板状 $MgAl_2O_4$ 晶粒。如果在合成中使用 $Mg(NO_3)_2$，则形成的板状 $MgAl_2O_4$ 晶粒表面更光滑。这种差异性可能与盐的阴离子、氧化物在熔盐中的溶解度以及熔盐体系的黏度等特征不同有关。

在模板效应的应用中，可以采用两步法合成，即先合成特定形貌的模板，再合成目标产物。例如板状 $SrTiO_3$、板状 $NaNbO_3$ 粉体等都可以采用两步法合成。在板状 $SrTiO_3$ 合成中，先以 $SrCO_3$ 和 TiO_2 在 KCl 或 NaCl 熔盐中于 780~800℃ 下合成板状 $Sr_3Ti_2O_7$，然后再以板状 $Sr_3Ti_2O_7$ 为模板，与 TiO_2 在 KCl、NaCl 熔盐中于 1250℃ 下合成板状 $SrTiO_3$[113]。在板状 $NaNbO_3$ 的合成中，首先在 1100℃ 的 NaCl 熔盐中合成板状 $Bi_{2.5}Na_{3.5}Nb_5O_{18}$，然后以板状 $Bi_{2.5}Na_{3.5}Nb_5O_{18}$ 为模板，与 Na_2CO_3 在 950℃ 的 NaCl 熔盐中合成板状 $NaNbO_3$，副产物 Bi_2O_3 可以通过 HNO_3 溶液和去离子水清洗除去，得到高纯度板状 $NaNbO_3$ 粉体[114]。

利用模板效应还可合成柱状、片状、针状等形貌的纳米、亚微米或微米级粉体。

3.3.7.4 粉体的熔盐法合成

熔盐法能够合成的材料类型十分广泛，不仅可以合成氧化物粉体，也可以合成非氧化物粉体。

可利用熔盐法合成的氧化物粉体种类繁多，包括简单金属氧化物、复杂氧化物（如 ABO_3 型钙钛矿结构氧化物、ABO_2 型复合氧化物、AB_2O_4 型尖晶石结构氧化物、$A_2B_2O_7$ 型焦绿石结构氧化物）以及磷酸盐、钒酸盐、钨酸盐、钼酸盐等。表 3-2 列出了采用熔盐法合成一些氧化物的实例。在氧化物的熔盐合成体系中，涉及的化学反应大多可以遵循 Lux-Flood 酸碱反应。所用的前驱体无特殊要求，可以是氧化物、碳酸盐、硝酸盐、硫酸盐、氯化物等。当反应物为含氧盐或氯化物等盐类时，熔盐不仅起溶剂作用，而且也参与反应，为反应产物提供原子。通过控制熔盐体系的工艺参数，可以调节晶体的生长习性、形貌和微观结构，合成出颗粒状、针状、柱状、片状、板状等形貌的粉体。

熔盐法也被广泛应用于非氧化物粉体的合成，如氮化物、碳化物、硼化物、硅化物、氟化物、硫化物等。典型实例如表 3-3 所示。非氧化物的合成机理与氧化物不同，部分原因是它们的氧化还原化学特性以及键合特性不同。根据共价键强度，非氧化物可分为两类：一类是具有很强的金属-非金属共价键的化合物，包括硼化物、碳化物和硅化物等，其通常需要很高的结晶温度；另一类是具有弱键合能量的化合物，如硫化物，其通常在较低温度下使用。

表 3-2 氧化物粉体的熔盐法合成实例

氧化物	前驱体	熔盐体系	合成温度/℃	产物特征
MgO	$MgSO_4$ 或 $MgCl_2$	$NaNO_3$-KNO_3	450~600	纳米粉体,5~10nm
Mn_2O_3	$Mn(CH_3COO)_2·4H_2O$	$LiNO_3$-KNO_3	350	纳米粉体,约30nm
NiO	$Ni(NO_3)_2·6H_2O$	$NaNO_2$-$NaCl$	300~320	纳米粉体,51~69nm
ZnO	$Zn(NO_3)_2·6H_2O$	$LiNO_3$-KNO_3	150	纳米粉体,约15nm
ZrO_2	$ZrOCl_2·8H_2O$	$NaCl$-$NaNO_3$	400~800	纳米粉体,8~25nm
WO_3	$(NH_4)_6H_2W_{12}O_{40}·xH_2O$	$LiNO_3$-KNO_3	410	六角形晶粒,约100nm
$BaTiO_3$	$BaCO_3$、TiO_2	KCl-KOH	150	纳米粉体,约20nm
$(Ba,Sr)TiO_3$	$SrCO_3$、$BaTi_2O_5$(模板)	NaCl-KCl	800~1000	纳米棒
$(K,Na)NbO_3$	Na_2CO_3、K_2CO_3、Nb_2O_5(模板)或 $K_2Nb_4O_{11}$(模板)	KCl	850	纳米棒
$BiFeO_3$	Bi_2O_3、Fe_2O_3	NaCl-KCl	800	纳米晶粒
$LiMn_2O_4$	$LiCl$、Li_2CO_3、$MnCl_2·4H_2O$	$LiCl$-Li_2CO_3	700	双锥体晶粒,25~35μm
YVO_4:Eu	NH_4VO_3、$Y(NO_3)_3$、$Eu(NO_3)_3$	$NaNO_3$-KNO_3	400	纳米晶粒,约18nm
Bi_2WO_6	$Bi(NO_3)_3·5H_2O$、$Na_2WO_4·2H_2O$	$LiNO_3$-KNO_3	230~350	纳米片、纳米带
Gd_2MoO_6:Eu^{3+}	Gd_2O_3、MoO_3、Eu_2O_3	NaCl-KCl	950	球粒状、棒状晶粒
$LaPO_4$:Eu^{3+}	$Na_3PO_4·12H_2O$、$Eu(NO_3)_3$、$La(NO_3)_3$	$NaNO_3$-KNO_3	700	纳米棒,直径为10~15nm

表 3-3 非氧化物粉体的熔盐法合成实例

非氧化物	前驱体	熔盐体系	合成温度及气氛	产物特征
LaB_6	$LaCl_3·7H_2O$、$NaBH_4$	LiCl-KCl	800℃,氩气	立方体晶粒,95nm
CeB_6	CeF_3、$NaBH_4$	LiCl-KCl	900℃,氩气	纳米晶粒,15~30nm
NdB_2	$NbCl_5$、$NaBH_4$	LiCl-KCl	900℃,氩气	纳米晶粒,3~10nm
TiC	K_2TiF_6、纳米金刚石	NaCl-KCl	900℃,氩气	纳米晶粒,10nm
Mo_2C	乙酰丙酮钼、蔗糖	NaCl	800℃,氩气	纳米晶粒,2~3nm
SiC	SiO_2、石墨	$CaCl_2$	900℃,氩气	纳米线,直径为30~50nm
TaC	Ta 粉末、碳纳米管	KCl-LiCl	950℃,氩气	纳米纤维
BN	KBH_4、NH_4Cl	NaCl-KCl	650~800℃,氮气	纳米片,厚25~50nm
VSi_2	VCl_4、Si、Na	$MgCl_2$-NaCl	650℃,氮气	纳米晶粒,40~60nm
LaF_3:Eu^{3+}	NH_4F、$La(NO_3)_3·6H_2O$、Eu_2O_3	$NaNO_3$-KNO_3	350℃	六边纳米板,边长约46nm
CdS	$Cd(NO_3)_2·6H_2O$、$Na_2S·9H_2O$	$LiNO_3$-KNO_3	200℃	纳米晶粒,约50nm
$Cu_2Mo_6S_8$	MoS_2、CuS、Mo 粉末	KCl	850℃,氩气	粉体

3.3.7.5 熔盐法的优缺点

与其他合成技术相比,熔盐法具有以下优点:①熔盐体系中反应分子之间的接触面积大、迁移率高,因而具有较高的反应速度和较低的合成温度;②合成产物结晶度高、均匀性好,形成单一晶相粉体;③可对合成粉体的颗粒尺寸和形貌进行调控;④合成粉体的分散性好,颗粒团聚度低;⑤工艺适应性好,适合于各种粉体的合成;⑥工艺简单,容易操作。

当然,熔盐法也有其局限性和不足,主要表现在以下几个方面:①熔盐可能对反应容器具有一定的腐蚀性,有时会与容器反应,造成杂质混入;②在规模化生产中,金属盐的大量使用会造成生产成本的增加,特别是锂盐价格昂贵,因此生产成本较高;③某些盐类如金属氟化物等对皮肤、眼睛会产生刺激作用,而且可能对人体组织造成伤害。另外,有的前驱体和盐的混合物加热到盐的熔点 T_m 附近时,会产生 NO_x、SO_x 等有毒烟雾。因此,熔盐法有时存在一定的安全隐患。为确保免受腐蚀性和有毒烟雾的危害,操作人员应该戴好口罩、手套、护目镜和其他防护装备。

3.4 粉体的气相合成与制备

粉体的气相合成与制备是利用气相原料或者先将固体原料气化,再通过物质构筑或气相反应,形成超细粉体的技术,包括物理气相制备技术和化学气相合成技术[115,116]。其中,物理气相制备技术仅涉及物质的蒸发-冷凝过程,不存在化学反应,而化学气相合成则是通过气相化学反应形成新的晶相。

与其他粉体制备技术相比,气相法具有两个主要优点,一是工艺环节少,二是产生的废物少且没有液体副产物,因而有的气相工艺更容易实现规模化生产。

3.4.1 物理气相法

物理气相法是通过高温使固体原料蒸发、气化,再在冷凝中使气态的原子或分子聚集和结合,从而形成纳米颗粒的技术。该方法主要用于金属粒子和部分难溶氧化物纳米粉体的制备,产物具有纯度高、颗粒尺寸小、粒度分布窄、晶形好等特点,并可以在制备过程中同时进行表面修饰[117]。

3.4.1.1 粉体的物理气相制备原理

粉体的物理气相制备是一种自下而上的粉体制备方法,其涉及两个基本步骤:第一步是物料的蒸发;第二步是受控的快速冷凝,以产生所需粒径的粉体。为了避免在物料的蒸发-冷凝过程中受到环境的污染或者因氧气的存在而发生氧化反应,通常在真空或者惰性气体(如氮气、氩气、氦气、氖气等)中进行。物料的蒸发可以通过传统的电阻加热,也可以采用新技术如激光、等离子体、电弧放电、溅射等。在蒸发区与冷凝室之间存在着很大的温差,使粒子产生对流,传输至冷凝室,形成纳米颗粒。

蒸发区温度很高时,自然对流是比较快的,但蒸发区温度增高会使蒸气压随温度升高呈指数增长,因此流速不足以克服随着物料蒸发速率增加而引起的颗粒长大和聚集问题。为了获得小的晶粒尺寸,需要将粉末收集装置冷却至液氮温度。在实际工艺中,通过引入连续的惰性气体射流,产生强迫对流,以加快物质的输运。利用强迫对流来进行物质传输可减少气相原子的浓度和停留时间,从而可以生产出更小的纳米级粉末。另外,强迫对流可消除自然对流时物质流动的不确定性,加快蒸气的产生和传输量,提高粉体的产率,获得均一的粒度分布。

在冷凝区,蒸发的金属原子与室内的惰性气体原子发生碰撞,失去其动能,并凝结形成松散粉末状的离散小颗粒。由蒸气直接形成颗粒被认为是通过均匀成核进行的。当气相原子或分子凝结成团簇时,在没有任何外来颗粒的情况下,如果过饱和度足够高,就会发生均匀成核[117]。成核的自由能可由下式表示:

$$\Delta G = 4\pi r^2 \sigma_s - \frac{4}{3}\pi r^3 \Delta G_v \tag{3-61}$$

式中,ΔG 为系统的吉布斯自由能;ΔG_v 为气相与固相的单位体积自由能之差;σ_s 为单位面积核的表面自由能,r 为核的半径。成核和晶粒的生长主要取决于成核区域冷却速率、停留时间以及晶核在生长区的密度,其中成核区域冷却速率显著影响着均匀成核发生。根据Kelvin公式,临界核半径 r^* 的计算公式为:

$$r^* = \frac{2\gamma V_a}{kT \ln S} \tag{3-62}$$

式中,γ 为表面自由能;V_a 为原子体积;k 为玻耳兹曼常量;T 为绝对温度;S 为过饱和比。可见,高的过饱和度可使临界核尺寸减小,有利于核胚的稳定。

生长时间取决于生长区域的有效冷却速率。快速冷却可缩短生长时间,但稳态成核理论不适用于过饱和度极高的情况,因为形成的核可能仅包含几个原子。

临界核形成后,其通过获取更多原子而继续生长。当气相原子与晶核碰撞并失去动能时,其便与晶核相互吸附。只要温度足够高且颗粒表面清洁,就会发生晶粒的生长。形成的颗粒会发生聚集或凝结,形成聚集体。聚集是一个逐步发生的过程,如果颗粒的密度比较低且收集时间短,则团聚的颗粒会比较细小。

3.4.1.2 粉体的物理气相制备工艺

物理气相技术已被用于制备各种金属如Mg、Zn、Sn、Cr、Al、Fe、Co、Ni、Cu、Ga、Pd、Au、Ag、W、Si等纳米颗粒。制备装置根据加热技术的不同而有很大差别,但都包括蒸发源、冷凝器和粉体收集室。图3-11为一种电阻加热的典型制备装置示意图。待蒸发的金属装于坩埚中,通过石墨加热元件加热。冷凝器置于蒸

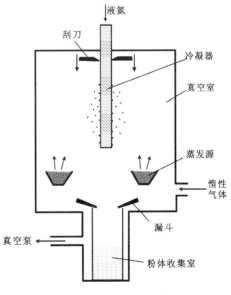

图3-11 粉体的蒸发-冷凝制备装置示意图

源的上部,其通入液氮,形成冷阱。粉体收集室位于冷凝器的下部,经冷凝产生的颗粒在自身重力的作用下,落入收集器中。整个装置为密封系统。制备时,首先将系统抽真空至气压为约 $2×10^{-6}$ Torr,然后可通入适量的惰性气体,在低压(通常为 0.5～4Torr)下迅速加热金属源,使其蒸发。当气相金属原子遇到冷凝器表面,便会快速成核、生长。冷凝管表面设有刮刀,可适时将形成的金属纳米颗粒刮落,使纳米颗粒落入下部的粉体收集室中。

在蒸发-冷凝工艺中,工艺参数如惰性气体的类型、压力、流速、蒸发速率和温度等对纳米颗粒的形成和尺寸有决定性影响[117]。为了获得所需尺寸和形状的颗粒,需要对这些参数进行仔细控制。

(1)惰性气体类型:惰性气体类型以及压力和温度梯度是控制扩散速率的重要参数。金属蒸气原子在与惰性气体原子的频繁碰撞中降低了扩散速率,并被冷却,从而产生过饱和。气体原子越重,其对平均自由程和金属蒸气原子的限制越有效。尽管所有惰性气体都具有相似的作用,但使用氦气制备的纳米颗粒粒径要比使用氩气或氮气小得多。这是因为氦的质量较低,氦气原子和金属原子之间的碰撞产生的过冷效果较弱,对原子的限制作用也较差。因此,金属原子能更容易地从蒸发源逸出,在金属核较少的区域冷凝,从而形成较小尺寸的颗粒。

(2)惰性气体压力:形成颗粒的尺寸随着气压的变化而变化。较低的总压力有利于颗粒的分散,避免颗粒的聚集。如果增大惰性气体压力,形成的颗粒尺寸也会增大。例如在 Ag-氧化铁复合纳米粉末的制备中,在氦气压力为 1.0Torr 时,粉末的平均粒径为 12nm,而气压为 10Torr 时,平均粒径为 26nm。

(3)惰性气体温度:惰性气体温度较高时,坩埚附近的温度梯度就会比较低,成核区将出现在远离坩埚的较低蒸气密度区,因而形成的颗粒尺寸较小。当惰性气体非常冷时,靠近坩埚处温度梯度最大,大量团簇在高蒸气密度区成核并快速生长,从而形成较大的颗粒。在实际制备工艺中,常对惰性气体温度进行适当控制,避免其产生特别显著的作用。

(4)惰性气体流速:惰性气体流速会影响金属蒸气原子的密度及冷却速率,从而影响纳米颗粒的生长。一方面流速增加时,金属蒸气原子在蒸发源附近高密度区的停留时间就会缩短,生长的颗粒粒径就小;另一方面,流速的增加还会提高冷却效率,使蒸发源附近的温度梯度增大,从而使更多的蒸气原子聚集成核。

(5)蒸发速率:蒸发速率是指单位时间内单位面积蒸发的质量。金属在气体环境中的蒸发速率 W_g 可由下式表示:

$$W_g = (p_s - p)\left(\frac{M}{2\pi RT}\right)^{\frac{1}{2}} \tag{3-63}$$

式中,p_s 为饱和压力;p 为金属蒸气分压;M 为蒸发金属的分子量;R 为气体常数;T 为蒸发温度。蒸发速率决定着纳米粉体的产率。温度升高,蒸发速率就会增大,在给定空间内金属原子的总数增多,形成的颗粒尺寸也随之增大。

(6)反应性气体:反应性气体如氧气、氮气等的存在,会形成纳米金属氧化物、氮化物等化合物。当残余氧气或水蒸气浓度为百万分之一级时,可能会在金属颗粒表面形成氧化物层。如果氧含量太高,则会形成氧化物颗粒,混入金属粉末中,对金属纳米粉末的性能产生不利影响。

3.4.1.3 纳米粉体的储运问题

金属纳米粉末具有与一般粉体不同的特性,在空气环境中进行储运和使用时必须非常小心。纳米颗粒的面积与体积之比非常大,表面能极高。金属纳米颗粒的新鲜表面与空气接触时,表面会急剧氧化而发热,使温度快速升高。为了避免此问题,必须进行慢氧化处理[4]。

采用传统的粉体储运技术对纳米粉体进行储运时还存在一些问题。比如体积松散、难以流动、容易结块以及即使将其成型也难增加密度;纳米粉体之间混合困难,也难以与较大粒径的颗粒混合;纳米粉体与液体混合率低,两者混合时,需要大量液体。因此,对于纳米粉体需要采用适合其特性的储运方法和技术。可根据纳米粉体的应用情况,对纳米粉体进行表面处理、表面改性,甚至将其制成可以直接利用的形式,比如将制备的纳米粉体进行原位压片、制成块体等。总之,对于纳米粉体的储运和使用,必须慎重处理。

3.4.1.4 物理气相法的优缺点

物理气相法在制备纳米粉体方面具有以下几个方面的独特优势,具体为:①适合制备几乎任何可以气化的材料,包括金属、合金、金属间化合物、半导体、氧化物以及复合材料粉体等;②颗粒尺寸控制灵活,可通过改变诸如温度、压力等工艺参数,在较大范围内控制纳米颗粒的尺寸及其分布,制备预定尺寸的粉体;③颗粒的形成是一个连续的过程,可确保粉体性能的一致性;④粉体在超高真空中收集,确保了粉体的高纯度。

另一方面,物理气相法也存在一些缺点和不足,具体为:①颗粒团聚是纳米粉体普遍存在的问题,由于纳米颗粒表面能很大,在范德华力作用下,颗粒很快会发生团聚;②制备成本高,整个制备过程都是在特高真空环境下进行,同时需要泵送大量惰性气体,因此不仅设备成本高,生产成本也很高;③纳米颗粒的形成对蒸发源很敏感,对工艺条件要求很高,另外有些化合物如 GaAs、InP 等解离压很高,不适合采用该方法制备;④产率低,扩大生产不容易。

3.4.2 化学气相法

粉体的化学气相合成是一种通过前驱体的气相化学反应来制备超细粉体的方法[118,119]。涉及的反应类型主要有合成反应、分解反应、氧化反应等,例如以下反应:

$$6TiCl_4 + 8NH_3 \longrightarrow 6TiN + 24HCl + N_2 \tag{3-64}$$

$$TiC_{12}H_{28}O_4 \longrightarrow TiO_2 + 4C_3H_6 + 2H_2O \tag{3-65}$$

$$SiCl_4 + O_2 \longrightarrow SiO_2 + 2Cl_2 \tag{3-66}$$

在化学气相合成工艺中,成核和晶粒生长是在气相中发生,生产过程是连续的,因而更容易进行规模化生产。二氧化硅粉体是第一种采用气相法进行工业生产的纳米材料,其制备技术也被成功用于其他氧化物如 TiO_2、Al_2O_3、ZrO_2 等粉体的合成。这些都是重要的氧化物超细粉末,广泛应用于各工业领域。除了氧化物粉体,化学气相合成技术还可以合成碳化物、氮化物、硫化物、硼化物等非氧化物超细粉体,成为高熔点化合物超细粉体合成最引人注目的方法。

3.4.2.1 化学气相合成的基本原理

在化学气相合成过程中，粒子的形成也经历成核和核的长大。为了获得超细粉体，气相中必须发生均匀成核，因此需要达到高的过饱和度。化学气体反应的过饱和比与反应的平衡常数成比例。如果反应为：

$$a\mathrm{A}_{(气)} + b\mathrm{B}_{(气)} = c\mathrm{C}_{(固)} + d\mathrm{D}_{(气)} \tag{3-67}$$

式中，a、b、c、d 为反应式的配平系数。

则过饱和比 S 为：

$$S = K\left[\frac{(p_\mathrm{A})^a \cdot (p_\mathrm{B})^b}{(p_\mathrm{D})^d}\right] \tag{3-68}$$

式中，K 为平衡常数；p_A 为 $\mathrm{A}_{(气)}$ 的分压；p_B 为 $\mathrm{B}_{(气)}$ 的分压；p_D 为 $\mathrm{D}_{(气)}$ 的分压。一般制粉反应都是在低压下进行的，$\mathrm{A}_{(气)}$、$\mathrm{B}_{(气)}$、$\mathrm{D}_{(气)}$ 均可视为理想气体。要获得足够高的过饱和比，必须采用大平衡常数的反应体系。实验证明，利用化学气相反应合成氧化物、氮化物及碳化物超细粉体时，平衡常数 K 必须在 10^2 以上。在此条件下，气相原料的反应率可以达到近 100%，产生的粒子直径 D 与单位体积(cm^3)反应气体内生成的粒子数 N、气相中金属源的浓度(气源浓度)C_0(mol/cm^3)、生成物分子量 M 及其密度 ρ 之间存在着下列关系[118]：

$$D = \left(\frac{6}{\pi} \times \frac{C_0 M}{N\rho}\right)^{\frac{1}{3}} \tag{3-69}$$

可见，粒子大小决定于气源浓度 C_0 与核生成数 N 之比。另外，成核速度与反应温度和反应气体的浓度有关。因此，粒子的大小可以通过反应温度和气源浓度来进行控制。

在实际合成工艺中，成核与生长是很难截然分开的，已生成的核长大的同时，又有新核在形成。在气源量给定的条件下，如果核长大的速度快，反应物浓度就会急剧下降，成核速度也随之下降。所以，增大气源浓度对核生成率的影响更大。

初始粒子形成后，不仅仅发生粒子的生长，而且粒子之间还会发生相互碰撞、凝聚、聚结。因此，粒子的进一步发展取决于其表面生长以及相互碰撞、凝聚和聚结的结果。粒子通过布朗凝聚形成分形结构，然后快速聚结、合并为球形。聚结速率强烈依赖于粒度和温度。初期粒子尺寸小，表面能极高，再加上所处环境的温度较高，聚结作用占优势，并出现聚集体的烧结现象。而后期的较冷区域则以布朗凝聚为主，最终形成具有分形结构的聚集体颗粒[120]。整个变化过程如图 3-12 所示。聚集的颗粒如果仅是通过范德华力相互连接，颗粒间为点接触，则称为"软团聚"。如果颗粒间存在部分烧结，形成具有相互连接的烧结颈分形结构，则称"硬团聚"。聚集体的形态和结

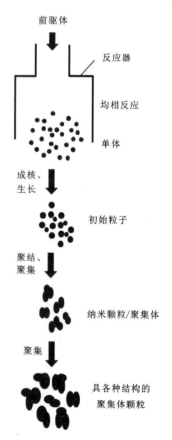

图 3-12 化学气相合成工艺中颗粒形成过程示意图[120]

晶度取决于材料性质、停留时间、流动气体的温度以及碰撞、聚结与烧结的时间等。另外，光电离、热电离或者离子或电荷的引入会影响初级粒子的表面电荷特征，产生库仑吸引或排斥，从而影响初级粒子的大小以及聚集体的结构和尺寸。

3.4.2.2 粉体的化学气相合成工艺

粉体的化学气相合成工艺体系包括气体供应和输送系统、反应器和粉体收集器等几个部分，如图3-13所示。反应器是化学气相合成工艺的核心部分，其有很多不同类型。它们最重要的区别是压力状态和加热方式的不同。根据反应器的加热方式，可分为热壁反应器、火焰反应器、激光反应器、等离子体反应器等。对于非氧化物或金属颗粒的合成，热壁反应器、等离子体反应器或激光反应器特别适合。这些反应器结构简单，热量直接耦合到前驱体气流中，合成效率很高，并且采用分段反应，为颗粒表面包覆以及复合颗粒制备提供了可能性。

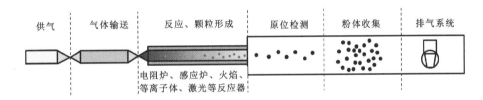

图3-13 粉体的化学气相合成工艺示意图[119]

压力控制系统通常由压力表以及与反馈控制系统相连接的阀门组成。在低压合成工艺中，通常将产生气流的泵送系统放置在反应器的下游。泵送系统一般由滑片泵和罗茨鼓风机组合而成，其可经济地提供低压和高的泵送速度。低压合成需抽取大量的反应气体，因而对扩大工艺规模不利。常压合成工艺则可避免该问题。在常压工艺中，采用压缩机将清洁气体加压，从反应器的上游输入高压气流，使反应器内产生必要的压差。因此，常压合成工艺更容易实现规模化生产。

粉末收集器是一种基于工业粉尘过滤技术的装置，常用的有机械过滤器（如过滤膜或旋风分离器等）、热泳收集器、静电过滤器或湿式收集器等。收集器的选择主要考虑产品类型、生产率和操作条件。对于低压化学气相合成工艺，如果合成产生的副产物是可冷凝蒸气（如H_2O），则选用高温热泳分离器比液氮热泳收集器更好。但是，使用高温热泳分离器时，高温气流持续通过产品，有可能引起聚集颗粒的烧结，产生硬团聚。因此，对于粉体的收集需进行谨慎控制。

在化学气相合成工艺中，可调控的参数主要有反应温度、反应压力、反应物和载气的流量、前驱体的性质、前驱体的输送方法、载气类型、反应器几何形状（如直径、长度与横截面）等。这些参数都会影响合成反应过程的时间-温度曲线，因而对合成粉体的性质特征产生影响。

化学气相合成工艺不仅可以根据需要引入模块化的分段反应，而且可选择的前驱体种类很多,因此具有极好的灵活性。通过对工艺参数的调控,可以较好地控制粉体的粒度、结晶度、聚集度、孔隙率、化学均质性、化学计量比等,获得优质高纯的粉末产品,特别是可以合成无法通过物理方法制备的纳米材料(如 SiC 等)。该工艺的主要缺点是:涉及复杂的流体动力学和化学动力学过程,同时可能产生副产物,如前驱体配体的副产物,从而导致产品杂质水平的增高。

3.4.2.3 粉体的化学气相合成实例

1. TiO_2 纳米粉体的合成

TiO_2 纳米粉体的化学气相合成可采用 $TiCl_4$、$TiC_{12}H_{28}O_4$(TTIP)等为前驱体[121,122]。以 $TiCl_4$ 为前驱体时,有两种基本的合成路线。

第一种是通入水蒸气,使 $TiCl_4$ 水解,然后在高温下分解形成 TiO_2,反应式如下:

$$TiCl_4 + 4H_2O \longrightarrow Ti(OH)_4 + 4HCl \quad (3-70)$$

$$Ti(OH)_4 \longrightarrow TiO_2 + 2H_2O \quad (3-71)$$

第二种是采用氧气进行氧化,直接形成 TiO_2,反应式如下:

$$TiCl_4 + O_2 \longrightarrow TiO_2 + 2Cl_2 \quad (3-72)$$

以 TTIP 为前驱体时,可以直接进行热解,形成 TiO_2,同时产生碳氢化合物和水,如式(3-65)所示。如果有水蒸气的存在,其也会发生水解反应。已知 TTIP 的水解速率比热分解的速率快,原因是水的氧化作用导致活化能的显著降低。利用火焰反应器合成时,常以氢气-氧气或甲烷-氧气等为燃料,燃烧时会产生水蒸气,因此在火焰合成工艺中不仅发生氧化反应,还会发生水解反应。以热壁反应器合成时,也可以引入水蒸气,以实现对 TiO_2 颗粒晶相类型和形貌的控制。

在 800~1600℃ 的热壁反应器中,在前驱体浓度相同的情况下,以 TTIP 在氮气中热分解形成的 TiO_2 颗粒尺寸大于以 $TiCl_4$ 在氮气/氧气混合气体中氧化形成的 TiO_2 颗粒[121]。TTIP 分解形成的 TiO_2 颗粒呈球形,而 $TiCl_4$ 氧化形成的 TiO_2 颗粒呈多面体状。如果有水蒸气存在,由 $TiCl_4$ 形成的 TiO_2 颗粒则为球形。$TiCl_4$ 在氧气中氧化生成的 TiO_2 晶粒,其为锐钛矿和金红石相混合物,而通过水蒸气水解、分解产生的 TiO_2 晶粒中金红石相含量则更高。以 TTIP 在氧气中热解形成的 TiO_2 为锐钛矿结构,在水蒸气中制备的 TiO_2 则为锐钛矿和金红石的混合物。另外,工作温度是控制锐钛矿与金红石比例的一个重要因素。

2. SiC 纳米粉体的合成

SiC 纳米粉体的化学气相合成可采用电阻加热反应器、等离子体反应器或激光反应器进行[123-125]。

采用电阻加热反应器合成工艺中,可以以六甲基二硅烷(HMDS)为前驱体,在氩气和氢气中热解反应,形成 SiC 纳米粉体[123],合成装置如图 3-14 所示。六甲基二硅烷由氩气和氢气混合气体携带,从反应器底部进入,同时通入氩气和氢气进行稀释。通过流量计调控氢气/氩气比。反应器温度为 800~1300℃。反应形成的 SiC 纳米颗粒随气流进入旋风分离器,被收集。尾气由排气口排出,进行无害化处理。

六甲基二硅烷热解可能会经历复杂的反应,形成硅烯自由基和甲烷、乙烯、乙炔等烃类中间产物,反应式如下:

$$(CH_3)_3Si-Si(CH_3)_3 \longrightarrow 2(CH_3)_3Si\cdot \tag{3-73}$$

$$(CH_3)_3Si\cdot + H\cdot \longrightarrow (CH_3)_2Si\cdot + CH_4 \tag{3-74}$$

$$(CH_3)_2Si\cdot \longrightarrow C_2H_4 + SiH_2 \tag{3-75}$$

$$(CH_3)_2Si\cdot \longrightarrow C_2H_2 + H_2 + SiH_2 \tag{3-76}$$

式中氢原子或有机基团旁边的"·"表示自由基未成对的电子。

SiC 是由碳氢化合物与硅位点反应形成,或者由硅烯自由基与碳位点反应形成。温度较低时有单质硅形成,表明此时碳位点有限。随着温度升高,反应性碳氢化合物的浓度及其反应速率会增加,因此在非常高的温度下会有游离碳的产生。

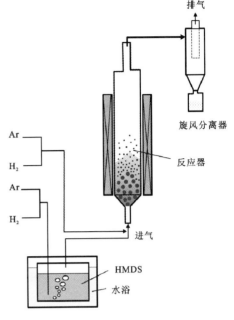

图 3-14 气相热解合成 SiC 粉体装置示意图[123]

另外,H_2 的存在起着非常重要的作用,其可以参与反应并促进 SiC 的形成。在合成温度下,形成 SiC 的反应有:

$$Si + CH_4 \longrightarrow SiC + 2H_2 \tag{3-77}$$

$$H_2Si(CH_3)_2 + C_2H_4 \longrightarrow SiC + 3CH_4 \tag{3-78}$$

反应器中 H_2 的存在会抑制式(3-77)反应的进行,但由于载气中 H_2 的浓度较低,一般只有 10%,因此该反应是无法完全抑制的。在反应器中,式(3-77)和式(3-78)的反应会同时发生。温度越高,式(3-77)反应越占优势。利用该工艺,在适当的工艺参数(如载气氢气/氩气比、温度等)下,可合成出粒径 10~30nm 的 SiC 纳米粉体。

除了通过六甲基二硅烷热解来合成 SiC 纳米粉体之外,也可以利用 SiH_4 和 C_2H_4 在氢气气氛下反应合成。采用电阻加热反应器,其先抽真空至 100Pa,然后将气体混合后通入反应器中。通过流量计控制各气体的用量,以获得适当的反应物质比例。反应温度为 1150~1400℃。形成 SiC 的反应式如下:

$$2SiH_4 + C_2H_4 \longrightarrow 2SiC + 6H_2 \tag{3-79}$$

随着反应温度的升高,形成的 SiC 产率增高,平均粒径减小,比表面积增大。在 1350℃下,合成出平均粒径为 11nm 的 β-SiC 粉体。

如果利用等离子体反应器来合成 SiC 粉体,可在一个标准大气压的压力下合成。利用非热电弧等离子体反应器,在氩气-氢气环境中,对六甲基二硅烷进行热解,可制备出粒径 5~9nm、粒度分布窄的 SiC 纳米颗粒[124]。也可以利用热电弧等离子体反应器在氩气气氛中使甲烷与一氧化硅反应,合成出粒径 2~40nm 的 β-SiC 粉体。

另外,利用 CO_2 激光器辐照,可以使 SiH_4 与各种碳源(如 C_2H_4、C_2H_2 等)反应,或者使 $Si(CH_3)_4$、$(CH_3)_3Si-Si(CH_3)_3$、CH_3SiH_3 等气体热解,形成球形 SiC 纳米颗粒[125]。

3. Si 纳米粉体的合成

Si 纳米粉体合成的典型廉价工艺是利用甲硅烷(SiH_4)进行气相热解。该工艺可以采用热壁反应器、等离子体反应器、火焰反应器进行,也可以采用激光诱导反应等。其中,热壁反应器合成装置比较简单,适合进行高纯 Si 纳米粉体的规模化连续生产。

甲硅烷热解形成 H_2 和 Si 的反应早在 1880 年就被 Ogier 发现。1912 年 Von Wartenburg 研究了在镍颗粒存在的情况下甲硅烷的分解过程。他发现甲硅烷在 380℃ 就完成了分解,并得出了分解反应式为[126]:

$$SiH_4 \longrightarrow Si + 2H_2 \tag{3-80}$$

随着研究的不断深入,发现甲硅烷的热解进程与温度和气压有关。因此,在 Si 纳米粉体的合成工艺中,温度控制在 800~1100℃ 之间,气压范围介于 21~100kPa。在进行热解反应前,热壁反应器先抽真空,确保甲硅烷的热解反应在无氧环境下进行。以氢气-氮气为载气和保护气体,通入甲硅烷的体积分数为 1%~10%。热解产生的 Si 纳米粉体的粒度、形貌、聚集结构等与温度、气压、停留时间等工艺参数有关。例如甲硅烷体积分数为 3%,在 1000℃、100kPa 条件下热解合成的 Si 纳米晶粒结晶度高,但出现颗粒颈部烧结的现象;而在 800℃、21kPa 条件下热解则会形成无定形的 Si 纳米颗粒,粒径小于 40nm,呈软团聚状态。利用热壁反应器中试装置(图 3-15),在适当的工艺条件下,可实现产率 1kg/h 的 Si 纳米粉体的连续生产[127]。

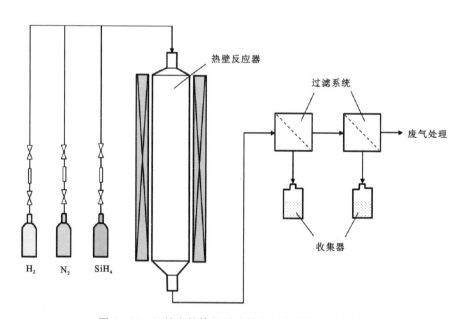

图 3-15 Si 纳米粉体的甲硅烷热解合成装置示意图

为了储运和应用,合成的 Si 纳米粉体需分散在某种介质中保存,例如 Si 纳米粉体分散在丙酮中形成质量分数为 2.7% 的分散体系。可以采用超声波及球磨工艺进行分散,其中球磨工艺有利于对大的团聚颗粒的破碎,使 Si 纳米粉体粒度的 D90 值显著降低。

思考题

1. 纳米粉体有何基本特性?
2. 粉体的固相合成与制备工艺有何特征?
3. 比较固相反应法与机械化学法的工艺特点及其优缺点。
4. 分析粉体的液相合成方法的工艺特点。
5. 比较沉淀法与水热法粉体合成的工艺特点和成核机理。
6. 在水热法和溶剂热法粉体合成工艺中,溶剂种类对晶粒生长特征有何影响?
7. 分析溶胶和凝胶的特征及形成过程。
8. 分析粉体液相合成工艺的优缺点。
9. 分析熔盐合成体系中晶粒的生长特征及模板效应。
10. 比较分析粉体的物理气相制备与化学气相制备的工艺特点。
11. 粉体的物理气相法与化学气相法制备工艺有何优缺点?
12. 在粉体的气相合成工艺中如何实现对成核和晶粒生长过程的控制?
13. 粉体的气相合成过程中晶粒的聚集和烧结对合成产物有何影响?
14. 在纳米粉体的储运和应用过程中应注意哪些问题?
15. TiO_2 粉体可以采用哪些方法合成?各种方法有何优缺点?

4 陶瓷材料的制备

陶瓷是一种由粉体经成型和烧结工艺而制成的无机非金属材料。陶瓷有着悠久的发展历史,饱含着我国人民的智慧。早在新石器时代,彩陶就在我国出现,并在汉代以后发展成瓷器,这些反映了我国古代陶瓷制备技术的先进水平和领先地位。随着科学技术的进步,现代陶瓷无论是在种类还是在制备和应用技术上都得到了极大的发展,深刻地影响着社会发展和人类生活的各个方面。

传统陶瓷是以黏土等天然硅酸盐为主要原料烧制而成。传统陶瓷制品种类繁多,性能各异,主要有日用陶瓷、建筑卫生陶瓷、工业美术陶瓷、化工陶瓷、电气陶瓷等。新型陶瓷(或称先进陶瓷、特种陶瓷)是由非硅酸盐类化工原料或合成原料制备而成,根据陶瓷的性能与应用又分为结构陶瓷和功能陶瓷。结构陶瓷是指能作为工程结构材料使用的陶瓷,具有高强度、高硬度、高弹性模量、耐高温、耐磨损、耐腐蚀、抗氧化、抗热震等性能。结构陶瓷分为氧化物陶瓷和非氧化物陶瓷两大体系,它们在制备工艺和性质方面有很大的差异。功能陶瓷是指具有声学、光学、电学、磁学、化学及生物等特性的陶瓷,包括电子陶瓷、光电陶瓷、生物医用陶瓷和多孔陶瓷等。

本章主要介绍新型陶瓷材料。

4.1 陶瓷的相组成和结构特征

4.1.1 陶瓷的相组成

陶瓷作为一种由粉体经过高温烧结而成的材料,尽管其成分多变、结构复杂,但其相组成主要有 3 种类型,即晶相、玻璃相和气相(气孔)[128,129]。

4.1.1.1 陶瓷的晶相特征

晶相是陶瓷组成的主体,以晶粒的形式存在于陶瓷中,其成分、结构、含量、尺寸、形状和分布等特征决定着陶瓷的性能。例如 Al_2O_3 陶瓷、SiC 陶瓷具有高强度和高硬度,这是基于 Al_2O_3 晶相和 SiC 晶相的性质;$BaTiO_3$ 陶瓷具有压电铁电性能,也是基于 $BaTiO_3$ 晶相的特性。

陶瓷可以是单一晶相,也可以是多晶相的。对于多晶相的陶瓷,通常把占主导地位的晶相称为主晶相,把含量少、占次要地位的晶相称次晶相。主晶相通常决定着陶瓷的主要物理化学性质,但在某些陶瓷特别是电子陶瓷中,次晶相对陶瓷的性能有着重要影响,有时还起到关键作用。例如纯的 ZnO 陶瓷具有很高的电阻率,基本上是绝缘的,当掺杂少量 Al_2O_3、Ga_2O_3、In_2O_3 后,Al^{3+}、Ga^{3+}、In^{3+} 完全固溶到 ZnO 晶相中,成为施主,陶瓷仍为 ZnO 单一晶相,但其电阻率很低,成为导电陶瓷。如果 ZnO 陶瓷掺杂适量的 Bi_2O_3、Sb_2O_3、Cr_2O_3、Co_2O_3、MnO 等,则在陶瓷中会产生富铋相和尖晶石相等次晶相。这些次晶相成为使 ZnO 陶瓷具有压敏性质的基础。

陶瓷的主晶相通常根据其性能的要求进行选用,并通过掺杂以及对次晶相的调控,以改善陶瓷的性能。例如电容器陶瓷常选用高介电常数的材料如 $BaTiO_3$ 为主晶相;绝缘陶瓷选用离子电导小或具有共价键的材料如 $\alpha-Al_2O_3$ 为主晶相;压电铁电陶瓷选用晶体结构无对称中心的材料如 $BaTiO_3$、$Pb(Zr,Ti)O_3$ 等为主晶相;磁性陶瓷选用具有磁性的氧化物如 Mn-Zn 铁氧体等为主晶相。

除了主晶相的性质,晶粒尺寸及其分布特征对陶瓷性能也有影响。晶粒尺寸一般为数百纳米至数十微米,其不仅与粉体原料有关,而且与陶瓷烧结过程中的生长、演化特征有关。晶粒发育的完整程度、自形程度、相互间镶嵌程度等特征,均会对陶瓷的性能产生影响。

4.1.1.2 陶瓷的玻璃相特征

玻璃相是陶瓷烧结过程中形成的非晶态物质,其在降温冷却过程中来不及晶化,呈无定形状态分布于晶粒之间。玻璃相的形成与陶瓷配方中添加有玻璃质组分或某些微量添加剂有关。在烧结过程中,各组分与杂质发生系列物理、化学反应,在相对较低的温度下软化,形成熔体(液相)。液相充填晶粒间隙,起到促进传质、黏接晶粒、致密结构、降低烧成温度、改善工艺性质、抑制晶粒长大等作用。因此,有液相生成的烧结又称为液相烧结,是重要的陶瓷烧结工艺。液相在降温过程中来不及结晶时,便形成了玻璃相。

玻璃相的存在对陶瓷性能有显著影响。玻璃相的强度比晶相低,热稳定性差。因此,对于某些陶瓷来说,为了提高陶瓷的机械强度和高温稳定性,需尽量避免玻璃相的形成或尽可能使之转变为晶相。而对于不能完全避免或消除玻璃相的陶瓷,可以通过调控玻璃相的成分,改善其性能。

4.1.1.3 陶瓷中的气相特征

气相(气孔)是陶瓷中不可避免的组成部分。在成型后的生坯中,初生态气孔体积可达 25%~30%。烧结后,陶瓷被致密化,但仍有一定量的气孔残留在陶瓷中,气孔率一般为 5%~10%。陶瓷气孔率的高低与陶瓷的组成、玻璃相的含量、烧结工艺等因素有关。

陶瓷的气孔率、气孔尺寸及分布特征对其电性能和热性能等产生重要影响。例如气孔可使陶瓷材料的弹性模量、抗折强度、磁感强度、磁导率、压电系数及耐电强度等性能降低。对于透明陶瓷,气孔的影响更大。如果将透明陶瓷的气孔率从 3% 下降到零时,则其透明度可从 0.01% 跃升到 100%,机械强度和耐电强度也迅速提升[128]。当然,并非所有陶瓷中气孔都是有害的。有一类陶瓷是多孔的,称多孔陶瓷。该类陶瓷具有高的气孔率,其性能受气孔的数量、尺寸、形态及分布特征等影响。多孔陶瓷广泛应用于过滤、净化、湿敏、气敏、隔音、隔热、保温等领域。

除了多孔陶瓷外,陶瓷中的气孔应设法消除。

4.1.2 陶瓷的显微结构特征

陶瓷的显微结构描述的是陶瓷中的晶粒和气孔的尺寸大小及分布、相组成及分布、组分的均匀性、晶界、畴结构、缺陷与裂纹等特征。陶瓷的显微结构通常通过光学显微镜、扫描电子显微镜(SEM)、透射电子显微镜(TEM)等多种手段进行研究,表征手段的分辨率不断提高,已经达到纳米级。显微结构分析在陶瓷研究中发挥着重要作用,可为配方改进、工艺优选、性能改善、废品分析等提供依据。

陶瓷的性能不仅源自主晶相的性质,还与陶瓷的显微结构特征紧密相关。在陶瓷显微结构中,晶粒是主体。晶粒发育的完整程度、自形化程度、晶粒间的相互镶嵌程度等,均影响着陶瓷的性能。从外形来看,晶粒有自形、半自形和他形3种形貌类型。自形晶粒具有完整的晶面和规则的形态。半自形晶粒发育不完整,只具有部分晶面的外形特征。他形晶粒的形态不规则,找不到完整的晶面。晶粒的形貌对陶瓷的结构特征有显著影响。例如在$(K_{0.5}Na_{0.5})NbO_3$(KNN)陶瓷中,KNN晶粒常呈六面体自形晶,而且晶粒随机取向,晶粒之间存在较大空隙,致使陶瓷结构疏松。这种自形晶粒引起的结构疏松,可以通过掺杂调控晶体生长习性或者通过改进制备工艺条件等方法,进行控制和改善。

陶瓷的显微结构还会受到粉体原料的粒度及其分布特征、分散或团聚状态等的影响。对于功能陶瓷来说,其显微结构应具有均匀的晶粒。在总体为细小晶粒的结构中出现少量大晶粒,称异常长大晶粒。由于大晶粒在晶轴方向的热膨胀或收缩与主体的细晶粒相差很大,并存在异向性。因此,这类大晶粒的晶界常为应力集中点,也是电学和力学薄弱点。当陶瓷元件受到电场或应力作用时,这些薄弱点常成为微裂纹产生的萌发点,引起陶瓷元件的损坏或失效。

在陶瓷显微结构中,晶粒与晶粒之间形成晶界。不同的晶相之间形成相界。晶界和相界为原子无序区,也是高能量区。晶界被看作是显微结构中最活跃的部分,是功能陶瓷材料产生与能量有关过程的发源地,因此晶界特征对陶瓷性能有很大的影响。对于多组分陶瓷体系或者掺杂陶瓷体系来说,由于某些组分或杂质在主晶相中的固溶度较低,当含量超过其固溶度时,会在陶瓷烧结和降温过程中发生偏析,形成次晶相,分布于晶界区域。而未发生晶化的组分则形成玻璃相,分布于晶粒之间。次晶相及玻璃相的存在均可能对晶界性质产生影响,从而影响着陶瓷的性能。

4.2 陶瓷的制备工艺

陶瓷材料种类繁多,性质各异,制备工艺也多种多样。总体来看,陶瓷的制备工艺主要包括原料的配制、预烧、成型、烧结、加工等环节[128-131]。

4.2.1 配料与预烧

4.2.1.1 配料和混料

配料是陶瓷制备的基础。配料的依据是陶瓷的配方。陶瓷配方一般是通过系统的实验研究来获得的。配料就是根据陶瓷配方计算出各种原料的用量,并进行称量和混合。可以按照化合物计算原料的配比,也可以根据陶瓷的化学组成计算原料的配比。对于组成比较简单的化合物陶瓷,采用化合物计算原料配比比较方便。例如 $BaTiO_3$ 陶瓷,其传统工艺是采用 $BaCO_3$ 和 TiO_2 合成陶瓷粉料,因此可以根据 Ba 与 Ti 摩尔比为 1∶1 的关系,来计算 $BaCO_3$ 和 TiO_2 原料的质量百分比和用量。如果考虑原料的纯度,各原料的实际用量应该剔除杂质含量。

新型陶瓷的制备一般采用高纯、超细、粒度分布均匀的粉体原料。原料称量前应该进行必要的预处理,比如对原料进行烘干,以去除水分,同时进行筛分以确保原料粒度达到要求。

各原料经精确称量后,采用有效手段进行混合,以获得均匀的混合料。球磨是常用的混料方法,一般采用湿法球磨,常以水为介质,有时也可以用乙醇或乙醇水溶液等为介质。水(或乙醇)的用量对球磨效果有显著影响。适当的料、球、水比例是获得良好球磨效果的基础。根据原料吸水性、粒度以及装载量的不同,料、球、水比例也各有不同。为了获得好的球磨效果,可以考虑添加适当的助磨剂和分散剂。

球磨工艺不仅使各种原料均匀混合,而且还起到粉碎的作用。粉体粒度越细,颗粒的表面能越高,在高温下越容易发生固相反应、烧结以及晶粒融合与生长。适当选择球磨工艺参数,可以获得更好的粉碎和混合效果。

除了球磨之外,还有一些其他混料和粉碎技术,如振动磨、砂磨等,但从生产能力以及混合和粉碎效果来看,球磨法具有优势,因而得到普遍使用。实验室研究时,一般使用行星磨进行混料。

4.2.1.2 粉体预烧

粉体预烧是新型陶瓷制备的重要环节,目的是预合成陶瓷的主晶相,并获得具有适当性能特征的陶瓷粉体。同时,预烧有利于消除原料中的易分解组分对陶瓷烧结的影响。如果原料中含有氢氧化物、碳酸盐、硝酸盐、硫酸盐、有机酸盐或有机物等,在高温下会发生氧化分解,产生气体排出。如不提前处理,在陶瓷烧结过程中就会产生不利的影响。通过预烧,可以避免有关问题,有利于陶瓷烧结和致密化。预烧温度和时间视原料特征而定。预烧后的粉体常需再次球磨,以达到所需粒度。

4.2.2 成型技术

成型是将粉体加工成一定形状和尺寸坯体的工艺。该过程受粉体特征和成型方法的共同影响。所制坯体要均匀致密,具有一定的强度、准确的尺寸和形状。

陶瓷成型方法大体上可分为干法和湿法两大类。干法成型是直接在粉体中加入少量黏结剂,经造粒,然后利用模具进行加压成型。干法成型工艺简单,适合自动化生产。湿法成型是在粉体中加入较多的水或其他成型助剂,包括黏结剂、分散剂、塑性剂等,然后再通过一定工艺制备坯体。

由于陶瓷产品的种类繁多,形状各异,因此成型方法较多,常用的有干压成型、等静压成型、热压铸成型、挤压成型、轧膜成型、注浆成型、流延成型等。

4.2.2.1 干压成型

干压成型是最常用的模压成型方法之一,加压设备为液压机,适合于圆片状、板状、柱状等简单形状制品的成型。所用粉体的含水量一般控制在8%以下。常用质量分数5%~7%的聚乙烯醇水溶液等作为黏结剂,加入量为3%~8%。粉体与黏结剂混合均匀后,进行造粒,形成适当尺寸的球粒,以增加瓷料的一致性和流动性,有利于成型。

干压成型有两种加压方式,即单向加压和双向加压。

单向加压是模具下端承压板或模塞固定不动,由上方模塞进行加压的方式。由于粉体颗粒与模具套壁之间存在摩擦力,使坯体内部产生压力梯度,坯体在加压一端承受较大的压力,非加压端承受的压力相对小,如图4-1a所示,因而出现坯体两端密度不同的情况。这种加压方式适合直径远大于厚度的坯体成型。

双向加压是采用上、下压头同时加压的方式。在这种加压方式下,由于压力梯度从上、下两端向坯体中部递减,坯体内部压力减小幅度较小,如图4-1b所示。如果对粉体进行造粒,并添加润滑剂,有利于减小颗粒间的摩擦力,可以在双向加压下显著提高坯体的密度和均匀性。该方法适合于轴向长度较大的坯体成型。

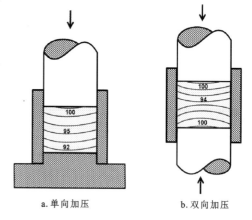

图4-1 加压方式及其坯体压力分布示意图[128]

干压成型的坯体致密性与压力大小和保压时间有关。总体来看,在一定范围内增加压力和加压时间,可使坯体密度增大。但如果施加的压力太大时,在卸压出模后会出现明显的反弹,坯体因内部压力分布不均,导致坯体各部位产生密度不一致的现象,因此提高压力的效果是有限度的。另外,适当的保压时间有利于气体的排出,使坯体密度提高。

在电子陶瓷生产中,由于陶瓷片直径较小,厚度仅为1~3mm或更薄,因此常采用一模多孔的快速冲压成型。这种成型方法效率高,效果好,能够满足快速生产的要求。

干压成型的优点是:工艺简单,操作方便,坯体比较密实,尺寸比较精确,烧成收缩率较小,产品机械强度较高,生产效率高,容易实现自动化生产。缺点是:只有轴向加压,缺乏侧向压力,形成的坯体具有明显各向异性,在烧结时侧向收缩率大,产品的机械电气性能远非各向均匀的;另外,干压成型模具的磨损率较大,特别是对硬质瓷料模具磨损更加显著。干压成型不适合形态复杂或体积庞大的产品生产。

4.2.2.2 等静压成型

陶瓷的等静压成型主要是在常温下对密封于塑性模具中的粉体同时从各向施压的一种成型工艺,又称冷等静压成型。该技术采用的成型设备为等静压机,其主要由高压缸、高压发生装置和辅助设备组成。高压缸是最重要的部件,其通过液体传压介质(如甘油、水、刹车油、锭子油等)产生高压环境。

等静压成型分湿袋和干袋两种方法,成型设备也相应分为湿袋等静压机和干袋等静压机。模具由具有弹性的塑料或橡胶制成。其应与传压介质和粉体具有稳定的化学相容性,而且具有耐磨、高弹性、高抗撕裂强度的特征。常用的包套材料有天然橡胶、合成橡胶、聚氯乙烯、聚氨酯等。其中,天然橡胶、氯丁橡胶一般用于制备湿袋用包套模具,聚氯乙烯、聚氨酯则主要用于制备干袋用包套模具。

湿袋等静压机又称自由模等静压机,成型前在压机外对模具装粉,抽真空后密封,然后装入高压缸中,直接与传压液体介质接触,如图4-2所示。通过高压发生装置加压成型后,从高压缸中取出模具,脱模,得到坯体。该法操作工序较多,适合生产复杂形状的大型制品。

干袋等静压机中,弹性模具被直接固定在高压缸内,并用带孔钢罩支撑,如图4-3所示。粉体装入干袋中后可根据需要排出粉体中的气体,然后密封。加压时液体传压介质注入缸内壁与模具外表面之间,对模具各向同时加压。该法适合生产形状简单、批量大的小型产品。

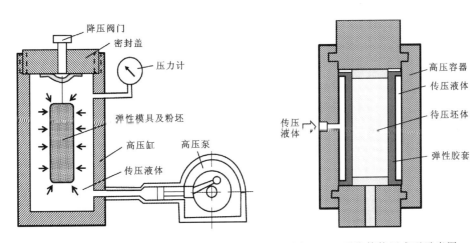

图4-2 湿袋等静压机示意图　　图4-3 干袋等静压成型示意图

等静压成型的优点是:对成型模具无严格要求,弹性模具在各个方向均等受力,压力极易调节,坯体均匀致密,机械强度高,能够满足对坯体机械处理和加工的需要;烧结收缩率小,各向均匀一致,不易变形、开裂;烧成后的产品具有特别高的机械强度,尤其是高温(>1000℃)强度;可以成型大尺寸、形状复杂、细长的制品。缺点是:设备比较复杂,湿袋法操作还比较繁琐,生产效率不高。因此,该法一般用于生产有特殊要求的电子元件以及有高温强度要求的陶瓷材料。

4.2.2.3 热压铸成型

热压铸成型是利用具有高温流变特性的石蜡作为黏结剂进行成型的技术。工艺过程是：将煅烧好的熟瓷料与石蜡混合，然后加热至石蜡熔化，在压缩空气的作用下，使其迅速充满模具，并保压、冷却，脱模后得到含蜡坯体。热压铸成型装置如图4-4所示。

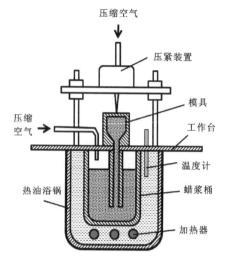

图4-4 热压铸机示意图

该成型方法采用熟瓷料的目的是使铸浆具有良好的流动性，减少坯体烧结过程中的收缩率，保证产品的尺寸精度。熟瓷料可采用干法球磨并过筛，以获得所需的粉体粒度。球磨时加入0.4%～0.8%的油酸作为助磨剂，可提高球磨效率和粉体的流动性。

瓷粉在拌蜡前要充分干燥。吸附水会使蜡浆性能变差，流动性降低，并造成含蜡坯体的气孔率增高。拌蜡前瓷粉应加热至60～80℃，再与熔化的石蜡混合搅拌，以提高两者混合的均匀性。通过温度、搅拌速度和时间的控制，充分排除蜡浆中的气泡。

瓷粉具有疏油性，而石蜡具有亲油疏水性，两者的亲和性差。为了提高瓷粉与石蜡的亲和性，采用硬脂酸或油酸等两性物质作为表面活性剂，用量为0.1%～1%，与石蜡混合。石蜡的用量一般为6%～12%，最高可达20%，具体用量需考虑瓷粉的粒度、粒形、粒配等因素。石蜡一般在100～130℃下熔化，其与瓷粉均匀混合形成铸浆。铸浆温度一般控制在80～100℃之间，此时其具有很好的流动性，容易充满模具，能够准确地到达模具的各个角落，因此适用于制造各种外形复杂的制品。

铸浆在3～5个标准大气压下注入模具中。压力大小影响着铸浆在模具中的充填速度和收缩率。在较高压力下压铸，坯体冷却时收缩率低，密度高，孔洞少。但如果铸浆充填速度过快，可能会把空气带入铸浆中，造成坯体中出现气孔。因此，应根据制品形状和几何尺寸控制压力，以获得好的压铸效果。

含蜡坯体在烧结前需进行排蜡处理，这一过程需避免瓷粉因失去黏结剂而解体。为此，在进行高温排蜡之前，必须将含蜡坯体埋入疏松的惰性保护粉体中，这种保护粉体在高温排蜡过程中不与瓷粉黏结，对坯体起支撑作用。石蜡全部脱除后，继续升温，直至坯体发生一定程度的烧结，具有一定的机械强度，但又不与保护粉体发生烧结为止。一般温度为900～1100℃，视具体瓷粉而定。排蜡完成后，降温，清除保护粉体，然后再装窑进行陶瓷烧结。

热压铸成型技术适合多种瓷粉的成型，特别适合外形复杂、精密度高的中小型制品。形成的坯体内部结构均匀。设备比较简单，模具磨损小，操作简单，生产效率高，可实现自动化生产。但该技术形成的含蜡坯体需要埋粉高温排蜡，能耗高，工期长。

4.2.2.4 挤压成型

挤压成型是一种塑性成型法,其利用液压机将已经塑化的坯料从模嘴挤出,通过模嘴内型逐渐缩小,对泥团产生很大的挤压力,使坯料致密并成型。该方法广泛应用于棒状、片状、管状、蜂窝状或筛格式穿孔筒状制品的成型,其轮廓可以是圆的,也可以是多角形的。制品的形状取决于挤压嘴和型芯结构。典型的挤压成型设备如图 4-5 所示。

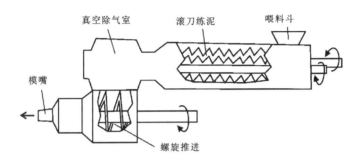

图 4-5 挤压成型设备示意图

挤压成型对泥料要求比较高,一般要求粉料具有足够的细度和圆润的外形,以确保其具有良好的流动性。为此,通常采用湿法球磨,以小磨球进行长时间的球磨。另外,需根据物料的特性选用适量的溶剂、增塑剂、黏结剂,使坯料高度均匀混合。坯料中水的含量一般为 16%~25%。坯料的塑性来源于配料中黏土或黏结剂。如果黏土含量较高,就不需添加黏结剂。如果配料中黏土含量低或不含黏土,则需添加有机塑化剂。塑化剂通常由黏结剂、增塑剂和溶剂组成。常用的黏结剂有聚乙烯醇、聚醋酸乙烯脂、聚乙烯醇缩丁醛、甲基纤维素、羧甲基纤维素、羟丙基甲基纤维素、糊精等。

配料后,采用真空练泥机练泥,使不同的物料和黏结剂均匀混合并充分润湿。初混后的坯料在适当的湿度和温度下储放一定时间,这一过程称为困料。困料的目的是充分发挥黏土或黏结剂的可塑性和结合性能,改善坯料的成型性能。困料的时间长短需根据工艺要求和坯料的性质而定。如果坯料未达到质量要求,则挤出的坯件容易弯曲变形,或在干燥、烧结过程中变形,甚至出现挤出坯件呈鳞片状层裂或断裂的问题。

挤压成型的优点是:可以采用自动化控制,实现连续生产,效率高,污染小。缺点是:挤出嘴结构复杂,加工精度要求高;另外,由于溶剂和黏结剂含量较高,坯体在干燥、烧成时收缩率较大。

4.2.2.5 轧膜成型

轧膜成型也是一种塑性成型方法,在特种陶瓷生产中使用比较普遍,适合生产厚度 1mm 以下的薄片状制品。成型过程如图 4-6 所示。

轧膜成型包括粗轧和精轧两个环节。粗轧是将经预烧、细磨并过筛的瓷粉与有机黏结剂(一般为聚乙烯醇等)和溶剂(一般为水)混合后,置于两辊轴之间充分混练均匀,同时伴随吹风，使溶剂逐渐蒸发，形成一层厚膜。精轧是在粗轧的基础上，逐渐调近轧辊间距，多次折叠坯料，90°转向反复轧练，以达到良好的均匀度、致密度、光洁度和厚度。轧好的坯片在一定的环境中储存，防止干燥脆化，最后在冲片机上冲压成型。

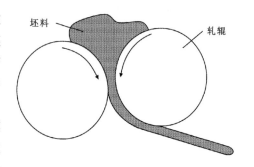

图4-6 轧膜成型示意图

轧膜成型优点是：工艺简单，生产效率高，膜片厚度均匀，成型厚度薄等。缺点是：制品干燥收缩和烧成收缩较大，容易出现变形和开裂，坯体性能也会出现各向异性的问题；对厚度在0.08mm以下的薄片，难以轧制，膜片质量不易控制。

4.2.2.6 注浆成型

注浆成型是指将含有料粉的稳定浆料注入石膏模具，通过石膏吸取水分进行成型的方法。注浆成型的关键是浆料的性质，其主要要求是：①具有良好的流动性，足够小的黏度，以便浇注；②在固液比发生变化时，其黏度变化要小，以便浇注空心件时容易倾倒出模内的料浆；③悬浮性和稳定性好，在储存和大批量浇注时能保证前后浇注浆料性能的一致性；④浆料中的水分被石膏吸收的速度要适当，以抑制空心坯件壁厚和防止坯件开裂；⑤干燥后坯件容易与模壁脱落，便于脱模；⑥脱模后的坯件必须有足够高的强度和尽可能大的密度。

浆料是由料粉以及适量的水或有机溶剂以及少量的电解质组成的相对稳定的悬浮液，其中，水的加入量占30%～35%。另外，常加入0.3%～0.5%阿拉伯树胶粉作为黏结剂，以增加浆料的流动性和稳定性，降低水的用量，增加坯体的强度和密度。

石膏模具是由天然石膏粉经140～180℃煅烧而成的半水石膏（又称熟石膏）制成，其具有很多孔，吸水性强，能很快吸收注浆的水分，形成坯件。注浆成型过程如图4-7所示。

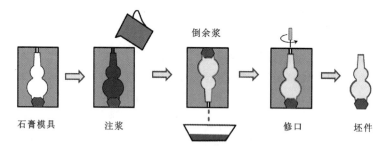

图4-7 注浆成型过程示意图

该成型方法不需要高成本的设备或复杂的机器，可成型各种尺寸和复杂外形的坯体。缺点是：劳动强度大，占地面积大，过程繁琐，生产周期长，难以进行机械化和自动化作业；特别是形成的坯件孔隙多，密度小，强度差，收缩率大，形变显著。因此，对机械强度、几何尺寸、电气性能等要求高的薄壁产品，一般不用此法成型。

4.2.2.7 流延成型

流延成型也是一种浆料成型方法。将超细粉料与适当的黏结剂、塑化剂、悬浮剂和溶剂均匀混合,制成流动性好的浆料,然后使其从刮刀下流过,并蒸发溶剂,形成膜片。膜片厚度可以通过调整刮刀来控制,因此流延成型是生产微米级厚度膜片的技术。该技术主要用于陶瓷厚膜材料的制备,相关内容在第五章中详细介绍。

流延成型技术在陶瓷制备中的一个重要发展是制备定向织构化陶瓷[132]。众所周知,陶瓷是一种多晶材料,晶粒随机取向。因此,对于具有极性特征的陶瓷来说,其性能是晶粒性能的平均值。这是该类陶瓷性能明显低于其单晶性能的重要原因(当然还有其他影响因素,如陶瓷存在大量晶界、成分分布不均匀等)。织构化技术就是为了解决陶瓷晶粒随机取向的问题而发展起来的。结构化技术工艺原理是:利用片状、薄板状、棒状晶粒作为模板,并与其他陶瓷组分均匀混合,制成浆料,通过流延成型,制备出含有定向排列模板的膜片,再将膜片叠层、加压、切割,得到陶瓷坯体,最后进行高温烧结,使各组分在陶瓷烧结过程中反应、生长,形成定向织构化陶瓷。工艺过程如图 4-8 所示。

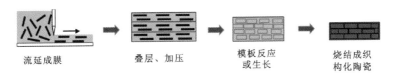

图 4-8 定向织构化陶瓷制备工艺示意图

流延成型技术在定向织构化陶瓷制备中的应用是基于片状、薄板状、棒状晶粒在浆料通过刮刀时会顺势定向排列的特点。因此,首先制备出可用作模板的片状、薄板状、棒状晶粒是关键。常用的模板制备方法是熔盐法、水热法等。例如 Saito 等采用片状 $NaNbO_3$ 为模板制备织构化 $(K,Na)NbO_3 - LiTaO_3 - LiSbO_3$ 压电陶瓷[114],而 $NaNbO_3$ 本身不是片状形态。为了获得片状 $NaNbO_3$ 模板,首先采用熔盐法在 1100℃ 的 NaCl 熔盐中合成片状 $Bi_{2.5}Na_{3.5}Nb_5O_{18}$,再以片状 $Bi_{2.5}Na_{3.5}Nb_5O_{18}$ 为模板,与 Na_2CO_3 在 950℃ 的 NaCl 熔盐中通过拓扑化学反应合成出片状 $NaNbO_3$。将片状 $NaNbO_3$ 与其他组分 $KNbO_3$、$KTaO_3$、$LiSbO_3$ 和 $NaSbO_3$ 混合,制成浆料,再进行流延成型。经叠层、加压后,在 1135℃ 烧结,制备出织构化的 $(K_{0.44}Na_{0.52}Li_{0.04})(Nb_{0.84}Ta_{0.10}Sb_{0.06})O_3$ 陶瓷,该陶瓷具有优异的压电性能。

织构化陶瓷的定向程度可以利用 Lotgering 方法确定。该方法利用陶瓷的 XRD 衍射峰的强度来确定晶粒的取向度。对于 c 轴定向织构化陶瓷,其定向系数 f 可由下式计算:

$$f = \frac{I_l - I_0}{1 - I_0} \tag{4-1}$$

$$I_l = \frac{\sum I_{(00l)}}{\sum I_{(hkl)}}, \quad I_0 = \frac{\sum I_{0(00l)}}{\sum I_{0(hkl)}}$$

式中,$I_{(00l)}$ 和 $I_{(hkl)}$ 分别为织构化陶瓷的 XRD 衍射峰 $(00l)$ 和 (hkl) 的强度;$I_{0(00l)}$、$I_{0(hkl)}$ 分别为非织构化陶瓷的 XRD 衍射峰 $(00l)$ 和 (hkl) 的强度。f 值越大,陶瓷中晶粒的定向性程度越

高。当 $f=1$ 时,表示陶瓷中晶粒取向完全一致;当 $f=0$,表示陶瓷中晶粒随机取向。

4.2.3 烧结工艺

烧结是指在一定温度下将粉末状物料成型的坯体转变成致密、坚硬陶瓷的工艺过程。烧结是陶瓷制备的重要工序,是使材料获得预期显微结构及性能的关键环节。烧结是在远低于物料熔点温度下进行的,材料在烧结过程中始终处于固体状态,但有时也会产生一些液相(液相烧结)。烧结的驱动力是粉体的表面能大于多晶烧结体的界面能。烧结后,界面能取代了表面能,陶瓷因此变得稳定。

陶瓷烧结主要有3种机制。

(1)固相烧结:所有组分在整个烧结过程中保持固态。陶瓷的致密化是通过晶粒兼并和生长来实现的。传质主要通过晶粒体内和晶界扩散进行。

(2)液相烧结:通过添加低熔点物质在烧结过程中形成黏性液相,填充于瓷体的孔隙中。液相的存在使质量传输得以快速进行。陶瓷的致密化主要通过液相对固体的溶解和再沉淀来实现。

(3)反应性烧结:两种或多种成分在烧结过程中发生化学反应,形成新相。陶瓷的致密化是通过新化合物的形成来实现的。

4.2.3.1 烧成制度

烧成是陶瓷坯体在一定热工制度下发生一系列物理变化和化学反应,包括脱水、氧化分解、多相反应、熔融、溶解、烧结等,形成具有特定性能陶瓷制品的过程。该过程包括升温、保温、降温等阶段。主要工艺参数包括烧结温度、升温速率、保温时间、烧结气氛、压力以及降温速率等。

1. 升温阶段

升温阶段是指从室温至最高烧结温度的阶段。在这一阶段,可能发生的物理化学变化包括水分的蒸发、有机黏结剂的氧化分解、结晶水和结构水的排出、碳酸盐等无机盐的分解,在高温阶段还发生固相反应、新相形成、晶型转变等。一般情况下,吸附水在300℃以下会逐渐排出,有机黏结剂在200~350℃逐渐分解、排出,结晶水和结构水的排出以及无机盐的分解发生在350~950℃,固相反应、新相形成和晶粒长大发生在850℃至烧成温度,具体变化温度取决于陶瓷物料和物相特征。由于在这一阶段有大量气体产生,因此升温制度的制订要充分考虑可能发生的物理化学变化,以免造成陶瓷结构疏松、变形和开裂等问题。为了确保各个阶段发生的物理化学变化能充分进行,应在相应温度下设定一定的保温时间。

在新型陶瓷制备工艺中,瓷粉一般经过预烧或合成等环节,物料中的结晶水和结构水的排出以及无机盐的分解等在此过程中已经完成,固相反应和新相形成也可能在该阶段发生,因此,对于这类陶瓷的烧结,其升温阶段可以不考虑这些变化。如果坯体中含有未经预烧的物质,则要考虑这些物质在升温过程中的变化,必要时设定保温时间,以免对陶瓷烧结产生不利影响。

2.保温阶段

保温阶段是指陶瓷处于烧成温度的阶段,是陶瓷获得预期结构和性能的关键阶段。在该阶段,各组分将发生充分的物理化学变化,包括成分的重组、溶解和再分配,固相反应,新相形成,晶粒长大,晶界形成,气孔的消亡等,逐渐形成致密的陶瓷。不同陶瓷的烧成温度不同,烧成所需的时间长短也有很大差异。因此,在进行烧成制度制订时,需考虑陶瓷的实际情况,确定好陶瓷的烧成温度及保温时间。

不同的陶瓷不仅具有不同的最佳烧成温度,而且烧成温度范围的宽窄也不同。有的陶瓷烧成温度范围比较宽,在此范围内烧成,陶瓷均可获得高的致密度和机械强度以及优良的性能。这类陶瓷能够承受较大的烧成温度波动。而有的陶瓷烧成温度范围较窄,任何小的温度波动都可能引起陶瓷结构和性能的变化。对于这类陶瓷,需要精确控制其烧成温度。

3.降温阶段

降温阶段是指温度从陶瓷烧成温度降低至室温的过程,方法有淬冷、随炉快冷、随炉慢冷、缓冷、分段保温冷却等。在降温过程中,陶瓷内部会发生液相凝固、析晶、相变、晶型转变等变化。陶瓷的最终相组成、结构和性能受到降温方式及降温速度的显著影响。降温速度缓慢时,相当于延长陶瓷在不同温度下的保温时间,生长能力强的晶体有更长时间生长,晶粒变得更粗大,有强烈析晶倾向的玻璃相会析晶,从而使陶瓷的相组成和微观结构发生变化。对于析晶倾向非常强或者希望保持高温相的陶瓷,可以采用快冷或淬冷方法,以减小降温过程对陶瓷相组成、结构和性能的影响。但快速冷却使陶瓷内部产生很大的应力,容易引起陶瓷开裂,因此应根据陶瓷的实际情况谨慎使用。

4.2.3.2 烧结技术

陶瓷烧结有多种技术,主要有在大气中常压烧结、气氛烧结、低温烧结、热压烧结、等静压烧结、放电等离子体烧结、微波烧结等技术[131]。在烧结过程中,施加外力可以促进陶瓷致密化,改变加热和冷却速率可以影响陶瓷的微观结构特征。

1.常压烧结

常压烧结又称普通烧结,是在自然大气条件下进行烧结。这是最传统的陶瓷烧结方法,适合各类氧化物陶瓷的烧结。这种方法不需要复杂的设备,工艺控制简单,生产成本低,因而在一般陶瓷烧结中被广泛使用。但传统烧结方法难以获得无气孔、高强度的陶瓷。

2.气氛烧结

气氛烧结是指在陶瓷烧结过程中向烧结炉通入各种气体如氧气、氢气、氮气等,或者排出炉内空气,进行真空烧结。气氛烧结的目的是为陶瓷烧结过程提供合适的气氛环境条件。通入氧气,可形成强氧化气氛环境;通入氢气、一氧化碳等还原性气体,可形成强还原气氛环境;通入氮气或氩气,可获得惰性气氛环境;通入氢气-氮气或氧气-氮气混合气体,可获得不同程度的还原或氧化气氛环境;烧结炉抽真空,则获得真空环境。

在氧化物陶瓷的烧结过程中,烧结炉内的氧分压高,有利于氧的供给,可以避免氧空位的产生。如果是真空、缺氧环境或者还原气氛环境,则供氧不足,容易产生氧空位。对功能陶瓷,可以通过烧结炉内的气氛环境控制,调控陶瓷晶相的离子价态和缺陷特征。例如 ZnO 陶瓷在氧化气氛中烧结可以减少氧空位,且限制填隙锌离子的产生;$BaTiO_3$ 系陶瓷在还原气氛中烧结,会产生氧空位和低价态钛离子如 Ti^{3+},实现半导化。

对于非氧化物陶瓷的烧结,一般采用非氧化气氛或真空环境,以避免瓷料在高温烧结过程中被氧化分解。而对于具有高蒸气压的陶瓷,则可以采用在密封容器中烧结,通过密封容器控制挥发性气氛,以避免因组分蒸发而引起陶瓷组分偏离化学计量比。

3. 低温烧结

低温烧结是在较低的温度下实现陶瓷烧结的技术。传统的低温烧结技术是在陶瓷配料中加入适量具有较低熔点的烧结助剂或玻璃料,通过液相烧结,达到提高陶瓷低温烧结性能的目的。烧结助剂或玻璃料在陶瓷烧结过程中只起到降低烧结温度、促进烧结的作用,不与瓷料发生反应或不显著影响陶瓷性能。由于烧结助剂或玻璃料在较低温度下会熔融,形成液相,为陶瓷烧结过程中的物质迁移、扩散提供了良好的介质条件。在这样的环境下,物料之间的作用、反应及晶体生长更加容易进行,从而实现陶瓷在较低温度下烧结。

此外,采用纳米粉料也可以显著降低陶瓷的烧结温度。在烧结工艺中,引入其他技术如热压烧结、放电等离子体烧结(SPS)等,也可以显著降低烧结温度。

4. 热压烧结

热压烧结是在对瓷料或坯体进行高温烧结的同时施加压力的烧结技术,包括真空热压烧结、气氛热压烧结、连续加压烧结等技术。烧结装置如图 4-9 所示。与常压烧结相比,热压烧结具有烧结温度低、陶瓷气孔率低、强度高的特点。该技术在制备很难烧结的非氧化物陶瓷材料中得到了广泛应用。

加热方式一般采用高频感应加热,对于导电性能好的模具可以采用低电压、大电流的直接加热方式。温度一般在 800~1400℃ 之间,有的可高达 1700~1800℃。

加压方法有多种,包括恒压法、高温加压法、分段加压法等。恒压法是在整个升温、保温过程中都对瓷料施加最大压力。高温加压法是在高温烧结阶段才施加压力。分段加压法是压力随温度的高低而变化。在低温时施加低的压力,至高温时再施加最大压力,保温时保压,降温时降压。施加压力的大小视材料烧结需要以及模具可承受的使用压力而定。

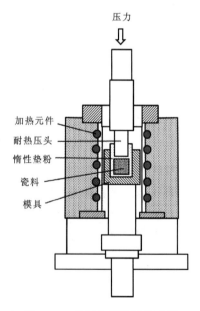

图 4-9 热压烧结装置示意图

热压烧结是在模具中进行。模具材料的选择很重要,其会影响到热压烧结能否顺利进行。使用最广泛的模具材料是石墨,但对于某些陶瓷来说,石墨模具不能满足要求,因此可根据具体情况选用氧化铝、氧化锆、氧化铍、碳化硅、碳化钽、碳化钨、碳化钛、钨、钼等材料制备模具。为了避免烧结过程中模具与瓷料粘连,模套与塞柱之间要留有一定的间隙,在使用时加入惰性垫粉。

热压烧结对粉料有较高的要求。粉体颗粒要有足够的细度,且避免吸附水分及其他有害气体。粉料一般都需进行预烧和预成型,然后再放入热压模具中,进行热压烧结,以提高烧结效率。

陶瓷烧结过程中的晶粒生长受压强、温度、保温时间的影响,其中温度仍是最重要的因素。由于热压烧结是在较低温度下进行,晶粒生长受到了一定程度的抑制。因此,热压烧结的陶瓷一般都是晶粒细小而致密,具有高强度。例如热压烧结可制备强度很高的陶瓷刀具等。

热压烧结的缺点是:加热和冷却时间长,陶瓷必须进行后期加工,生产效率低,只能烧结形状简单的陶瓷制品。另外,热压烧结只是纵向加压,无横向压力,因此陶瓷存在致密均匀性不够好的问题。

5. 等静压烧结

等静压烧结是将等静压成型与陶瓷高温烧结相结合的技术,其解决了热压烧结无横向压力的问题,使陶瓷的均匀性和致密性均得到进一步提高。等静压烧结典型装置如图 4-10 所示。该技术需要一个能够承受足够高压强的烧结室,即高压容器,以氮气、氩气、氦气等惰性气体作为传压介质,烧结温度可高达 2700 ℃。高压容器体壁采用循环水冷却。

等静压烧结工艺是将粉料,或预压制的坯体,或经一次常态烧结的瓷体装入压模,然后放入高压容器中,使瓷料在高温和均衡压力下烧结。压模是由软铁、软钢、不锈钢、镍、钛、钼、铂等金属特制的薄层密封软套。将预压成型的坯体或常态烧结的瓷件装入模具时,常加入防粘垫粉,充填于坯体与金属模套的间隙中,以防止瓷体与模套粘连。垫粉一般为 ZrO_2 或 MgO 等。升温前先抽真空,再通入传压气体。也可以采用无压模烧结,其主要是针对经过一次常压烧结形成一定形状的瓷体进行的烧结。无压模烧结可以避免压模材料对烧结温度的限制,适合更高温度的烧结。

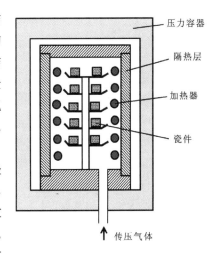

图 4-10 等静压烧结装置示意图

6. 放电等离子体烧结

放电等离子体烧结(SPS)是一种利用外部压力和脉冲电流产生瞬时高温对陶瓷进行烧结的技术。该技术与热压烧结的主要区别是加热方式的不同。放电等离子体烧结产生热量的方式是将低电压、高密度脉冲直流电直接流过烧结材料和模具,使粉体在瞬间从外部到内部都被加热,从而在很短的时间内实现致密化。它的特点是:升温快,烧结时间短,晶粒均匀,材料致密度高、性能好等。材料在短时间内可以达到很高的密度,甚至完全致密。由于加热速度快,晶粒来不及生长,因此可以使纳米级粉体烧结而没有明显的晶粒长大。

放电等离子体烧结设备主要由加压系统、脉冲直流电源、烧结真空室等组成，如图4-11所示。真空室通过抽真空系统控制真空度，能承受0.01Pa的真空和高温。室壁采用水冷，室内可以通入各种气体如氮气、氩气等进行气氛烧结。压力由液压系统提供，其能非常迅速地施加和释放压力，能提供比传统热压烧结设备更高的压力。上压头、下压头均采用水冷，以便能承受烧结时模具中高达2200℃的高温。脉冲直流电源能使样品以1000℃/min或更高的加热速率升温至最高温度2200℃。脉冲电源供电和温度控制均由电脑执行。模具一般采用石墨模具。在烧结过程中，脉冲电流经由上压头、下压头直接通入烧结粉体和石墨模具，使其快速升温。

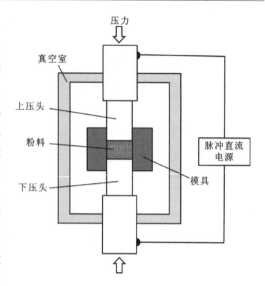

图4-11 放电等离子体烧结装置示意图

放电等离子体烧结技术可用于低温、高压(500～1000MPa)烧结，也可以用于低压(20～30MPa)、高温(1000～2000℃)烧结。因此，该技术广泛应用于金属、合金、陶瓷和各种复合材料的烧结，特别是对难加工成型的高温材料具有明显优势。

关于放电等离子体烧结机理，有多种理论，其中最流行的是微火花-等离子体理论。该理论认为，当直流脉冲电流流过粉体时，在颗粒间隙发生火花放电，产生局部高温，颗粒表面因此发生局部熔化及杂质气化和蒸发，在颗粒间的接触区域周围逐渐形成相互连接的狭窄颈部。由于自加热仅使颗粒表面温度快速升高，因此颗粒生长受到抑制。在烧结过程中，施加压力使颗粒之间接触更好，并引起颗粒的塑性变形、位错和晶界滑动，促进颗粒在低温下的重排，消除孔洞，加速致密化过程，从而形成相对密度达99%以上的烧结体。

7. 微波烧结

微波烧结是利用微波提供热能进行陶瓷烧结的技术[133]。微波是波长为1mm～1m的电磁波。早在1954年，Von Hippel就探讨了微波烧结陶瓷的可能性；20世纪60年代中期，Tinga和Voss开展了陶瓷微波烧结实验研究；20世纪70年代中期，微波加热技术的加速发展促进了陶瓷微波烧结技术的发展。近几十年来，微波加热技术在陶瓷烧结和连接中已得到广泛应用。

微波加热是一种通过微波与材料耦合使材料大量吸收电磁能并转化为热量的过程。材料本身会产生热量，因此微波加热比传统加热快得多，可以有效降低陶瓷的烧结温度，减少陶瓷致密化时间，降低能耗，且有利于形成更细晶粒的微观结构。但是，陶瓷坯体的形状和微波频率对温度梯度有强烈影响，因而难以实现充分均匀的烧结。另外，微波烧结大多采用2.45GHz频率，很多陶瓷对此频率的微波吸收特性很差，如低损耗的纯氧化物（如SiO_2、Al_2O_3等）和氮化物陶瓷，难以在室温下采用微波进行加热。但这类材料的电导率或介电损耗随温度升高而迅速增加，其有一个临界温度，当达到该温度时，材料对微波的吸收就足以引起自热。因此,可以先采用其他热源对其预热至适当温度后,再引入微波进行烧结。这是解决低损耗材料微波烧结的常用方法。混合加热烧结工艺可获得更均匀的温度,使材料在整个横截面上实现均匀加热,陶瓷也因此具有均匀的微观结构和性能。微波快速烧结能否成功取决于对烧结条件的严格控制,在功率与时间或者温度与时间之间取得适当的平衡。

4.2.3.3 陶瓷烧结新技术

1. 快速烧结技术

陶瓷烧结是一个粉料在高温下的致密化过程,不仅能耗高,而且时间长。快速烧结是陶瓷烧结技术发展的新方向[134]。2010年Cologna等人发现了闪速烧结(flash sintering)现象[135],他们采用电场与温度组合,在烧结过程中向坯体施加直流电场,使电流在陶瓷体内流过,实现了陶瓷在几秒至几分钟极短时间内的致密化。在钇稳定氧化锆烧结中,当电场达到60V/cm时,出现闪速烧结;当电场达到120V/cm时,在850℃(比传统烧结温度低600℃左右)的炉温下,钇稳定氧化锆陶瓷可在几秒内实现几乎完全的致密化。

2011年Muccillo等报道了采用交流电场在恒定电压下以60～1000Hz频率、100mA/cm²以上的电流密度使钇稳定氧化锆(8YSZ)实现闪速烧结,在900℃下获得相对密度为94%的陶瓷[136]。同年,Cologna等通过比较研究纯氧化铝和MgO掺杂氧化铝的闪速烧结特征,提出只有掺杂氧化物才能触发闪速烧结[137]。随后,Prette等研究了Co_2MnO_4电子导体的闪速烧结行为,并将烧结温度降低至300℃左右[138]。2014年,Gaur等报道采用直流电场(7.5～12.5V/cm)在低于100℃下实现了$La_{0.6}Sr_{0.4}Co_{0.2}Fe_{0.8}O_3$电极材料的闪速烧结[139]。

快速烧结技术在2020年有了新的突破。Wang等报道了一种在惰性气氛下通过辐射加热进行陶瓷的超快高温烧结(ultrafast high-temperature sintering)技术[140]。该技术可以以10^3~10^4℃/min的速率快速升温至最高达3000℃的烧结温度,并以高达10^4℃/min的速率快速冷却,陶瓷烧结时间可快至1~10s,适合各种陶瓷材料的烧结。加热元件为碳带,片状陶瓷坯体直接放置于两个焦耳加热碳带之间。碳带通过辐射和传导快速加热颗粒,形成均匀的高温环境,从而实现快速合成(固态反应)和烧结。例如利用该技术在1min内完成烧结(包括升温、保温、冷却)的$Li_{6.5}La_3Zr_{1.5}Ta_{0.5}O_{12}$陶瓷的相对密度可达97%;氧化铝陶瓷的相对密度大于96%;$Li_{1.3}Al_{0.3}Ti_{1.7}(PO_4)_3$陶瓷的相对密度大于90%[具超细晶粒,粒径为(265±85)nm];钇稳定氧化锆陶瓷的相对密度大于95%;$Li_{0.3}La_{0.567}TiO_3$陶瓷的相对密度大于94%等。该技术对材料的广泛适用性显示出其广阔的应用前景。

2. 冷烧结技术

冷烧结技术(cold sintering process)是借助液体(主要是水)在中、高压(数百兆帕)和低温(<400℃)下实现陶瓷致密化的技术,是由Guo等于2016年提出并由Maria等定义的烧结过程[141,142]。该技术利用液压机提供压力,通过包裹在模具周围的电阻护套进行加热,设备如图4-12所示。

冷烧结过程包括两个阶段,可能涉及不同的致密化机理。第一阶段为对陶瓷粉末的混合物(通常为纳米级)与液体(主要是水)进行压实。在此过程中,液相起润滑介质作用,增加了颗粒的滑动。此外，施加的压力可能增加了具有锋利边缘颗粒的溶解度，使其更容易压实。在压力作用下，粉料中的水分则被不断挤出。第二阶段为将系统加热至较高温度，同时加压至中等压力（如 500MPa）下的压实作用。粉末的溶解度进一步增加，伴随着液相的蒸发作用，形成过饱和溶液。该阶段在压力和温度的作用下，可能以溶解-沉淀作用为主。对于冷烧结来说，过饱和液体的形成对于致密化是必不可少的，可以在物料中添加一些酸性或碱性溶液来获得适当的过饱和溶液。

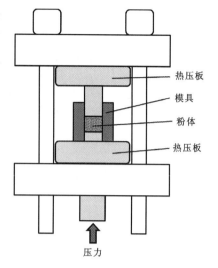

图 4-12 冷烧结装置示意图

实验研究证实了该技术可以在 25～300℃ 的温度下烧结从二元化合物到五元化合物（包括氧化物、氟化物、氯化物、碘化物、碳酸盐和磷酸盐等）的可行性，并获得相对密度达 80%～99% 的烧结体。成功进行冷烧结的材料涵盖了微波电介质材料、半导体材料、热电材料、压电铁电材料、离子电解质材料、锂离子电池正极材料、金属氧化物导体和耐火材料等。例如在 350MPa、120℃ 下烧结 10～20min，可获得相对密度达 90%～94% 的 $K_2Mo_2O_7$ 陶瓷；在 120℃、350MPa 下烧结 15min，可获得相对密度达 95.7% 的 Li_2MoO_4 陶瓷和 93.7% 的 $Na_2Mo_2O_7$ 陶瓷。这些研究结果展现了冷烧结技术在陶瓷制备中的广阔前景。

4.3 陶瓷的致密化过程和结构变化

陶瓷烧结是一个复杂变化过程，经历各种物理变化、化学反应、组分重组和晶粒生长，最终实现致密化[129,130]，形成的微观结构对陶瓷的性能有很大影响。

4.3.1 烧结过程中的传质过程

在烧结过程中，物质的传递是坯体粉料从物理接触状态转变成致密多晶陶瓷的关键。这种物质传递过程称为传质过程。传质是通过扩散作用来实现的。扩散在陶瓷材料微观结构形成和改变的过程中发挥着十分重要的作用。

在陶瓷体系中，传质过程可以在气相、液相或者在固相之间直接发生，分别称为气相传质、液相传质和固相传质。

在气相传质中，物质从颗粒表面蒸发，在压强差的驱动下，扩散到两颗粒接触的颈部，并在颈部凝结。因此，气相传质是一个蒸发-凝结过程。

液相传质出现于陶瓷的液相烧结过程中。液相对固相颗粒起润湿和包裹作用，并产生表面张力，使颗粒更加靠近，并充填于颗粒间的空隙中，消除气孔，同时液相还引起黏性流动传质和塑性流动传质。液相对某些物质有溶解能力，为物质迁移提供介质条件。在陶瓷体系中，各处颗粒的表面能和活性大小不同，其溶解于液相的能力存在差异，因此各区域形成的溶液存在浓度差，这就为物质传递提供了驱动力。随着溶解作用的不断进行，溶液的浓度逐渐增高。当溶液的浓度达到过饱和状态时，就会产生物质析出或晶粒生长，该过程称为溶入-析出过程。物质的溶解和析出是一个动态过程，只有析出多于溶入，烧结作用才会发生。

固相传质是陶瓷烧结中最重要的传质过程，是固相烧结和固相反应得以实现的必要条件。固相传质包括颗粒内部、表面和界面的物质传递过程。由于晶粒内部与表面、界面的扩散活化能不同，物质在晶粒体内扩散、表面扩散和界面扩散的难易程度不同。陶瓷烧结过程中的组分扩散可由菲克(Fick)定律描述：

$$\frac{\partial c}{\partial t} = D\frac{\partial^2 c}{\partial x^2} \tag{4-2}$$

式中，c 表示组分的浓度；t 为时间；x 为扩散距离；D 为扩散系数。扩散系数可由经验公式表示：

$$D = Ae^{-\frac{Q}{RT}} \tag{4-3}$$

式中，A 为常数；Q 为扩散活化能；R 为摩尔气体常数($8.314J/mol·K$)；T 为温度。晶粒体内、表面及界面扩散形式的 Q 值有如下关系：

$$Q_{表面} < Q_{界面} < Q_{体内} \tag{4-4}$$

根据式(4-3)，有以下关系：

$$D_{表面} > D_{界面} > D_{体内} \tag{4-5}$$

由式(4-5)可见，表面扩散系数最大，晶粒体内扩散系数最小。

由式(4-3)可知，扩散系数与温度有关，温度越高，扩散系数越大。因此，随着温度升高，能够克服能垒而发生扩散的原子百分数按指数规律增高。在高温条件下，由于晶格结构中与缺陷(空格点、间隙原子)相邻的质点依次向空格点转移，因此非常有利于物质的传递。颗粒表面质点由于具有更高的活性，其扩散系数和扩散流比体内大，扩散、迁移与换位更加频繁和激烈。界面情况与表面类似，由于存在各种缺陷，其空格点形成能及扩散系数比体内扩散系数大几个数量级。因此，界面扩散是一个非常重要的传质渠道。

如果在烧结过程中施加压力，颗粒之间会出现侧向作用力，使局部晶面承受剪应力。当该剪应力超过晶面之间的结合强度时，将引起整排质点沿着作用力方向滑动，产生塑性流动传质。因此，对于热压烧结，应力对传质发挥着重要作用。

4.3.2　晶界的形成与移动

从热力学理论来看，陶瓷烧结是一个自由能下降的过程。这种自由能的下降产生了陶瓷烧结的推动力。在高温下，颗粒释放表面能，形成晶界，同时由于扩散、蒸发、凝聚等传质作用，发生晶界的移动和减少，晶粒生长及气孔的排除，大晶粒不断"兼并"小晶粒，小晶粒逐渐减少，从而形成致密的陶瓷结构。晶粒的融合演化过程如图 4-13 所示。在烧结初期，两个相互接触的晶粒通过传质作用在接触处形成颈部，如图 4-13a 所示。随着传质作用的持续进行，颈部逐渐被填平，形成椭球体，如图 4-13b 所示。由于两个晶粒是随机取向的，其内部质点排列不同，因此形成的椭球体内存在一个界面，即晶界，如图 4-13c 所示。晶界的曲率中心位于小晶粒一侧。随着温度的进一步升高和烧结时间的延长，体内扩散作用使晶界向着曲率中心方向移动,大晶粒逐渐长大,小晶粒逐渐减小。如果条件允许,小晶粒将最终消失,形成一个大的晶粒,如图 4-13d 所示。所以,陶瓷的烧结过程是一个大晶粒逐渐长大、小晶粒逐渐消失的过程。

晶界的移动总是朝着曲率中心小的方向推进。晶界形状不同,其移动的情况也不相同。曲率半径越小,移动速度越快。另外,晶粒的生长还受其边界数量的影响。边数大于六边形的晶粒容易长大,边数小于六边形的晶粒则易被吞并。从平面看,当晶界交角为 120° 时最为稳定,这时晶粒截面呈六边形。图 4-14 显示了不同晶界的移动特征。

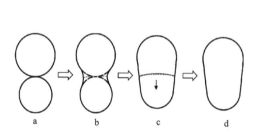

图 4-13　晶粒融合演化示意图

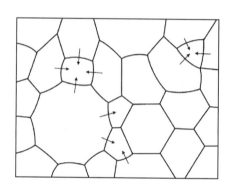

图 4-14　晶界移动示意图

烧结过程实际上是以大晶粒为中心的生长过程。许多晶粒同时长大,经过一定时间后必然相互接触,形成紧密结合的多边形多晶集合体。当体系中的物质从激活状态逐渐转化为稳定状态时,晶界的移动将逐渐停止。

4.3.3　显微结构的变化

在烧结过程中,陶瓷微观结构的变化受多因素的影响。在烧结的初期和中期,晶粒逐渐长大,气孔不断被排除,陶瓷显著收缩,气孔率随温度的升高而显著降低。当进入烧结末期,能够排除的气孔已经在晶界移动过程中被消除,剩下来的一般是分布于晶粒间的孤立闭孔。由于该时期晶界移动逐渐停止,要排除这些气孔是困难的。因此,烧结末期陶瓷的致密度和气孔率基本上不再随温度的升高而变化。如果温度超过陶瓷的理想烧结温度,陶瓷的致密度、机械强度和性能都可能下降。

陶瓷中气孔率的高低受多方面因素的影响。若坯体压实不足而存在较大孔洞,或者黏结剂添加过多,其排出后留下较大孔洞,这些孔洞在烧结过程中很难彻底消除。陶瓷物料中含有低熔点、高蒸气压的组分,在烧结过程中蒸发,也可能产生孔洞。另外,晶粒的生长习性及形貌特征对陶瓷的致密性也产生显著影响。例如铌酸钾钠陶瓷中晶粒具四方体状形貌特征,而四方体状晶粒的随机分布会产生大量孔洞,如图 4-15 所示。对于陶瓷的气孔率,可以通过制备工艺的改进得到有效改善。比如在粉料的使用上,选择具有合适粒度分布的粉体;合理添加黏结剂;采用适当的成型工艺;添加玻璃组分,进行液相烧结;采用烧结助剂,降低烧结温度,避免组分蒸发;进行适当掺杂,改变晶粒的生长习性和形貌特征;合理控制烧结温度和时间,促进晶体生长;在烧结过程中施加压力(如热压烧结、等静压烧结、放电等离子体烧结)等。

陶瓷的微观结构与烧结工艺条件紧密相关。如前所述,在固相烧结情况下,陶瓷的烧结主要通过晶界移动和晶粒生长来实现,而在液相烧结中,晶粒的生长和陶瓷的致密化则受到液相的显著影响。液相一方面为晶粒的重新排列提供外力,另一方面又为晶粒的溶解和重结晶作用提供介质,因此陶瓷结构致密化是液相作用和晶粒生长的共

图4-15 铌酸钾钠陶瓷的结构特征

同结果。如果在烧结过程中施加压力,陶瓷的烧结行为将发生很大的变化。在温度和压力的共同作用下,瓷料发生塑性流动,传质作用更加容易进行,气孔很快被排除,致密化进程较快,烧结过程在较短时间内完成,晶粒来不及长大,因此陶瓷晶粒细小、致密度高、强度大。

另外,陶瓷的微观结构还可能受到晶粒的二次长大以及次晶相形成的影响。晶粒的二次长大发生在烧结的后期,是一种晶粒异常长大的行为。晶粒的二次长大是以较大的晶粒为中心,吞并相邻晶粒,再一次结晶形成异常粗大的晶粒。温度高时,这种现象更加显著。晶粒的二次长大破坏了晶粒的均匀度,改变了陶瓷的组织结构,对陶瓷的机械性能和电性能产生不利的影响。因此,对晶粒的二次长大必须加以抑制。

4.3.4 烧结助剂及其作用

烧结助剂是一种能够促进陶瓷烧结作用的添加剂,其添加量很少,但在陶瓷烧结中却发挥着重要作用。烧结助剂的作用主要有以下几个方面。

(1)产生液相,降低烧成温度。这类烧结助剂能在较低温度下形成具有活性的液相,使原本纯固相烧结变成液相烧结。液相的出现不仅使瓷粉颗粒更加容易贴近,而且能使粉体表面活化,使物质扩散变得更加容易,从而有效降低烧成温度。

(2)形成固溶体或缺位。助剂与瓷料形成固溶体时,其作为杂质会引起晶格畸变或缺位,有利于物质扩散。同时,当固溶体形成时,体系的自由能降低,产生巨大的推动力,使晶粒生长得到加速,从而有助于烧结。

(3)抑制晶粒长大。陶瓷晶粒尺寸的均匀性对性能有很大影响。添加少量的助剂,抑制晶粒在烧结后期产生二次长大,是改善陶瓷微观结构的重要措施。

(4)阻止晶型转变。某些氧化物在烧结时发生晶型转变,引起大的体积变化,使陶瓷烧结困难或开裂。对于这种晶型转变,通过烧结助剂加以抑制,以促进烧结。例如在ZrO_2陶瓷中添加5%的CaO或者3%的Y_2O_3,形成固溶体,可使ZrO_2晶格稳定,从而利于烧结。

(5)扩大烧结温度范围。有些陶瓷烧结温度范围很窄,造成烧结过程难以控制。通过添加适当的烧结助剂,扩大烧结温度范围,使陶瓷烧结能够在较大的温区内完成。例如PZT陶瓷的烧结温度范围只有20~40℃,通过添加适量的La_2O_3和Nb_2O_5可使陶瓷烧结温区扩大到80℃,使烧结工艺控制更加方便。

4.4 陶瓷的掺杂

掺杂是功能陶瓷改善性能的常用方法。通过添加少量其他元素或化合物,使陶瓷的电性能、光电性能、磁性能和光学性能等得到显著改善,从而提高其使用价值。

4.4.1 掺杂的基本原则

掺杂可以产生元素替代,包括等价元素替代和不等价元素替代。等价元素替代时,离子价态不变,但由于离子半径及其性质的差异,会引起材料性能的变化。不等价元素替代时,如果以低价离子替代高价离子,则会产生空穴,称受主掺杂;如果以高价离子替代低价离子,则会产生自由电子,称施主掺杂。施主掺杂和受主掺杂是半导体材料中最普遍的掺杂类型。

掺杂的理想情况是掺杂离子在主晶相中具有良好的固溶度。掺杂离子作为一种外来离子,其进入主晶相的晶格中会引起晶格结构的变化,使局域应力增大、自由能增高、稳定性降低。因此,在进行掺杂剂的选择时,不仅要考虑其价态、坚持电中性原则,而且需要考虑离子半径,以便保持晶体结构的稳定性。

在掺杂离子选择的研究方面,对钙钛矿结构材料研究比较深入。早在 1926 年 Goldschmidt 就提出了容忍因子的概念,用来定量描述不同离子掺杂下钙钛矿结构的稳定性[143]。对于理想钙钛矿结构材料 ABO_3(其晶胞结构如图 4-16 所示),

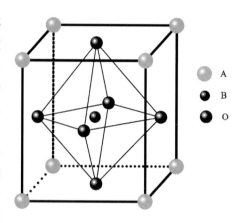

图 4-16 ABO_3 钙钛矿结构示意图

基于离子的最紧密堆积,A、B、O 的离子半径之间存在以下关系:

$$R_A + R_O = \sqrt{2}(R_B + R_O) \tag{4-6}$$

式中,R_A、R_B 和 R_O 分别是 A 位、B 位离子和 O 离子的半径。如果进行 A 位或 B 位掺杂,离子半径的变化将引起其偏离理想结构,其平衡关系将逐渐被打破。利用容忍因子可较好地描述钙钛矿的结构稳定性与离子半径之间的几何关系,其表述如下:

$$t = \frac{R_A + R_O}{\sqrt{2}(R_B + R_O)} \tag{4-7}$$

式中,t 为容忍因子。A、B 位为多离子时,R_A、R_B 取其平均半径。

根据 t 值的大小,可大致判断钙钛矿结构的稳定性[144],具体如下。

(1) 当 t 值接近 1.0 时,为理想的等轴晶系 $Pm3m$ 结构。

(2) 当 t 值偏离 1.0 较大时,则会形成其他结构。不同的材料,形成的结构类型可能不同。例如在常温常压下,$SrTiO_3$ 的容忍因子 $t=1.009$,其空间群为 $Pm3m$;$CaTiO_3$ 的容忍因子 $t=0.973$,其空间群为 $Pbnm$。

(3) 一般来说,容忍因子 t 值介于 0.78~1.1 之间时,钙钛矿结构是稳定的,它的取值范围很宽,表明钙钛矿结构具有很强的适应性。在选择掺杂离子时,只要满足电中性原则,可选择多种不同半径及化合价的 A 位或 B 位离子,如 $A^{1+}B^{5+}O_3$、$A^{2+}B^{4+}O_3$、$A^{3+}B^{3+}O_3$、$A(B'_{1-x}B''_x)O_3$、$(A'_{1-x}A''_x)BO_3$、$(A'_{1-x}A''_x)(B'_{1-y}B''_y)O_3$ 等。所以,钙钛矿结构材料可选择的掺杂离子类型是很多的,这为该类陶瓷的掺杂提供了便利条件。

4.4.2 掺杂元素占位与缺陷的形成

对于氧化物陶瓷,掺杂元素的占位情况比较简单,但对于复合氧化物,如 $BaTiO_3$(钙钛矿结构材料)、$Bi_4Ti_3O_{12}$(铋层状结构材料)、$Ba_2NaNb_5O_{15}$(钨青铜结构材料)、$MgAl_2O_4$(尖晶石结构材料)等,掺杂元素的占位有时不是一个简单的问题。复合氧化物具有两种或多种金属离子,因此掺杂离子占位变得不太容易确定。对于价态相同、半径相近的掺杂离子,发生等价元素替代的可能性很大。但对于价态不同、半径相差比较大的掺杂离子,其占位情况可能比较复杂。例如在 CuO 掺杂的 $(K_{0.5}Na_{0.5})NbO_3$ 陶瓷中,Cu^{2+} 半径为 0.073nm,从离子半径来看,其更接近 Nb^{5+}(0.064nm),与 K^+(0.138nm)、Na^+(0.102nm)相差较大;但从价态来看,Cu^{2+} 更接近一价离子。因此,Cu^{2+} 可能会占据 A 位,替代 K^+、Na^+,也可能会占据 B 位,替代 Nb^{5+}。而近年的大量研究表明,Cu^{2+} 优先占据 B 位,只有当掺杂量较高时,Cu^{2+} 才会进入 A 位[145,146]。Cu^{2+} 占位不同,将产生完全不同的缺陷特征。占据 A 位时,Cu^{2+} 作为施主,产生自由电子,使陶瓷电导率升高。占据 B 位时,Cu^{2+} 成为受主(Cu'''_{Nb}),根据电中性原则,将产生氧空位($V_O^{\cdot\cdot}$),缺陷反应式为:

$$2CuO \xrightarrow{Nb_2O_5} 2Cu'''_{Nb} + 2O_O + 3V_O^{\cdot\cdot} \tag{4-8}$$

Cu'''_{Nb} 与 $V_O^{\cdot\cdot}$ 复合,形成缺陷偶极子 $(Cu'''_{Nb}-V_O^{\cdot\cdot})'$ 和 $(V_O^{\cdot\cdot}-Cu'''_{Nb}-V_O^{\cdot\cdot})^{\cdot}$,如下式所示:

$$2Cu'''_{Nb} + 3V_O^{\cdot\cdot} \longrightarrow (Cu'''_{Nb}-V_O^{\cdot\cdot})' + (V_O^{\cdot\cdot}-Cu'''_{Nb}-V_O^{\cdot\cdot})^{\cdot} \tag{4-9}$$

式中,$(Cu'''_{Nb}-V_O^{\cdot\cdot})'$ 产生缺陷极化 P_D;$(V_O^{\cdot\cdot}-Cu'''_{Nb}-V_O^{\cdot\cdot})^{\cdot}$ 的两个氧空位若位于相邻位置,则产生总缺陷极化强度 P'_D;如果两个氧空位位于 Cu^{2+} 的两侧,则缺陷极化被相互抵消,如图 4-17 所示。这种缺陷结构的形成对陶瓷性能产生显著的影响。

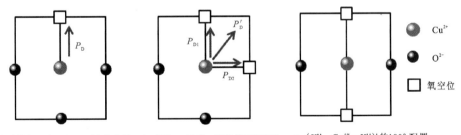

a. 缺陷偶极子 $(Cu'''_{Nb}-V_O^{\cdot\cdot})'$ 的结构　　b. $(V_O^{\cdot\cdot}-Cu'''_{Nb}-V_O^{\cdot\cdot})^{\cdot}$ 的90°配置　　c. $(V_O^{\cdot\cdot}-Cu'''_{Nb}-V_O^{\cdot\cdot})^{\cdot}$ 的180°配置

图 4-17　Cu^{2+} 掺杂 $(K_{0.5}Na_{0.5})NbO_3$ 陶瓷缺陷结构示意图

晶体中掺入外来离子会在缺陷周围产生应力场,使具有反向约束场的其他缺陷更加靠近,从而使能量降低。例如在 $\alpha-Al_2O_3$ 中掺入比 Al^{3+}(离子半径 0.054nm)大的 Y^{3+}(离子半径 0.09nm),会在 Y^{3+} 周围形成压应力场。另外,如果晶格中存在空位,则空位周围存在张应力场。当两个缺陷彼此接近时,其总能量减少,使缺陷迁移率降低,因此掺杂离子可以降低缺陷的扩散系数。

掺杂离子除了替代主晶相晶格格点离子之外,在某些陶瓷中还可能进入晶体结构的间隙,成为填隙离子。例如在 ZnO 陶瓷制备时,当用半径较小的离子如 Li^+(离子半径 0.076nm)、Mg^{2+}(离子半径 0.072nm)、Al^{3+}(离子半径 0.053 5nm)等掺杂时,掺杂离子除了会占据格点的 Zn^{2+} 位置,还可以进入间隙位置,成为填隙离子。对于 Al^{3+} 掺杂来说,进入间隙位置,可以提供更多的自由电子,能有效提高 ZnO 的电导率。因此,Al^{3+} 是制备 ZnO 导电材料的常用掺杂离子。

4.4.3 组分偏析及新相的形成

陶瓷中含有各种杂质,包括原料带入的杂质和人为添加的杂质。在陶瓷烧结过程中,随着各组分的迁移、重聚以及晶粒的生长,杂质在陶瓷中的分布特征也不断发生变化。一般来说,杂质在主晶相中都有一定的固溶度,其可以随着晶粒的生长而逐渐固溶在主晶中,成为主晶相的掺杂组分。但是,如果杂质含量超过其在主晶相中的固溶度,则会逐渐偏析于晶界处,形成新的晶相(即次晶相),或者溶入液相中,成为玻璃相的组成部分。因此,杂质在主晶相中的固溶度决定了其在陶瓷中的分布特征。

偏析于晶界处的杂质可能对晶界的移动产生影响。杂质相的存在对界面的移动可能产生阻力,导致晶界移动速度降低,甚至拖住晶界,使其无法移动。如果杂质产生的阻力较小,其会随着晶界的移动而迁移,最终逐渐汇集于晶粒的交合点。

杂质在主晶相中的固溶度常与温度有关。如果该固溶度随温度的变化较大,在晶粒生长过程中完全固溶的杂质,在降温阶段因固溶度降低会重新从主晶相中析出。因此,新相有时产生于陶瓷的降温过程中。

除了杂质在晶界处偏析之外,主晶相在降温过程中的析晶有时也会发生在晶粒内部。例如 $Zn_{1-x}(Ba,Ca,Sr)_xO \cdot TiO_2$($x=0\sim0.09$)陶瓷在烧结过程中形成的主晶相 Zn_2TiO_4 在降温过程中会析出细小的 $Zn_2Ti_3O_8$ 晶粒,分布在原 Zn_2TiO_4 晶粒中,如图 4-18 所示。$Zn_2Ti_3O_8$ 晶粒的大小与降温速率有关,降温速率越慢,其粒度越大[147]。

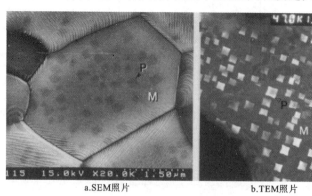

a.SEM照片　　　　　　　b.TEM照片

图 4-18　ZnO·TiO₂ 陶瓷中主晶相 Zn_2TiO_4 的析晶现象[147]

注:M 为 Zn_2TiO_4 晶粒;P 为 $Zn_2Ti_3O_8$ 晶粒。

4.4.4 次晶相对陶瓷性能的影响

在掺杂陶瓷中,当元素的掺杂量超过其在主晶相中的固溶度时,就会发生偏析,形成次晶相。某些多组分固溶体陶瓷在某些情况下也会产生次晶相。次晶相的形成对不同陶瓷有不同的影响。有的陶瓷产生次晶相后,其性能会显著降低。但对于另一些陶瓷来说,次晶相的形成可能会赋予陶瓷新的性能,或使陶瓷的性能得到改善,使陶瓷的应用领域得到拓展[148]。

次晶相对陶瓷性能产生不利影响的情况常出现在单一晶相的陶瓷中,如压电铁电陶瓷等。这类陶瓷的性能与晶相组成及其特征紧密相关,如果陶瓷中产生非铁电性的次晶相,陶瓷的性能就会劣化。除了掺杂会引起次晶相的形成,某些复合钙钛矿结构弛豫型压电陶瓷自身具有形成次晶相的倾向。如$(1-x)Pb(Zn_{1/3}Nb_{2/3})O_3 - xPbTiO_3$(PZNT)、$Pb(Mg_{1/3}Nb_{2/3})O_3$(PMN)等陶瓷在制备过程中,除了形成钙钛矿相之外,还会产生焦绿石相。焦绿石相是一种非铁电相,它的存在会极大地降低材料的压电和介电性能。对于这类陶瓷的制备,可通过添加一些稳定剂来抑制焦绿石相的形成。如在 PZN 陶瓷中添加$BaTiO_3$、$SrTiO_3$,在 PMN 陶瓷中添加适量的$CaTiO_3$,可以增加钙钛矿结构的稳定性,抑制焦绿石相的形成。值得注意的是,某些离子会影响钙钛矿结构的稳定性,从而促进焦绿石相的形成。如 PMN - $CaTiO_3$ 陶瓷中掺杂La^{3+}、Nd^{3+}、Bi^{3+}时,钙钛矿相的稳定性会降低,陶瓷中会出现大量的焦绿石相。

次晶相赋予陶瓷新性能的典型例子是 ZnO 压敏陶瓷。压敏陶瓷电阻器是一种重要的电路保护元件,用于电路过压保护或稳压等。压敏陶瓷的这些作用是基于其具有非线性伏安特性,即在电路中流经陶瓷的电流密度随电场的变化呈非线性变化。ZnO 陶瓷之所以具有压敏性能,是由于其掺杂了少量Bi_2O_3、Sb_2O_3、Co_2O_3、MnO、Cr_2O_3 等,而这些组分的加入使 ZnO 陶瓷产生了次晶相,分布于 ZnO 晶界处。ZnO 压敏陶瓷的晶相组成与添加剂的种类及其含量有关,一般由4种晶相组成:①溶解有少量 Co、Mn 的 ZnO 相;②溶解有 Co、Mn、Cr 的$Zn_7Sb_2O_{12}$立方尖晶石相;③溶解有 Co、Mn 的$Zn_2Bi_3Sb_3O_{14}$立方焦绿石相;④富 Bi 相,包括溶有 Zn、Sb 的$\beta - Bi_2O_3$相(四方相),溶有 Zn、Sb 的$\delta - Bi_2O_3$相(立方相),连续分布于 ZnO 晶界处的富 Bi 相(玻璃相)。富 Bi 相的分布状态通过高氯酸($HClO_4$)腐蚀 ZnO 晶粒之后得以揭示,如图 4-19 所示。正是通过掺杂产生的这些玻璃相和次晶相,奠定了 ZnO 陶瓷压敏性质的基础。

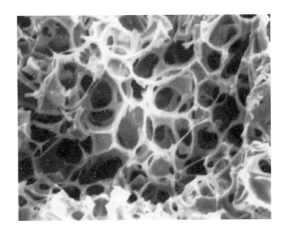

图 4-19 ZnO 压敏陶瓷经高氯酸腐蚀揭示的富 Bi 相分布特征[149]

4.5 陶瓷材料加工及表面金属化

陶瓷烧结后,由于存在收缩和变形以及表面黏附、包裹物和微裂纹等,陶瓷的尺寸和表面形状不能满足应用的精度要求,因此需要进行精加工和表面加工处理。另外,大多数功能陶瓷还需要进行表面金属化和封接[130,131]。

4.5.1 陶瓷材料的加工

陶瓷材料的加工包括冷加工、热加工。

4.5.1.1 陶瓷材料的冷加工

冷加工是在常温下通过机械等方法对陶瓷的外形和表面状态进行加工的方法,包括切削、磨削、研磨和钻孔等。

陶瓷的切削和精密加工一般采用陶瓷专用精密加工机床进行。采用金刚石刀具进行精密切割,精度可达 $0.1 \sim 0.05 \mu m$。

陶瓷的研磨包括粗磨、细磨和抛光等环节。粗磨的目的是去掉陶瓷表层的凸出部分,使陶瓷表面平整。粗磨时一般采用水磨,以防止研磨时出现高温以及产生粉尘。细磨是在粗磨的基础上进行的,采用的磨料粒度较细,以获得 $1\mu m$ 左右的表面光洁度。抛光可采用磨料进行,也可以采用机械化学技术以及其他高精度抛光技术。

有些陶瓷需要进行钻孔加工,毫米级孔可采用钻削的方法加工,而微小孔洞的加工则采用超声波加工、激光加工、放电加工等方法。

4.5.1.2 陶瓷材料的热加工

热加工是通过局部高温熔化、蒸发等来改变陶瓷材料外观和表面状态的加工方法。所用技术包括放电加工、激光加工、电子束加工技术等。这些加工技术均为无接触式的精细热加工技术。

放电加工包括刻模加工和线切割加工,其通过放电产生高能等离子体,使陶瓷表面发生熔化、蒸发或热剥离,也可以进行螺纹加工和钻孔加工。陶瓷是否可以采用放电加工,取决于材料的电导率、熔点、比热、导热系数等性质特征。

激光加工采用激光辐照,使激光能转变成热能,对陶瓷表面进行快速熔化、气化、蒸发,从而实现点焊、打孔、焊接、热处理、切割、修整等。激光加工的特点是:加工功率密度高,加工速度快、效率高,热影响区域小,无需其他辅助加工工具,适合紧密加工,可加工深而小的微孔和窄缝,但不适合加工大尺寸和厚尺寸的陶瓷材料。通过控制激光束在陶瓷表面聚焦,可实现三维复杂形状材料的加工。

电子束加工是在真空条件下利用被聚焦后能量密度极大的电子束,以极高的速度冲击陶瓷材料表面的极小区域,在极短的时间内,大部分能量转化成热能,使材料温度达到数千摄氏度而熔化或气化,从而实现对陶瓷材料进行加工。电子束加工可用于对陶瓷材料进行热处理、打孔、焊接、切割等。

另外，为了得到更高的加工效率和精度要求，可以采用多种技术进行复合加工，如化学机械加工、电解磨削、超声波机械磨削、电火花磨削、超声波电火花复合加工、电解电火花复合加工、电解电火花机械磨削复合加工等。

4.5.2 陶瓷表面金属化与封接

4.5.2.1 表面金属化

陶瓷表面金属化是在陶瓷表面涂覆一层结合牢固的金属膜，以便实现金属与陶瓷的封接。常用的金属包括银、金、钯、铜、镍、钼、铝等。

陶瓷表面金属化的常用方法是金属浆料涂覆法。金属浆料是由金属粉体与玻璃粉或氧化物和合成树脂混合制成，其中金属占65%左右。金属粉体可以是单一金属，也可以是贵金属和贱金属按一定比例配制，以便在获得好性能的同时降低成本。浆料均匀涂覆于陶瓷表面后，在一定温度下烧渗，便可形成牢固附着的金属膜。

银是常用的电极材料，被广泛涂覆于功能陶瓷表面。其通过高温烧结而成，烧结温度一般大于500℃。银浆由于所含黏结相的不同，其烧结温度不同。低温银浆烧渗温度约为400℃，中温烧渗温度为650~750℃，高温烧渗温度可达900℃左右。在烧渗温度下，玻璃相熔化，形成液相，使银颗粒彼此粘连。玻璃相渗入陶瓷表面，形成中间层，使银膜与陶瓷牢固附着。烧渗保温时间一般为15~20min。

钯浆料、铂浆料等烧渗温度则更高，可达1400℃左右。

电子陶瓷电极浆料应具有良好的涂覆性，性能稳定，无毒，无害，烧渗温度适当；烧渗后金属膜与陶瓷表面附着良好，表面光滑平整，膜厚均匀，导电性、方阻符合使用要求，有较高的抗氧化性能，并有良好的可焊性。

电性能要求高的电极材料可以采用其他表面金属化方法，如电镀、化学气相沉积、物理气相沉积等技术。这些技术是薄膜材料制备的重要技术，在第六章进行详细介绍。

4.5.2.2 封接

金属与陶瓷封接的结构主要有3种，即对封、压封、穿封。封接的方法有机械连续、黏结和焊接等。其中，焊接强度高，耐高温，气密性好，对封接件的形态、尺寸要求不高，是使用最为普遍的封接方法，包括钎焊、玻璃焊料封接、扩散封接、过渡液相封接等技术。

钎焊是利用熔点比母材低的金属作为钎料，加热后钎料熔化而焊件不熔化，利用液态钎料润湿母材，填充接头间隙并与母材相互扩散，将焊件牢固地连接在一起。钎焊分直接钎焊和间接钎焊。间接钎焊是在陶瓷表面金属化的基础上进行的常规钎料封接。直接钎焊又称活性钎焊，直接采用有活性金属元素的钎料进行封接。活性金属钎焊是不采用陶瓷表面金属化，而是在焊料中加入活性金属来增加焊料与陶瓷润湿性的焊接方法。焊料直接置于需要焊接的金属与陶瓷之间，通过高温作用而焊接起来。焊接时，在高温的作用下，焊料能很好地将金属和陶瓷表面润湿，并对陶瓷表面起活化作用。钎焊封接强度高，但存在抗碱金属腐蚀性和抗热震的问题。

玻璃焊料封接工艺简单,成本低,特别适合于强度和气密性要求高的场合。玻璃焊料一般以氧化铝和氧化钙为基础,可根据要求通过添加不同的其他氧化物来调节焊料的熔点、流动性、润湿性、热膨胀系数及抗碱腐蚀性等。

扩散封接是一种固相封接工艺,可分为无中间层的直接扩散封接和有中间层的间接扩散封接,后者可缓解热膨胀系数的不匹配。在封接过程中,陶瓷与金属的封接面在一定的高温和压力下相互靠近,金属局部发生塑性变形,使两者接触面增加,原子间发生相互扩散,从而形成冶金接合。该方法不适合大部件和形状复杂零件的封接,且设备复杂,成本高。

过渡液相封接兼具扩散焊接和钎焊的特点,中间层不完全熔化,只出现一薄层液相,在随后的保温中,低熔点相逐渐消耗,变成高熔点相,从而完成封接。过渡液相封接一般用多个复合层来实现。

4.6 多孔陶瓷的制备

多孔陶瓷是指含有大量气孔的陶瓷。长期以来,消除气孔、降低孔隙率一直是致密陶瓷关注和研究的目标。但是,大量的气孔赋予陶瓷一些独特的性能和应用潜力,使多孔陶瓷得到了越来越多的关注。与致密陶瓷不同,多孔陶瓷不仅研究晶相组成及其性能特征,而且研究气孔的大小、形状、数量、连通性等,通过气孔的控制发挥多孔陶瓷的应有性能[150]。

4.6.1 多孔陶瓷的主要类型及特点

4.6.1.1 多孔陶瓷的组成特征

多孔陶瓷一般是由骨料(占50%~90%)、结合剂(10%~50%)和增孔剂(0~20%)等原料制备而成。多孔陶瓷的主要相组成如下。

(1)气孔:多孔陶瓷的气孔特征与成孔方法紧密相关。通过造孔剂制备的多孔陶瓷一般气孔形状不规则,孔径分布不均匀,孔与孔之间可以是相互连通的,也可以是孤立的。通过模具挤出成孔的蜂窝陶瓷则气孔尺寸均一,排列规则。不同技术制备的多孔陶瓷的气孔孔径相差很大,小至纳米级,大至数毫米。对多孔陶瓷的气孔,有多种不同的分类方法。可根据孔径大小分为纳米孔(0.1~10nm)、微孔(0.01~0.1μm)、细孔(0.1~1μm)、小孔(1~10μm)、中孔(10~100μm)、大孔(100~500μm)、粗孔(>500μm)等。也可以采用国际纯粹与应用化学联合会(IUPAC)推荐的术语,按孔径大小分为微孔(<2nm)、介孔(2~50nm)、大孔(>50nm)。

(2)玻璃相:存在于骨料之间及气孔周围,或作为骨料颗粒界面相出现。玻璃相在骨料颗粒之间形成了网架,对颗粒起黏结作用,使陶瓷机械强度增高。

(3)骨料:是多孔陶瓷的主要成分,含量高。制备时,骨料与结合剂均匀混合,骨料间接触处被结合剂连接,形成网络。

(4)其他晶相:存在于结合相中、骨料之外的结晶相。

多孔陶瓷的孔径、气孔率、透气度和机械强度等性能,主要取决于骨料颗粒和黏结剂及其黏结状态。结合剂的种类、细度和加入量,增孔剂的细度和加入量,以及成型方法、烧成制度等,对多孔陶瓷的微观结构和性能也有显著影响。

4.6.1.2 多孔陶瓷的主要类型及特征

多孔陶瓷分类方法较多,可以按骨料材质、孔径大小、孔洞形态结构或用途等进行分类。总体上,可以根据气孔结构特征分为泡沫陶瓷和蜂窝陶瓷等。

泡沫陶瓷孔径从纳米级到微米级不等,包括开放孔和封闭孔两种气孔类型,气孔率在20%~97%之间。高气孔率多孔陶瓷的孔洞呈三维空间网架结构,犹如海绵体,具有大比表面积、低密度、低导热率、抗热震、耐高温、耐化学腐蚀、可控渗透性、良好过滤吸附性能、高比强度和低介电常数等特征,可广泛应用于过滤、分离、分散、渗透、隔热、换热、吸声、隔音、吸附、载体、反应、传感及生物等领域。特别是在高温条件下的应用,如熔融金属的过滤、高温绝热、催化反应载体、柴油机废气颗粒物过滤以及各种工业过程中热腐蚀性气体过滤等,具有显著优势。另外,通过特定的化学成分及微结构控制,新的应用领域不断被拓展,例如用于电池和固体氧化物燃料电池的电极和支架;骨骼置换和组织工程的支架;加热元件、化学传感器、太阳辐射能转换装置等。

蜂窝陶瓷具有似蜂窝状规则排列的孔道结构,其孔数可达$120 \sim 140$孔$/cm^2$,密度达$0.3 \sim 0.6 g/cm^3$,吸水率达20%以上。孔形有圆形、六边形、正方形、三角形等。材质主要有堇青石、莫来石、钛酸铝、活性炭、碳化硅、活性氧化铝、氧化锆、氮化硅、堇青石-莫来石和堇青石-钛酸铝等。蜂窝陶瓷具有比表面积大、质量轻、强度高、耐高温、化学稳定性好、热膨胀率低、隔热性好等特点,广泛应用于催化剂载体、窑炉蓄热体、耐火炉具、壁流式过滤器等领域。作为催化剂载体,蜂窝陶瓷主要应用于汽车尾气净化、锅炉排烟脱硝(NO_x)、工业排气除臭及有毒有害气体去除等。

4.6.2 泡沫陶瓷的制备技术

泡沫陶瓷的制备工艺与普通陶瓷类似,主要包括原料加工、配料、成型、干燥、烧成等环节。但泡沫陶瓷要获得多孔结构必须在制备工艺中解决造孔的问题。最直接的工艺路线是采用多孔粉末压块烧结,或者利用固相反应在烧结过程中形成气孔。这些方法可获得比较均匀的孔径分布,但孔隙率较低(<60%)。由于孔的形态、孔径分布、孔隙率、开孔和闭孔率等对泡沫陶瓷性能有重大影响,因此泡沫陶瓷制备的技术核心应该是造孔技术[151,152]。本小节将重点介绍泡沫陶瓷的造孔技术。

泡沫陶瓷的造孔方法较多,常用的有牺牲模板法、模板结构替代法、溶胶-凝胶法、直接发泡法等[153]。

4.6.2.1 牺牲模板法

牺牲模板法又称添加造孔剂法,是应用较广泛的技术。该技术把陶瓷颗粒或陶瓷前驱体与造孔剂(牺牲相)均匀混合,使牺牲相均匀分布于陶瓷颗粒或陶瓷前驱体中,再经过成型、干燥和烧结，使造孔剂在高温下分解、气化、蒸发，造孔剂完全排除后在陶瓷内留下相应的孔洞。由于造孔剂在泡沫陶瓷制备中起孔洞模板的作用，并在烧结过程中被牺牲掉，故称牺牲模板法，相当于在陶瓷中进行原始牺牲模板的负型复制。工艺过程如图4-20所示。

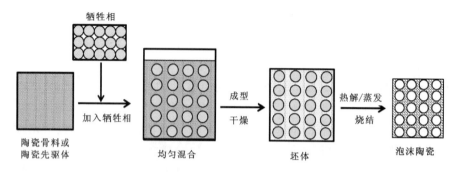

图4-20　泡沫陶瓷牺牲模板法制备工艺原理示意图

造孔剂的种类、用量、颗粒形状、大小及其与陶瓷原料混合的均匀性等对多孔陶瓷性能有重要影响。造孔剂可以选用无机物和有机物，具体选择应考虑加热过程中其是否易于排除、在基体中无有害残留物、不与基体反应、对环境无害等特征。常用的无机造孔剂有碳酸铵、碳酸氢铵、氯化铵、碳酸钙等。有机造孔剂主要是天然纤维、高分子聚合物和有机酸等，如棉花、淀粉、糊精、锯末、石蜡、碳粉、石墨、尿素、萘、氨基酸衍生物、聚乙烯醇、聚甲基丙烯酸甲酯、聚苯乙烯、聚乙烯缩丁醛、海藻酸盐等。这些造孔剂均在远低于陶瓷烧结温度下分解、蒸发。在高温烧结过程中，有部分孔洞，特别是细小的孔洞，可能会被封闭，使透过性出现一定程度的降低。对于玻璃质含量较高、烧结温度较低的多孔陶瓷制备，可以选用烧结过程中不会被排出的盐类或金属颗粒如 Na_2SO_4、$NaCl$、$CaCl_2$、Ni 等为造孔剂。使用这类造孔剂必须确保其在陶瓷烧结过程中不熔化、不分解、不烧结、不与基体反应，在陶瓷烧成后再用水或酸、碱溶液浸出造孔。这种造孔方法可避免陶瓷在烧结过程中孔洞被封闭的问题，但这些造孔剂熔点不太高，不适合用来制备烧结温度高于这类造孔剂熔点的多孔陶瓷。

牺牲相可以与陶瓷粉料混合，然后通过压制成型；也可以把陶瓷粉末或者陶瓷前驱体制成浆料，再与牺牲相混合，通过浇铸成型；或者利用陶瓷前驱体溶液或陶瓷粉末悬浮液浸渍预先固结的牺牲材料预制件。成型后的坯体经干燥后，进行热解和烧结。牺牲相从材料中的排出方式及特征取决于造孔剂类型。合成和天然有机物造孔剂通常是在200～600℃下经长时间热处理而逐渐热解排出。例如采用牺牲模板法制备孔隙率50%、尺寸5cm×10cm×23cm的氧化铝多孔陶瓷，其牺牲材料完全除去需要长达3周以上的热处理。有机组分完全热解所需的时间长，并伴随有大量气体产生，这是使用有机材料作为牺牲相的弊端。另外，有机相和无机相之间热膨胀系数的不匹配，也会在热解过程中引起多孔结构内裂纹的产生。如果选用诸如水和油之类的液体造孔剂或者易升华的固体造孔剂（如萘），这些缺点可以一定程度地被克服。当然这些造孔剂的排出过程也很费时，但液相和挥发性有机造孔剂可以在较温和的条件下蒸发或升华，而且不会产生有毒气体和过大应力。因此，这类造孔剂越来越受到关注。

在牺牲材料被除去之前,连续的基质相必须形成一定程度的固结,以免产生的多孔结构塌陷。当连续相是陶瓷颗粒的悬浮液时,通常采用固化剂和黏结剂帮助固结,或者通过在基质相中形成坚固的颗粒网络来实现固结。如果采用的是陶瓷前驱体聚合物,则可以通过有机大分子的交联作用实现固结。

与其他方法相比,牺牲模板法的优点是:可以通过牺牲材料的适当选择来调控陶瓷的孔洞大小、形态、分布和孔隙率。通过对牺牲模板材料的体积分数和大小的控制,可实现孔径在 $1\sim700\mu m$、孔隙率在 $20\%\sim90\%$ 内调控,范围非常宽广。另外,牺牲模板法适合于各种化学组成的多孔陶瓷制备,使用灵活性高,工艺比较简单,所形成的多孔陶瓷机械强度高。

4.6.2.2 模板结构替代法

模板结构替代法是利用陶瓷悬浮液或前驱体溶液浸渍多孔结构模板以形成具有与模板相同结构的多孔陶瓷制备技术。所用的模板可以是合成材料,也可以是天然材料。模板经热解移除后,其孔结构被保留在陶瓷中,就像将模板的多孔结构复制一样。工艺原理如图 4-21 所示。

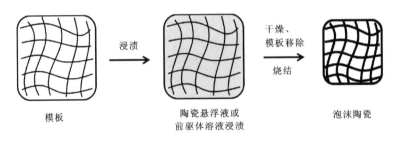

图 4-21 泡沫陶瓷模板结构替代法制备工艺原理示意图

模板结构替代法是第一种用于制备大孔径多孔陶瓷的方法,有关研究可追溯到 20 世纪 60 年代初,当时 Schwartzwalder 和 Somers 使用聚合物海绵作为模板来制备各种孔径、孔隙率和化学成分的多孔陶瓷。从此,海绵模板结构替代法便成为生产大孔径多孔陶瓷最流行的方法。该方法的制备工艺简单、灵活,目前在工业上被广泛用于制备过滤用多孔陶瓷,用于熔融金属过滤等。

在制备过程中,作为模板的海绵(通常为聚氨酯)被浸入陶瓷悬浮液中,使海绵的内部孔洞完全填充了陶瓷浆料;然后,将浸渍过的海绵通过辊子除去多余的悬浮液,在海绵孔壁上形成薄的陶瓷涂层。为了获得好的效果,陶瓷浆料必须具有良好的流动性和黏稠度。一般采用具有剪切稀化行为的陶瓷悬浮液。例如悬浮液的黏度在剪切速率为 $5s^{-1}$ 时为 $10\sim30Pa\cdot s$,剪切速率增高到 $100s^{-1}$ 时下降到 $1\sim6Pa\cdot s$。悬浮液的剪切稀化特征是通过添加触变剂、增稠剂(如黏土、胶态二氧化硅、羧甲基纤维素、聚环氧乙烷等)以及分散剂来获得的。为使陶瓷涂层足够坚固,以防止在热解过程中结构支柱破裂,在陶瓷浆料中常添加一定量的黏结剂,如胶态正磷酸铝、硅酸钾、硅酸钠、硼酸镁、水合氧化铝等。

聚合物模板涂覆陶瓷涂层后,经干燥,然后在 $300\sim800℃$ 下进行热解。升温速率一般不高于 1℃/min，使聚合物逐渐分解，避免对陶瓷涂层产生压力。待聚合物模板完全去除后，根据陶瓷骨料的类型，选择在适当的温度及气氛下烧结，使陶瓷涂层致密化。利用该方法可以制备出氧化物、碳化物、硼化物、氮化物和硅化物等的大孔径泡沫陶瓷，获得孔径 200μm～3mm、总开孔率 40%～95% 的高度互连的网状孔结构。这种泡沫陶瓷高孔隙的互连性增强了液体和气体的渗透性，使其非常适合在高通量过滤中应用。

利用海绵模板制备泡沫陶瓷存在一些限制和不足。由于陶瓷浆料浸入细小的孔道比较困难，因此该方法制备的泡沫陶瓷存在最小孔径限制，一般只能达到 200μm 左右。另外，聚合物模板的网状孔壁在热解过程中常发生开裂，造成多孔陶瓷的机械强度降低。该问题可以通过提高陶瓷浆料的润湿性、进行二步浸渍、引入纤维或反应性化合物等来改善。

模板结构替代法除了采用合成聚合物泡沫作为模板外，还可以采用天然材料作为模板，如珊瑚、木材等。图 4-22 总结了以木材作为模板制备多孔陶瓷的工艺路线。常用的方法是：首先，将木材在 600～1800℃ 的惰性气氛中进行热处理，形成蜂窝状多孔碳模板；然后，在高温下通过气体或液体渗透多孔碳模板，形成多孔陶瓷，或者在室温下采用溶液或溶胶对多孔碳模板进行浸渍，再进行氧化和烧结，制成多孔陶瓷。

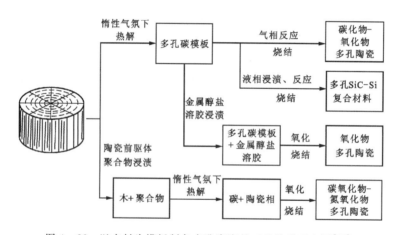

图 4-22 以木材为模板制备多孔陶瓷的工艺路线示意图[153]

这种模板制备的多孔陶瓷的孔径分布取决于所用木材的微观结构。其孔径可小至几微米，因此利用木质模板可制备出孔径在 10～300μm 之间的多孔陶瓷，其孔径明显小于采用聚合物模板制备的多孔陶瓷。孔结构以开放孔为主，并具有高度取向性，孔隙率可达 25%～95%。这种孔结构特别适合于催化、液体和热气体过滤等领域。

4.6.2.3 溶胶-凝胶法

溶胶-凝胶法是一种材料制备的常用方法。溶胶作为一种胶体，具有良好的流动性，而凝胶则是半固体，没有流动性。利用溶胶、凝胶的特征，可用模具对凝胶进行成型。为了提高材料的孔隙率，可在溶胶中加入表面活性剂或发泡剂，使其发泡。形成的泡沫在溶胶转变成凝胶过程中被固定，然后对凝胶进行干燥、热解和烧结，便形成泡沫陶瓷。陶瓷的孔隙率和孔径分布可以通过对溶胶的黏度和发泡工艺来进行调控。

采用超临界干燥可以消除凝胶网孔内液体的表面张力,在维持骨架结构的前提下使湿凝胶逐渐转变为气凝胶,从而获得具有高孔隙率和高比表面积的多孔材料[154]。超临界干燥技术最早是 Kistler 于 1931 年进行研究的[155]。该技术在超过液体临界点的温度和压力下加热凝胶,然后通入干燥的氩气,使液体逐渐从凝胶中排出。据报道,利用该技术可以制备出比表面积高达 800m^2/g 以上的干凝胶大块体。

凝胶干燥后,在高温下热解,然后逐渐转变成更稳定的固相。这一变化过程涉及化学变化、晶相转变、固体网络和孔洞几何结构的重组。固体网络中阳离子的性质对形成的陶瓷结构有显著影响。

溶胶-凝胶法与其他技术相结合,可以制备各种孔径及孔洞形态的多孔陶瓷。例如溶胶-凝胶法与乳状液模板法结合,可以制备孔隙度达 90% 的材料;溶胶-凝胶法与冷冻浇注技术相结合,可获得树枝状孔结构的多孔陶瓷。

4.6.2.4 直接发泡法

直接发泡法是通过向悬浮液或液体介质充入空气来产生气泡结构,然后通过对发泡体进行注模成型、稳定和固结,再在高温下对坯体进行烧结,获得具有较高强度的多孔陶瓷[153]。直接发泡法工艺过程如图 4-23 所示。

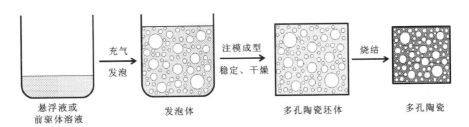

图 4-23 泡沫陶瓷直接发泡法制备工艺原理示意图

直接发泡陶瓷的孔隙率不仅与发泡过程中混入悬浮液或液体介质中的气体量有关,也取决于湿泡沫在固化之前的稳定性。湿泡沫是热力学不稳定的系统,会经历奥斯瓦尔德熟化(简称奥氏熟化)和合并过程,以减少泡沫的自由能。气泡通过合并而不断变大,形成大气泡。如果气泡过大,则泡沫体系无法稳定而发生垮塌,最终无法获得高气孔率的多孔陶瓷。因此,利用直接发泡方法来制备多孔陶瓷技术的关键是维持悬浮液或液体介质中气泡的稳定性。

直接发泡法气泡稳定的方法主要有表面活性剂稳定和颗粒稳定等。

1. 气泡的表面活性剂稳定

气泡的表面活性剂稳定是采用具有有机长链的表面活性剂来对水性泡沫进行稳定。表面活性剂分子吸附于气泡表面,可降低气-液界面能,来减慢气泡的聚集和合并。由于表面活性剂在气-液界面处的吸附能较低,用表面活性剂稳定的泡沫不能保持长期稳定。利用长链表面活性剂稳定的湿泡沫在数分钟至数小时内会逐渐崩溃或合并。因此,采用表面活性剂稳定时,需要添加适量的固化剂,以便在气泡发生大量聚集和合并之前,固化泡沫结构。多孔陶瓷的最终孔径取决于气泡合并的动力学与悬浮液(或液体)凝固速度之间的平衡。小孔径(约 50μm)只能通过选用有效的表面活性剂并使泡沫快速凝固来实现。

用作泡沫稳定的表面活性剂有 PEG-8 辛基苯基醚、PEG-11 壬基苯基醚、PEG-20 脱水山梨醇油酸酯、椰油烷基二甲基氧化胺、聚二甲基硅氧烷共聚物等非离子型表面活性剂,十二烷基硫酸钠等阴离子型表面活性剂,苄索氯铵等阳离子型表面活性剂。

利用表面活性剂稳定泡沫方法制备的多孔陶瓷孔隙率达 40%~97%,平均孔径为 35μm~1.2mm[153],孔形以球形为主,可以通过发泡工艺的控制获得封闭孔或开放孔。与模板结构替代法相比,该法制备的多孔陶瓷在烧结过程中颗粒结合更紧密,机械强度更高。当孔隙率高于 90%(陶瓷相对密度为 10%)时,孔壁很薄,陶瓷机械强度比理论上估计的开孔结构要低。如果适当降低孔隙率(增加密度),气孔逐渐从高度开放变为完全封闭,可使陶瓷机械强度提高。

泡沫的固化也可以采用溶胶-凝胶转变、有机聚合物或者有机单体的原位聚合等技术。原位聚合技术的缺点是:有机单体有一定的毒性,而且需要在无氧环境中才能完成聚合反应。另外,有机物需在陶瓷烧结前进行热解。

2. 气泡的颗粒稳定

气泡的颗粒稳定是采用经表面改性的固体颗粒吸附于气-液界面处,使气泡稳定的方法。固体颗粒经表面改性后具有疏水性和亲油性,其在发泡体系中吸附于气-液界面处。当气-液界面完全由这种颗粒支撑时,可有效阻止气泡失稳,泡沫可在数天之内保持稳定。基于这种系统出色的长期稳定性,当采用微细的改性颗粒作为泡沫稳定剂时,可以制备出比用表面活性剂稳定的孔径更小的多孔陶瓷。

用于气泡稳定的固体颗粒的粒度应尽可能细小,最好是纳米级或亚微米级。其表面采用短链有机改性剂如戊酸、己胺、没食子酸丙酯等进行表面改性,亲水基团与颗粒表面牢固吸附,疏水的有机基团(至多 6 个碳)朝外,使颗粒产生疏水性。当改性颗粒被添加到发泡体系时,受疏水作用驱动,会迅速聚集于气-液界面处。如果添加的改性颗粒达到合适的浓度,所有气孔的气-液界面都将吸附一层改性颗粒[156],如图 4-24 所示。颗粒的相互支撑作用,使气孔稳定。例如含体积分数 35%的丁酸改性氧化铝颗粒(200nm)的悬浮液,经机械发泡后,疏水的改性氧化铝颗粒附着于气-液界面,在整个含水连续相中形成稳定的网络,奥斯瓦尔德熟化被有效抑制,气泡的收缩和膨胀受到有效阻滞,从而获得具有一定强度和良好长期稳定性的泡沫,气泡体积分数达 80%[153]。

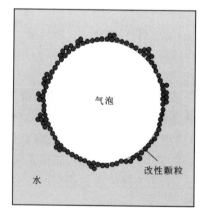

图 4-24 气泡界面处的改性颗粒吸附

由于具有很好的稳定性,颗粒稳定的泡沫不一定需要经过凝固步骤,可以直接进行干燥和烧结。但必须注意,对于没有固化的系统,泡沫在干燥过程中可能会发生颗粒重排,导致3%~5%的体积收缩。因此,建议采用单向干燥,以使泡沫均匀收缩。当然,也可以在体系中加入固化剂,以获得更快的干燥速率,但固化剂可能会对发泡性能产生不利影响。

利用颗粒稳定的方法可以很容易地制备出具有封闭孔的多孔陶瓷,孔隙率可达40%~93%,平均孔径在10~300μm之间,并具有较高的机械强度。另外,通过在初始悬浮液中添加少量(质量分数小于1%)的牺牲相(如石墨),可以利用颗粒稳定技术制备出具有开放孔的多孔陶瓷。

泡沫的颗粒稳定工艺简单,成本低,绿色环保,适合制备多种不同化学成分、不同孔隙率和孔径的多孔陶瓷,如 $SiOC$、SiC、$SiNC$、SiO_2、Al_2O_3、TiO_2、ZrO_2、$BaTiO_3$、$MgSiO_3$、V_2O_5、$SiO_2-(CaO,SiO_2)-CaO-P_2O_5$、羟基磷灰石、磷酸钙、堇青石、莫来石等,是一种很有前景的泡沫陶瓷制备技术。

4.6.3 蜂窝陶瓷的制备

蜂窝陶瓷在工业上通常是采用挤出技术通过模具成孔。孔的形状、尺寸、孔隙率等参数由模具决定[150,151]。常见的孔结构如图4-25所示。

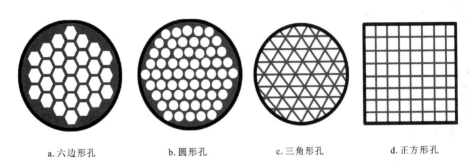

a. 六边形孔　　　b. 圆形孔　　　c. 三角形孔　　　d. 正方形孔

图4-25 蜂窝陶瓷的常见孔结构

蜂窝陶瓷主要应用于催化剂载体和汽车尾气过滤器等领域,因此材料需具有低的热膨胀系数,具有耐受热冲击、耐高温、耐腐蚀、抗氧化等特性。代表性的蜂窝陶瓷材料及其性能如表4-1所示,这些陶瓷材料需预先合成。为了获得好的挤出成型效果,陶瓷粉体应具有小的粒度、良好的颗粒级配和分散性。

挤出成型需要有良好可塑性、延展性和保形性的泥料。陶瓷粉体自身没有好的可塑性和延展性。因此,在泥料制备时,需要加入适量的添加剂,包括黏结剂、增塑剂、润滑剂、润湿剂、消泡剂,以及保水剂、螯合剂、防静电剂、表面活性剂等。常用的黏结剂有淀粉、羧甲基纤维素、聚乙烯醇,润滑剂有桐油、硬脂酸等,增塑剂有甘油等。泥料的可塑性与陶瓷骨料的粒度和含量有关。骨料越多,粒径越大,泥料的可塑性就越差。在泥料中,陶瓷骨料占70%~80%。

表 4-1　几种代表性蜂窝陶瓷材料及性能特征

材料	热膨胀系数/×10^{-6}·℃$^{-1}$	抗张强度/MPa	耐化学腐蚀性	使用温度/℃
堇青石	1~2	130	耐碱性	1100
钛酸铝	1~2	50~70	耐碱性	1300
锂辉石	-1~1	150	耐碱性	700
磷酸锆钠	-0.3~1	110	耐碱性	1500
氧化铝	8	600	耐酸碱性	1600
锆英石	4	49	耐酸性	1600
碳化硅	4.8	4500	耐酸性	1500
氮化硅	3.2	750	耐酸性、抗氧化	1300
莫来石	4	400	耐酸碱性、抗氧化	1300

在泥料的配制中，水溶性添加剂首先要用水混合均匀，再与陶瓷粉体混合，充分搅拌均匀，然后用练泥机进行真空练泥。经反复混练后，陈化，使泥料具有优良的可塑性和延展性，这是制备高质量蜂窝陶瓷的先决条件。该泥料通过模具由挤出成型机挤出，形成各种形态和孔结构的蜂窝陶瓷坯体。坯体再经过干燥、烧结，即获得蜂窝陶瓷。制备工艺流程如图 4-26 所示。

图 4-26　蜂窝陶瓷制备工艺流程图

在运输、烘干、烧成等过程中，坯体的保形性对陶瓷的成品率和产品的使用性能有重要影响。蜂窝陶瓷制品的孔壁比较薄，坯体在干燥和烧结过程中容易受到各种应力的影响，产生变形、开裂。因此，利用挤出成型技术制备蜂窝陶瓷坯体，其保形性控制非常重要。坯体的保形性与颗粒紧密堆积程度、颗粒形状和颗粒间的结合强度等因素有关。增大挤出压力，提高坯体中颗粒堆积紧密性，适当添加黏结剂等，有利于改善和提高坯体的保形性。

干燥工艺对蜂窝陶瓷的成品率有很大的影响。如果坯体各部分干燥速率不同，会造成坯体收缩不一致而开裂，从而影响产品的成品率。为了获得好的干燥效果，蜂窝陶瓷坯体的干燥大多采用微波干燥工艺。

蜂窝陶瓷的烧结需要注意低温阶段(120~600℃)的升温速率和气氛控制。由于坯体中含有大量的有机添加剂，它们在低温阶段将逐渐氧化分解。这一过程将有大量气体产生，如升温过快，容易引起坯体开裂或孔道壁起泡。因此，低温阶段的升温速率一般控制在 10~

20℃/h。有机成分必须释放干净,这需要充足的氧化气氛和保温时间。陶瓷的烧成温度由材料而定。

思考题

1. 陶瓷材料的制备包括哪些环节?
2. 陶瓷的成型方法主要有哪些?
3. 陶瓷烧结过程会经历哪些阶段?
4. 陶瓷烧结过程中影响结构变化的主要因素有哪些?
5. 分析烧结助剂的作用及陶瓷液相烧结的特征。
6. 陶瓷快速烧结的理论基础是什么?
7. 分析陶瓷冷烧结机制。
8. 陶瓷的掺杂需遵循哪些基本原则?
9. 分析陶瓷中次晶相的形成及其作用。
10. 多孔陶瓷有什么特点?主要用途有哪些?
11. 泡沫陶瓷有哪些制备方法?各种制备工艺有何特点?
12. 蜂窝陶瓷的制备工艺有何特点?

5 厚膜材料的制备

厚膜材料(thick film materials)是一种由厚膜技术制备的二维材料,其厚度一般在 1～100μm 之间。厚膜的概念不仅是指膜的厚度,而且还包含其制备技术。厚膜技术的核心是通过浆料来制膜,这是厚膜与薄膜制备技术的主要区别[157]。厚膜技术最早出现在 20 世纪 30 年代,用于陶瓷的表面金属化;20 世纪 40 年代,它开始应用到电路上;20 世纪 50 年代,它被用于制造厚膜混合微电子电路,主要是厚膜电阻器、导体或介电膜等;20 世纪 60 年代,由于硅技术的发展,厚膜技术受到很大影响,发展缓慢;至 20 世纪 80 年代,随着表面贴装技术(又称表面组装技术,surface mounted technology,简称 SMT)的发展,以厚膜材料为基础的表面贴装元件再度兴起,并迅速向微型化、多功能化、高稳定和高速化方向发展,以满足电子信息产业的集成化、微型化和多功能化的要求。目前,以厚膜材料为基础发展的表面贴装型厚膜电子元器件、多层片式元件、集成叠片式元件、多功能集成元件模块等,已成为电子元器件的主流产品。先进的传感器、执行器、压电马达、压电能量收集器、新一代高温超导体等厚膜元器件也得到了快速发展。

5.1 厚膜技术及其基本特征

厚膜技术是采用浆料来制备涂层的技术,包括丝网印刷、流延技术、移印技术、旋涂技术、喷墨打印等[157-159]。浆料是厚膜制备的基础,也是厚膜技术的重要特征。浆料由无机粉体与有机黏结剂和溶剂等均匀混合而成,具有一定的黏度和良好的流动性。采用厚膜技术制备的膜坯经干燥、烧结,最终形成厚膜材料。从制备工艺及材料特征来看,厚膜材料与陶瓷材料有一定的相似性,但也存在显著的不同。图 5-1 给出了这两种材料制备工艺的比较,可以清楚看出两者的相同环节和不同过程[160]。

厚膜材料由粉体烧结而成,因而具有与陶瓷类似的结构特征。为了降低厚膜的烧结温度,在配料中常添加一定量的玻璃质。所以,厚膜材料主要由晶相和玻璃相组成,同时也可能含有气孔。晶粒粒径比陶瓷更小,均匀性更好。厚膜材

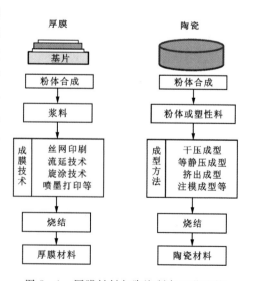

图 5-1 厚膜材料与陶瓷制备工艺比较

料一般制备于基片上,或者通过自支撑的方式形成多层结构。由于厚膜材料与基片或者相邻的厚膜材料在成分上可能不同,其烧结过程中可能存在界面反应或界面扩散,产生热应力等特征。因此,厚膜材料的烧结温度应尽可能降低。总体来看,厚膜材料的烧结温度远低于陶瓷的烧结温度[161]。

厚膜技术的主要特点是:工艺简单,容易实现多层叠片结构,能够在复杂基材上制备涂层,易于实现自动化生产,制备速度快,成本低廉等。

5.2 浆料及其制备

5.2.1 浆料的组成

浆料是由无机粉体悬浮分散于溶液或溶剂中而形成的混合物,具有良好的流动性和稳定性,并与基片有良好的附着性[157,162]。无机粉体根据厚膜材料的类型而定。导电厚膜以金属粉体为主,介质厚膜以介质陶瓷粉体为主,另含一定量的玻璃粉。有的介质厚膜浆料中也可以不添加玻璃粉,以获得更好的性能。为了使浆料具有适当的黏度、流动性和黏结性能,常添加适量的黏结剂、塑化剂、悬浮剂、消泡剂等添加剂。

黏结剂是浆料成膜的关键成分,其在粉体烧结前起黏结作用,但在烧结过程中必须完全除去,因此其为易燃聚合物。常用的黏结剂有聚甲基丙烯酸甲酯(PMMA)、聚苯乙烯(PS)、聚乙烯(PE)、聚醋酸乙烯酯(PVAC)、聚氯乙烯(PVC)、聚乙烯醇缩丁醛(PVB)等。

溶剂对浆料的形成起关键作用,其不仅与各种组分具有良好的相容性,而且在涂层干燥过程中能迅速蒸发,以确保能快速形成膜坯。因此,选择溶剂时,应考虑以下因素:①应是聚合物黏结剂的优良溶剂;②应具有适当的蒸发速度,如应用于流延工艺时,其应具有与流延成膜工艺相匹配的蒸发速度,快速蒸发的溶剂有丙酮、醋酸丁酯、丁酮等,中速蒸发溶剂有无水乙醇、异丙醇、醋酸乙丙酯等;③应与黏结剂中其他助剂有较好的相容性;④应为无毒或低毒,对环境无污染,对人体无毒无害。其他添加剂如塑化剂、分散剂、消泡剂等也要慎重选择,以获得流动性和稳定性好、无气泡的浆料。

5.2.2 导电浆料

导电浆料主要用于制作厚膜电路内部连线、多层布线、元器件的引出端、电极等。按照固化温度条件,导电浆料分为高温烧结型和低温固化型[162],如表5-1所示。高温烧结型导电浆料主要由金属粉体、玻璃粉体、有机黏结剂和溶剂组成,典型的配方:银粉质量分数为30%~85%,其余为环氧树脂与玻璃粉;金粉质量分数为60%~85%,其余为环氧树脂与玻璃粉;金粉质量分数为50%~70%,钯(Pd)粉质量分数为10%~20%,其余为环氧树脂与玻璃粉;铜粉质量分数为70%~80%,其余为环氧树脂与玻璃粉;镍粉质量分数为80%~90%,其余为环氧树脂与玻璃粉。这些导电浆料的烧结温度一般在500℃以上。低温固化型导电浆料主要由金属粉如银粉、金粉、铜粉或者碳粉和树脂组成,一般在100~300℃下进行热固化,或者紫外固化。

表 5-1 导电浆料的主要类型[162]

固化类型	固化条件		导体材料	
	烧结或固化温度/℃	烧结气氛		
高温烧结型	>1000	氧化	Pd、Pt	
		还原或真空	Mo-Mn、Mo、W、Ti、Zr	
	<1000	氧化	含 Ag	Ag、Ag-Pd、Ag-Au-Pd、Ag-Pt
			不含 Ag	Au-Pt、Au-Pd、Au-Pt-Pd、Pt、Au
			贱金属	Cu、Ni、Al
		还原或惰性	贱金属	Cu、Ni
低温固化型	100~300		Ag、Cu、Au、C	

金属粉体是导电浆料的关键成分,在高温烧结时形成网状结构金属层,成为厚膜导体的主体,决定着厚膜导体的导电性能。用于导电浆料的金属粉体有贵金属(如 Pd、Au、Pt、Ag 等)及贱金属(如 W、Ni、Mo、Cu、Al 等)。具体选用主要考虑形成的厚膜导体的导电性、扩散速度、稳定性、可焊性、价格等。在实际导电浆料中,导电材料可以是一种金属,也可以是多种金属,可根据厚膜导体的性能要求进行选配。不同的金属能够承受的烧结温度不同,例如在氧化气氛下 Pd、Pt 的烧结温度可高于 1000℃,而 Cu 的最高烧结温度为 600℃。因此,金属粉体需根据其性能和应用条件进行选用。贵金属由于具有更高的可靠性和优异导电性而被优先选用,但在研究领域,中温的贱金属浆料则更受欢迎。为了获得更好的成膜性能,金属粉体粒度应尽可能细小,一般小于 2μm。除了粒度大小,金属粉体还应考虑其颗粒形状、粒度分布、比表面积、堆积密度和纯度等特征。

在导电浆料中,玻璃粉的加入主要是为了在高温固化过程中起黏结金属颗粒的作用。玻璃粉大多采用含硅低、流变性好的硼硅酸盐玻璃,其膨胀系数一般为 $2\times10^{-6}\sim10\times10^{-6}/℃$,接近于氧化铝基板。厚膜导体中玻璃含量越高,附着力越大,但其质量分数超过 5% 时,导体的电阻值将急增,因此玻璃含量应尽可能少,一般低于 5%。玻璃的软化温度决定着厚膜导体的烧结温度。可以通过调控玻璃组分或者玻璃与氧化物混合,来调节烧结温度。厚膜导体的烧结温度一般在 500~1000℃ 之间。

有机黏结剂主要为乙基纤维素、环氧树脂等,溶剂为丁基卡必醇醋酸酯等。有机介质主要起载体作用,使金属粉和玻璃粉悬浮、分散,形成可印刷的浆料,其性质决定着浆料的流变特性。有机添加剂在厚膜导体烧结过程中将全部蒸发和燃烧掉[163]。

在烧结过程中,随着有机黏结剂的燃烧分解,金属颗粒由热扩散和黏性流动连接,形成网络结构,但金属颗粒与陶瓷基片(基板)的连接很弱。当温度升高至玻璃的软化温度以上时,熔化的玻璃润湿陶瓷基片表面,产生连接。同时,玻璃渗入金属网状结构中,将金属颗粒与陶瓷基片表面牢固地连接在一起,如图 5-2 所示。

图 5-2 厚膜导体与基片的附着结构示意图

厚膜导体的性质和质量对厚膜电路的特性和可靠性有很大影响。厚膜导体应具有的特点为：好的导电性和强的附着力；好的可焊性，抗焊料侵蚀，能重焊，可热压和超声波焊接；适合于丝网印刷，分辨率高，可多次重烧而性能不变；抗老化，可靠性高；与其他元器件相容性好，在高温下抗电迁移能力强；工艺性好，原料丰富，成本低等。

5.2.3 电阻浆料

厚膜电阻是开发最早、工艺最成熟、应用最广的元件之一。厚膜电阻浆料主要由导电颗粒、玻璃粉体和有机载体组成。厚膜电阻器的阻值是通过导电材料与玻璃含量之比来调控。一般来说，导电材料含量增高，阻值减小；反之，阻值增大。通过调节浆料中导电粉体与玻璃粉体的配比，就可以制备各种阻值的厚膜电阻器。电阻浆料应具备方阻范围宽、电阻温度系数（TCR）小、非线性和噪声小、稳定性高、功耗大、与导体材料相容性好、浆料间的混合性能好、适用丝网印刷、烧成温度范围宽、重现性好和成本低等特点[162]。

玻璃相在电阻器中不仅起调控阻值的作用，还起到被覆和保护电阻膜的作用。如果玻璃含量过低，电阻膜表面被覆不佳，将导致电阻器的负荷寿命和耐湿性降低，阻值的重现性变差。但如果玻璃含量过高，导电材料在玻璃中分散不易均匀，也会引起阻值的重现性变差，使电阻温度系数、非线性和噪声增大。因此，玻璃与导电材料的含量有一个最佳范围。在此范围内，导电颗粒在玻璃中分散均匀，浸润性好，膜结构致密，性能优良，电阻温度系数、非线性和噪声都很小。另外，玻璃组分和颗粒大小对电阻器的性能也有很大的影响。

根据浆料中使用的导电材料类型，可将电阻材料分为贵金属电阻材料和贱金属电阻材料[162,164]。贵金属电阻材料主要有 Pd-Ag 电阻材料、Pt 族电阻材料、Ru 系电阻材料等。贱金属电阻材料主要有氧化物（如 MoO_2、SnO_2、CdO、Tl_2O_3、CuO-Cu_2O 等）、氮化物（如 TaN-Ta、TiN-Ti 等）、硅化物（如 $MoSi_2$、$TaSi_2$、$TiSi_2$ 等）、碳化物（如 WC-W 等）、硼化物（如 LaB_6）等。贵金属电阻材料价格较贵，但性能好；而贱金属电阻材料价格便宜，但性能较差。

Pd-Ag 电阻材料是最早开发并得到广泛应用的厚膜电阻材料。其浆料由 Pd、Ag、硼硅酸盐玻璃粉和有机载体混合而制成。烧成温度约 760℃，厚膜电阻方阻在 0.01～100kΩ/□，TCR 小于 5×10^{-4}/℃。电阻器的性能主要取决于烧成时生成的 PdO 含量。如果以 Pd 和 PdO 混用，可以改善重现性和稳定性。Ag 的加入可减小 TCR 和噪声，并提高稳定性。Pd：Ag 为 1.5：1 时，电阻的重现性和温度系数很好。Pd-Ag 电阻材料的电性能和工艺性能比较好，但对烧成条件非常敏感，而且阻值较大（>10kΩ/□）时，噪声大，TCR 很难控制到较小值，对还原气氛也十分敏感。

以 Pt 和玻璃粉组成的浆料烧成温度约为 980℃，方阻为 1～10MΩ/□，TCR 小于 $\pm 2\times 10^{-4}$/℃，电性能对烧成条件不敏感，电阻烧成后对氧化和还原气氛也不敏感。这种浆料与 Ag、Au、Ag-Pd 和 Au-Pt 导体的相容性很好。电阻与基板的附着力、抗氧化性、抗焊料侵蚀以及抗迁移性等方面都较 Pd-Ag 电阻好，但价格昂贵。

Ru 系电阻材料（包括 RuO_2 系和钌酸盐系）是使用最广泛的贵金属电阻材料。Ru 电阻浆料性能优良，工艺性好，烧成温度为 760～850℃。RuO_2 电阻率很低，在室温时约为 5×10^{-5}Ω·cm，可以不添加其他金属就能制成各种不同电阻率的浆料。RuO_2 电阻的方阻

可达 $10\Omega/\square \sim 10M\Omega/\square$，TCR 约为 $1\times10^{-4}/℃$。RuO_2 是一种高稳定性材料，即使加热到 $1000℃$，也不发生化学变化。在烧结过程中受烧成条件影响较小，阻值重现性好。电阻器在长期加热和电负荷下仍表现出高稳定性，是一种性能优异的大功率电阻材料。RuO_2 电阻的典型配方是：RuO_2 质量分数为 $5\%\sim40\%$，玻璃质量分数为 $60\%\sim95\%$。

RuO_2 还可以与 Ag 等金属混合使用，以提高电阻的性能。另外，RuO_2 与 Bi、Pb、Ba、Tl 等金属形成的钌酸盐及其衍生物，如铌钌酸铋、铬钌酸铋、钽钌酸铋等，也是很好的电阻材料。

5.2.4 陶瓷浆料

陶瓷浆料的基本组成是陶瓷粉体、玻璃粉体以及有机黏结剂和溶剂。陶瓷粉料是形成厚膜的主体材料，其赋予厚膜材料的基本性质。目前，用于厚膜材料及厚膜元器件制备的陶瓷粉体主要有压敏陶瓷粉体、介质陶瓷粉体、铁氧体磁性材料粉体、压电铁电陶瓷粉体、传感器用半导体陶瓷粉体、光电子材料粉体、超导材料粉体等。陶瓷浆料因陶瓷粉体类型的不同而具有不同的特性和应用领域，但其制备工艺基本相同，均包括两个环节：一是粉体制备，二是浆料制备。

5.2.4.1 粉体制备

用于陶瓷浆料制备的粉体特征是决定陶瓷厚膜质量和性能的关键因素。陶瓷粉体最重要的特性是粒径、粒度分布、化学组成和成分的均匀性。粒度分布窄、分散性好的粉体有利于形成致密的膜坯。粉体粒度细，特别是纳米粉体，有利于降低厚膜的烧结温度。多组分陶瓷粉体存在成分均匀性问题，有的在合成过程中还可能产生次晶相，从而影响材料的性能。因此，对于浆料用陶瓷粉体，应根据材料的特性，谨慎选择合成与制备方法，以获得满足浆料制备要求的高质量陶瓷粉体。粉体的制备方法请参阅第三章。

5.2.4.2 陶瓷浆料制备

陶瓷浆料根据其溶剂类型可以分为有机基体系和水基体系。有机基陶瓷浆料是以有机溶剂为载体，是传统的浆料体系。但是，有机溶剂大多数存在一定的毒性，会对环境造成污染。因此，以水为溶剂的水基浆料被发展出来，其由于不含有机溶剂，更加绿色环保，因而越来越受到重视[165]。

1. 有机基陶瓷浆料

有机基陶瓷浆料采用有机溶剂将陶瓷颗粒、玻璃粉体和有机黏结剂均匀混合，形成稳定的悬浮混合物。使用有机溶剂来制备陶瓷浆料，具有一些突出的优点：①有机溶剂可以避免某些陶瓷粉体可能发生的水解反应，从而保证浆料具有良好的稳定性；②有机溶剂具有较低的表面张力和较好的润湿性，更容易形成分散性和稳定性良好的陶瓷浆料；③有机基浆料对成型工艺参数变化的敏感性较低，较容易获得高强度、结构均匀的膜坯；④有机溶剂的沸点较低，有利于膜坯的干燥。但采用有机溶剂制备陶瓷浆料也存在明显的缺点：①大多数有机溶剂如甲苯、二甲苯、三氯乙烯等都有一定的毒性，会造成生产环境条件的恶化；②难以制备高含固量的浆料,要获得高流动性的浆料,需要添加较高剂量的黏结剂、增塑剂和其他有机化合物;③有机黏结剂含量高,膜坯密度较低,容易开裂变形,生产效率低,能耗高。

对于有机基陶瓷浆料,常用"有机载体"来表示有机溶剂、黏结剂和其他有机添加剂的混合物,其是陶瓷粉体形成稳定的悬浮液并产生流变学特性的基础。有机载体的成分决定着浆料的性质、成膜的精度、膜坯的结构及其干燥速率等。在经典的有机载体配方中,通常以松油醇、丁基卡必醇、乙基纤维素、环己酮或乙二醇为溶剂,以纤维素型树脂或醋酸纤维素为黏结剂。各组分的实际用量可根据浆料中陶瓷粉体材料的类型和用量而变化。

陶瓷浆料的分散性和稳定性对成膜质量有重要影响。为了获得流动性和稳定性好的浆料,各粉体首先需进行精细研磨,然后再与有机载体混合,并加入适量的添加剂如塑化剂、悬浮剂、消泡剂等,继续进行球磨,直至最终形成稳定的浆料。例如在 $Pb(Mg_{1/3}Nb_{2/3})O_3$-$Pb(Zr_{0.52}Ti_{0.48})O_3$(PMN-PZT)陶瓷浆料的制备中,首先把乙酸丙酯、异丙醇与抗凝剂三油酸甘油酯混合,然后加入预先合成的 PMN-PZT 陶瓷粉体,同时加入黏结剂聚乙烯醇缩丁醛和增塑剂邻苯二甲酸丁苄酯,进行混磨,直至形成稳定浆料。对于不同的厚膜技术用浆料,有机载体的类型及含量有很大的不同。表 5-2 给出了不同成膜技术使用有机基陶瓷浆料的组成及厚膜材料应用实例。

表 5-2 有机基陶瓷厚膜浆料的组成及应用实例

厚膜技术	浆料组成	厚膜材料	应用	参考文献
丝网印刷	ZnO 粉体(质量分数 26%)+松油醇(质量分数 71%)+乙基纤维素(质量分数 3%)	ZnO	紫外发光	Krishnan 和 Nampoori (2005)[166]
	AlSb 粉体(质量分数 80%)+有机载体[质量分数 20%,m(松油醇):m(乙基纤维素)=9:1]	AlSb	光伏和光电半导体	Xiao 等 (2019)[167]
	ZnO 粉体(质量分数 65%)+玻璃粉(质量分数 5%)+有机载体(质量分数 30%)	ZnO:Sb	气体传感器	Dayan 等 (1998)[168]
	$0.1Pb(Zn_{0.5}W_{0.5})O_3$-$0.9Pb(Zr_{0.5}Ti_{0.5})O_3$ 粉体(质量分数 80%)+有机载体(质量分数 20%)	$0.1Pb(Zn_{0.5}W_{0.5})O_3$-$0.9Pb(Zr_{0.5}Ti_{0.5})O_3$	压电器件	Kwon 等 (2007)[169]
流延技术	PMN-PZT 粉体(体积分数 42.4%)+乙酸丙酯(体积分数 38.25%)+异丙醇(体积分数 3%)+三油酸甘油酯(体积分数 1.25%)+聚乙烯醇缩丁醛(体积分数 7%)+邻苯二甲酸丁苄酯(体积分数 7.5%)	$Pb(Mg_{1/3}Nb_{2/3})O_3$-$Pb(Zr_{0.52}Ti_{0.48})O_3$ (PMN-PZT)	执行器	Jing 和 Luo (2005)[170]

2. 水基陶瓷浆料

水基陶瓷浆料以水为溶剂,具有成本低、无毒、不易燃等优点。但水基浆料仍有许多有待解决的问题,如水蒸发和干燥的速率低;浆料中黏结剂的含量高;浆料对工艺参数的敏感性高;难以在陶瓷膜上形成光滑致密的表面,干燥时容易形成裂纹;陶瓷粉末在水中容易重新凝聚,难以形成分散性良好的稳定浆料,等等。因此,水基陶瓷浆料目前尚无法实现工业化应用。

表 5-3 给出了一种代表性水基陶瓷浆料的配方及其制备工艺[165]。为改善水基陶瓷浆料的可塑性和黏结性,常添加一定量的有机增塑剂和黏结剂。水的表面张力远高于有机溶剂,而且陶瓷粉体颗粒表面润湿性差,使悬浮液的固体含量降低。在水基陶瓷浆料体系中,加入润湿剂,可以改善水与陶瓷颗粒之间的润湿性,提高浆料中的固体含量。水基浆料对添加剂类型及其用量比较敏感,因此必须注意助剂对水基陶瓷浆料性能的影响。

表 5-3 一种水基流延陶瓷浆料的配方及配制工艺[165]

原材料	功能	用量/g	工艺
蒸馏水	溶剂	31.62	预先混合
氧化镁	晶粒生长抑制剂	0.25	
聚乙烯醇	增塑剂	7.78	
丁苄基酞酸酯	增塑剂	57.02	
非离子辛基苯氧基乙醇	润湿剂	0.32	
丙烯基磺酸	悬浮剂	4.54	
氧化铝粉体	主原料	123.12	加入上述预混料,球磨 24h
丙烯树脂系乳液	黏结剂	12.96	加到主原料中,混磨 0.5h
石蜡系乳液	消泡剂	0.13	加到主原料中,混磨 3min

膜坯干燥是水基浆料的最大挑战。水基陶瓷浆料在干燥过程中更容易产生裂纹、卷曲,容易出现有机物和小颗粒的离析,导致脱皮等缺陷的产生。因此,在干燥过程中,需要根据浆料成分和膜坯的厚度对工艺条件如温度、相对湿度、气流速度等进行精确控制,以减缓水分蒸发速度。

为了解决水基陶瓷浆料及其成膜的技术问题,国内外学者进行了不懈的努力。我国学者在水基陶瓷浆料成膜技术中引入了凝胶浇铸技术,以可溶性单体的聚合机理为基础,将流延成型和凝胶注模相结合,发展了快速水性凝胶固化技术[171]。采用该工艺制备的水基陶瓷浆料,其固体体积分数大于 50%。在氮气气氛及特定的温度下,该浆料可在几十分钟内凝固,显示出很好的应用前景。

3. 其他浆料

随着厚膜技术的发展,不同的浆料体系也在不断发展。例如将陶瓷粉体与溶胶混合,使陶瓷颗粒均匀分散于溶胶中,形成稳定的浆料。该浆料可以通过旋涂或提拉成膜工艺来制备厚膜。

5.3 厚膜制备技术

5.3.1 丝网印刷技术

丝网印刷(screen printing)是一种古老的印刷技术,也是厚膜材料制备的最常用技术。丝网印刷是一个相对简单的过程,可在各种基材如陶瓷、金属、玻璃、纺织品、有机柔性基材等上制备各种厚膜[162,164]。丝网印刷的基本原理是:丝网印版的部分网孔能够透过油墨,可通过移动刮板,使油墨漏印至基材上,形成厚度从几微米至几十微米的厚膜;印版上其余部分的网孔被堵死,不能透过油墨,在承印物上形成空白。丝网印刷工艺如图5-3所示。

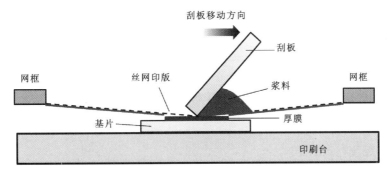

图5-3 丝网印刷工艺示意图

5.3.1.1 丝网的选择与制版

丝网是一种精细的编织网,被固定在坚固的金属网框上。丝网的一些重要属性包括股线的大小、目数、材料和绷网张力等,这些是丝网选用时必须注意的参数。丝网材料的选择必须确保印刷沉积物的均匀性。丝网材料应该具有足够好的柔韧性、弹性和光滑表面,能与基片之间保持良好的接触,印刷过程中刮板阻力小,网布在刮板刮过后能迅速返回其原始位置。网状材料还必须具有良好的化学稳定性,且能耐受浆料中各种溶剂和其他化学物质的侵蚀。

目前,常用于厚膜制备的丝网材料是聚酯、尼龙和不锈钢。它们都有自己的优点和缺点。聚酯柔软、弹性较好,其制备的丝网使用寿命长,刮板磨损低,可在不平坦的表面上印刷。尼龙是3种丝网织物中弹性最高的,在某些情况下可能会占优势,但弹性高意味着印版开口区域在印刷行程中容易发生变形,使图像精度下降;另外,尼龙的回弹性低,制成的丝网容易与基片粘连,印刷质量差,因而不适合用于高黏度浆料(或油墨)的印刷。不锈钢丝网的主要优点是,可以产生高质量的线条和对齐,并且可以很好地控制印刷过程。不锈钢丝比聚酯和尼龙丝更加细小,是丝网的理想选择。但是,由于不锈钢丝网柔软性和回弹性差,其很难在不平整的表面上进行印刷。因此,不锈钢丝网通常用于图形分辨率要求高以及需要对位的小区域印刷。

丝网选定后,用网框绷紧,便可进行印版制作。制版工艺流程如图 5-4 所示。

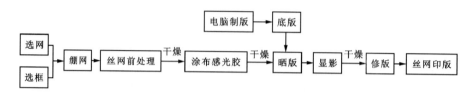

图 5-4 丝网印版制作工艺流程图

采用感光膜制版是当前电子厚膜材料丝网印刷的主流。首先使用洗涤剂对丝网进行清洗,去除油脂、污迹等,再用清水冲洗干净,最后在恒温箱中烘干。干燥后的丝网采用感光胶进行涂布,然后在安全光条件下采用烘箱进行干燥,获得具有一定厚度、表面平整的感光胶涂层。利用预先制作的底版在暗室中晒版,把底版图案转至感光涂层中,然后把曝光后的网版用显影剂溶液浸泡,进行显影。这一过程实际上就是把感光胶涂层曝光图案部分溶解,露出网孔。显影后再用清水冲洗干净,然后干燥,最后对网版进行修版处理,以获得满足印刷质量要求的丝网印版。也可以根据需要对修版后的印版进行坚膜处理,以增强印版的强度和耐用性。

5.3.1.2 厚膜材料的印制

利用丝网印刷技术进行厚膜制备,是在基材上进行的。基材可以是基片、陶瓷、金属、或其他厚膜材料等[157]。生产上通常采用半自动丝印机和全自动丝印机进行厚膜印制。半自动丝印机采用电脑控制,基材的装卸通过人工操作。全自动丝印机完全由程序控制,预先设置好工艺参数后,厚膜印制过程完全自动进行,设备会自动进行基材检测和印刷图案对准,以及检测成膜质量等。全自动丝印技术已广泛应用于多层叠片式电子元件的内电极制作。

丝网印刷制备厚膜材料包括 3 个主要阶段:印刷、干燥和烧结。浆料经过丝网印刷在基材上形成特定形态图案的湿膜。印刷后,通常让湿膜在空气中静置几分钟,使浆料平整。然后用红外线带式干燥机或传统箱式烘箱在 150℃ 左右的温度下干燥,除去有机溶剂。干燥后的厚膜可以进行烧结,也可以再套印新一层厚膜。

厚膜的烧结温度主要由浆料的活性材料及玻璃相的熔化温度决定。烧结主要有 3 个方面的作用:一是去除干膜中残留的有机载体;二是提高厚膜与基材的附着力;三是使厚膜具有所需的电性能。为了使厚膜具有好的性能,烧结温度可达 1000℃。升降温曲线需根据厚膜材料的特性来确定。大多数厚膜材料都是在干净、过滤空气的环境中烧制,这样的烧结条件重复性好,有利于获得稳定的高质量厚膜。当然,有的材料必须在惰性气氛(如氮气)中烧结,以避免材料在烧结过程中被氧化[167]。

5.3.1.3 丝网印刷技术的特点

丝网印刷具有设备简单、操作方便、适应性强、成本低廉等特点,广泛应用于电子工业、陶瓷贴花工业、纺织印染行业等。在电子工业,该技术用于制作导体、电极、电阻、电阻保护层、多层元器件的内电极、开关、操作盘、显示屏、印刷电路板等。丝网印刷对承印物(基材)的适应性很强,可在各种材质上印制厚膜。丝网印刷对浆料也有很强的兼容性,能印制各种性质的浆料或油墨。丝网印刷产生的膜厚较大,一般在 25μm 以上,特殊印制的电路板膜厚甚至可达 1000μm。丝网印刷制版工艺简单,印刷方式灵活多样,既适合大规模自动化生产,也可以进行手工作业。

5.3.2 移印技术

移印技术(pad printing)是利用柔软的移印胶头将印版图文区油墨转移到承印物上的印刷技术,是一种重要的间接印刷方法[172]。移印技术的工艺过程如图 5-5 所示。

首先根据设计图案制备印版,再在印版上涂上浆料(或油墨),刮去多余的浆料。在这一过程中,溶剂逐渐蒸发,使浆料黏度增高(图 5-5a);将移印胶头压在印版浆料上,浆料图案被黏附、转移到移印头上(图 5-5b、c);再把移印头转移,压到承印基材表面,由于转移过程中浆料溶剂进一步蒸发,黏度进一步提高,浆料图案被黏附在承印基材上(图 5-5d~f)。这一过程的往复就可以实现连续印制。

移印浆料(或油墨)一般采用快速蒸发的溶剂制成。该浆料必须具有比丝网印刷浆料更好的流动性和黏性。溶剂具有更快

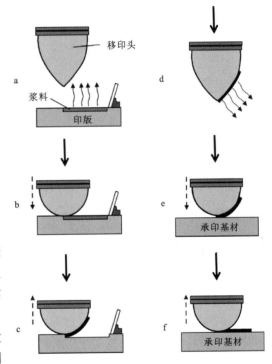

图 5-5 移印技术工艺流程示意图[172]

的挥发性,使浆料在印刷过程中黏度逐渐增高,以便浆料图案能够附着在印板上,并在承印基材表面上产生较强的黏附力。溶剂的蒸发速度还受温度和湿度的影响,因此印刷环境的温度和湿度需要进行精确控制。

移印头是移印工艺的关键部分,其由具有弹性的硅橡胶制成,可根据需要制成多种不同形状。移印头吸收浆料(或油墨)的能力及其印刷质量取决于移印头的形状、硬度、表面性质以及制作的材料。移印头的基本形状有圆形、长方形、正方形等。此外,移印头也可以固定在转印滚筒上,发展成旋转移印设备,如图 5-6 所示。该装置把印版做在旋转轮上,其下部放置浆料池。印版轮从浆料池经过,浆料进入凹版图案中,再通过刮刀刮去多余的浆料。印

版轮在转动过程中与转印滚筒上的硅橡胶垫接触,浆料被转移到硅橡胶垫上。转印滚筒继续转动,当硅橡胶垫上的浆料与基片(或承印基材)接触时,浆料被转移到基片表面,从而实现连续印刷。

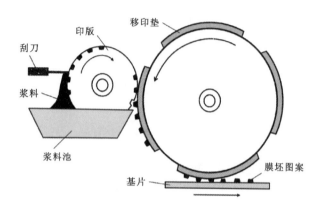

图 5-6　旋转移印装置示意图[172]

移印形成的湿膜再经过干燥、烧结,便可在基材上形成图案化的厚膜材料,其烧结过程和条件与丝网印刷工艺类似。

与其他技术相比,移印技术的突出优点是可以在其他技术无法印制的非平坦表面上印制厚膜或图案。例如在弯曲的凸表面、凹表面、圆柱面、球形面、不规则形状表面、有纹理的表面上进行印刷。这些表面是无法采用丝网印刷技术进行印刷的。但移印技术在印刷速度和套印准确性方面存在不足。

5.3.3　流延技术

流延技术(tape casting)是一种生产大面积陶瓷厚膜的技术,其制备的厚膜材料主要用于生产单层或多层结构的片式元器件[173]。该技术开发于 20 世纪 40 年代,最初是为生产电子陶瓷,包括基板、封装和多层电容器等。目前,陶瓷多层电容器的年生产仍然是流延技术的最重要应用之一。以流延技术生产的陶瓷多层电容器的年产值已达数十亿美元。此外,许多产品如多层电感器、多层压敏电阻器、压电陶瓷元件、陶瓷燃料电池和锂离子电池组件的生产,也依赖于流延技术。

流延技术的主要优点是:可以制备出其他方法很难制备的面积大、厚度小、平整度高的陶瓷厚膜或金属厚膜。

5.3.3.1　流延技术的工艺原理

在厚膜材料的流延法制备工艺中,首先需制备出适合流延成型的陶瓷浆料,其一般是有机基浆料,然后利用流延设备进行成膜[159]。在此过程中,浆料从浆料池流到承载钢带上,承载钢带在浆料池下方以受控速度连续移动。陶瓷浆料从刮刀下流过,在承载钢带上形成一层具有一定厚度的浆料膜,如图 5-7 所示。膜的厚度可以通过调控刮刀的高度来进行控制。在浆料膜随着承载钢带移动的过程中,溶剂不断蒸发。湿膜进入前方的干燥室后,在一定温度下逐渐干燥、固化,最后与承载钢带剥离,形成具有一定致密性、柔软性和强度的厚膜生坯带。流延速度主要由浆料层厚度、溶剂蒸发速率及流延机长度等因素决定。典型的流延速度约为 0.15m/min,对于快干浆料流延速度可以高达 2m/min。

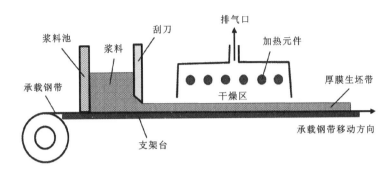

图 5-7 流延技术成膜工艺示意图

在流延法厚膜制备工艺中,浆料的分散性、流动性、稳定性和成膜性特征非常重要。为了获得好的浆料性能,不仅要选择合适的溶剂和黏结剂,而且要选用适当的增塑剂、分散剂等添加剂,并采用适当的球磨加工工艺来制备浆料。表 5-4 给出了一种氧化铝浆料的基本配方及制备工艺条件。该浆料的制备采用了两阶段球磨工艺[165]。首先,把 Al_2O_3 粉体、MgO 粉体(晶粒生长抑制剂)与溶剂三氯乙烯和乙醇以及分散剂鲱鱼油混合球磨 24h;然后,加入黏结剂聚乙烯醇缩丁醛、增塑剂聚乙二醇和邻苯二甲酸辛酯,再球磨 24h。黏结剂起增强颗粒间黏结作用,增塑剂增加生坯带的柔韧性,分散剂阻止颗粒沉降。分散剂采用鲱鱼油,它是一种长链脂肪酸。这种长链有机分子吸附在陶瓷颗粒上,有机长链朝外,阻止颗粒彼此接近,从而使浆料中的陶瓷颗粒保持稳定分散。

表 5-4 一种氧化铝浆料的基本配方及制备工艺[165]

原料	功能	配比(质量分数)/%	制备工艺
Al_2O_3 粉体	基础材料	59.6	第一阶段:混合球磨 24h
MgO 粉体	晶粒生长抑制剂	0.15	
鲱鱼油	分散剂	1.0	
三氯乙烯	溶剂	23.2	
乙醇	溶剂	8.9	
聚乙烯醇缩丁醛	黏结剂	2.4	第二阶段:加入上述浆料中,继续球磨 24h
聚乙二醇	增塑剂	2.6	
邻苯二甲酸辛酯	增塑剂	2.1	

5.3.3.2 生坯带的特征

流延法形成的生坯带实际上是一种由有机黏结剂和陶瓷颗粒组成的复合材料,其是制备各种多层厚膜元器件的基础材料。在高温下,生坯带中的有机黏结剂会完全热解,无机颗粒经过烧结,形成陶瓷厚膜材料。由于浆料中含有大量的有机物,在生坯带干燥和烧结过程中会发生较大幅度的收缩。例如表 5-4 配方的氧化铝浆料如果形成 1.50mm 厚的湿膜,经干燥后生坯带的厚度会减小至 0.75mm(减少 50%),其烧结后的厚度进一步收缩至约 0.60mm[159]。这一过程及其结构变化特征如图 5-8 所示。

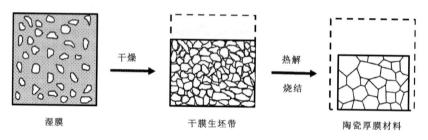

图 5-8　流延法厚膜制备过程中各阶段膜结构变化示意图

在实际生产中,为了确保膜厚的一致性,需要对生坯带厚度进行实时连续监测。生坯带的强度与膜厚有关,膜厚小于 0.025mm 时,生坯带容易破损,而厚度大于 0.113mm 时,则柔软性较差,难以进行滚筒卷带。干燥后的生坯带可切割成固定宽度后保存,也可以用卷筒保存,以便在后续产品生产中使用。

5.3.3.3 生坯带的应用

生坯带是各种多层片式电子元器件如电容器、压敏电阻器、电感器、换能器等生产的基础材料。流延技术生产的生坯带与自动化丝网印刷技术制备内电极相结合,可以制备出小尺寸贴片式电子元器件。这是电子元器件小型化、集成化的重要形式,具有广阔的应用前景。有关多层片式电子元器件的特征及制备技术将在下一节详细介绍。

5.3.3.4 流延技术的特点

流延技术设备简单,工艺稳定,可以进行自动化控制,连续成膜,生产效率高。生坯带的性能均匀性好,平整度好,面积大,尺寸精度高。适合生产的膜厚范围宽,可以生产厚度小于 0.2mm(最小厚度甚至可达 1μm)的各种材料厚膜,也可以用于生产厚度在 0.25~1mm 之间的氧化铝、氧化铍及其他介电陶瓷基片(板)材料。

5.3.4　其他技术

其他厚膜制备技术还有旋涂技术和喷墨打印技术等。

旋涂技术是从相关的薄膜制备技术发展而来。该技术采用匀胶机进行旋涂制膜,故又称匀胶法。厚膜的制备是在溶胶中加入纳米级无机粉体,并使之均匀分散,形成稳定的悬浮体,然后在匀胶机上涂覆成膜。该方法使用的旋涂设备与薄膜制备设备相同,比较适合厚膜的实验室研究。

喷墨打印是采用喷墨打印机直接打印出复杂结构图案的厚膜材料[174]。该技术是一种非接触式印刷技术,通过喷嘴印刷各种厚膜图案,无需制版或光刻。图案可通过计算机创建并储存,打印时直接调用,方便快捷。喷墨打印用陶瓷浆料的性质特征对打印效果、图形及厚膜质量、分辨率等均有重要影响,要求无机粉体具有纳米级细度,形成的浆料具有良好的稳定性和流变性,颗粒无团聚,以避免堵塞打印头喷嘴。喷射产生的浆料液滴必须具有一致性,且浆料应具有高的干燥速率。该技术可与各种刚性和柔性基板兼容,适合生产各类电子元件、三维结构和多层结构制品,生产成本低,灵活性高,特别适合于产品的批量生产和小批量开发。

5.4 厚膜元件及其制备

厚膜技术在电子元器件的生产中得到了广泛的应用。除了在各类传统陶瓷元件上制造电极导体之外,厚膜技术广泛应用于各种小型、平面化的电子元件和集成元器件的生产。这些厚膜电子元件可以是单层的,也可以是由多层厚膜组成的叠片式。其中,片式电阻器、片式电容器、片式电感器和片式敏感元件等已经发展成规模化的产业群。其他功能各异的片式电子元件如片式天线、片式驱动器、片式变压器及片式换能器等得到了迅速发展。

多层片式电子元件不仅可以满足自动化表面安装技术的要求,而且也是降低成本、减小元件尺寸的需要。当前,贴片式元件的最小尺寸($L \times W \times t$)已达(0.6 ± 0.05)mm$\times (0.3 \pm 0.05)$mm$\times (0.23 \pm 0.05)$mm。在如此小的尺寸下,要确保元件具有应有的性能指标,则必须采用多层叠片式结构,并在陶瓷层间制备内电极。对于这种结构特征的元件制备,采用流延技术与丝网印刷技术结合,具有突出的优势。

本节重点介绍几种典型片式厚膜元件的制备。

5.4.1 片式电阻器的制备

典型的片式电阻器结构如图5-9所示。片式电阻器是在基片上印制电阻厚膜材料而成的,采用丝网印刷技术制备。首先,利用导电浆料在基片上印刷并烧制端部电极;再以相同的方式印刷电阻浆料,形成厚膜;然后,进行干燥和烧制;最后经切割、涂制外电极和封装,形成电阻器。电阻厚膜与端部电极存在一定的重叠,从而解决印刷时可能出现的微小错位。

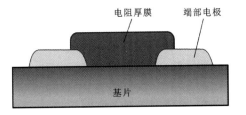

图5-9 片式电阻器结构示意图

商用厚膜电阻浆料的方阻范围为$1 \sim 10^9 \Omega/\square$,其烧结后制成的电阻器阻值取决于厚膜的方阻以及长度与宽度之比。厚膜电阻器制备的公差约为所需值的20%。许多应用对电阻阻值的误差有严格要求,因此需要对电阻进行修整[157]。有两种最流行的修整技术:一是激光修整,其更适合于大规模的元件修整;二是磨料喷射修整。这两种修整方法均能够生产出误差为±0.1%的电阻器。

磨料喷射修整是利用压缩空气携带细小研磨粉的射流来去除小面积的电阻厚膜,从而实现修整。喷嘴的直径为0.5~1mm,通常使用平均直径为25μm的氧化铝颗粒作为研磨介质。激光修整是一种全自动高速电阻修整技术,其通过高能激光脉冲使厚膜材料气化来实现修整。电阻器的修整有不同类型的切口,如图5-10所示。直线切割是最快的修整方法,但难以实现高精度修整。L型切割可以解决高精度修整问题。两侧切割和双切割都是在初始直线切割的基础上附加一个小的直线切割。顶帽结构用于需要较大电阻变化的情况。经过修整后,电阻器的阻值只能因厚膜材料的去除而增加,即修整过程无法降低电阻值。因此,需要修整的电阻器的设计阻值应比修整后的阻值低25%~30%。

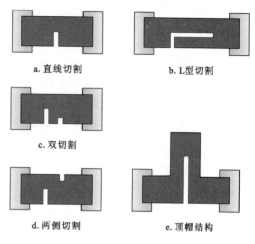

图5-10 电阻器修整切口类型示意图

5.4.2 片式压敏电阻器的制备

压敏电阻器(varistor)是一种具有非线性伏安特性(V-I特性)的电子元件,广泛应用于各种电路的过压保护和稳压。随着数字电路及便携式电子产品的发展,低压电路保护的问题越来越突出。微型集成元器件和数字电路所固有的对外加电压波动的敏感性和脆弱性,对过压保护元件的性能提出了更高的要求。人们对以ZnO低压压敏电阻器为代表的压敏电阻小型化、低压化的研究始于20世纪70年代,并于80年代初相继开发出压敏电压低、非线性系数高的ZnO低压压敏电阻阀片以及适合表面安装技术(SMT)的多层片式ZnO低压压敏电阻器。与此同时,其他低压压敏电阻器如TiO_2压敏电阻、SnO_2压敏电阻、$SrTiO_3$压敏电阻、$BaTiO_3$压敏电阻、WO_3压敏电阻等也得到研究和发展。

5.4.2.1 压敏电阻器的基本特征

压敏电阻最重要的性能是非线性V-I特性,这是压敏电阻器工作的基础。电压V与电流I的关系遵循以下关系式[175]:

$$I = kV^\alpha \tag{5-1}$$

式中,k为常数;α为非线性系数,其由下式计算:

$$\alpha = \frac{\lg I_2 - \lg I_1}{\lg V_2 - \lg V_1} \tag{5-2}$$

式中,V_1、V_2分别是电流为I_1、I_2($I_2 > I_1$)时的外加电压。

非线性系数 α 是压敏电阻电性能的一个重要参数,该值的大小决定着元件的过压保护能力,α 值越高越好。

ZnO 压敏电阻最吸引人的特征是它的压敏电压与元件尺寸有关。在 ZnO 压敏陶瓷中,ZnO 主晶相被晶界相(富 Bi 相、尖晶石相、焦绿石相等)所包围。ZnO 晶粒电阻率低,为导体,晶界相电阻率高,为绝缘体。每个 ZnO 晶粒及其晶界相所形成的结构均相当于一个半导体异质结。非线性伏安特性源于每个 ZnO 晶粒的晶界,因此 ZnO 压敏电阻可看作是一个由很多串联和并联的晶界所组成的"多结"元件。它的显微结构模型如图 5-11 所示。

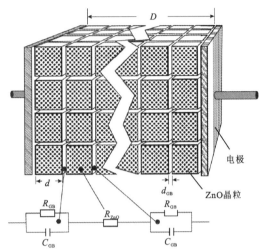

图 5-11 ZnO 压敏电阻显微结构模型

ZnO 压敏电阻的基本特性是晶界的压敏电压为常数,其电性能受 ZnO 平均粒度及粒度分布特征的显著影响。在一定组分变化范围和制备条件下,每个晶界的压敏电压为 2~4V,而且,该电压值不随晶粒大小的不同而改变。因此,ZnO 压敏电阻器的压敏电压可通过调整材料的厚度和 ZnO 晶粒的大小来加以调控。压敏电压与晶界数的关系可表示为:

$$V_{br} = V_g n \tag{5-3}$$

式中,V_{br} 为压敏电压;V_g 为单个晶界的压敏电压;n 为电极间电流流向上平均晶界数。可见,ZnO 压敏电阻的压敏电压与电流流经的晶界数成正比。晶界数越多,压敏电压越高;反之,则越低。因此可通过调节 ZnO 晶体粒径或电极间材料的厚度等途径来调节元件的压敏电压。若 ZnO 晶体粒径一定,则电极间陶瓷片的厚度 D 与压敏电压 V_{br} 成正比,公式如下:

$$D = (n+1)d_{gr} \approx \frac{V_{br} \times d_{gr}}{V_g} \tag{5-4}$$

$$V_{br} = \frac{D \times V_g}{d_{gr}} \tag{5-5}$$

式中,d_{gr} 为平均粒径。

由式(5-5)可知,通过减小电极间陶瓷层的厚度或增大 ZnO 晶体粒径均可有效降低 ZnO 压敏电阻的压敏电压,实现元件的低压化。

多层片式元件是由陶瓷厚膜与导电厚膜(内电极)依次叠合而成[176],元件结构如图 5-12 所示。ZnO 陶瓷厚膜与电极厚膜交错排列,内电极与两端面外电极相连。通过减小陶瓷厚膜的厚度并增加内电极的层数,就可以实现在减小元件尺寸的情况下获得较大的电极面积。对于压敏电阻来说,内电极间陶瓷厚膜厚度的减小有利于实现压敏电阻的低压化,而较大的电极面积则使压敏电阻具有较大的通流容量。因此,通过对陶瓷厚膜厚度及层数的调控,比较容易制备出所需压敏电压及通流容量的 ZnO 压敏电阻器。

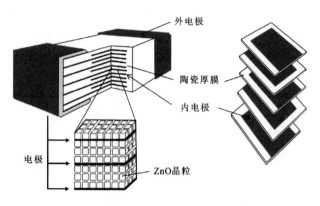

图 5-12　多层片式压敏电阻的结构及基本构成

5.4.2.2　多层片式 ZnO 压敏电阻器的制备

多层片式 ZnO 压敏电阻器制备的主要环节有：①ZnO 流延浆料的制备；②ZnO 厚膜生坯带的流延法制备；③生坯带切割；④内电极印制；⑤生坯片叠层、层压成型及切割；⑥多层元件坯体的烧结；⑦倒角及外电极的制备。工艺流程如图 5-13 所示。

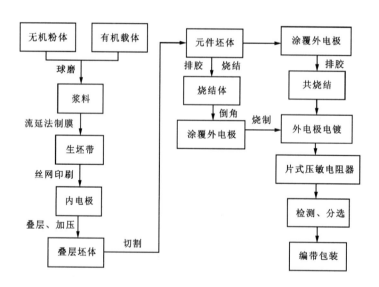

图 5-13　多层片式 ZnO 压敏电阻器制备工艺流程图

浆料中的无机组分以 ZnO 为主，同时加入少量 Bi_2O_3、Sb_2O_3、Cr_2O_3、MnO、CoO、B_2O_3、SiO_2、Pr_2O_3 等掺杂氧化物，或者添加质量分数 10% 的铅硼硅酸锌玻璃料（铅硼硅酸锌玻璃料的配比为 58%PbO、12%SiO_2、25%B_2O_3 和 5%ZnO）。ZnO 粉体与掺杂氧化物或者玻璃料先混合球磨 24h，然后烘干，在 600℃ 下煅烧 2h，再粉磨、过筛，制得用于浆料制备的无机粉料。浆料一般为有机体系[177]，其以三氯乙烯和乙醇为溶剂，以环己酮为润滑剂，以磷酸三丁酯为分散剂，以聚乙二醇（PEG）为增塑剂，以聚乙烯醇缩丁醛（PVB）为黏结剂。浆料的制备采用两次研磨工艺：第一步是将无机粉料与溶剂、润滑剂和分散剂混合研磨4h；然后向悬浮液添加适量的含质量分数10%聚乙烯醇缩丁醛、90%三氯乙烯和增塑剂的黏结剂溶液；再进行第二次研磨，时间为2h。另外，添加适量消泡剂消除浆料中的气泡，以获得均匀、分散性良好的浆料。

浆料除了采用有机体系之外，还有水基体系[178]。水基浆料采用去离子水和聚丙烯酸铵为溶剂和分散剂。黏结剂常用水性黏结剂溶液，其含质量分数28%的丙烯酸树脂、7.0%的增塑剂和0.25%的消泡剂。以聚醚多元醇为增塑剂，另加适量的润湿剂。在浆料的制备工艺中，首先把掺杂的ZnO粉末、去离子水、Al(NO$_3$)$_3$·9H$_2$O和聚丙烯酸酯铵分散剂混合球磨12h；然后加入适量的黏结剂、增塑剂和消泡剂，再球磨6h；最后加入润湿剂，继续球磨1h，形成含固量为60%的稳定水基浆料。

浆料通过流延法制成厚度为10~120μm的生坯带，然后切割成一定尺寸的生坯片。采用丝网印刷在生坯片上印制内电极，电极浆料可选用Pt、Pd、Ag-Pd等浆料。内电极尺寸和走向需根据元件结构进行设计，确保其一端延伸到端面，以便与后续制备的外电极相连；另一端及两侧留有一定尺寸的间隙，以避免短路。内部电极被陶瓷层包围，除了与外电极的连接部分之外，完全埋在陶瓷层内。

印制好内电极的生坯片按照相邻内电极走向相反的方式叠层，使相邻内电极以交错方式分别延伸至元件端面，形成如图5-12所示的结构。当叠加的厚膜层达到预定层数后，顶部加上一层没有印制内电极的生坯片，然后在100℃下加压至14MPa，保压1h，使生坯片与内电极层压成型，然后再切割成元件坯体。

切割后的元件坯体在一定温度下进行烧结。制得的烧结体先以球磨倒角机等设备进行倒角处理，然后再涂覆、烧制外电极。外电极材料可以选用Ag、Cu、Ag-Pd等，烧制温度为600~950℃。也可以在元件坯体烧结前先涂覆外电极，然后进行陶瓷元件与外电极的共烧结。此时所用的外电极材料通常为Pd或Ag-Pd等，烧结温度一般为800~1000℃。

元件烧结后一般需进行表面处理，并进行检测和分选，以确保产品质量。合格产品需进行编带包装。

5.4.2.3 多层片式压敏电阻制备的技术问题

多层片式压敏电阻制备的技术关键是使陶瓷材料与内电极的热膨胀系数和收缩率相匹配，并有效抑制内电极与陶瓷层之间的界面反应，同时确保两者的烧成温度基本一致，以实现元件的一次烧成。由于陶瓷层厚度较薄，内电极对元件性能有很大影响。为了降低烧成温度，一般在陶瓷配料中加入玻璃料。而内电极材料选用Pd或Ag-Pd电极材料，可以改善内电极在烧结过程中的稳定性。另外，陶瓷层中的显微孔隙对多层片式压敏电阻的电性能有较大的影响。微孔会使漏电流增大、非线性系数降低。因此，如何减少甚至消除微孔是多层片式压敏电阻制备中必须面对的问题。

多层片式ZnO压敏电阻的制备由于采用了低温烧结，较好地实现了对ZnO晶粒的控制。ZnO晶粒的粒度及分布特征对压敏电阻的性能有较大的影响。晶粒细、粒度分布均匀时，压敏电阻的电流分布更加均匀，吸收的瞬态能量更均衡地分布于整个元件中，有利于提高元件的瞬态能量吸收容量，并提高其长期稳定性。

5.4.2.4 多层片式压敏电阻器的应用

多层片式压敏电阻器具有体积小、响应速度快、通流容量大、电压钳位能力出色、电容量选择范围大、温度特性好、易于低压化等特征，广泛用于通信、电力、交通、计算机、工业控制、汽车电子、医用设备、消费类电子产品等领域，为 LCD、键盘、I/O 接口、IC、MOSFET、CMOS、传感器、霍尔元件、激光二极管、前置放大器、声频电路、高速数据线等提供过压保护和静电保护。图 5-14 给出了压敏电阻器的几种典型应用实例。

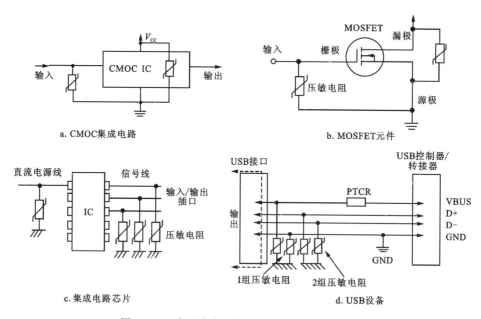

图 5-14　多层片式压敏电阻器的典型应用实例

5.4.3　片式多层陶瓷电容器的制备

电容器是由介电材料隔开的两块导体极板构成的存储电能的元件，是电路中使用最广泛的无源元件之一。陶瓷电容器是指以陶瓷材料为介质的电容器，其品种繁多，使用最为广泛。随着电子产业的飞速发展，小型化、片式化已成为陶瓷电容器的发展方向。片式多层陶瓷电容器（MLCC）具有体积小、比电容高、内感小、耐湿性好、高频特性好、可靠性高、绝缘电阻高、漏电流小、介质损耗低、机械强度高以及价格低廉等优点，被广泛应用于各种电子设备的隔直、耦合、振荡、滤波、旁路电路、调谐电路、控制电路等方面。片式多层陶瓷电容器与表面贴装技术相匹配，可大大提高电路组装密度，减小整机体积，已成为用量最大、发展最快的片式元件之一[179,180]。

5.4.3.1 陶瓷电容器的基本特征

陶瓷电容器的结构如图 5-15 所示。这是一种平板电容器,其电容 C 由下式计算[181]:

$$C=\frac{\varepsilon_0 \varepsilon_r S}{d} \qquad (5-6)$$

式中,ε_0 为真空介电常数,其值等于 8.85×10^{-12} F/m;ε_r 为陶瓷介质材料的相对介电常数;S 为两平板电极正对的面积;d 为两平板电极之间的距离。

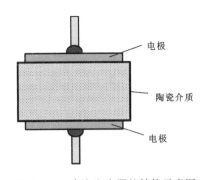

图 5-15 陶瓷电容器的结构示意图

由式(5-6)可见,可以通过 3 个途径实现陶瓷电容器的小型化:一是使用高介电常数的陶瓷介质材料;二是减小陶瓷介质层的厚度;三是增大电极面积。在陶瓷材料中,铁电陶瓷材料具有很高的介电常数,是常用的电容介质材料。而多层叠片式结构不仅可以实现介质层减薄,而且可以获得大的电极面积,因而成为陶瓷电容器小型化的主要结构形式。

5.4.3.2 片式多层陶瓷电容器的结构特征

片式多层陶瓷电容器是由多层金属电极和介电陶瓷厚膜交替叠合制成的电容器[182,183],又称为片式独石电容器,如图 5-16 所示。片式多层陶瓷电容器交替又不相连的内电极层分别与外电极连接,构成一个由多个平行板电容器组成的并联体,其电容 C 可表示为[182]:

$$C=\varepsilon_0 \varepsilon_r \frac{(n-1)A}{d} \qquad (5-7)$$

式中,n 为内电极的层数;A 为内电极的重叠面积;d 是介电陶瓷层的厚度。对于具有确定电容值的片式多层陶瓷电容器,在确定器件尺寸和介电材料的情况下,介电陶瓷层的厚度和堆叠层数成为元件设计的关键参数。目前,商用片式多层陶瓷电容器的层数已达数百层,层厚已减小至数微米。

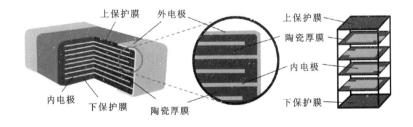

图 5-16 片式多层陶瓷电容器结构示意图

5.4.3.3 介电材料的选择

介电材料可分为低介电常数和高介电常数两种类型。低介电常数的介电材料如 TiO_2、$CaZrO_3$ 等的相对介电常数为 $20\sim300$,用于制备电容较小的电容器。高介电常数材料以

BaTiO$_3$ 为主,相对介电常数可高达 1000~20 000,广泛用于制备小尺寸、高电容的多层电容器。

根据电子工业协会(Electronic Industries Association,简称 EIA)标准,高电容片式多层陶瓷电容器的可靠工作温度范围为 -50~150 ℃。在此温度区间,具有高介电常数的材料有 BaTiO$_3$ 和 $(1-x)$Pb(Mg$_{1/3}$Nb$_{2/3}$)O$_3$ - xPbTiO$_3$(PMN - PT)等。由于 PMN - PT 为含 Pb 材料,Pb 是一种有毒重金属元素,在烧结过程中会蒸发,造成环境污染,而且在还原气氛下烧结过程中 Pb 还会与贱金属电极反应,因而不适合用作片式多层陶瓷电容器的介电材料。从材料的介电常数和工作温度来看,BaTiO$_3$ 是最适合制备片式多层陶瓷电容器的介电材料,其已在实际生产中得到广泛应用。

BaTiO$_3$ 是一种典型的铁电材料,其居里温度 T_c 为 120 ℃ 左右,并在 5 ℃ 附近存在正交-四方相变。因此,在商用片式多层陶瓷电容器生产中,常通过元素掺杂或添加其他组分以形成固溶体来调控 BaTiO$_3$ 的相变温度并宽化介电峰,以获得高的温度稳定性。例如商用的 X8R 电容器,通过掺杂 Ca^{2+} 来提高 BaTiO$_3$ 的居里温度,改善高温稳定性,其在 -55~150 ℃ 温度下电容温度系数(TCC)不大于 $\pm 15\%$,满足高温条件下应用的要求。商用的 X9M 电容器同样基于 Ca^{2+} 掺杂的 BaTiO$_3$,其在 -55~200 ℃ 温度下 TCC 不大于 $\pm 50\%$[180]。为了达到更高的工作温度和可靠性标准(在 15~200 ℃ 下 TCC 不大于 $\pm 15\%$),已开发 CaZrO$_3$ 体系的 X9R 电容器,但由于 CaZrO$_3$ 的顺电特性,其电容很低[179]。为此,基于 Bi 基钙钛矿材料的 X9R 电容器被研究开发,但由于 Bi 在还原气氛中烧结时会严重蒸发,因此必须采用贵金属如 Pt、Pd 等作为内电极材料,这会大大提高产品成本。为了解决相关问题,可利用 BaTiO$_3$ 与 Bi 基钙钛矿材料复合,以获得高居里温度和高热可靠性的介电材料。

BaTiO$_3$ 的介电性能也可以通过掺杂形成核-壳晶粒结构来改善。由于掺杂组分在烧结过程中发生扩散,在 BaTiO$_3$ 晶粒表面形成了由掺杂组分扩散形成的壳层,而晶粒内部仍保留着 BaTiO$_3$ 核。这种核-壳结构提高了材料的综合介电性能,获得低的温度电容变化、低的介电损耗以及高的可靠性。值得注意的是,高电容、小尺寸片式多层陶瓷电容器的发展使 BaTiO$_3$ 介电层变得越来越薄,这就要求 BaTiO$_3$ 晶粒具有更小的尺寸($<1\mu$m)。

5.4.3.4 片式多层陶瓷电容器的制备工艺

片式多层陶瓷电容器的制备工艺流程如图 5 - 17 所示。精细介电陶瓷粉体需预先合成,其应具有小的粒度和良好的分散性。陶瓷粉体与有机黏结剂、溶剂和添加剂(包括掺杂剂和烧结助剂)通过球磨工艺进行均匀混合。原材料的纯度需要精确控制,以确保电容器的高性能和可靠性。混合物经球磨形成具有良好分散性、流动性、稳定性和成膜性的浆料。采用流延法将浆料制备成一定厚度的厚膜生坯带,其经干燥后切割成一定大小的片材。采用丝网印刷在生坯片上印刷金属电极浆料,制备内电极。将印有内电极的生坯片按照与相邻内电极走向相反的方式进行交替叠层,形成如图 5 - 16 所示的结构。这一过程需要高精度的对准。生坯片堆叠达到所需层数后,对其进行烘烤,以软化坯体内部树脂,排除部分易挥发的有机溶剂,同时进行层压,使各厚膜层紧密结合,然后切成所需的尺寸,最后进行烧结。由于坯体中含有内电极,因此需严格控制烧结温度和环境条件。烧结后再进行倒角处理,然后制备外电极,使之与内电极连接。外电极烧制后,利用电镀沉积法在外电极上镀上镍金属层和锡金属层,以形成热阻挡层和提高外电极的可焊性。最后进行元件性能测试,以确保产品质量。合格产品采用编带的形式包装。

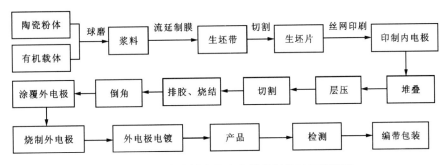

图 5-17 片式多层陶瓷电容器的制备工艺流程图

大容量的片式多层陶瓷电容器制备需要注意几个问题:一是该类电容器的陶瓷层薄、层数多,无论是介电材料浆料还是金属浆料都需要更细粒度的粉末(<300nm),以便能形成更平滑的介电陶瓷层和内电极层;二是烧结温度的控制对于多层陶瓷电容器的制造很重要,如果陶瓷层与内电极的烧结温度不匹配,介电材料在高温(>1200℃)烧结过程中会引起金属向介电层扩散,导致元件性能下降、可靠性降低,甚至失效;三是由于内电极常使用贱金属,其在烧结过程中存在氧化问题,因此需要控制烧结气氛条件。近年来,普遍采用 Ni 等贱金属代替昂贵的 Pd 作为内电极材料,这就要求烧结必须在低氧分压条件下进行。在还原气氛下,介电层在烧结过程中可能发生明显的成分变化从而导致缺陷形成。因此,为了防止介电材料的还原以及内电极被氧化,应精确地控制烧结气氛。

在烧结工艺中,前期的排胶过程对产品质量有重要影响。由于厚膜中含有大量有机物,它们必须在烧结前从坯体中排除干净,以免影响元件的机械和电气性能。厚膜制备中使用的树脂一般在空气中于 300℃ 左右开始分解,如果气氛中含氧量低,则其分解温度会更高。根据介电材料及内电极浆料种类的不同,排胶可在空气中进行,也可以在氮气(即惰性保护气体)中进行。以 Ag-Pd 材料为内电极的元件坯体一般是在空气中排胶,而以 Ni 为内电极的元件坯体则在氮气气氛中排胶。Ni 是一种比较活泼的金属,在氧气充足的条件下,其在 280℃ 以上时会被迅速氧化,但在氧气不足时即使在更高的温度下也不被氧化。在氮气保护气氛中排胶,450~600℃ 下可使有机物充分排出,同时可以保证 Ni 不被氧化。片式多层陶瓷电容器的烧成温度一般在 1000℃ 以上[180]。在此温度下,如果氧分压较大,Ni 极易被氧化而失去导电性能,因此需要在还原或惰性气氛下烧结。然而,在低氧分压或还原气氛中烧结时,$BaTiO_3$ 基介质材料很容易被还原成半导体,产生氧空位,并使 Ti^{4+} 容易俘获电子而成为 Ti^{3+} ($Ti^{4+} \cdot e$)。被俘获的电子受到的束缚比较弱,很容易吸收能量而跃迁至导带,成为载流子。因此,烧结过程要兼顾内电极材料的氧化问题和陶瓷介质材料的还原问题,控制好烧结气氛和烧成制度,避免介质材料半导化。

烧结工艺可采用间歇式窑炉或连续式窑炉。间歇式窑炉有箱式炉、立式炉、钟罩炉等,其结构简单,操作方便,工艺重复性好,比较适合进行产品试验和小批量、多品种生产。连续式窑炉一般采用隧道窑,窑内可根据需要分为8~16个温区,至少包括预热排胶区、烧成保温区、降温区。隧道窑截面温度的均匀性、分段气氛以及气流控制等因素对产品烧成质量有很大影响。制品通过机械传动装置沿轨道推入窑内,其在窑内的行进和停留时间由程序控制,自动化程度高,适合规模化生产。

5.4.4 叠层片式电感器的制备

电感器是能够把电能转化为磁能而存储起来的元件,具有阻止交流电通过而让直流电顺利通过的特性。电感器是三大基础电子元件之一,在电路中主要起到滤波、振荡、延迟、陷波以及筛选信号、稳定电流、抑制电磁波干扰等作用[184],被广泛应用于各类电子产品。

电感器结构简单,一般由导电材料(如铜线)盘绕磁芯或者铁磁性材料而成,大多数是由导线环绕在铁氧体线轴外面,有的则把线圈完全置于铁氧体内。商用的电感器主要分为插装式电感器和片式电感器两大种类。片式电感器又分为叠层片式电感器和绕线片式电感器,其中叠层片式电感器具有体积小、成本低、屏蔽性良好、可靠性高、耐热性好、适合高密度表面安装等优点,得到了快速发展,广泛应用于无线通信和便携式移动设备中,成为各种电子产品如手机、摄像机、笔记本电脑等的重要元件。

5.4.4.1 电感器的理论基础

电感是在给定电流下产生的磁通量的比率。当导体围绕同一轴线缠绕 N 圈时,其电感值为[184]:

$$L = N\frac{\Phi}{i} \tag{5-8}$$

式中,L 为电感;Φ 为磁通量;i 为电流。根据法拉第定律,由电流变化感应产生的线圈电压 v 为:

$$v = \frac{d(N\Phi)}{dt} = L\frac{di}{dt} \tag{5-9}$$

即电流的变化率与 v 成正比,与 L 成反比。电流产生的磁通量 Φ 取决于周围介质的磁导率 μ:

$$\mu = \mu_0 \mu_r \tag{5-10}$$

式中,μ_0 为真空磁导率;μ_r 为介质材料的相对磁导率。因此,要实现电感器的小型化,应选择具有高相对磁导率的磁性材料。用于叠层片式电感器制备的磁性材料有 Ni-Cu-Zn 铁氧体、Mn-Zn 铁氧体、Ni-Zn 铁氧体、Fe-Si-Cr 合金等。

叠层片式电感器的制备首先需根据元件外形尺寸和电感量等指标要求,设计线圈的形态、结构,确定线圈匝数及叠层层数。带磁芯电感线圈电感量 L 的一般表达式为:

$$L = \mu \frac{SN^2}{l} \tag{5-11}$$

式中,N 为绕线的匝数;S 为电感器的横截面积;l 为绕线的长度。在制备过程中,可能存在尺寸偏差以及材料磁导率与理论值偏差,设计中应引入偏差系数。

5.4.4.2 叠层片式电感器的制备工艺

叠层片式电感器由印刷有导线的铁氧体厚膜层堆叠而成，导线通过连接孔穿越铁氧体厚膜层，实现上、下层导线的连接，最后与两端外电极相连，形成完整的线圈[185,186]。叠层片式电感器结构如图5-18所示，制备工艺流程如图5-19所示。

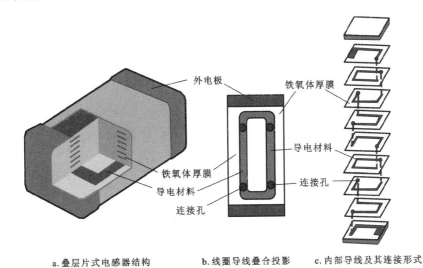

a. 叠层片式电感器结构　　b. 线圈导线叠合投影　　c. 内部导线及其连接形式

图 5-18　叠层片式电感器结构示意图

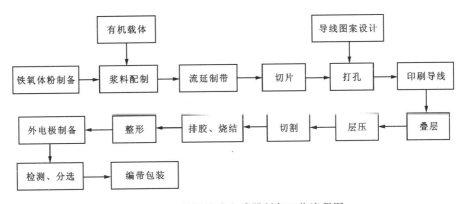

图 5-19　叠层片式电感器制备工艺流程图

铁氧体材料采用高温固相反应合成，并通过球磨制备铁氧体粉体。铁氧体粉体与有机载体按一定配比混合，制备流延浆料。为了降低铁氧体的烧成温度，在配料中常添加一定量的烧结助剂或玻璃质，如 Bi_2O_3、$CaO-B_2O_3-SiO_2$（CBS）玻璃等。铁氧体浆料经流延法制备成一定厚度的厚膜坯带，再切割成一定大小的坯片，以便在一张坯片上能一次印制多个线圈导线图案，提高生产效率。按设计的线圈导线形态和位置，先在坯片上打孔，再采用丝网印刷技术在坯片上印制线圈导线。导电浆料通过坯片上的连通孔实现相邻坯片上导线的连通。线圈导线可采用 Ag、Ag-Pd、Au、Pt 等贵金属，或者 Cu、Ni 等贱金属。导线图案印制后,再按设计的顺序进行叠层。导线印刷和叠层作业可采用自动化控制,确保各层精确对准。

叠层完成后,进行热压成型和切割,然后进行烧结。烧结前需进行彻底排胶,使有机物完全分解。烧结温度一般在750～1000℃之间,具体烧成温度根据材料配方以及烧结助剂或玻璃相的熔融温度而定。如果导电材料采用贱金属,需控制烧结气氛,在适当的氧分压下烧结,以避免其氧化。

烧结后,采用球磨倒角机或高速倒角机等对烧结体进行倒角整形;然后再在两端面涂覆银外电极,并在600～850℃下烧制,再在银电极上电镀镍层和锡层,以提高外电极的可焊性。产品要进行电性能测试,之后进行编带包装成卷盘,使产品适合自动化表面贴装。

5.4.4.3 叠层片式电感器的发展

随着科学技术的飞速发展,各类电子产品对电感器的要求也不断提高。为适应这种发展要求,叠层片式电感器的发展总体表现出以下几方面的特征。

(1)小型化:便携式电子产品的发展不仅要求具有更高的性能、更复杂的功能,而且要求有更小的体积。为了满足相关产品的发展要求,电感器也朝着小型化和片式化方向发展。目前,市场上的叠层片式电感器尺寸已达1.0mm×0.5mm×0.5mm,更小的尺寸如0.6mm×0.3mm、0.4mm×0.2mm等产品已在一些企业研制成功。未来,进一步小型化仍然是叠层片式电感器的发展方向。元件小型化需要有更高性能的材料和更先进的制备技术。

(2)高频化:由于通信电子产品的传输频率朝着高频方向发展,电感器的应用频率也必须相应提高。叠层片式电感器作为一种使用陶瓷材料制成的元件,其更容易实现高频化的要求。高频叠层陶瓷电感器的自谐振频率已由1GHz附近提高到6GHz以上,并向10GHz甚至更高频率发展。

(3)大功率化:随着便携式电子产品的快速发展,电源装置朝着小型化、高密度和高效率等方向不断发展,叠层片式电感器在电源小型化中发挥着重要作用。为了满足大功率应用的需求,要求铁氧体具有高的初始磁导率、高的电阻率、高的饱和磁通密度、高的截止频率、高的居里温度和低的功率损耗。

(4)复合化:叠层片式电感器与电容器复合,发展成滤波器、耦合器、平衡-非平衡转换器等产品;与其他主动、被动元件复合,可开发出包括射频模组、VCO模组、蓝牙模组等的产品。

5.4.5 厚膜传感器的制备

传感器作为一种敏感元件,在自动检测和自动控制技术领域发挥着重要作用。微型化、智能化、多功能化、网络化是传感器发展的重要方向。基于厚膜技术在小微型元件制备中的优势,厚膜传感器得到了快速发展。本小节简要介绍几种厚膜传感器及其制备技术。

5.4.5.1 厚膜力传感器

厚膜力传感器主要是基于压阻、压电或电容技术。当受到外力作用而变形时,体电阻率发生变化的材料称为压阻材料。常见的元件有应变计,其测量在受力时产生的电阻变化,常用于埋设在桥梁、基桩等建筑物中监测应力和应变。应变计的灵敏度用应变系数 GF 表示,其定义为:

$$GF = \frac{\Delta R/R}{x} \qquad (5-12)$$

式中,$\Delta R/R$ 为电阻的相对变化;x 为应变(无量纲)。金属箔应变片与厚膜电阻的应变系数分别在 2 和 10 左右。如果厚膜电阻的阻值具有更大的变化范围,则应变计设计将具有更大的灵活性。应变计通过惠斯通电桥产生与机械测量成比例的模拟电压输出,从而实现高精度测量。厚膜压阻传感器的种类较多,包括加速度计、压力传感器和称重传感器等。

压电材料表现出在受到机械力作用时产生电荷的特性,并因外加电场作用而变形,因而既可以用于制备传感器又可以用于制备执行器。厚膜压电传感器的基本结构如图 5-20 所示,通常采用丝网印刷技术制备。陶瓷浆料由压电陶瓷粉体(如 PZT)与玻璃粉和有机载体混合制成。基片可以采用陶瓷基片或硅基片[187]。首先采用丝网印刷在基板上印制导电层,经干燥和烧制,形成底电极;然后在该电极上印制压电厚膜;最后在压电厚膜上印制上电极,形成夹层结构。常用的压电厚膜传感器及相关压电元器件有加速度计、压力传感器、微机械泵、声表面波(SAW)器件、谐振器等。

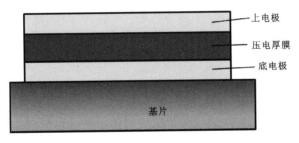

图 5-20 压电厚膜传感器结构示意图

5.4.5.2 压电厚膜执行器

压电执行器是一种精密的陶瓷执行器,可将电能直接转换为线性运动,具有响应速度快、输出力大和分辨率高等特征,广泛用于精密加工、集成电路制造、半导体测试、高分辨率显微镜、光纤对接、生物工程、航空航天等现代高科技领域。

压电厚膜材料制备可采用丝网印刷或者流延工艺。丝网印刷技术非常适合于微型压电执行器的制备。在硅基片上先制备铂底电极,然后利用丝网印刷技术制备压电厚膜,其烧制后,再制备银上电极。该工艺与硅微机械加工技术相结合,可以制备压电厚膜执行器阵列。

5.4.5.3 厚膜热敏电阻器

电阻随温度变化而变化的元件称为热敏电阻器。热敏半导体材料的电阻率随温度的变化通常具有非线性特征。大多数热敏电阻材料具有负的电阻温度系数(negative temperature coefficient,NTC),即它们的电阻随着温度的升高而减小,其电阻与温度有以下关系:

$$R=R_0\exp\left[\beta\left(\frac{1}{T}-\frac{1}{T_0}\right)\right] \tag{5-13}$$

式中,R_0 为温度 T_0(通常为25℃)时的电阻;T 为测试温度;β 为 NTC 热敏电阻的材料常数,又称热敏指数。负温度系数热敏电阻器广泛应用于各种取暖设备、家用电器、汽车、工业设备等的温度检测、温度控制以及报警等。

除了 NTC 热敏电阻,还有正温度系数(positive temperature coefficient,PTC)热敏电阻,其电阻率随温度升高呈指数增加,电阻与温度的关系式为:

$$\alpha_T=\frac{\lg R_p-\lg R_b}{T_p-T_b} \tag{5-14}$$

式中,α_T 为温度 T 时的电阻温度系数;T_b 称为开关温度,表示电阻值产生阶跃式增大时的温度;T_p 称为平衡点温度,表示在最大工作电压下达到温度平衡时的温度;R_b、R_p 为分别对应 T_b 和 T_p 温度时的电阻值。片式厚膜 PTC 热敏电阻器主要用作电路过流保护元件,其直接串联在负载电路中,在线路出现异常状况时,自动限制过电流或阻断电流,而在故障排除后又恢复原态。

片式厚膜热敏电阻器的制备方法与传统厚膜电阻器相似,其以氧化铝为基片,首先采用丝网印刷在基片上印刷并烧制电极,再在电极上印刷热敏电阻厚膜,然后进行干燥和烧制。制备的热敏电阻器的阻值也可以通过修整进行调节。

5.4.5.4 厚膜化学传感器

厚膜材料可用于制备各种化学传感器,包括测量气体和液体成分、酸度和湿度等的传感器。厚膜化学传感器主要有两种类型,即阻抗型传感器和电化学传感器。前者是感测材料的电阻或电容变化,而后者则是感测材料的电化学电位或电流的变化。

阻抗型气体传感器通常由半导体金属氧化物厚膜、电极及加热器等组成。氧化物厚膜通过丝网印刷制备,印制在有金属电极的氧化铝基板上。基板的底面制有电阻加热器。加热器的作用是在测试时为传感器加热,以促进被测气体与气敏厚膜材料的反应。气敏厚膜材料的孔隙率和表面化学性质对气敏传感器的工作特性有决定性影响,因此在浆料中一般不添加玻璃粉,以免烧结后厚膜的孔隙率和气体透过性受到影响。作为替代,可选择其他氧化物如 Cu_2O、Bi_2O_3 等作为烧结助剂。例如添加 Bi_2O_3 和 Cu_2O 的 WO_3 传感器对氨气非常敏感;添加 Bi_2O_3 的 SnO_2 传感器对乙醇蒸气敏感,且具有很高的选择性。

厚膜湿敏传感器结构比较简单,可不带加热元件,如图 5-21 所示。首先采用丝网印刷在氧化铝基片上印刷、烧制叉指电极,然后再用丝网印刷将多孔介电厚膜印刷到电极上。该传感器工作时,随着湿度的增加,水分将渗透到介电层的表面,导致敏感层内的介电常数发生变化,引起电极之间的电容发生变化,从而测出环境的湿度。

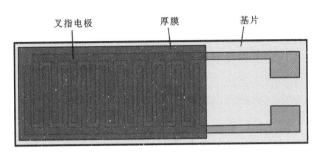

图 5-21　一种厚膜湿敏传感器结构示意图[157]

5.5 厚膜元器件的发展

随着各种数字产品、可穿戴电子产品、便携式电子产品、高速通信设备以及自动化控制设备等的飞速发展,人们对各种厚膜元器件的需求也在快速增加,从而促进了厚膜元器件的快速发展。总体来看,厚膜元器件的发展表现出以下几个方面特征。

(1) 更小的元件体积:电子产品的小型化和轻量化要求各种元器件进一步小型化。例如用于移动电子设备的片式多层陶瓷电容器的外形尺寸已达到 0.4mm×0.2mm,更小尺寸如 0.2mm×0.1mm 的元件也已研制成功,即将投入实际使用。元件尺寸的减小需要在材料性能及制备技术上提供保障,以确保元件的可靠性。

(2) 更优异的元件性能:可穿戴电子产品、便携式电子产品和自动化控制设备的发展对元件性能提出了更高的要求。这类产品面临的使用环境条件极为复杂,其要长期安全稳定运行,必须以高性能元件为基础。一些新的元件结构和封装技术的发展,为元件性能的进一步提高提供了保障。

(3) 更高的可靠性:现代电子产品中,不仅元件安装密度越来越大,而且线路的复杂性也越来越高,这就需要元件具有更高的可靠性。厚膜元件的高可靠性不仅要求材料具有高性能和高可靠性,而且要求制备技术能够生产出高可靠性的产品。

(4) 更卓越的多功能性:厚膜元器件的多功能性可以通过多元件集成来实现。以多层片式压敏电阻阵列为代表的厚膜集成元器件得到广泛应用。将压敏电阻与其他性质的元件集成在一起形成多功能阵列,可以在实现元件微型化的同时提高元件的多功能化。压敏电阻与电容集成在一起后,元件兼具滤波器和抑制器的功能,可替代齐纳二极管和电容器的联合作用。压敏电阻还可以与电阻、电感、滤波器等集成,形成多功能集成元器件。微型化、阵列化、多功能集成化已成为厚膜元器件发展的重要方向。

思考题

1. 常用的厚膜电路基板材料有哪些?它们有何特点?
2. 常用的厚膜导体材料有哪些?各导电厚膜有何特点?

3. 分析厚膜导体与基板的附着机理。
4. 比较分析厚膜材料与陶瓷材料的制备工艺特点。
5. 分析厚膜浆料的主要组成及其作用。
6. 浆料的制备包含哪些工艺环节?
7. 有机基浆料和水基浆料各有何特点?
8. 分析水基和有机基浆料的稳定机制。
9. 丝网印刷技术有何特点?举例分析哪些厚膜材料可以采用丝网印刷制备。
10. 流延技术有什么特征?分析流延技术在多层片式元件制备中的优势。
11. 分析厚膜烧结工艺以及烧结过程中可能发生的变化。
12. 分析多层片式厚膜元件的结构特点及其制备工艺。

6 薄膜材料的制备

薄膜材料(thin films)是指通过特定工艺使原子、分子或离子在基片(衬底)表面沉积形成的二维材料,其厚度一般不超过 $1\mu m$。薄膜材料以其独特的结构形态以及优异的宏观性能,成为微电子、信息、传感探测、光学和太阳能电池等领域的关键材料,深刻影响着众多高新技术产业的发展。

薄膜材料的制备与应用最早可追溯到在砖瓦和陶器中上釉,已有3000多年历史。但从制备技术、分析方法、形成机理等方面对薄膜材料进行系统研究则起始于20世纪50年代。特别是随着微电子技术的发展,薄膜材料在集成电路及集成元器件的制备中表现出巨大优势,加速了薄膜材料的发展与应用。与此同时,低维凝聚态理论的发展和现代分析测试技术的出现及分析能力的不断提高,加速了薄膜科学的发展进程。至20世纪80年代,薄膜科学逐渐发展成为比较完整的科学体系,并渗透到物理学、化学、材料科学、信息科学乃至生命科学等各个研究领域,成为高新技术产品及新材料发展的重要基础。

与块体材料不同,薄膜材料的性质不仅取决于材料组成及结构,而且受制备方法的显著影响。因此,薄膜材料制备技术要求比较高,有的制备条件甚至非常苛刻。概括起来,薄膜材料的制备方法可分为物理方法和化学方法两大类。物理方法主要以真空技术为基础,而化学方法则涉及多种化学反应体系,具体制备方法众多。本章将重点介绍几种常用的制备技术。

6.1 薄膜生长的基础理论

薄膜材料在基片表面上的生长过程主要经历了单体的吸附、成核以及薄膜形成等阶段。现以物理气相沉积为例来讨论薄膜的形成过程。

6.1.1 单体的吸附

基片表面对单体的吸附是薄膜形成的前提。一个原子或分子从气相到达基片表面,再被吸附住,是一个比较复杂的过程,不仅涉及基片表面的结构特征及能量状态,而且与气相原子或分子到达基片表面后的能量变化有关[188]。

6.1.1.1 基片表面的位能特征

在第一章我们已经学到,固体表面由于外侧原子的缺失而产生不饱和键或悬键,不饱和键或悬键具有较高的能量,因而对周围原子或分子会产生吸附作用。对于处在基片表面的原子,会受到两个方面的作用力:一是外部气体原子对它的作用力;二是基片原子对它的作用力。显然,基片的原子密度远大于气体,因此基片表面对该原子的作用力远大于气体原子对它的作用力。基片表面上的原子有向基片内移动的倾向,以降低其位能。

6.1.1.2 气相原子在基片表面的吸附

当基片表面上的一个原子与之发生物理吸附时,根据固体理论,基片表面对吸附原子的吸附能 E_p 可用下式表示:

$$E_p = -\frac{\pi}{4} N \frac{\alpha_1 \alpha_2}{r_0^3} h \frac{v_1 v_2}{v_1 + v_2} \tag{6-1}$$

式中,α_1、α_2 分别为吸附原子和基片原子的极化率;r_0 为吸附原子与基片原子间的平衡距离;h 是普朗克常量;v_1、v_2 分别为吸附原子和基片原子的振动频率;N 为基片中单位体积的原子数。作一级近似,用原子的第一电离电位能 V_1 和 V_2 取代式(6-1)中的 hv_1 和 hv_2,则基片表面对吸附原子的吸附能可写成:

$$E_p = -\frac{\pi}{4} N \frac{\alpha_1 \alpha_2}{r_0^3} \frac{V_1 V_2}{V_1 + V_2} \tag{6-2}$$

由于基片表面各处的原子密度、结构和缺陷特征各不相同,因此基片表面不同位置的物理吸附能也不相同。随着温度升高,基片表面原子和吸附原子的热振动加剧,因而增大了它们之间的距离,物理吸附能会有所减小。

当基片表面与原子发生化学吸附时,被吸附的原子与基片表面原子之间将发生电子转移或共有,形成化学键。这一过程的实质是被吸附原子与基片表面上最活泼的原子之间发生化学反应。如果被吸附的是分子,则该分子或者直接与基片表面相结合,或者先被解离成原子或自由基,然后再与基片表面相结合。

化学吸附的发生取决于基片表面和被吸附气体原子(或分子)的化学活性。如果其化学活性高,不需要外部提供能量就可以发生化学吸附。如果其化学活性较低,则需要外界提供能量,使原子或分子活化后,才能发生化学吸附。基片表面与原子(或分子)发生化学吸附,大多都属于后一种情况,即通常都是先进行物理吸附,然后改变温度,为其提供活化能,以促使化学吸附的发生。此时,化学吸附的速度 v 与绝对温度 T 的关系符合 Arrhenius 方程,即:

$$v = v_0 \exp\left(-\frac{A}{T}\right) \tag{6-3}$$

式中:v_0 为频率因子;A 为常数;T 为绝对温度。由式(6-3)可见,温度越高,化学吸附越容易发生。

6.1.1.3 吸附原子在基片表面上的状态

当气体原子以一定的速度撞击基片表面时,该原子能够被基片表面吸附的条件是,它能快速释放出多余的动能,否则将被反弹回气相。气体原子与基片表面间能量交换的程度,可用适应系数 α 表示。α 由下式定义:

$$\alpha = \frac{T_k - T_r}{T_k - T_s} \tag{6-4}$$

式中，T_k 是入射原子的温度；T_r 是反射原子的温度；T_s 是基片表面的温度。

α 是描述气相原子（或分子）与基片表面碰撞时相互交换能量能力的参数，其值在 $0 \sim 1$ 之间。当 $\alpha = 0$ 时，表示没有能量损失，原子被弹回气相中；当 $\alpha = 1$ 时，气体原子与基片表面完全交换能量，其能量状态完全由基片温度决定；一般情况下，$\alpha < 1$。由于原子失去其剩余能量的时间为 $2/v$ 数量级（v 为基片表面上的原子振动频率），因此只要气体原子在基片表面稍作停留，其很快就会达到能量平衡，从而被表面吸附。吸附原子在基片表面停留的时间可由下式给出：

$$\tau_s = \frac{1}{v} \exp\left(\frac{Q_{des}}{kT}\right) \tag{6-5}$$

式中，v 为吸附原子的表面振动频率；k 为玻耳兹曼常量；Q_{des} 为原子在基片表面上的解吸热；T 为原子的温度，其通常介于蒸发源温度与基片温度之间。对于仍保留有一定的过剩能量的吸附原子，其在过剩能量和基片热能的作用下，会在基片表面上移动（或称表面扩散）。在此过程中，该原子可能会被化学吸附，因而不再从基片表面蒸发；其也可能与另一原子相遇，形成原子团，从而大大降低被再蒸发的概率，并为成核奠定基础。

以上讨论表明，当气体原子入射到基片表面时，可能出现的情况有：①直接反射回气相；②与基片表面完全交换能量而被吸附；③从基片表面重新蒸发；④在表面移动，与其他吸附原子结合，形成原子团，或者直接与入射原子形成原子团。整个过程如图 6-1 所示。

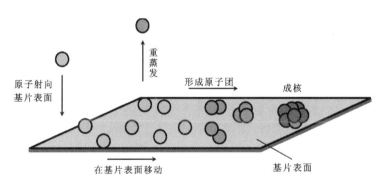

图 6-1 吸附原子在基片表面上的状态示意图

6.1.2 成核

有关薄膜生长过程中的成核问题，有两种基本理论：一是热力学界面能理论（毛细作用理论），二是原子聚集理论（统计理论）[189]。

6.1.2.1 热力学界面能理论（毛细作用理论）

从热力学的角度处理成核问题，在第一章中已进行讨论。气相沉积体系的成核问题与晶体生长系统类似。原子在基片表面聚集形成团簇后，通过不断吸附其他原子而逐渐长大。

当达到临界尺寸时,便成为稳定核(临界核),这一过程遵循成核理论。由于薄膜是在基片表面上生长的,因此其成核属于非均匀成核。根据成核理论,在气相沉积体系中,如果气相原子体积为 V_a,过饱和蒸气压为 p,平衡蒸气压为 p_e,根据式(1-40)可得基片表面形成的临界半径为:

$$r^* = -\frac{2\gamma_{cv}}{\Delta G_v} = \frac{2\gamma_{cv}V_a}{kT\ln(p/p_e)} \tag{6-6}$$

式中,γ_{cv} 为气相与核的界面自由能;ΔG_v 为核的体积自由能变化;k 为玻耳兹曼常量;T 为温度。由式(6-6)可见,对于气相沉积体系来说,p/p_e 值(即过饱和比)是非常重要的,其决定着临界核半径的大小。当过饱和度较大时,临界核半径 r^* 较小;反之,则 r^* 较大。因此,增大体系的过饱和度,有利于成核。在基片表面上形成的临界核的浓度 N^* 与吸附点的密度 n_0 成正比,关系式为:

$$N^* = n_0 \exp\left(-\frac{\Delta G^*}{kT}\right) \tag{6-7}$$

式中,ΔG^* 为相应的成核临界自由能。如果成核位垒高(ΔG^* 大),则临界核的半径大,在基片上形成临界核的数量就会相对较少;相反,如果成核位垒低(ΔG^* 小),临界核半径小,在基片上就会有大量临界核形成,因而在膜厚较小时也会形成连续的薄膜层。

原子通过表面扩散加入到临界核的速率 Γ 为:

$$\Gamma = n_1 \cdot a \cdot v \cdot \exp\left(-\frac{Q_{dif}}{kT}\right) \tag{6-8}$$

式中,n_1 为基片表面上吸附原子的浓度;v 为吸附原子的表面振动频率;a 为相邻吸附点之间的距离;Q_{dif} 为表面扩散活化能。

基片表面上成核速率 J 与 N^* 和 Γ 成正比,关系式为:

$$J = Z \cdot \Gamma \cdot N^* \cdot 2\pi r^* \sin\theta \tag{6-9}$$

式中,Z 为 Zeldovich 修正因子,其值约为 10^{-2};θ 为临界晶核与基片表面的接触角。成核速率与体系的过饱和度有很强的依赖性。如果体系的过饱和度低于其临界值,则成核速率几乎为零;而过饱和度高于临界值时,成核速率则会迅速加快。在 $1cm^2$ 范围内成核速率达到每秒 1 个晶核时,便可认为是凝结的开始[189]。

在薄膜生长体系中,当过饱和度较大时,其临界核半径可能会很小。很多情况下,临界核仅由几个原子组成。而热力学是研究宏观系统的理论,更适合临界核较大(如超过 100 个原子)的情况。因此,对于多数薄膜生长体系,利用热力学理论来讨论成核问题,得到的结果与实际情况可能存在较大偏差。在这种情况下,利用原子聚集理论(统计理论)来讨论成核问题将更符合实际情况。

6.1.2.2 原子聚集理论(统计理论)

统计理论是由 Walton 和 Rhodin 提出,用来描述当临界核由极少量(1~10 个)原子组成时的成核过程。该理论把核看作是一个大分子聚集体,以聚集体原子间的结合能或聚集体原子与基片表面原子间的结合能代替热力学的自由能。

在基片温度非常低或过饱和度非常高的情况下,单个原子就可能代表了临界核。其再加入另一个原子,便形成稳定核,然后其便可以生长。在更高的温度下,组成临界核和稳定核的原子数就要增加。临界核和最小稳定核随温度的变化如图 6-2 所示。由于临界核中的原子数 i^* 取决于基片的温度,因此从 i^* 个原子的临界核到 (i^*+1) 个原子的临界核,存在着一个转变温度,如图 6-2 中的 T_1、T_2、T_3,称为临界温度。

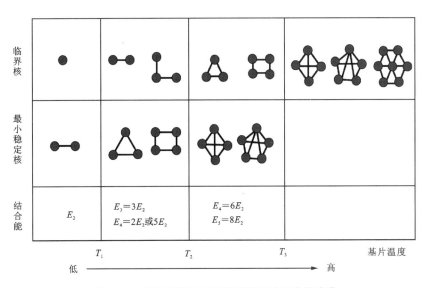

图 6-2 临界核和最小稳定核随基片温度的变化

假设 N_i 是含有 i 个原子的聚集体的浓度,ω 为原子团簇之间的碰撞因子(其与表面扩散系数有关),如果忽略原子对的解离和再蒸发以及从气相中直接捕获原子,薄膜的生长可以简单描述为:

$$\frac{dN_i}{dt} = \omega N_{i-1} N_1 - \omega N_1 N_i \tag{6-10}$$

该方程可以在某些简化的假设下求解。显而易见,较大的聚集体是在较小的聚集体之后达到其平衡浓度。尽管正常凝结是一个活化过程,即只有提供一定的活化能,才会形成临界核。但根据上述理论,在高的过饱和度下,薄膜的凝结是一种简单的沉淀过程,其不需要任何活化能。事实上,凝结有时发生在远低于凝结温度的条件下,这可能是由某些常被忽视的次要因素如聚集体的蒸发、较大聚集体的迁移等引起的。

该理论预测了蒸发速率与基本凝结参数的关系,即聚集体密度随蒸发速率的增高而增大;最大团簇半径随蒸发速率的增高而减小。因此,蒸发速率越高,形成的小聚集体数量越多。而大团簇数量则随吸附原子表面迁移率的增高而减少。基片温度影响着吸附原子的再蒸发特征,因而在初始阶段可能对凝结特征产生影响。

该理论得出的结果与实验的定性观察结果是一致的。实验获得的有关成核速率、聚集体密度、核生长速度、小聚集体的表面迁移、聚集体的尺寸分布等研究结果,证实了该理论的正确性。另外,由于该理论给出了聚集体大小分布的时间变化,因此其可为成核的定量分析提供可能性。

6.1.3 薄膜的形成

6.1.3.1 生长模式

基片表面成核后,要最终形成薄膜,关键是核的生长。关于薄膜的生长,主要有3种模式,分别为:①层状生长模式(Frank-van der Merwe 模式);②岛状生长模式(Volmer-Weber 模式);③层岛结合生长模式(Stranski-Kranstanov 模式)[190]。各模式的生长特征如图 6-3 所示。

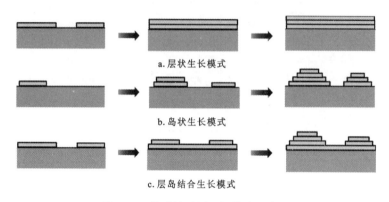

图 6-3 薄膜的不同生长模式示意图

对于不同的生长模式,可以从表面或界面张力的角度进行定性的理解。假设薄膜呈岛状生长于基片上,如图 6-4 所示,其将受到基片的表面张力 γ_S、薄膜的表面张力 γ_F 及薄膜/基片界面张力 $\gamma_{S/F}$ 的作用。如果岛的润湿角为 θ,则力平衡可由下式表示:

$$\gamma_S = \gamma_{S/F} + \gamma_F \cos\theta \quad (6-11)$$

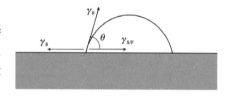

图 6-4 基片上岛受到的张力作用示意图

对于层状生长,$\theta = 0$,其生长条件为:

$$\gamma_S \geqslant \gamma_{S/F} + \gamma_F \quad (6-12)$$

对于岛状生长,$\theta > 0$,其生长条件为:

$$\gamma_S < \gamma_{S/F} + \gamma_F \quad (6-13)$$

而对于层岛结合生长,其生长初期满足式(6-12)的层状生长条件,但薄膜层的形成使 γ_S 和 $\gamma_{S/F}$ 发生改变,转而满足式(6-13)的条件,因而薄膜在形成一层或几层之后转变为岛状生长。引起这种生长模式变化的因素很多,如沉积层的晶格参数、对称性或分子取向的变化等引起界面自由能增高,从而有利于岛状生长。

6.1.3.2 薄膜生长过程

薄膜在基片上的生长常经历从小岛到连续薄膜的发展过程。核在基片表面形成后,其通过吸附与之接触的原子而长大。当核与吸附原子之间的结合能大于吸附原子与基片的吸附能时,便形成小岛。基片表面上吸附原子的表面扩散与合并是岛生长的主要形式。随着岛的不断长大，岛与岛之间的距离逐渐减小，相邻的岛最终会相互接触并结合形成较大的岛。在合并的初始阶段，为了降低表面自由能，新岛的面积趋于减小，高度增大。根据基片表面、小岛表面与界面自由能的情况，新岛会表现出其最低能量的形状。当岛的分布达到临界状态时，岛与岛相互连结，形成带有不规则的沟道和孔洞的薄膜。随着沉积的进行，在沟道中会发生 2 次或 3 次成核。这些核长大到与沟道边缘接触时，便结合到网状结构的薄膜上，使沟道和孔洞消失，形成连续的薄膜。

沟道和孔洞消失后，再入射而来的气相原子便直接吸附在薄膜表面，通过联并作用，形成薄膜。在某些情况下，小岛具有微晶结构，有明显的晶面。小岛的取向对于外延薄膜的形成非常重要。在外延膜中，小岛的取向都是相同的，它们联并后保持同一取向。而对于多晶薄膜，在薄膜的形成过程中，常出现再结晶现象。有时即使基片处于室温条件下，也会发生再结晶。薄膜中的晶粒尺寸取决于再结晶过程，而与初始核或岛的尺寸无关。

6.1.4 薄膜的结构特征

薄膜的结构是决定薄膜性能的一个重要因素，其包括 3 种类型，即组织结构、晶体结构和表面结构。

6.1.4.1 薄膜的组织结构特征

薄膜的组织结构是指薄膜的结晶形态，包括无定形结构、多晶结构、纤维结构和单晶结构 4 种类型。

1. 无定形结构

无定形结构常称"无序结构"。这种结构从原子排列来看近程有序、远程无序，显示不出任何晶体的性质，因此也称为玻璃态或非晶结构。无定形结构的形成一般与薄膜的制备工艺条件有关，例如薄膜沉积过程中基片保持较低的温度等。

薄膜的无定形结构不仅具有玻璃态结构，而且还存在由无规则排列的极微小（<2nm）晶粒组成的类无定形结构。类无定形结构本质上是一种晶态结构，只是由于晶粒极其微小，因而表现出无定形结构特征，其在 X 射线衍射图谱中呈现很宽的弥散衍射峰，而在电子衍射图中则显示出很宽的弥散光环。

2. 多晶结构

多晶结构是指薄膜由一定尺寸的晶粒组成，晶粒的粒度分布可以比较均匀，也可以有较大差异，一般为 10~100nm，有的在基片平面上的尺寸可达数百纳米，甚至达微米级。多晶薄膜的显著特点是存在晶界，如图 6-5 所示。薄膜的性能不仅取决于材料的性质，而且受晶界特征的显著影响。

3. 纤维结构

纤维结构是指构成薄膜的晶粒具有择优取向，依其取向的方向数目分为单重纤维结构和双重纤维结构。前者只在一个方向上择优取向，后者在两个方向上择优取向。薄膜中晶粒的择优取向对薄膜性能有重要影响。例如垂直于基片生长的单重纤维结构 ZnO 纳米线

 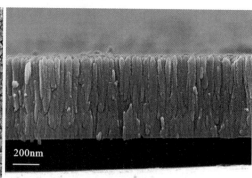

a.薄膜表面照片 b.横截面照片

图 6-5 NiO/TiO$_2$ 薄膜的场发射扫描电镜（FE-SEM）照片[191]

（棒）阵列，具有优异的压电性能或受激发光性能等。

4. 单晶结构

单晶结构是指整个薄膜内原子（或离子）呈规则、周期性重复排列的结构。单晶结构薄膜通常是采用外延工艺制备，因此单晶薄膜常称为"外延膜"。

6.1.4.2 薄膜的晶体结构特征

薄膜的晶体结构是指薄膜中晶粒的结构。在大多数情况下，薄膜中的晶粒结构与块状晶体相同，但其晶格常数常常有所差别。这主要是由于薄膜材料的晶格常数与基片的晶格常数不匹配，或者由于薄膜中存在较大内应力和表面张力等因素引起的。晶格常数不匹配时，薄膜与基片界面处的晶格会发生畸变，通过形成新的晶格来实现与基片相匹配。如果薄膜材料的晶格常数为 a_f，基片的晶格常数为 a_s，则晶格常数相差的百分比 Δa_{fs} 为：

$$\Delta a_{fs} = \frac{a_f - a_s}{a_f} \times 100\% \tag{6-14}$$

若 $\Delta a_{fs} \approx 2\%$，薄膜与基片界面处的畸变区厚度为零点几纳米；但当 $\Delta a_{fs} \approx 4\%$ 时，畸变区厚度可达数十纳米。如果 $\Delta a_{fs} > 12\%$，依靠晶格畸变已无法实现匹配，这时只能靠棱位错来调节。Δa_{fs} 与薄膜的晶粒尺寸成反比，晶粒越小，Δa_{fs} 越大。

6.1.4.3 薄膜的表面结构特征

薄膜的表面特征可以用光滑度或者粗糙度来表示。在低成核势垒和高过饱和度条件下，初始成核密度高，临界核尺寸小，容易形成颗粒细小、表面光滑的薄膜层。如果成核势垒高且过饱和度低，形成的核尺寸大，且数量少，因而形成的薄膜表面粗糙，需沉积相对较大的厚度才能形成连续的薄膜。一般情况下，吸附原子的表面迁移率高时，其可填充表面的低凹部位，从而增加薄膜的表面光滑度。但有的材料某些晶面具有优先生长的倾向，因而颗粒生长表现出各向异性的特征，使表面粗糙度增加。另外，如果气相原子以一定角度入射到基片表面上，则会增加薄膜的表面粗糙度。这主要是由颗粒的阴影效应引起的。

薄膜表面的粗糙度可以用粗糙度系数 R_c 来度量,其是实际有效面积与几何面积的比率,由下式计算:

$$R_c = \left[\left|h_a^2 - \left(\frac{1}{N}\sum_i h_i^2\right)\right|\right]^{\frac{1}{2}} \quad (6-15)$$

其中,

$$h_a = \frac{1}{N}\sum_i h_i \quad (6-16)$$

式中,h_a 为薄膜的平均高度;N 为表面位点的数量;h_i 是每个位点的膜高度。

在很多情况下,薄膜的表面粗糙度系数是随着薄膜厚度的变化而变化的。薄膜孔隙率(或密度)的高低以及化学成分的偏差,都会对表面粗糙度产生影响。

薄膜的表面粗糙度还与薄膜的生长模式有关。以层状模式生长的薄膜表面光滑,而以岛状模式生长的薄膜表面粗糙。另外,薄膜材料与基材之间的匹配程度也会对薄膜表面结构及粗糙度产生影响。

6.2 薄膜材料的物理制备方法

薄膜材料的物理制备方法是基于真空系统的制备技术,其是通过将源材料(固体或液体)气化成气态原子、分子或离子,然后沉积在基片(衬底)表面,形成薄膜,故又称为物理气相沉积(physical vapor deposition,简称 PVD)技术,主要包括真空蒸发沉积、磁控溅射沉积、离子束溅射沉积以及分子束外延等方法[192-194]。

6.2.1 真空蒸发沉积

真空蒸发沉积是在真空条件下,加热蒸发物质,使之气化并淀积在基片(衬底)表面,形成固体薄膜的制备方法[195-197]。蒸发是一种常见的物理现象,真空蒸发沉积也是薄膜制备最为常见的方法之一。

6.2.1.1 真空环境及其特征

真空是指在一定的空间内压强低于一个标准大气压(约 101kPa)的气体状态。真空度用气体压强来表示。为了研究和使用方便,根据压强的大小,粗略地把真空划分为低真空($10^5 \sim 10^2$ Pa)、中真空($10^2 \sim 10^{-1}$ Pa)、高真空($10^{-1} \sim 10^{-5}$ Pa)、超高真空($10^{-5} \sim 10^{-9}$ Pa)、极高真空($<10^{-9}$ Pa)。迄今为止,采用最高超的真空技术所能达到的最低压力状态大致为 10^{-12} Pa。一个系统要获得真空的关键设备是真空泵。常用的真空泵有旋片式机械真空泵、罗茨真空泵、油扩散泵、涡轮分子泵、低温吸附泵、钛升华泵、溅射离子泵等。还没有一种泵能把系统从一个标准大气压直接抽至超高真空。为获得超高真空度,通常将 2 种或 3 种真空泵组合使用。能将气压从一个标准大气压开始排气,获得较低真空度的泵称为"前级泵",如机械泵。而只能从较低气压开始抽真空至更低气压,获得高真空或超高真空度的泵称为"次级泵",如分子泵等。

真空环境对于薄膜形成的突出优势是气体分子的平均自由程长、污染少。

1. 气体分子的平均自由程长

气体分子在两次碰撞的间隔时间里移动的平均距离被称为气体分子的平均自由程。若将一个气体分子简化为一个小球,其直径为 d,则该气体分子的平均自由程 λ 可由以下公式表示:

$$\lambda = \frac{1}{\sqrt{2}\pi d^2 n} \tag{6-17}$$

式中,n 为单位体积内的气体分子数量(即气体分子密度)。根据理想气体状态方程:

$$p = nkT \tag{6-18}$$

式中,p 为压强(Pa);T 为绝对温度(K);k 为玻耳兹曼常量(1.38×10^{-23} J/K)。可得 n(单位:个/m³)与气压的关系式:

$$n = 7.2 \times 10^{22} \frac{p}{T} \tag{6-19}$$

在标准状态下,任何气体分子密度是 10^{19} 个/cm³,而超高真空条件下气体分子密度是 $10^9 \sim 10^5$ 个/cm³。因此,真空度越高,单位体积内的分子数量越少,气体分子的平均自由程越长。在真空环境下制备薄膜的过程中,薄膜的沉积主要是通过气体分子对衬底的碰撞实现的,气体分子的平均自由程越长,达到基片表面的分子越多,成膜概率和质量越高。

2. 污染少

环境的真空度越高,环境中的气体污染物含量越低。通过对薄膜沉积系统真空度的控制,可将气体污染降低到可容忍的水平。真空蒸发沉积一般在 $10^{-3} \sim 10^{-7}$ Pa 的压力下进行,气压的高低主要取决于沉积薄膜可容忍的气体污染水平。

6.2.1.2 真空蒸发沉积理论

薄膜的真空蒸发沉积过程大致包括几个环节:①蒸气的产生,即通过一定加热方式使被蒸发材料受热蒸发或升华,由固态或液态变成气态;②气体的输运,即气态原子或分子在一定蒸气压条件下由蒸发源输运到基片;③沉积成膜,即气态原子或分子在基片表面上的吸附、成核,形成连续薄膜。

在蒸发过程中,蒸发源在真空中被加热,原子或分子从其固相或液相材料中释放出来,并在给定温度下的封闭系统中建立起特定的平衡压力,称为饱和蒸气压。在平衡状态下,可通过 Clausius-Clapeyron 方程建立起平衡蒸气压 p_e 与温度 T 的关系[194,197]:

$$\frac{dp_e}{dT} = \frac{L}{T(v_g - v_c)} \tag{6-20}$$

式中,L 为气化潜热(J/mol),其表示在给定温度下将一定量的凝聚相(液相或固相)转化为气相所需的能量;v_g、v_c 分别为气相和凝聚相的摩尔体积。尽管蒸发不是平衡过程,但平衡蒸气压对蒸发很重要,因为最大蒸发速率取决于蒸气压的高低。根据 p_e 与 T 的关系,可以确定凝聚相获得显著蒸气压的温度条件,并以此判断材料是否适合于蒸发沉积。例如难熔金属(如 Pt、Ta、W 等)蒸发温度很高,很难获得足够高的蒸气压,因而不适合用于蒸发沉积,但非常适合用作蒸发舟材料。

如果蒸发材料只有一定比例的分子从凝聚相转变为气相,则净分子蒸发率 N_e 可表示为:

$$N_e = \frac{\alpha_v(p_e - p_h)}{(2\pi m_e k T_e)^{1/2}} \tag{6-21}$$

式中,α_v 为蒸发系数;m_e 为蒸气分子的质量;k 为玻耳兹曼常量;T_e 为蒸发温度;p_h 为施加在蒸发物表面的反向流体静压。在平衡条件下,$p_h = p_e$,没有净蒸发;但在非平衡条件下,尤其是当 $p_h \ll p_e$ 时,蒸发率可能相当大。根据蒸气压和蒸发系数,可以利用式(6-21)对蒸发率进行估算。

蒸发物质分子在基片上的沉积速率 N_R 与蒸发速率 N_e 成正比,具体取决于蒸发/沉积系统的几何形状。N_R 与厚度沉积速率的关系为:

$$N_R = \frac{\rho \cdot R_t}{m_e} \tag{6-22}$$

式中,ρ 为沉积薄膜的密度;R_t 为厚度沉积速率(m/s)。沉积薄膜质量取决于环境气体分子撞击基片的速率 N_i 与蒸发物质分子沉积在基片上的速率 N_R 之比,$K = N_i/N_R$。K 值越小,越容易获得高质量的薄膜。对于给定的材料,$K \propto p/R_t$。因此,为了减少环境气体分子对薄膜的污染,必须在较低的背景气压下以相对较高的速率进行沉积。

另外,蒸发源的几何形状及其相对于基片的位置是影响薄膜沉积均匀性的重要因素[194]。常用的蒸发源有点源、小面源、细环源等。假设蒸发源位于基片中心下方距离 h 处,如图 6-6a 所示,在源正上方的 a 点处离源最近,其沉积厚度最厚,而在与 a 点距离为 l 的 b 点处,由于离源较远,沉积厚度较薄。设 a 点处的薄膜厚度为 d_0,b 点处的薄膜厚度为 d,如果蒸发源为点源,则:

$$\frac{d}{d_0} = \frac{1}{[1 + (l/h)^2]^{3/2}} \tag{6-23}$$

如果蒸发源为小面源,则:

$$\frac{d}{d_0} = \frac{1}{[1 + (l/h)^2]^2} \tag{6-24}$$

对于不同形状的蒸发源,d/d_0 随 l/h 的变化如图 6-6b 所示。可见,不同几何形态蒸发源沉积的薄膜均匀性有显著的差异。

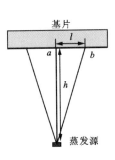
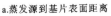
a. 蒸发源到基片表面距离

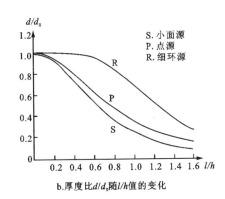
b. 厚度比 d/d_0 随 l/h 值的变化

图 6-6 不同形态蒸发源沉积到平坦基片上的薄膜厚度分布图[194]

6.2.1.3 真空蒸发沉积设备

真空蒸发沉积设备主要由真空镀膜室、真空抽气系统、监测和控制系统等组成。蒸发源的加热方式主要有两类：一是以电阻或高频感应加热，二是以电子束加热。

1. 电阻或高频感应加热蒸发沉积系统

电阻加热是真空蒸发沉积中最常用的蒸发技术。蒸发沉积系统如图 6-7 所示。蒸发源采用难熔金属（如 W、Mo、Ta 等）制成灯丝状或舟皿状加热器。蒸发材料可以直接放置于加热器上进行加热蒸发，也可以放在坩埚（如石英坩埚、氧化铝坩埚、氧化铍坩埚、氧化锆坩埚、氮化硼坩埚、石墨坩埚等）中加热蒸发。常用的蒸发材料有 Ag、Al、Cu、Cr、Au、Ni、Cd、Pb 等。电阻蒸发源结构简单，使用灵活，但不能蒸发高熔点的材料。

高频感应加热蒸发源是另一种常用的蒸发源，具有热效率高、蒸发量大等特点，加热温度可达 2000℃ 以上，因而在工业上得到了应用。高频感应加热蒸发源一般是由水冷的高频线圈和放在其中央的坩埚（石墨坩埚或陶瓷坩埚）组成，如图 6-8 所示。其优点是：①蒸发速率高，可为电阻蒸发的 10 倍以上；②坩埚内温度均匀，不会因局部温度过高而产生飞溅现象。缺点是：①高频电磁场对人体有危害，必须加屏蔽装置；②高频发生器价格昂贵，成本较高。

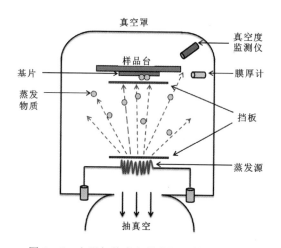

图 6-7 电阻加热真空蒸发沉积装置示意图

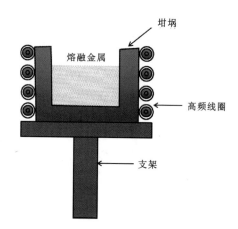

图 6-8 高频感应蒸发源示意图

2. 电子束蒸发沉积系统

电子束蒸发沉积是一种以高能电子束流轰击蒸发材料来制备薄膜的技术。蒸发沉积装置如图 6-9 所示。电子束蒸发是将电子的动能转变为热能的一种加热方式。电子在电场作用下获得的动能越大，其轰击蒸发材料之后转给蒸发原子（或分子）的动能也越高。如果不考虑电子的初始速度，电子的运动速度 v 与加速电场 E 之间存在以下关系：

$$\frac{1}{2}mv^2 = e \cdot E \tag{6-25}$$

式中，E 是加速电场；e 是电子所带电荷量（1.6×10^{-19} C）；m 是电子质量（9.1×10^{-31} kg）。由此得出电子经过电场加速后的运动速度为：

$$v = 5.93 \times 10^5 \sqrt{E} \qquad (6-26)$$

因此，只要加速电场 E 足够高，就可使电子获得足够大的动能，其对材料的轰击所产生的热量就足以使材料蒸发。

电子束蒸发器由电子束枪和坩埚组成。电子束蒸发器有多种不同的结构，包括直枪、环形枪、e 型枪、空心阴极电子枪等[197]。电子束撞击蒸发材料表面之前在偏转磁场作用下，可实现 90°、180°、270° 等不同角度的偏转，产生多种不同的运动轨迹。电子束在磁场中所受到的作用力称为洛伦兹力，其大小由下式表示：

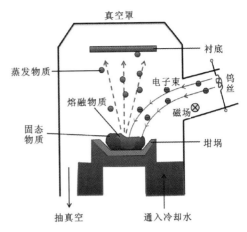

图 6-9　电子束蒸发沉积装置示意图

$$\boldsymbol{F} = \boldsymbol{F}_E + \boldsymbol{F}_B = e\boldsymbol{E} + e(\boldsymbol{v} \times \boldsymbol{B}) \qquad (6-27)$$

式中，$\boldsymbol{F}$ 为洛伦兹力（N）；e 为电子的电荷量（C）；E 为电场强度（V/m）；B 为磁感应强度（T）；v 为电子速度（m/s）。$\boldsymbol{F}_B$ 为磁场力项，其垂直于 v 和 B；$\boldsymbol{F}_E$ 为电场力项，其加速电子离开灯丝或阴极。被加速的电子在穿过磁力线时受 $\boldsymbol{F}_B$ 作用而偏转。

e 型枪是一种电子束发生 270° 偏转的电子枪，如图 6-10 所示，其避免了直枪中正离子对蒸发镀膜层的污染，并大大减少二次电子对基片的轰击概率。在结构上，其采用内藏式阴极，防止了极间放电，并可避免灯丝污染。因此，e 型电子枪已逐渐取代直枪和环形枪[188]。

在电子束蒸发沉积工艺中，蒸发材料被放入水冷坩埚中，可以实现高熔点物质的蒸发，从而克服了电阻加热不能蒸发高熔点材料以及难以制备高纯度薄膜材料的局限性，是真空蒸发沉积镀膜技术的重要发展方向。

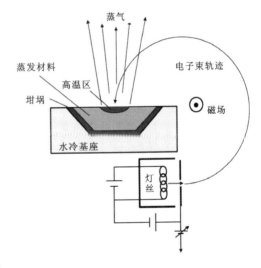

图 6-10　e 型电子枪蒸发器工作原理示意图

电子束蒸发源的优点是：① 电子束密度高、能量大，能获得比电阻加热源更高的能量密度，温度可达 3000℃ 以上，因此适用于难熔金属和金属氧化物（如 W、Mo、SiO_2、Al_2O_3 等）薄膜的制备；② 蒸发材料放置于水冷坩埚中，可避免坩埚材料的蒸发以及坩埚与蒸发材料之间的反应，有利于高纯薄膜材料的制备；③ 具有更高的沉积速率（0.1～100nm/min）和高的材料利用效率，可形成密度更高的薄膜层，且薄膜与基材的附着力更高。

电子束蒸发源也存在一些缺点：相比于电阻加热，设备更复杂，成本比较昂贵；坩埚采用水冷系统会带走大量能量,使热效率降低;另外,过高的热功率对整个沉积系统造成较强的热辐射,对设备损伤较大,而当加速电压过高时,会产生软 X 射线,对操作人员也有一定危害。

6.2.1.4 真空蒸发沉积的应用

真空蒸发沉积技术除了可以制备简单的金属薄膜材料之外,还可用于制备合金和化合物薄膜,但多组分材料的蒸发沉积情况要复杂得多。在化合物的蒸发过程中,可能会发生化学反应,因而具有不同的蒸发机制[194]。有些化合物如 GeO、SiO、SnO、CaF_2、MgF_2 和 PbS 等在蒸发时不会解离,其蒸发过程类似于元素的蒸发,可表示为:

$$AB_{(s,l)} \longrightarrow AB_{(g)} \tag{6-28}$$

有的化合物如 CdS、CdSe、CdTe、BaO、BeO、CaO、MgO、NiO 和 SrO 等在蒸发时会分解成两种不同的蒸气,可表示为:

$$AB_{(s)} \longrightarrow A_{(g)} + \frac{1}{2}B_{2(g)} \tag{6-29}$$

一些Ⅳ族二氧化物如 SiO_2、SnO_2、TiO_2 和 ZrO_2 等在蒸发时会分解成低价的氧化物和氧气分子:

$$AO_{2(s)} \longrightarrow AO_{(g)} + \frac{1}{2}O_{2(g)} \tag{6-30}$$

在蒸发反应式(6-29)和式(6-30)中,由于各组分蒸气压的差异,每种元素的蒸发速率不同,在整个蒸发过程中,各组分的比例会发生变化,因此沉积膜的整体成分将在其整个厚度范围内发生变化。合金的蒸发沉积也会出现这种情况。为了解决此类问题,常采用瞬时蒸发、反应蒸发、双源或多源蒸发沉积技术。

瞬时蒸发是将蒸发材料制成细小的颗粒,然后在高温下使其瞬间蒸发,使颗粒的各组分几乎同时蒸发,从而沉积出成分均匀的薄膜。利用该技术可以制备出各种合金(如 Ni-Cr)薄膜、Ⅲ-Ⅴ族和Ⅱ-Ⅵ族半导体薄膜等。

反应蒸发是在蒸发沉积过程中向沉积室充入某种活性气体如氧气(或空气)、氮气、氨气、乙炔(C_2H_2)、硫(S)蒸气等,以弥补材料蒸发过程中各组分存在蒸气压差异的问题。该技术常用于氧化物如 Al_2O_3、Cr_2O_3、CuO、TiO_2、Fe_2O_3 等薄膜的制备,也被用来制备其他化合物如 AlN、TiN、ZrN、SiC、TiC、CdS 等薄膜。

双源或多源蒸发是通过对各蒸发源的独立控制来获得所需成分薄膜材料的技术。两种或两种以上的材料同时从不同的蒸发源蒸发,其特征是:可以通过对各蒸发源温度的单独控制来调控各组分到达基片的速率,因而可以在给定温度下共沉积具有不同蒸气压组分的材料。该技术已被应用于Ⅱ-Ⅵ族化合物如 CdS、CdSe 薄膜,Ⅲ-Ⅴ族化合物如 AlSb、GaAs、InAs、InSb 薄膜以及合金薄膜的制备。

6.2.2 磁控溅射沉积

磁控溅射沉积是一种重要的薄膜材料制备方法,具有设备简单、易于控制、镀膜面积大和附着力强等优点,常用于金属、半导体、绝缘体等薄膜材料的制备。

6 薄膜材料的制备

所谓溅射是指在一定的真空状态下,利用荷能粒子轰击固体(靶)表面,使固体表面的原子或分子获得足够大的能量而从固体表面发射出来的现象。早期人们认为这一现象源于靶材的局部加热,但后来发现溅射与蒸发有本质的区别。利用这一现象,将溅射出来的物质沉积到基片(衬底)表面形成薄膜的方法称为溅射镀膜法。1852 年,Grove 发现了阴极溅射现象,为溅射技术的发展开创了先河。采用磁控溅射沉积技术进行薄膜材料制备研究始于 20 世纪 30—40 年代,但在 20 世纪 70 年代中期以前薄膜材料制备中采用蒸发沉积方法比磁控溅射方法更加广泛。直到 1963 年,美国贝尔实验室和西屋电气公司开发出长度为 10m 的连续溅射镀膜装置,并成功制备了用于集成电路的钽薄膜,首次实现了溅射镀膜技术的产业化。

6.2.2.1 磁控溅射沉积原理

溅射过程是以辉光放电为基础。在高真空系统中,加入少量工艺气体(如氩气、氧气、氮气等),形成真空度为 1～10Pa 的稀薄气体环境,在强电场的作用下,气体分子发生电离而产生辉光放电。气体电离后产生的带正电荷的离子受到电场的加速而形成等离子体流,它们撞击到放置在阴极的靶材表面上,使靶材表面的原子飞溅出来,以自由原子的形式,或以与反应气体分子形成化合物的形式,沉积到基片表面,形成薄膜。在溅射沉积体系中,在靶材处引入环形磁场,就构成了磁控溅射。磁场的存在使二次电子受到如式(6-27)所示的洛伦兹力作用而发生漂移,电子被束缚在靶材表面附近等离子体区域内以近似摆线形式做圆周运动,并不断与工艺气体分子碰撞,产生大量正离子来轰击靶材,从而获得较高的沉积速率。磁控溅射沉积过程如图 6-11 所示。

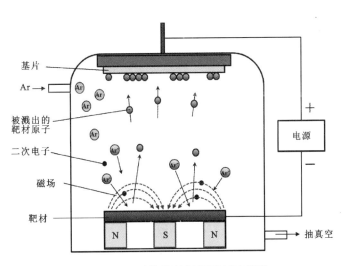

图 6-11 磁控溅射沉积原理示意图

溅射的发生是入射离子将其动量转移到靶材原子的结果。在入射离子与靶材碰撞过程中,通常有 1% 的入射能量会转移到溅射原子上。如果入射能量为 1keV,溅出的原子就可能具有 10eV 的能量。相比之下,在蒸发沉积中,从温度为 2000K 源蒸发的原子具有的热能量小于 0.2eV。因此,溅射原子的能量比蒸发原子要高得多,其与基片的黏附系数也更高。

溅射存在能量阈值,又称溅射阈值,是指使靶材原子发生溅射的入射离子所必须具有的最小能量。其相当于原子的表面结合能,约为原子升华潜热的 4 倍。对于常用的入射离子和目标材料,其溅射阈值为 20~30eV[194]。在实际溅射中,入射离子的能量通常远高于阈值能量,至少为几百电子伏特。如果入射离子的能量低,其溅射率就会很低。所谓溅射率是指溅出原子数与入射离子数之比,即:

$$S(E) = \frac{N_s}{N_{ion}} \tag{6-31}$$

式中,$S(E)$ 为溅射率;N_{ion} 为入射离子的撞击率;N_s 为靶材的溅出率。溅射率随着入射离子的能量变化而变化,但也与入射离子和靶材的原子特性有关。

从靶材溅射出来的粒子中,除了正离子由于反向电场的作用而不能到达基片之外,原子或分子均会飞向基片。在溅射原子飞向基片过程中,其动能会因与工作气体分子碰撞而降低,但由于溅射原子的能量高,因而能达到基片表面的溅射原子比例很高。把单位时间内沉积到基片上的厚度称为沉积速率 R_d,其与溅射率 $S(E)$ 成正比,关系式为:

$$R_d = C_k \cdot I \cdot S(E) \tag{6-32}$$

式中,C_k 为与溅射装置有关的特征参数;I 为离子流。对于确定的溅射装置,其 C_k 为确定值,因此可通过调控离子流和溅射率来控制沉积速率。

6.2.2.2 磁控溅射沉积系统

磁控溅射沉积系统有多种类型,基本类型有直流溅射沉积和射频溅射沉积系统[189,198]。

1. 直流溅射沉积

直流二极溅射系统是最基本的溅射沉积系统,其由一对平面电极组成。阳极上放置基片,阴极上放置靶材,其背面由水冷系统冷却,并接上负高压。为了在辉光放电过程中使靶表面保持可控的负高压,靶材必须是导体。溅射室先抽真空至 10^{-3}Pa,再通入氩气,使溅射室气压维持在 1~10Pa 之间,然后施加直流电压,使阴极与阳极间产生辉光放电,并建立等离子体区。氩气分子被电离,产生 Ar^+,其在电场加速下轰击阴极靶材,使其产生溅射,在基片上沉积薄膜。

在直流二极溅射沉积系统中,由于气压较高,溅射粒子的平均自由程小于电极间距,溅射粒子在到达基片表面前会与气体分子发生碰撞。溅射材料在单位面积基片上的沉积量 W 可由下式给出:

$$W = \frac{k_1 W_0}{pl} \tag{6-33}$$

式中,k_1 为常数;W_0 为单位面积阴极靶溅射的粒子数量;p 为放电气体压力;l 为电极间距。如果溅射时间为 t,则其沉积速率 R_d 为:

$$R_d = \frac{W}{t} \tag{6-34}$$

假设离子流接近等于放电电流 I_s,而溅射率与放电电压 V_s 成正比,则溅射粒子的总量为 $V_s I_s t / pl$。因此,溅射沉积量与 $V_s I_s t$ 成正比。

2. 射频溅射沉积

直流二极溅射沉积系统虽然结构简单,操作方便,可获得大面积厚度均匀的薄膜,但其使用的靶材必须是良导体,如果靶材为绝缘体,则不能产生持续的辉光放电,因为施加直流电压后,在绝缘体靶表面会迅速积聚正离子。为了使绝缘体靶能维持辉光放电,必须采用射频电源。这种系统便称射频溅射系统。射频溅射沉积技术于 20 世纪 60 年代初开始被用于电介质薄膜的制备,并逐渐发展成为一种实用的薄膜制备技术。

典型的射频溅射沉积系统如图 6-12 所示。溅射发生在频率为射频范围内。绝缘(电介质)靶材装在金属板上。对金属板施加高频(通常为数兆赫兹)交变电压,绝缘体靶表面将受到离子和电子交替轰击。在每个循环的负半周溅射时积聚在靶表面上的正电荷,将在循环的正半周时被电子中和。由于电子的迁移率远高于等离子体中的离子,在正半周到达靶的电子数与在负半周到达的离子数不匹配,靶的前部获得负电荷,从而排斥在正半周到达靶表面的大部分电子。等离子体相对于靶为正偏压。因此,射频可以给离子提供足够的能量以引起溅射。在射频二极溅射中,阴极电流密度 i_s 由下式给出:

$$i_s \cong C \frac{dV}{dt} \tag{6-35}$$

式中,C 为放电等离子体和靶之间的电容;dV/dt 表示靶表面电位随时间的变化。这表明,增加频率会引起阴极离子流的增加。在实际系统中,使用的频率为 13.56MHz。

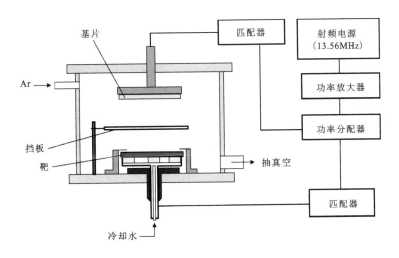

图 6-12 典型射频溅射沉积系统示意图

在溅射沉积系统中引入磁场后,便构成了磁控溅射沉积系统。强磁铁被安装在靶的下方,在靶表面建立磁场。在电场和磁场的共同作用下,电子被束缚在靠近靶表面的等离子体区域内做螺旋运动,电子在等离子体中的运动距离和时间大大增加,从而提高了电子对工作气体分子碰撞使其发生电离的概率,有效利用电子的能量。其结果是,二次电离增加,电流增大,沉积速率显著增高。

射频磁控溅射沉积系统适合于导体及绝缘体薄膜的制备,包括金属(如 Al、Ag、Au、Pt、

Cu、Ti、Cr、Ni、Zr、Nb、Co、W 等)、合金、氧化物及氮化物(如 Si_3N_4)等薄膜。但是,磁控溅射形成的薄膜常具有柱状结构,在晶粒内和晶粒边界处存在空隙。为了制备出致密性更高的薄膜,发展了非平衡磁控溅射技术。该技术可制备出致密性好的各种薄膜,包括电子薄膜、光学薄膜、抗腐蚀和耐磨薄膜等。另外,为了实现多组分薄膜材料的制备,磁控溅射系统还发展了多靶共溅射技术。该技术可根据靶材的特点,分别采用直流溅射和射频溅射。利用多靶磁控反应共溅射技术,可以制备多组元陶瓷薄膜,如 $(Pb,La)(Ti,Zr)O_3$ 薄膜、YBaCuO 薄膜等。

3. 反应磁控溅射沉积

在溅射沉积过程中,向溅射室引入反应性气体如氮气、氧气、氨气等,使其与溅射物质发生反应,形成不同于靶材的新物质薄膜,如各种金属氧化物、氮化物、碳化物等薄膜。反应进程与溅射粒子的能量高低有关。参与反应的高能粒子数量越多,反应速度越快。反应速度与活化能 E_a 的关系为:

$$\tau = A\exp\left(\frac{-E_a}{RT}\right) \tag{6-36}$$

式中,τ 为反应速度;R 为气体常数;A 为有效碰撞的频率因子;T 为绝对温度。由于粒子的平均能量 $\overline{E} = 3kT/2$(k 为玻耳兹曼常量),如果以平均能量 $\overline{E}$ 代替绝对温度,则式(6-36)可改写为:

$$\tau = A\exp\left(\frac{-3E_a}{2N_A\overline{E}}\right) \tag{6-37}$$

式中,N_A 为阿伏伽德罗常量。可见,粒子的平均能量越高,反应速度越快。与蒸发体系相比,溅射的粒子平均动能要大得多,因此溅射的反应速度更快。反应过程基本上发生在基片表面,气相反应可以忽略不计。但由于受到离子轰击的金属靶的表面原子非常活泼,因此溅射时靶表面的反应不可忽视。此时,靶表面同时存在溅射和反应生成化合物的过程。如果溅射速率大于反应生成化合物的速率,则靶处于金属溅射态。如果反应气体的压强增加或靶的溅射速率减小,靶表面的化合物生成速率可能超过溅射的速率,则溅射会停止。为避免此类问题的发生,常将反应气体和溅射气体分别送至基片和靶的附近,以形成压强梯度。通过控制入射到基片表面的金属原子和反应气体分子的速率,确保反应能充分进行。

现代工业的发展对化合物薄膜的需求越来越多,反应磁控溅射的应用越来越广泛。例如光学工业中使用 TiO_2、SiO_2 和 TaO_5 等硬质膜;电子工业中使用 ITO 透明导电膜,以及 SiO_2、Si_2N_4 和 Al_2O_3 等钝化膜、隔离膜、绝缘膜;建筑玻璃上使用 ZnO、SnO_2、TiO_2、SiO_2 等介质膜,均可以采用反应磁控溅射制备。

反应溅射沉积的主要特点是:①反应磁控溅射所用的靶材料和反应气体通常很容易获得很高的纯度,因而有利于制备高纯度的化合物薄膜;②通过调节沉积工艺参数,可以制备化学计量比或非化学计量比的化合物薄膜,实现对薄膜组成的调控,从而调控薄膜的性能;③反应磁控溅射沉积过程中基片温度一般不会有很大的升高,而且在成膜过程中通常不要求对基片进行很高温度的加热,因而对基片材料的限制较少;④反应磁控溅射适合于制备大面积均匀薄膜,并能实现大规模工业化生产。

4. 离子束辅助磁控溅射沉积

磁控溅射沉积技术的成膜效率高,镀膜速度快,但制备的薄膜与基片之间的结合强度较弱,从而影响薄膜的质量和性能。离子束辅助磁控溅射沉积正是为了改善薄膜质量而发展的薄膜制备技术。该技术的特点是:在溅射沉积薄膜的同时,用离子束轰击薄膜,以提高薄膜与基片的结合力,改善薄膜的微观结构和力学性能,并提高工艺的可控性和重复性。

典型的离子束辅助磁控溅射沉积系统如图 6-13 所示。离子源常采用考夫曼源,其可产生 Ar^+、Xe^+ 等离子束。在实际沉积系统中,常采用多个离子源,提供高、中、低不同能量和不同类型的离子束。高能离子束轰击可提高界面结合力,低能离子束用于辅助薄膜沉积。另外,也可以在磁控溅射沉积系统中引入离子束溅射沉积,以满足不同薄膜的制备要求。

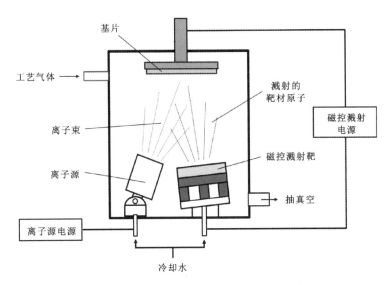

图 6-13 离子束辅助磁控溅射沉积系统示意图

离子束溅射沉积是通过离子源产生的 Ar^+ 等离子束照射到靶材上,使其产生溅射,并沉积于基片上,形成薄膜。其特点是:①成膜质量高,均匀性好,离子束能量高,溅射粒子沉积在基片表面后仍有足够的动能在基材表面迁移,薄膜质量好,与基材结合牢固;②成膜控制精度高,离子束可精确聚焦和扫描,可以精确控制离子束的能量、大小和方向,重复性好;③污染少,离子束溅射沉积是在高真空、非等离子体状态下成膜,受到的气体污染很少;④离子束轰击的靶面积小,沉积速率一般较低。

离子束辅助磁控溅射沉积结合了磁控溅射沉积和离子束溅射沉积两种技术的优点,不仅可以获得高的沉积速率,而且可以改善薄膜的质量。因此,该技术既被应用于金属薄膜、类金刚石薄膜的制备,也被用于各种化合物如 BN、YSZ、YBCO 等薄膜的制备。

6.2.2.3 薄膜质量的影响因素

利用磁控溅射沉积技术制备的薄膜,其质量受多因素的影响,主要包括气体环境、气体压强、电离电压、靶结构等。

1. 气体环境

在磁控溅射沉积系统中,真空度和工艺气体控制共同影响着溅射室的气体环境。在溅射前,溅射室先抽真空至高真空(约 10^{-3} Pa)。溅射时,通入工艺气体(如氩气),使溅射室气压升至 $1\sim10$ Pa。此时,溅射室中的气体环境主要受工艺气体的纯度影响。因此,工艺气体必须使用纯度为 99.995%(或以上)的高纯气体。

2. 气体压强

降低气体压强一方面可以提高粒子的平均自由程,使更多的离子具有足够的能量去撞击阴极以便将粒子轰击出来,提高溅射速率,同时使得更多的溅射粒子到达基片表面,提高沉积速率。但另一方面气压降低意味着充入的工艺气体减少,电离产生的荷能离子少,其溅射出来的靶材原子数量就少,因此溅射速率会降低。能够得到最大沉积速率的气体压强范围非常狭窄。如果进行的是反应溅射,由于它会不断消耗,所以为了维持均匀的沉积速率,必须按照适当的速度补充新的反应气体。

3. 电离电压

在气体可以发生电离的压强范围内,如果改变施加的电压,等离子体的阻抗会随之改变,引起气体中的电流发生变化。例如工艺气体为氩气时,增加电离电压,电离的 Ar^+ 数量会增加,溅射速率也会随之增加;反之,溅射速率会下降。因此,通过控制电离电压的高低可以控制溅射速率的大小。

4. 靶的纯度和结构

靶材中的杂质对溅射性能和薄膜性能有重要影响,因此对靶材的纯度有严格的要求,例如对于大多数半导体应用的靶材,其纯度一般都要求在 99.99%~99.999 9% 之间。除了纯度,靶的结构特征对成膜质量也有很大的影响。每个单独的靶都具有其自身的内部结构和颗粒方向。由于内部结构的不同,两个看起来完全相同的靶材可能会出现迥然不同的溅射速率。在镀膜操作中,如果采用了新的或不同的靶,应当特别注意这一点。同一成分的靶材也存在结构不同的情况,因而会产生不同的溅射速率。另外,溅射过程会造成靶材内部结构的变化,所以即使是同样一块靶材在不同使用时期也会存在溅射速率的差异。针对靶的溅射速率变化,可通过提高或降低功率来进行补偿。

6.2.2.4 磁控溅射沉积的优缺点

磁控溅射沉积的优点是,具有很高的溅射速率,因而成膜速度快,而且在溅射金属时可以避免二次电子对基片的轰击,使基片保持接近冷态,这对不耐高温的衬底(如塑料基板等)具有重要意义。另外,磁控溅射沉积系统同时采用直流溅射和射频溅射,并可结合多靶溅射和反应溅射技术,其适合于各种薄膜材料的制备。而磁控溅射技术与其他技术(如离子束辅沉积等)的结合,则可制备出与基片结合好、质量高的薄膜。

磁控溅射沉积技术也存在一些问题和不足:一是磁控溅射不能进行强磁性材料的低温高速溅射;二是使用绝缘材料靶进行溅射沉积时会引起基片温度升高;三是靶的利用率较低。

6.2.3 脉冲激光沉积

脉冲激光沉积(pulsed laser deposition,简称 PLD)是一种利用高能脉冲激光辐照使真空室中的靶材气化,并沉积在基片上形成薄膜的技术[199,200]。该技术的主要优点是,可以将多组分靶材以化学计量比沉积成薄膜,而且靶材很容易制备。脉冲激光沉积镀膜的历史可以追溯到 1960 年。在世界上第一台红宝石激光器问世不久,便产生了激光镀膜的概念,并有学者开始进行激光与物质相互作用的研究。1965 年,第一次以红宝石激光器为光源来制备光学薄膜,取得一定的成功,但是效果并不理想,薄膜质量较差。20 世纪 70 年代中期,短脉冲激光应运而生,使 PLD 技术取得较大进展。1987 年,美国贝尔实验室利用 PLD 技术成功制备出 $YBa_2Cu_3O_{7-x}$ 超导薄膜[201],从此 PLD 技术得到了快速发展。

6.2.3.1 脉冲激光沉积系统

脉冲激光沉积系统主要由激光光源、光路和真空沉积室 3 个部分组成,其中沉积室中放置具有精确控温的基片支架和靶材,如图 6-14 所示。其基本原理是:激光器发出的激光束经透镜聚焦后,进入真空沉积室,投射到靶材表面,使被照射区域的物质烧蚀形成等离子体,等离子体择优沿着靶的法线方向传输,形成一个看起来像羽毛状的发光团——羽辉,其沿垂直于基片表面方向迅速膨胀,最后沉积到前方的基片上,形成薄膜层。

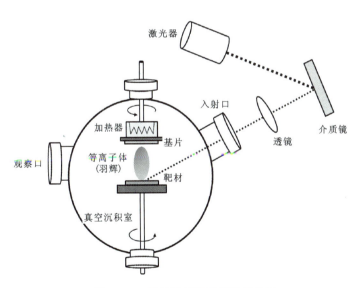

图 6-14 脉冲激光沉积装置示意图

脉冲激光沉积装置与其他物理气相沉积方法大致相似,但激光束与靶材之间的相互作用以及薄膜的形成却非常复杂。当脉冲激光被靶材吸收时,其能量首先转换为电子激发,然后通过热、化学和物理过程,使靶材气化、烧蚀、形成等离子体而脱离。从靶材表面分离出的高能粒子包括原子、分子、离子、电子以及细小的熔球(小液滴),它们都将沉积在基片上。因此,脉冲激光沉积机制是复杂的,其沉积成膜过程可大致分为 3 个阶段[200]。

(1)激光与靶的作用阶段:激光照射到靶材上,其能量被不透明的靶材表面吸收。被照射的靶材表面薄层被加热,使薄层表面温度迅速升高,瞬间温度可达 10^4 K 数量级。热量通过热传导的方式向靶材的内层传导,使被加热层厚度增加。由于热传导引起的热输运随深度而减慢,因此热传导不能使足够的热量进入物质内部,从而引起表面和表面附近的物质温度持续上升,其中部分粒子的热运动加剧,因具有足够的动能摆脱周围粒子的束缚,最终发生蒸发。同时,蒸气吸收激光而被激发和离化,在靶材表面形成等离子体。

(2)等离子体的膨胀输运过程:等离子体在靶材法线方向具有较大的压力和温度梯度,在垂直于靶表面的方向拉长,形成等离子体羽辉。等离子体大致经历等温膨胀(在激光作用时)和绝热膨胀(在激光终止时)两个过程后,从靶材表面输运到基片表面。

(3)气化物质在基片表面沉积成膜阶段:该阶段对成膜质量起关键作用。等离子体到达基片表面后,蒸气物质吸附于基片表面并成核。成核之后,其对在表面迁移的粒子以及气相中的粒子具有较大的吸附作用,使晶核逐渐长大。在此过程中,基片的温度起着重要作用,较高的温度能增加粒子活性,有利于薄膜的形成。

由于激光的能量很高,在与靶材相互作用过程中,除了形成等离子体外,还有可能产生小的液滴。液滴的存在会导致薄膜上产生颗粒物,影响薄膜质量。激光深入靶材越深,液滴产生越严重。针对这一问题,可以使用高致密度的靶材,并要求靶材对激光有高的吸收率。靶材对激光的吸收系数越大,作为液滴喷射源的熔融层越薄,产生的液滴密度越低。在薄膜的生长过程中,可以通过调节靶材与基片的相对位置、基片的温度、脉冲激光的频率、脉冲的密度、气体的种类和压强等因素来控制薄膜质量。

利用脉冲激光沉积技术制备薄膜材料的主要影响因素有以下几个方面。

(1)激光的参数:包括激光波长、脉冲长度、脉冲重复频率。在 PLD 中优选波长短的准分子激光器,如 XeCl、KrF 等准分子激光器。其激光波长在 200~400nm 之间,大多数沉积材料对于该波长范围的激光均有强的吸收。

(2)激光辐射与靶材的相互作用:这种作用与激光功率密度、光斑尺寸、靶材特性、真空室环境等有关。如果激光束的能量密度低,则靶材以蒸发为主。如果激光的能量密度高,则会产生等离子体,并垂直靶材表面烧蚀。每个激光脉冲蒸发的材料量和材料烧蚀所需的最小功率密度取决于脉冲加热靶材的厚度。在 PLD 中,激光功率密度通常不小于 10^8 W/cm²,脉冲长度一般为数十纳秒。靶材的光学和热特性对激光的吸收特征会产生影响,而靶材表面吸收的激光能量与波长有关。

(3)等离子体羽辉与气体环境和基片的相互作用:这受到气压、靶材与基材距离的影响。

(4)基片特征:包括晶格参数、热导率、热膨胀系数、温度等。

(5)薄膜的生长制度:包括沉积速率、沉积时间等。

不同的薄膜材料所用的沉积条件不同。例如 YBCO 超导薄膜是在氧气气氛(约10Pa)中沉积,同时基片温度保持在 720℃ 左右;类金刚石薄膜是在真空中沉积,基片温度介于室温至 100℃ 之间;羟基磷灰石薄膜则在氩气和水蒸气的混合气氛中沉积,并要求较高的基片温度。

6.2.3.2 脉冲激光沉积技术的应用

脉冲激光沉积已被广泛用于各种薄膜材料的制备[200-202]。其中,最重要的应用是制备高温超导薄膜。早期,利用 PLD 技术制备出高温超导材料 $YBa_2Cu_3O_{7-x}$(YBCO)薄膜,其在近 85K 温度下具有零电阻率。由此引发了高温超导材料的大量研究,并促进了 PLD 技术的发展。

除了超导薄膜,PLD 技术也被用于制备高质量的复合氧化物薄膜,如 $PbTiO_3$、$LiNbO_3$、$KNbO_3$、$BiFeO_3$、$Bi_4Ti_3O_{12}$、$BaMgF_4$、$(Ba,Sr)TiO_3$、$(Pb,La)TiO_3$、$Pb(Zr,Ti)O_3$、$K(Ta,Nb)O_3$、$(Pb,La)(Zr,Ti)O_3$、$(Sr,Ba)Nb_2O_6$ 等压电铁电薄膜和超晶格以及 $La_{0.67}Ca_{0.33}MnO_x$ 巨磁阻薄膜等。这些薄膜是红外探测器、光波导器、光调制器、倍频器、存储器、薄膜电容器、微执行器、声表面波元器件以及电磁器件等电子和光电子元器件的重要材料。

在半导体薄膜领域,PLD 技术被用于制备 SiGe、GaAs、Ⅱ-Ⅵ族化合物和Ⅲ族氮化物等材料,并可实现异质结构的薄膜生长以及受控的掺杂。在光学材料方面,用于制备 ZnO 光学薄膜、透明导电薄膜及 TiO_2 抗反射涂层等。在硬质涂层方面,用于制备氮化硼薄膜、氮化碳薄膜、类金刚石薄膜及金刚石薄膜等。

近年来,PLD 技术被用于制备光催化薄膜材料如 MoS_x、WSe_2、WO_x,钙钛矿太阳能电池材料如 $CsPbBr_3$ 薄膜,生物活性陶瓷薄膜材料等。

总之,脉冲激光沉积技术几乎适用于任何材料,特别是其他技术难以或不可能制备的薄膜材料。

6.2.3.3 脉冲激光沉积技术的优缺点

相对于其他薄膜沉积技术,脉冲激光沉积技术具有以下突出的优势[200]。

(1)PLD 技术的重要优势是其具有很好的适应性和灵活性,可快速沉积包括金属、氧化物、半导体甚至聚合物在内的各种材料的薄膜,多靶材组件变换灵活方便,容易制备多层膜及异质结。

(2)脉冲激光能量密度高,持续时间短,能使靶材中的各组分以相似的速率蒸发和沉积,即使是非常复杂的材料也可以实现化学计量沉积,靶、膜成分接近一致,因此特别适合制备复杂成分和高熔点的薄膜材料。

(3)激光烧蚀羽流中的高离子含量和粒子的高速运动与能量的耦合有助于薄膜的晶体生长,使薄膜可在较低的基片温度下高质量生长,而且沉积速率快。

(4)通过聚焦激光束对靶材表面进行快速局部加热,无污染且易于控制。

(5)脉冲激光器放置在沉积室外部,为工艺操控提供了额外的自由度和灵活性。

除了优点之外,脉冲激光沉积技术也存在一些缺点和不足,主要表现在以下几个方面。

(1)由于激光光斑尺寸有限,烧蚀羽流的横截面通常很小,不利于制备大面积薄膜。有限的激光光斑尺寸也增加了对薄膜厚度均匀性控制的复杂性。该问题可以通过控制激光束在大尺寸靶材上扫描,得到一定程度的解决。

(2)由于烧蚀材料的羽流具有很强的前向性,因此很难监测沉积的薄膜厚度。这种沉积特征还会造成共形台阶覆盖不足,薄膜的均匀性较差。

(3)脉冲激光沉积过程中,由于存在激光烧蚀和本征溅射,在基片表面会产生液滴或颗粒,影响薄膜质量。

(4) 对于某些多元组分的化合物靶材,如果某种组分具有高蒸气压,则无法保证薄膜以化学计量沉积,从而导致薄膜与靶材成分不一致。

6.2.4 分子束外延

分子束外延(molecular beam epitaxy,简称 MBE)是在超高真空条件下通过精确控制源材料蒸发产生的中性原子或分子束在单晶基片(衬底)上外延生长单晶薄膜的技术。所谓"外延"是指原子或分子沿着单晶基片(衬底)的某个晶面方向生长出单晶薄膜。根据外延薄膜与基片(衬底)材料的异同,分为同质外延(即薄膜与衬底为同一物质)和异质外延(即薄膜与衬底为不同物质)。目前,常用的外延生长技术有分子束外延、液相外延、金属有机化合物化学气相沉积等[193,203]。其中,分子束外延是一种工艺非常简单的物理气相沉积技术,是应用最广泛的外延技术之一。

MBE 最早由 Joyce 和 Bradley 于 20 世纪 60 年代进行研究[204],他们在超高真空条件下利用硅烷分子束在加热的 Si 衬底上生长 Si 薄膜。此后,MBE 被用于化合物半导体(主要是Ⅲ-Ⅴ族,少量为Ⅱ-Ⅵ族化合物)的生长研究。美国贝尔实验室 Arthur 等开创性地研究了 GaAs、GaP 和 GaAsP 薄膜的 MBE 生长[205]。不久,华裔科学家卓以和(Cho)加入了该研究,于 20 世纪 70 年代初利用 MBE 技术生长出高质量的 GaAs 薄膜[206],并在 MBE 工艺及其实际应用方面作出了杰出贡献。从此,MBE 逐渐发展成为最重要的外延技术之一,为集成光学元器件及超大规模集成电路的发展提供了重要的材料制备技术。

6.2.4.1 MBE 生长系统

分子束外延设备主要由真空生长室、源喷射炉以及各种控制、监测、分析系统组成,如图 6-15 所示。生长室通常填充液氮低温板,在烘烤的情况下,通过抽真空可将室内气压降至约 6.7×10^{-9} Pa,获得干净的超高真空环境。在这样的环境中,分子的典型平均自由程为 10^6 m,远大于从源炉喷口到基片的距离,因此分子在运动过程中不发生碰撞,直接射向基片表面。

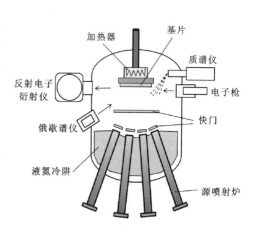

图 6-15 分子束外延设备结构示意图

生长室内基片台被大型液氮冷却低温板所包围,以阻挡热辐射。低温板使 H_2O、CO、O_2 和其他可冷凝物质快速凝结,从而被快速抽出,使生长室保持超高真空度[207]。同时,液氮冷却板还吸附从喷射炉和其附近的受热部件发出的大量气体以及散射的原子或分子,避免这些杂质对薄膜造成污染。

源喷射炉用来产生射向基片的热分子束,是生长室中的核心部件。根据薄膜生长的需要,可配置多个源喷射炉。为了提高真空度,并对源喷射炉实施热隔离,减小热辐射对基片的影响,在喷射炉周围装有液氮冷阱。每个喷射炉都进行单独温控,以实现对各源蒸气压的独立调控。喷射炉前设有快门,其开、关速度非常快。外延层的成分和掺杂量的控制就是通过对源喷射炉的精确控温以及炉前快门的操控来实现的。快门开、关时间(约0.1s)远小于一个单层薄膜的生长时间(1~5s),因此通过对快门开、关的操控可以精确控制外延膜的单层生长。

由于生长室处于超高真空状态,因此可以集成一些原位检测设备来实时监测和分析薄膜的生长过程与质量。反射高能电子衍射仪(RHEED)是最常用的实时监测设备之一,其以高能电子枪发射电子束以微小的角度(1°~3°)掠射到薄膜表面,经表面晶格衍射,在荧光屏上产生衍射条纹,由此获得有关外延薄膜的结晶情况、结构取向、晶格应力状态、表面形貌以及薄膜沉积速率等信息。另外,利用俄歇电子能谱仪进行原位监测,可以了解外延薄膜的化学成分特征,分析杂质污染情况等。生长室中通常还接入四极质谱仪,用来检测分子束流量。

在实际应用中,MBE常采用模块化系统,可以向系统添加多个沉积室和分析室,并在超高真空条件下通过进样室传送样品。进样室是整个系统和外界联系的通道,用于对样品的装取、对衬底进行低温除气等。进样室可同时放入多个基片,以提高制膜效率。分析室可配置有X射线光电子能谱仪、紫外光电子能谱仪、质谱仪、俄歇谱仪等测试仪器,以对外延薄膜的质量及化学组成等进行分析。

6.2.4.2 分子束源及其控制

在MBE中,分子束源及其控制决定着薄膜的生长特征。分子束源由装有源材料的坩埚和加热器组成,其中,加热器的性能决定着分子束流的稳定性。坩埚的顶部有一小口,只允许少量蒸气喷出,坩埚中保持着源物质的平衡蒸气压 p_e,通常为 $0.01\sim1$Pa。p_e 的高低可以通过调控温度来控制。这种蒸发技术是由Knudsen建立的。从源炉产生的分子束总喷出率 R_b(分子/s)可用Knudsen方程近似计算[208]:

$$R_b = 8.33\times10^{22}\frac{p \cdot A_e}{\sqrt{M \cdot T}} \quad (6-38)$$

式中,p 为喷射炉内的气压;A_e 为喷出口的面积;M 为蒸发物质的分子量;T 为源炉中熔体的温度。

蒸发材料为高纯物质,包括元素和化合物,如 Ga、In、Si、Sn、Al、Mg、As、P、GaAs、InP、InAs等。这些源物质为固体原料,因此这种分子束源又称固体源。固体源喷射炉是MBE的主要用炉,有多种式样,包括专供高蒸气压物质如As、P等使用的喷射炉,可使 As_4 裂化为 As_2 的喷射炉,水平配置喷射炉等。

不同的蒸发物质,其蒸气压不同。MBE对不同源炉及基片的温度进行独立控制,即采用所谓的三温度法,有效解决了源物质蒸气压差异引起的问题。例如在InSb或InAs薄膜的生长中,对In源炉和Sb(或As)源炉进行独立控温,温度分别为 T_1 和 T_2,以确保高挥发性组分Sb或As在气相中过量存在,满足InSb或InAs薄膜外延生长的需要。而基片温度 T_3 则根据薄膜生长条件进行精确控制。对于复杂成分材料的生长,源炉数量超过2个,因此实际独立控温数多于3个。利用该技术可以使用蒸气压差异较大的源材料生长出多元化合物半导体外延膜或者掺杂的外延薄膜,如利用具有不同蒸气压的 As 和 P 源生长出 $Ga_xIn_{1-x}As_yP_{1-y}$ 外延薄膜等[209]。

除了固体源,一些气态物质如 TMG、TEG、TMAs、TMIn、TEIn、TEP、AsH、PHg、SiH、NH_3、H_2S 等也被用作 MBE 的源材料,称为气体源。使用气体源的 MBE 又被称为 GSMBE[207]。气体源喷射炉通常采用耐腐蚀的材料制成,并配有供气系统。气体进入坩埚后被加热而裂化,形成分子束,并从炉口快速喷出。例如将 PH_3 和 AsH_3 同时导入坩埚,先在 900~1000℃ 高温、$5×10^4$~$2×10^5$ Pa 气压下分裂出 As_4、P_4、H_2,然后进入处于高温、高真空的细管,使 As_4、P_4 进一步裂化为以 As_2、P_2 为主的分子。该气体源被用于生长 $Ga_xIn_{1-x}P_yAs_{1-y}$ 外延薄膜。

有的气体源具有反应性,可以与固体源蒸气分子在基片表面发生化学反应,并外延生长薄膜。这种外延技术被称为反应分子束外延(Reactive MBE)。例如利用 NH_3 提供 N 源,与 Al 蒸气反应,在 1000~1200℃ 的蓝宝石基片或单晶硅基片上外延生长出 AlN 单晶薄膜。利用臭氧和氧气为反应气体,与金属蒸气反应,可以外延生长 $Bi_4Ti_3O_{12}$-$SrTiO_3$、$Bi_4Ti_3O_{12}$-$PbTiO_3$ 异质结以及 $PbTiO_3$-$SrTiO_3$、$BaTiO_3$-$SrTiO_3$ 超晶格。

6.2.4.3 基片的选择

对于薄膜的外延生长,基片(或衬底)的选择至关重要。分子束外延用基片都应是高质量的单晶基片,同时基片还应与外延薄膜具有相同或相近的晶格类型及晶格常数。外延膜的生长和取向取决于它与基片的晶格结构和原子间距的相互匹配情况。如果是同质外延,基片与外延膜的结构完全匹配,外延膜生长质量高。如果是异质外延,基片与外延膜可能存在晶格不匹配的情况,如图 6-16 所示。一般来说,晶格失配不高于 7% 时,薄膜可保持外延生长。但如果基片与薄膜材料的晶格结构不同或者晶格失配非常大(≥10%),则薄膜层可能无法实现外延生长,得不到外延单晶薄膜。

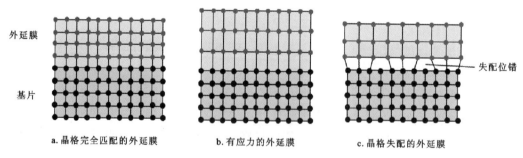

a. 晶格完全匹配的外延膜　　b. 有应力的外延膜　　c. 晶格失配的外延膜

图 6-16　外延膜与基片的晶格匹配情况示意图

另外,由于 MBE 生长过程中需对基片进行加热,因此基片在外延生长温度条件下应保持稳定,不发生热分解,不受外延材料及其蒸气的侵蚀,并与外延材料具有相近的热膨胀系数。

基片表面的清洁度对 MBE 生长也非常重要。基片表面上的任何杂质都可能引起缺陷的产生,因此在生长前应彻底去除表面杂质。早期常采用化学清洗和刻蚀工艺来清除基片表面的杂质,现在通常采用专门的外延基片,其表面有一层氧化膜,用以保护表面免受污染。

在进行外延生长前,在超高真空室内先将该氧化膜进行热去除,并用 RHEED 确认基片表面的清洁度,符合要求后再进行外延生长。

6.2.4.4 分子束外延技术的特点

与其他物理气相沉积技术相比,分子束外延技术具有以下特点。

(1) MBE 是一种可以精确控制到小于单层的生长技术,能够在原子尺度上精确控制外延层的厚度、掺杂和表面-界面平整度。

(2) MBE 是一种超高真空物理气相沉积过程,无需考虑中间化学反应以及质量传输的影响,分子或原子向基片的喷射由快门控制,沉积组分或者掺杂浓度均可进行迅速调控。

(3) 分子束内部以及分子束之间没有相互作用,只有分子束的通量和表面反应会影响生长,因此 MBE 生长具有很好的再现性。

(4) 灵活的源炉使用和控制,使利用具有不同蒸气压的元素来生长化学计量化合物外延膜成为可能,也为超晶格、量子阱、量子点和其他纳米结构的生长提供便捷的工艺技术。

(5) MBE 的超高真空系统可以与各种测试技术相兼容,为分子束通量的精确控制、基片的表面特征以及外延膜的生长质量监控提供了便利条件,也为外延膜生长的科学研究提供了方便的原位检测技术手段。

基于其独特优势,MBE 被广泛用于生长各种材料的外延膜,包括半导体外延膜如 GaAs、InGaAsP/InP、GaAsSb/InAsSb、Si、Si/Ge、ZnSe 等,稀磁性半导体如 GaAs:Mn 和其他磁性材料,以及超导体、金属、氧化物、氮化物和有机薄膜等。MBE 为外延膜在光电子和微电子器件中的大规模应用奠定了基础。精确的生长控制和原位检测分析相结合,使 MBE 成为高质量单晶薄膜生长的卓越技术。

6.3 薄膜材料的化学制备方法

薄膜材料的化学制备方法种类很多,最常见的有化学气相沉积、原子层沉积、化学浴沉积、电沉积、溶胶-凝胶镀膜及喷雾热解镀膜技术等。本节重点介绍几种重要的化学方法。

6.3.1 化学气相沉积

化学气相沉积(chemical vapor deposition,简称 CVD)是一种通过气体或蒸气的化学物质发生反应,在基片上生成所需化合物薄膜的技术[210]。该技术将一种或几种化合物气体流经基片表面,借助加热、等离子体、紫外光、激光等作用,在基片表面发生化学反应,沉积成膜。与物理气相沉积(PVD)工艺不同,化学气相沉积(CVD)无需在高真空中进行。CVD 的沉积速率高,膜厚均匀,易于在沉积过程中进行掺杂控制,而且成膜不受基材表面形状的限制,可以在深孔、阶梯、洼面或其他复杂形状的物体表面沉积薄膜,因此应用领域非常广泛。CVD 的缺点是:在沉积过程中衬底温度通常较高,基材表面可能会发生腐蚀、有害扩散、合金化和化学反应等,而且基材的掩蔽比较困难;使用的反应气体以及反应产物可能具有剧毒、易燃、爆炸或腐蚀性等特点,存在安全风险。

CVD作为一种化学反应工艺,既可以实现薄膜的同质外延或异质外延生长,也可以进行多晶薄膜或非晶薄膜的制备。适合制备的材料种类繁多,包括金属、半导体、类金刚石、氧化物、碳化物、氮化物、硫化物、金属间化合物等薄膜材料,在基础电路及集成元器件的制备中发挥着重要作用。

6.3.1.1 化学气相沉积过程及基本条件

化学气相沉积过程经历如图6-17所示的几个环节,主要包括:①反应气体的产生及输运;②反应气体被基片表面吸附;③反应气体在基片表面扩散;④反应气体在基片表面发生反应,形成薄膜;⑤气体副产物从表面脱离,排出体系。

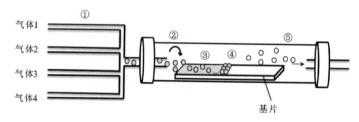

图6-17 化学气相沉积过程示意图

在CVD工艺中,薄膜的形成需要满足以下几个基本条件。

(1)基片有足够高的温度。反应气体在基片表面发生化学反应,需要一定的激活能量,因此化学气相沉积需要在高温下进行。如果引入等离子体、激光等技术,则可以降低反应温度。

(2)反应气体必须有足够高的饱和蒸气压,而沉积物的饱和蒸气压应足够低。

(3)除了要得到的薄膜材料以外,其他反应生成物都必须是气态的。

6.3.1.2 化学气相沉积的主要类型

化学气相沉积的种类多,分类方式也多种多样。按照沉积室气压大小,可以分为常压化学气相沉积、低压化学气相沉积、超高真空化学气相沉积等。按照反应物类型,可以分为金属有机化合物化学气相沉积、氢化物化学气相沉积、氧化物化学气相沉积、卤化物化学气相沉积等。按照反应气体的产生方式以及CVD工艺与各种新技术结合的情况,可以分为热化学气相沉积、等离子体增强化学气相沉积、激光化学气相沉积、电子束辅助化学气相沉积、微波电子回旋共振化学气相沉积、直流电弧等离子体喷射化学气相沉积、触媒化学气相沉积等。

6.3.1.3 化学气相沉积的典型工艺

1. 热化学气相沉积

热化学气相沉积(Thermal CVD)是利用高温诱发气体的化学反应来进行薄膜制备的工艺。该方法通常采用电阻加热、感应加热或红外辐射加热技术,对基片进行加热,其中电阻加热是最常用的一种加热方式。基片加热产生的热表面能使原子在基片表面上具有足够大的迁移能力,使薄膜生长均匀,表面覆盖良好。工艺的重要参数是基片温度与沉积薄膜熔点的比值。为确保基片不被熔化,温度的监控非常重要。热化学气相沉积常采用常压和低压两种压力体系。

(1) 常压化学气相沉积:在常压热化学气相沉积工艺中,气态反应物(或由液体或固体试剂蒸发形成的蒸气)被载气(氢气、氮气、氩气或氦气)稀释,并流过反应器中保持高温的基片表面,反应室内总压力保持在一个标准大气压。如果温度高于500℃,则称高温化学气相沉积(HTCVD)[210]。一般来说,温度越高,越有利于反应的进行,薄膜沉积速率也因此会提高,晶格得到改善,密度增大。HTCVD是大多数半导体、绝缘体、超导体和磁性材料的外延膜、多晶或非晶薄膜制备中使用最广泛的技术。但高温沉淀工艺也存在一些缺点,比如所用基片必须能承受高温处理过程;高温沉积会产生应力、相互扩散或器件结构熔化,以及基片性能退化等。

在常压下薄膜沉积温度不大于500℃时,称为低温化学气相沉积(LTCVD)。降低沉积温度是由于某些基片或者在基片上包含某种金属薄膜层不能承受高温,如金属铝薄膜层允许的最高温度为475℃。该技术常用于沉积绝缘膜,尤其是氧化物和硅酸盐玻璃薄膜。

(2) 低压化学气相沉积:低压化学气相沉积工艺是在减压的反应器中加热基片来沉积薄膜,反应器气压通常为$1\sim10^4$Pa。设备主要由供气系统、反应器和抽气系统(真空泵)组成,如图6-18所示。常用的反应器是电阻加热的水平管式反应器或射频加热的圆柱形反应器。影响薄膜沉积速率和性能的工艺参数主要有基片温度、反应器气体的总压力、反应气体的分压以及真空系统的背景压力和抽气速率等[210]。

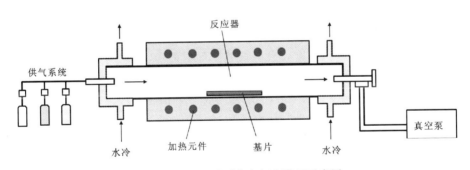

图6-18 低压化学气相沉积装置示意图

低压沉积工艺的优点是:可抑制基片和气相的自掺杂,提高薄膜厚度和成分的均匀性;沉积速率仅需通过表面反应速率来控制,缺陷少,阶梯覆盖性高,有利于复杂表面成膜,适用于大规模生产。该工艺广泛应用于微电子集成电路的制造,主要用于制备绝缘体和半导体薄膜如多晶硅、氧化硅、氮化硅薄膜等。该工艺的缺点是:沉积速率较低,成本和维护费用较高。

2. 等离子体增强化学气相沉积

等离子体增强化学气相沉积(PECVD)是利用等离子体来活化反应气体使其在较低温

度下反应并沉积成膜的技术[211]。等离子体一般是在反应室压力为 10～100Pa 的条件下通过射频辉光放电而产生。等离子体内部由于存在非常活泼的激发态分子、离子、原子和原子团等,使反应的激活能显著降低,因而有效降低反应温度。薄膜的沉积速率取决于射频能量、反应物的摩尔分数、总压力、基片温度和基片性质等。

PECVD 系统主要由反应器(沉积室)、射频发生器、气体控制装置和带有压力测量装置的真空泵组成。射频放电反应器主要有 3 种类型,即电感耦合垂直管反应器、电感耦合垂直平行板反应器和电容耦合水平平行板反应器。辉光放电等离子体分别从反应室外部以感应方式激发或者在沉积室内以电容方式激发。

PECVD 技术的优点是:薄膜沉积温度低,通常在 200～400℃,有的甚至可低至 25℃,因此可避免高温对薄膜及基片产生的问题,可在各种基片上生长各类薄膜,例如在热敏基片上沉积非晶薄膜,在硅或玻璃基片上沉积有机聚合物薄膜等;另外,PECVD 制备的薄膜附着性好,厚度均匀,致密性高,针孔少,内应力小,不易产生裂纹。缺点是:沉积速率低,成分均匀性难以控制;受到高能粒子辐射,基片和薄膜会产生辐射损伤等。

PECVD 初期主要用于沉积无机薄膜材料,如金属硅化物、过渡金属、各种氧化物和氮化物,现已扩展到有机薄膜的制备。在工业上,利用高功率 PECVD 成功制备了非晶硅、氮化硅和二氧化硅薄膜[212],用于平板显示器和太阳能电池的抗反射涂层。二氧化硅薄膜在半导体工业中还被广泛用于对温度敏感的设备中。

3. 激光化学气相沉积

激光化学气相沉积(LCVD)是在常规化学气相沉积的基础上添加激光器,利用激光光子的能量激发来促进化学反应而沉积成膜的技术[213]。激光辐照会产生热和光的作用。激光照射到基片上,在光斑处产生局部高温(可达 1200K 或更高),使气体分子活化。而光的作用使气体分子通过吸收适当波长的光子而形成激发态,从而诱发光化学反应。与热化学气相沉积相比,激光化学气相沉积可以大大降低基片的温度,从而避免高温带来的负面影响,尤其是可在不能承受高温的基片上沉积薄膜。与等离子体化学气相沉积相比,激光化学气相沉积可以避免高能粒子辐照对薄膜的损伤,更好地控制薄膜结构,提高薄膜的质量。由于激光具有高能量密度及良好的相干性,从而能够通过激光激活使得常规化学气相沉积技术得到强化。激光化学气相沉积最初被用来制备金属薄膜,随着技术的发展,目前已用于半导体膜、介质膜、非晶态膜以及掺杂薄膜等各种薄膜材料的制备。例如难熔金属 W、Mo、Cr 薄膜;半导体多晶硅、氢化非晶硅(a-Si:H)、GaAs、TiSi$_2$、InP 薄膜以及 Al$_x$O$_y$、SiC、Si$_x$N$_y$、TiC、TiB$_2$、TiN$_x$C$_y$、B$_x$N$_y$C$_z$ 薄膜等。

LCVD 系统主要由激光器(红外激光器、可见光激光器或紫外激光器)、激光束扫描控制器、基片测温的高温计、薄膜厚度和沉积速率的测量装置以及连接气源的反应器等组成。通过计算机控制,基片可以在 X-Y 方向移动,使沉积在空间上可以进行高分辨率定向。基片可以根据需要进行加热,以提高沉积层的附着力和均匀性。薄膜的沉积速率和物理化学性质取决于激光的辐照度、光斑直径、扫描速度以及基片光斑处温度和系统气压等参数。

4. 金属有机化合物化学气相沉积

金属有机化合物化学气相沉积(MOCVD)是以金属有机化合物为前驱体,利用其热分解反应进行化学气相沉积的方法[210]。MOCVD是重要的外延膜生长技术之一,其最重要的应用是Ⅲ-Ⅴ族及Ⅱ-Ⅵ族半导体化合物外延薄膜的生长。早期主要制备用于光纤通信、激光器和探测器的GaAs和GaInAsP外延膜。20世纪90年代利用MOCVD制备出GaInN外延膜,成功应用于高亮度蓝光LED,成为照明用高亮度白光LED最受欢迎的材料。除了外延薄膜,MOCVD也可以制备多晶薄膜和纳米结构材料。

在MOCVD工艺中,前驱体的选择至关重要。对金属有机化合物前驱体的基本要求是:其在常温下长期稳定,饱和蒸气压在0~20℃下应在1~10mbar范围内;在生长温度下能发生反应,并产生稳定的离去基团;不应发生不需要的副反应,如聚合反应等。在Ⅲ-Ⅴ族化合物外延膜的生长中,常用的前驱体为简单的烷基Ⅲ族源和氢化物Ⅴ族源,如$(CH_3)_3Ga$和AsH_3等。两者在适当的载气流(通常是氢气)中易挥发,在环境温度下具有化学稳定性。这些前驱体通常在反应室外混合,然后通入反应室,在加热的基片上反应,生成Ⅲ-Ⅴ族化合物。

MOCVD是一个复杂的反应过程。例如在以$(CH_3)_3Ga$和AsH_3为前驱体的GaAs外延生长中,反应是从$(CH_3)_3Ga$的气相均裂开始,生成二甲基镓$[Ga(CH_3)_2]$和甲基自由基(CH_3)。对于Ⅲ-Ⅴ族半导体的MOCVD外延生长,甲基自由基的产生非常重要。它有两个重要作用:一是甲基自由基可与载气H_2反应,生成稳定的甲烷和氢自由基;二是甲基自由基可以与AsH_3反应生成稳定的甲烷和AsH_2。这两个作用过程都可以通过甲基自由基或氢自由基从AsH_3中除去一个氢原子,使其分解。不同的前驱体不太可能具有相同的热分解特性,如$(CH_3)_3Ga$和AsH_3的热解温度分别是500℃和约700℃,但通过自由基反应机制,它们可以在同一温度下反应成膜。

外延膜的生长过程受基片表面温度的显著影响。一般来说,在较低温度下,气相反应速率会更慢,表面吸附会更有效,反应过程将主要发生在基片表面。反应动力随基片温度的变化而变化,但随着温度的升高,外延生长速率将不再由总反应速率决定,而是由基片的前驱体供应决定。大多数MOCVD生长过程都是在传输受限状态下进行的,这更容易控制生长速率。为了控制外延膜的缺陷特征,大多数Ⅱ-Ⅵ族半导体以及热力学不稳定的Ⅲ-Ⅴ族化合物均在较低温度下生长。如果在高温下生长,薄膜中组成元素的平衡蒸气压会增加,产生与沉积速率相似的解吸作用,因此薄膜的生长速率会随温度的升高而降低。

MOCVD的最大特点就是沉积温度低,可以在无法承受高温的基片上生长薄膜,并消除自掺杂和来自反应器壁的杂质污染。缺点是金属有机化合物的价格一般比较昂贵,而且具有一定的毒性。

MOCVD可以制备非晶、多晶或单晶半导体薄膜、绝缘体薄膜、导电薄膜以及电阻薄膜等。这些薄膜被广泛应用于电子、光电子、微波和太阳能等领域。因此,该技术具有十分广阔的应用前景。

6.3.2 原子层沉积

原子层沉积(atomic layer deposition,简称ALD)是一种基于重复的逐层自饱和表面反应的化学气相沉积镀膜技术。原子层沉积原理最早于20世纪60年代就由苏联学者

Kol'tsov 和 Aleskovskii 发现,并命名为"分子逐层生长(molecular layering)"。20 世纪 70 年代,芬兰学者 Tuomo Suntola 提出类似的技术,称为"原子层外延(atomic layer epitaxy)",并成功生长出用于电致发光显示面板的高质量多晶 ZnS 薄膜。由于制备的薄膜并非单晶膜,与外延(epitaxy)的含义不符,因此于 20 世纪 90 年代将该技术改称"原子层沉积(atomic layer deposition)"[214]。早期,由于原子层沉积速率较慢,不适合薄膜的大规模工业生产。到了 20 世纪 90 年代中期,由于微电子产品对器件和材料精细度要求不断增加,原子层沉积技术的优势得以体现,并得到快速发展,被逐渐应用到光伏、催化、半导体器件等领域。2018 年,Tuomo Suntola 教授因其开发的原子层沉积技术在手机、电脑、智能设备小型化方面的贡献,获得了芬兰"千禧年科技奖"(Millennium Technology Prize)。

6.3.2.1 原子层沉积原理

原子层沉积是将气相前驱体脉冲交替地通入反应室,使其在基片表面发生自饱和表面反应而沉积成膜。尽管其与普通 CVD 有相似之处,但在原子层沉积过程中,新一层原子膜的形成是与前一层直接相关联的,具有表面自限制的特点,是一种受控的逐层沉积过程,每一次反应只沉积一个原子层。薄膜的形成并不是一个连续的过程,而是由若干个沉积循环组成的,如图 6-19 所示。

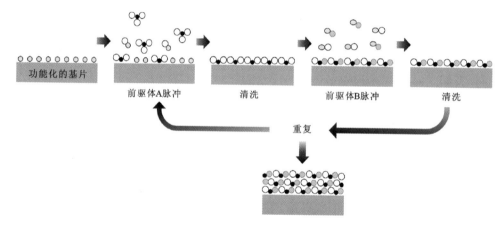

图 6-19 原子层沉积过程示意图

首先通入前驱体 A,使其吸附到功能化的基片表面上,并与基片表面的官能团发生化学反应,当基片表面的官能团消耗完之后,该反应就会自动终止;再用惰性气体吹扫,去除反应产生的副产物和未参与反应的前驱体 A,在基片表面留下一层半循环产物;然后通入前驱体 B,并与吸附在基片上的前驱体 A 发生表面反应,形成化合物沉积层;最后再用惰性气体吹扫,去除反应产生的副产物和未参与反应的前驱体 B,形成一个完整的 ALD 循环。重复该循环 n 次,便可得到由 n 个沉积层组成的薄膜。例如在 $AlCl_3$ 和 H_2O 反应生长 Al_2O_3 薄膜的 ALD 工艺中,首先以短脉冲将含 $AlCl_3$ 的气流引入反应室,通过自终止反应在基片表面形成含铝单层;再用惰性气体吹扫,除去多余的 $AlCl_3$;然后引入含 H_2O 的气流,与基片表面上的含铝单层反应形成 Al_2O_3 单层;最后再用惰性气体吹扫,除去过量的 H_2O 和反应副产物,完成一个ALD循环。典型的薄膜生长速率约为0.1nm/循环,略低于完整的单层[215]。这主要是由前驱体的配体遮盖引起的。要获得所需厚度的薄膜,只有通过重复ALD循环来实现。利用该方法,可制备出厚度为数纳米至数微米的薄膜。

6.3.2.2 原子层沉积系统及工艺条件

ALD系统是从低压CVD系统发展而来的,主要由反应器、供气系统和抽真空系统组成,其中反应器是核心。ALD反应器有多种不同类型,典型的反应器结构如图6-20所示。大多数ALD反应器都是将反应气体引入惰性载气流中进行输送,通过布气装置送至基片表面。如果前驱体具有足够高的蒸气压,则可将其定量地加入载气流中。如果前驱体为蒸气压较低的固体或液体,则可让载气从固体或液体前驱体的顶部流过,或者从液体前驱体中流过。载气的使用加快了气体的流速,缩短了前驱体和产物在反应器中的停留时间,从而可加快ALD循环。反应器内的最佳压力约为1Torr[216]。

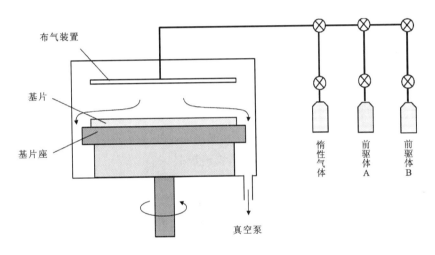

图6-20 原子层沉积反应器结构示意图

ALD反应器的温度控制十分重要。由于ALD是表面吸附和反应控制的过程,沉积温度对反应程度以及配体和副产物的解吸起着关键作用。不均匀的基片加热会对薄膜厚度的均匀性、杂质水平、材料化学计量和界面质量产生不利影响。因此,应确保基片加热的均匀性。反应器的加热方式通常有热壁和基片加热。在热壁反应器中,反应器壁、气体和基片都被加热至相同的温度。基片加热的反应器又称冷壁反应器,由于仅加热基片,反应器壁保持在室温或较低温度。一般来说,反应器的加热温度范围在室温至500℃以上,大多数薄膜材料的沉积温度为200~400℃[215]。

为了避免不受控制的反应,ALD工艺对前驱体有一定的要求。前驱体在气相中以及在沉积温度范围内(通常为150~500℃)具有良好的热稳定性,不允许自分解。固体和液体前驱体在工艺温度和压力下必须是挥发性的,如果需要加热以获得足够的蒸气压,则其在长时间内必须保持热稳定性。另外,前驱体必须能与基片表面吸附或与基片表面位点反应,并能与其他前驱体发生反应,但不能对基片或生长的薄膜材料发生刻蚀作用。当然,前驱体最好是无毒的。

为了扩展应用范围、提高薄膜的质量,ALD 技术与其他新技术结合,发展了等离子增强 ALD 技术、催化增强 ALD 技术等。利用增强 ALD 技术,可以快速制备各种简单或复杂组分薄膜材料。例如利用等离子增强 ALD 可制备 Ti、Ta、TiN、HfO_2、Al_2O_3 等薄膜[216],利用催化增强 ALD 可大大提高 Al 掺杂 SiO_2 薄膜的沉积速率(>100 倍)。

6.3.2.3 原子层沉积的特点

由于原子层特殊的自限性逐层生长模式,原子层沉积技术在薄膜制备方面具有许多特有的优势[215]。

(1)卓越的表面保形性:这是 ALD 技术的独特优势。由于每一层都是单分子或原子生长,因此原子层沉积是以同等厚度增长的方式进行薄膜生长,使得薄膜可以在高深度比或者形貌复杂的衬底上均匀生长,从而很好地保持衬底的结构形貌。基于该特征,ALD 技术可用于制备半导体存储器件沟槽涂层以及衍射光学器件和 3D 零件的涂层等。

(2)薄膜厚度和组分的高度可控:原子层沉积通过控制循环次数来控制薄膜厚度,可实现 0.1nm 级别的精度,可制备厚度在亚纳米至纳米的超薄薄膜,如栅极氧化物薄膜、隧道绝缘体薄膜等。与此同时,在逐层的薄膜生长过程中,通过改变其中一层或多层的前驱体材料,可以精确控制薄膜的化学组分及掺杂浓度。例如利用原子层沉积在生长 ZnO 的若干个循环过程中,插入适量 Al_2O_3 的生长循环,可以制备 Al 掺杂 ZnO 薄膜(AZO 透明导电薄膜),掺杂浓度可通过 Al_2O_3 层的循环次数来精确控制。

(3)可制备高致密、无针孔薄膜:在 ALD 工艺中,薄膜的形成属于"自下而上"的生长机制,因此形成的大多数涂层无针孔。该特性在阻隔和钝化应用中很有价值,可制备用于 TFEL 显示器的大面积高质量绝缘层,也可制备用于有机和柔性电子设备的抗氧化涂层和防潮涂层。

(4)工艺重复性高:ALD 工艺的高重复性基于其表面控制和自饱和薄膜生长机制。选择可靠且经过验证的前驱体,也是获得高重复性和高精度的关键因素。对于某种薄膜材料,一旦其 ALD 工艺参数确定,在生产中推广应用就非常简单。

ALD 技术已广泛用于氧化物、氮化物、碳化物、氟化物、某些金属、Ⅱ-Ⅵ族和Ⅲ-Ⅴ族化合物等薄膜材料的制备。所制材料被应用于显示器、集成电路、硬盘驱动器、光伏元器件、光学元件、零部件表面功能性薄膜和保护性涂层等领域。

原子层沉积也存在一些不足之处,主要在如下几个方面。

(1)生长速率比较慢:一个完整的原子层沉积的循环至少需要两路前驱体的通入时间和两次吹扫时间。组分的增加会显著增加薄膜的生长时间。对薄膜质量要求越高,所需要的吹扫时间也越长。因此,目前原子层沉积主要用于制备超薄层材料。

(2)前驱体材料有限:原子层沉积对前驱体材料要求较高,需要其熔沸点较低、挥发性较强、热稳定性和化学稳定性较好。能同时满足这些条件的材料较少。因此,并不是所有的材料都有其对应的原子层沉积所需的前驱体。

(3) 设备使用要求高：由于沉积温度较低，设备中会存在一定的前驱体残留，因此一台设备比较适合于长期沉积一种薄膜材料。如果要制备不同的薄膜材料，需要对整个管路进行清洗，否则会产生污染，影响薄膜质量。

6.3.3 化学浴沉积

化学浴沉积(chemical bath deposition，简称CBD)是一种将基片浸入于一定浓度的前驱体溶液(通常是水溶液)中，在常压、低温(一般为30～90℃)下沉积薄膜的技术[217]。关于化学浴沉积技术，最早可追溯到1869年Puscher从铜、铅和锑的硫代硫酸盐溶液中获得硫化物层。1884年，Emerson-Reynolds利用含硫脲溶液制备出了PbS薄膜[218]。20世纪70—80年代，由于金属硫属化合物在太阳能电池方面的潜在应用，极大地促进了化学浴沉积的发展。目前，化学浴沉积被广泛应用于制备各种光电化学电池的光电极材料。

6.3.3.1 化学浴沉积理论

化学浴沉积形成的化合物通常是硫属化物，用$MX_{n/2}$表示，其中M^{n+}为金属离子，X为O^{2-}、S^{2-}、Se^{2-}等离子。用于化学浴沉积的溶液一般是由一种或多种金属盐如氯化物、硝酸盐、硫酸盐或醋酸盐等与硫属化物组成的水溶液。溶液中可以添加适量的络合剂，以控制沉积速率。当溶液中含有多种金属时，在一定条件下各种金属离子的水解速率可能差异很大，此时使用络合剂可有效减缓金属离子水解的差异性。

对于非氧化物薄膜的制备，硫属化物源采用低浓度溶液(通常为0.01～0.1mol/L)。如果沉积硫化物，S^{2-}源可选用硫脲(CH_4N_2S)、硫代乙酰胺(CH_3CSNH_2)或硫代硫酸盐($S_2O_3^{2-}$)等可溶性盐。如果沉积硒化物，可选用硒脲($SeC(NH_2)_2$)或硒代硫酸盐($SSeO_3^{2-}$)作为Se^{2-}源。溶液中硫属化物前驱体的添加量是决定溶液过饱和度的关键参数。尽管pH值和温度对溶液的沉积会产生影响，但调控薄膜沉积速率的最简单方法是调节硫属化物源的起始浓度，可通过降低溶液浓度来减小其沉积速率。

对于氧化物薄膜的制备，可以利用OH^-来提供O。如果阳离子M^{n+}由i个配体L^{k-}络合，则可能经历以下化学反应[217]。

水解离：
$$nH_2O \longleftrightarrow nOH^- + nH^+ \tag{6-39}$$

配体置换：
$$nOH^- + M(L)_i^{(n-ik)+} \longrightarrow M(OH)_{n(固)} + iL^{k-} \tag{6-40}$$

形成氧化物：
$$M(OH)_{n(固)} \longrightarrow MO_{n/2(固)} + \frac{n}{2}H_2O \tag{6-41}$$

总反应：
$$M(L)_i^{(n-ik)+} + \frac{n}{2}H_2O \longrightarrow MO_{n/2(固)} + nH^+ + iL^{k-} \tag{6-42}$$

式(6-40)和式(6-41)描述的过程有时被称为"强制水解"。上述反应说明了溶液的pH值、温度和浓度在控制沉积速率方面的作用。

(1) pH 值的影响在式(6-39)和式(6-40)中很明显。需注意的是，强制水解不需要添加碱，对于容易水解的金属阳离子如 Al^{3+}、Ti^{4+}、Fe^{3+}、Zr^{4+}、Sn^{4+} 和 Ce^{4+}，即使在酸性溶液中也会发生水解。

(2) 浓度的影响从式(6-40)中可见。金属盐浓度的增加将会促进反应向右移动，溶液超过 $M(OH)_n$ 溶解度极限的程度增加，反应速率增高。

(3) 温度的作用主要体现在各反应与温度的关系。随着温度升高，式(6-39)向右移动，增加了从金属络合离子中置换配体所需的 OH^- 的供应。升高温度也会引起金属水合物的去质子化，促进式(6-41)向右推进。这两种效应都会加速氧化物薄膜的形成。

过饱和度在成膜过程中起着核心作用。过饱和度通常由溶液的浓度、pH 值和温度控制。CBD 是通过颗粒附着来进行薄膜生长的。此时，溶液的过饱和度决定了构成薄膜的颗粒大小、数量和形成速率。根据溶液体系的成核理论，当溶液处于亚稳过饱和状态时，其不会发生自发成核，但如果存在有利成核界面，则会依托界面成核，即发生非均匀成核。在 CBD 中，基片表面就是有利的成核界面。因此，只要将溶液控制在亚稳过饱和状态，基片表面就是唯一可以成核并生长的部位。可见，控制好溶液的过饱和度对于 CBD 法薄膜制备至关重要。

6.3.3.2 化学浴沉积工艺

CBD 最简单的薄膜制备工艺是将基片单次浸入等温的非流动前驱体液体中，在静止条件下进行薄膜生长。此时，即使没有从外部施加影响，对沉积过程产生影响的溶液参数也不是静态的。沉积一旦开始，溶液的过饱和度就开始降低，直至停止成核和生长。溶液的 pH 值也会发生朝着减缓成核和生长的方向变化。因此，对于单次浸入沉积，形成的颗粒数量、大小和空间分布都会不断变化，最终在溶液过饱和度降至临界值以下时停止生长。可见，单次浸入形成的薄膜不仅厚度小，而且薄膜的质量和均匀性也比较差。

为了避免薄膜因溶液浓度降低而停止生长，CBD 工艺通常采用多次补充前驱体溶液和调控 pH 值的方法。添加新鲜前驱体溶液时，先把基片从溶液中取出。添加完新鲜溶液后，搅拌均匀，再将基片浸入。溶液的 pH 值可以通过传感器进行连续监测和调节。如此重复适当次数，可获得所需厚度的薄膜。CBD 的典型实验装置如图 6-21 所示。沉积产生的薄膜常需在适当的温度下进行热处理，使其完全结晶，形成化合物或固溶体，以获得预期的性能。

随着技术的发展，CBD 工艺也在不断改进中，其中一种改进是采用流动溶液沉积。该工艺是将前驱体溶液以受控速率流过基片，以减少溶液过饱和度随时间变化

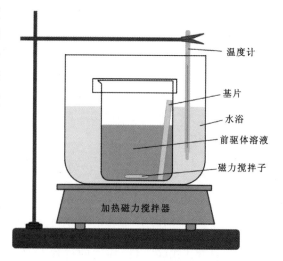

图 6-21 化学浴薄膜制备实验装置示意图

引起的不均匀性。反应物不断补充可使溶液的组成及过饱和度更加恒定。此时,流经基片的溶液的流速变成了调控沉积过程的重要参数,这使得薄膜的生长控制更加方便。利用该工艺可以恒定和高速率地沉积铁氧体、ZnO、SnO_2、TiO_2、CdS、CdSe、ZnS、ZnSe、PbS、SnS、Bi_2S_3、Bi_2Se_3、Sb_2S_3、CuS、CuSe 等薄膜[217,219]。

CBD 工艺的另一个改进是通过对基片表面进行有机改性来促进薄膜的形成。基片表面改性可以采用表面活性剂、高分子电解质、有机分子自组装或制备种子层来实现。改性剂分子或离子的一端与基片表面吸附,另一端的官能团决定着薄膜的化学性质,呈现出酸性或碱性、亲水性或疏水性、极性或非极性等特征。利用该方法已制备出 CdS、ZnS、PbS、α-FeOOH、β-FeOOH、γ-FeOOH、α-Fe_2O_3、In_2O_3、TiO_2、V_2O_5、Y_2O_3、Y_2O_3:Eu、ZnO、ZrO_2、Y_2O_3-ZrO_2 等薄膜[217]。

利用基片改性技术还可以实现薄膜的图案化沉积。基本方法是:对基片表面特定区域进行改性,使这些区域能在 CBD 中生长薄膜,而没有改性的区域则不会沉积成膜,从而在基片上获得图案化的沉积层。与传统光刻法制备薄膜图案相比,该方法创建图案化薄膜更加简单,在对薄膜图案精度要求不太高的领域具有应用潜力。

6.3.3.3 化学浴沉积的优缺点

与其他薄膜制备技术相比,CBD 具有许多优势,具体如下。

(1)设备简单、操作简便:CBD 不像 PVD 和 CVD 需要复杂的系统和昂贵的设备,其只针对溶液的浓度、温度和 pH 值等进行操控,直接沉积成膜,工艺简单,操作容易,成本低廉,很容易扩大生产规模,实现大面积批量处理和连续沉积。

(2)反应物来源广泛,价廉易得:化学浴沉积所需的前驱体一般为常见的化学试剂,如金属无机盐等。

(3)薄膜生长温度低:在化学浴沉积工艺中,薄膜生长温度一般不高于 100℃,可避免高温引起金属衬底氧化和腐蚀,可以在不耐高温的基材(如聚合物)表面涂覆薄膜,同时可以降低对反应容器的耐高温性能要求。

(4)薄膜均匀性高:化学浴沉积过程中,参与化学反应的基本单元是离子,因此可以沉积均匀、致密的薄膜。

基于以上工艺优势,化学浴沉积已得到广泛应用。利用该技术制备的硫化物(如 CdS、ZnS、CuS、PbS)、硒化物(如 CdSe)和氧化物薄膜已被用作光伏材料、半导体材料、传感器材料、透明导电薄膜、催化剂、热障涂层以及超疏水涂层等。

虽然化学浴沉积技术具有很多优点,但也存在不足和局限性,例如多组分薄膜材料的制备存在挑战。当溶液中的各种组分发生沉淀的 pH 值或温度不同,或者无适合的金属络合剂可供选择时,这种材料无法采用 CBD 方法制备。许多重要的氧化物,如氧化铟锡透明导电薄膜、钛酸钡铁电氧化物薄膜等,不适合采用水性 CBD 方法制备。对于这种多组分氧化物或复杂氧化物薄膜材料,采用溶胶-凝胶法将更具优势。

6.3.4 溶胶-凝胶法

溶胶-凝胶法是一种常用的氧化物薄膜制备方法。该技术已有一个多世纪的发展历史。

第一篇关于溶胶-凝胶实验研究的论文发表于1845年,第一项关于溶胶-凝胶法制备氧化物涂层的专利于1939年获得。20世纪50—60年代,利用溶胶-凝胶法制备SiO_2和TiO_2反射涂层、防反射涂层以及抗高温涂层实现工业化生产。20世纪90年代,溶胶-凝胶技术得到了快速发展,被广泛应用于制备各种功能薄膜,其应用领域包括微电子器件、光学器件、表面保护、能量收集、隔离、导电层、智能窗口等。溶胶-凝胶法已成为应用最为广泛的软化学薄膜制备技术。

6.3.4.1 溶胶-凝胶薄膜制备工艺

溶胶-凝胶薄膜制备工艺过程主要包括3个环节:一是溶胶制备,即将前驱体制成流动性好的稳定溶胶;二是在基片上制备均匀涂层;三是对涂层进行高温退火,使其氧化分解,形成氧化物薄膜。工艺流程如图6-22所示。关于溶胶的制备、溶胶-凝胶的转变以及凝胶的热解过程等内容,在前文中已进行了详细介绍,这里就不再赘述。

用于薄膜制备的溶胶应具有适当的浓度、黏度和流动性,且在室温条件下具有良好的稳定性。采用的基片还需考虑其性质,包括基片的热膨胀系数与所制薄膜材料的匹配性和耐高温性能等,以避免薄膜在预烧或退火中因产生过高的应力而开裂或剥离。溶胶涂覆于基片表面后,形成湿膜,此时需要进行固化、固结处理,以获得稳定的涂层。处理方法包括热固化、光辐照或进行化学处理等。其中,最常用

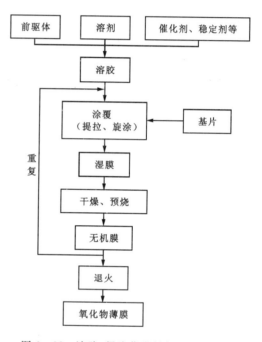

图6-22 溶胶-凝胶薄膜制备工艺流程图

的是在一定温度下进行烘干和预烧,获得无机膜。由于一次涂覆得到的涂层厚度有限,要获得所需的厚度,必须进行重复涂覆。涂覆的次数根据溶胶特征及涂覆工艺的不同而不同。最后,还需要在适当温度下对无机膜进行一定时间的退火处理,以获得晶化的氧化物薄膜。退火是薄膜制备工艺的重要环节,其决定着薄膜的性能特征。

6.3.4.2 涂覆工艺

溶胶涂覆工艺主要有提拉法、旋涂法和喷涂法等。其中,提拉法和旋涂法适合在光滑的基板或基片上涂覆薄膜层,是常用的方法[220,221]。

1. 提拉法

提拉法又称为浸涂法,是一种将溶胶涂覆于基板或基片表面的最简单方法。提拉法方便、快速,适合在平面基板和圆柱体表面制备涂层,既可以在研发中使用,也可以在工业生产中进行大型表面涂覆。基本工艺过程是:将基片或基板直接浸入溶胶中,停留一定时间;然

后按一定速率竖直向上提起,溶胶黏附于基片或基板表面,并在重力的作用下在表面上铺开、沥干;湿膜经过干燥和预烧后,便形成涂层。工艺过程如图 6-23 所示。为了获得所需的厚度,工艺过程可进行多次重复。

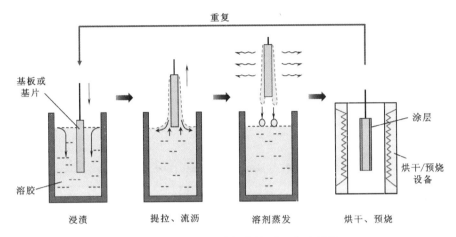

图 6-23　溶胶-凝胶提拉涂覆工艺示意图

在提拉工艺中,成膜质量受多因素影响,主要是溶胶的性质(浓度、黏度、溶剂蒸发速度等)、基片或基板的表面性质、浸泡时间、提拉速度及其均匀性等。一次提拉形成的涂层厚度既取决于溶胶的浓度、黏度和表面张力,也与提拉速度有关。因此,可以通过对这些参数的调控,来调节膜厚。另外,由于重力作用,溶胶在基片表面从上到下流沥,可能产生一定程度的"上薄下厚"的厚度梯度,因此在进行重复浸涂时,应考虑基片的上、下方向。在自动化浸涂设备中,可以通过程序控制来处理这种单向厚度梯度的问题。

提拉法是大面积高质量光学薄膜制备的最佳方法。该方法很容易通过溶胶的浓度来调控膜厚,可以高速制备涂层,膜厚均匀性好,且在涂覆过程中没有溶胶浪费。该工艺的不足是:基片的所有表面都被涂覆,而且在某些情况下还可能产生厚度的不均匀性,这会对光学薄膜的性能产生不利影响。

2. 旋涂法

旋涂工艺是使用最广泛的涂覆技术之一,这与电子、微电子器件研发和工业生产密切相关。在集成电路和芯片制造中,光刻胶涂层就是采用旋涂法制备。在微电子工艺中,层间电介质层的制备,以及用于高功率激光器光学系统的大型熔融二氧化硅基板上的低/高折射率多层薄膜的制备,都是溶胶-凝胶旋涂技术应用的重要实例。溶胶-凝胶旋涂法已成为各种氧化物薄膜制备的常用方法。

旋涂工艺使用的设备称为匀胶机。匀胶机是通过控制基片的高速旋转来进行涂层制备的。基片放置于托盘上,该托盘下有气孔与机械泵相连,通过机械泵抽气产生吸力,吸住基片。溶胶添加一般是通过移液枪或注射器进行。每一次添加溶胶都应保证足够的量,以确保整个基片都被溶胶湿润。匀胶机从低转速到高转速可设多个控制段。当足量的溶胶被添加到基片表面后,启动匀胶机,使基片依次进行低速和高速旋转,溶胶在离心力的作用下逐渐摊平,均匀涂覆在基片表面。得到的湿膜经过烘干、预烧,形成无机膜。重复这一涂覆过程,直至形成的薄膜达到所需的厚度。工艺过程如图 6-24 所示。

旋涂工艺形成的涂层质量受溶胶的浓度和黏度、基片的表面性质、基片的旋转速度、旋涂时间以及溶剂的蒸发速率等因素的影响。旋转速度一般是根据溶胶的黏度、浓度和期望的涂层厚度来进行调节,通常在 1000～10 000r/min 之间。旋涂时间的长短取决于溶剂的蒸发速率和非易失组分的凝结速率,一般在数十秒至数分钟之间。

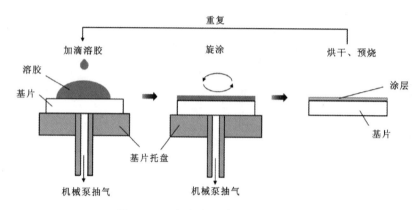

图 6-24　溶胶-凝胶旋涂工艺示意图

旋涂工艺具有良好再现性,可制备出厚度均匀性非常好的涂层,而且仅涂覆基片的上表面,非常适合晶圆基片的自动化连续涂覆生产,是电子工业中利用液体涂覆薄膜的优选技术。

旋涂工艺也有很多不足:一是对基片形状有要求,不能涂覆无法高速旋转的基片,也不适合非常笨重的基片;二是旋涂工艺中溶胶的浪费很大。据估算,在涂覆过程中,只有 10% 的溶胶被有效涂覆在基片表面,90% 的溶胶则在离心力作用下喷射到设备的侧面,无法使用[221];三是旋涂法制备的某些涂层可能存在厚度不均匀以及产生缺陷等问题。这些问题可能是由溶剂的快速蒸发以及某些不明原因引起的。

6.3.4.3　溶胶-凝胶薄膜制备技术的特点

溶胶-凝胶薄膜制备技术的特点主要有以下几个方面。

(1)工艺设备简单:同其他湿化学法一样,溶胶-凝胶法制备装置简单,不需要复杂且昂贵的真空装置。

(2)薄膜成分均匀性高:在溶胶-凝胶工艺中,前驱体被分散于溶剂中,并经过缩聚形成溶胶。在涂覆过程中,溶胶发生凝聚,形成凝胶。因此,各种组分的混合可以保持分子水平上的均匀性。

(3)适合制备复杂成分薄膜,易于进行组分掺杂:这是溶胶-凝胶技术中的突出优势。

(4)制备温度低:在溶胶-凝胶转化过程中,各组分已发生一定程度的键合,形成的凝胶比表面积大,具有较高的化学活性,因此薄膜的退火温度一般比传统材料的烧成温度低 400～

500℃。这对于制备含有易挥发组分或在高温下易发生相分离的多元系薄膜材料来说尤其重要。

溶胶-凝胶法也存在一些不足，主要是：①原料用到的金属醇盐价格较高；②配置溶胶时用到的有机溶剂可能对人体有一定危害；③溶胶的聚合转变时间较长；④若预烧不完全，最后形成的薄膜中会有残留小孔洞和残留碳。

6.4 薄膜材料检测技术

薄膜材料研究和应用很大程度上取决于薄膜特征和性能的检测。薄膜的厚度很小，一般不大于 $1\mu m$，因此薄膜的结构和成分检测通常采用表面分析技术。在许多情况下，可以借助现有测试分析技术如 X 射线衍射分析、电子显微镜等测定薄膜的晶体结构和表面形貌特征，利用诸如电子光谱、离子散射、质谱技术等测定薄膜材料的化学组成。但是由于薄膜材料不同于块体材料和粉体材料，检测技术有其独特性。特点之一是在极小的区域和深度范围内具有极高的结构分辨率和化学分析能力，可以获取表面几个原子层至 $1\mu m$ 深度的材料结构和化学组成的信息。随着测试精度要求越来越高，某些方面的测试也面临着越来越大的挑战。

薄膜性能检测是其应用的前提。有关材料性能检测技术在相关课程中已进行了介绍，这里就不再赘述。本节重点介绍薄膜材料的厚度、形貌和结构、成分组成等检测技术。

6.4.1 薄膜厚度测量方法

薄膜的厚度是薄膜材料的一个重要指标，其对薄膜质量和薄膜的性能有着重要的影响。薄膜厚度的测量主要有光学法和机械法两大类[193]。它们大多是无损检测，但有的也会破坏薄膜材料。对于不同类型及用途的薄膜，其厚度测量方法可能不同。在大多数情况下，厚度测量都是完成薄膜制备后取出薄膜测量。当然，有些薄膜制备设备具有原位厚度测量的功能，可以在薄膜制备过程中实时监测生长中的薄膜厚度。

6.4.1.1 光学测量法

光学测量法被广泛用于薄膜厚度的测定，是因为其既适用于透明薄膜，也适用于不透明薄膜，且测量精度高，测量速度快，一般为无损的，设备也相对便宜。光干涉法和椭圆偏光法是测定薄膜厚度的两种基本光学方法。由于光谱仪器的进步，加上计算机控制和强大的计算分析能力，使测量仪器的使用便利性得到了前所未有的提高，因而已被广泛应用于集成电路多层膜的厚度测量。

1. 光干涉法

光干涉法厚度测量是基于从不同界面（如空气/薄膜表面或薄膜/衬底界面）的反射光束的光程差与薄膜厚度之间的关系。光束一般是垂直于薄膜表面照射，但用于测量不透明薄膜的仪器与测量透明薄膜的仪器会有所不同。

1) 不透明薄膜的厚度测量

对于不透明薄膜，必须首先制作一个垂直并达到基片表面的台阶，其可以在沉积薄膜时通过掩膜制作，也可以通过对薄膜刻蚀而产生台阶。从薄膜表面和基片表面反射的相邻光线行进的长度不同，其相差量取决于台阶高度。为了取得好的效果，可采用多光束干涉测量技术。该技术要求薄膜和基片具有非常高的光学反射率和均匀性。为此，通常在表面沉积一层很薄的 Al 膜或者 Ag 膜。通过在台阶附近放置反射性高但半透明的光学参考平面来产生干涉条纹，如图 6-25 所示。两个高反射的表面略微倾斜，使光束在它们之间呈"之"字形多次反射，形成一系列逐渐衰减的光束。利用显微镜可以观察到锐化的干涉条纹，即所谓的 Fizeau 等厚干涉条纹。

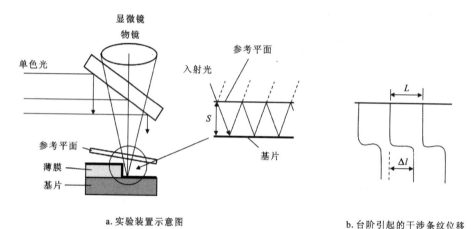

a. 实验装置示意图　　　　　　　　　b. 台阶引起的干涉条纹位移

图 6-25　Fizeau 等厚干涉条纹产生原理

产生干涉的条件是，连续光束之间的光程差为波长 λ 的整数。由于台阶的存在，干涉条纹发生突然位移，如图 6-25b 所示。其位移量 Δl 与薄膜厚度 d 成正比。因此，薄膜厚度 d 可由下式计算：

$$d = \frac{\Delta l}{L} \cdot \frac{\lambda}{2} \tag{6-43}$$

式中，L 为干涉条纹间距。

这是一种利用等厚干涉条纹来测量薄膜厚度的技术，其分辨率与入射光的反射程度有关。还有一种利用等色阶条纹来测量不透明薄膜厚度的技术，其采用白光而不是单色光，以分光计对反射光进行光谱分析，而不用显微镜。该技术可测量薄膜的厚度范围为 1nm～2μm，测量误差为 ±0.5nm。

2) 透明薄膜的厚度测量

对于透明薄膜，由于从薄膜和基片表面反射的光束会发生干涉，因此非常适合于采用光干涉法测量薄膜厚度，而无需制作台阶和金属反射膜。波长为 λ 的单色光入射到透明薄膜和基片时，如果薄膜和基片的折射率分别为 n_1 和 n_2，则反射光的强度随薄膜厚度或 $n_1 d$ 发生振荡。当 $n_1 > n_2$ 时，最大振幅出现在薄膜厚度等于以下数值时：

$$d = \lambda/4n_1, 3\lambda/4n_1, 5\lambda/4n_1, \cdots\cdots \tag{6-44}$$

d 值位于上述数值中间时,反射强度最小。当 $n_1 < n_2$ 时,对相同的薄膜厚度,其反射强度发生反转。基于该特征,发展了两种基本的测量技术,分别为可变角单色条纹测量技术和恒角反射干涉光谱测量技术。

在可变角单色条纹测量技术中,通过改变单色光的入射角来进行测量。当工作台和样品旋转时,随着光路的变化,在薄膜表面可观察到亮(最大)和暗(最小)条纹。薄膜的厚度可由下式计算:

$$d = \frac{N_0 \lambda}{2 n_1 \cos\theta} \tag{6-45}$$

式中,θ 是光在薄膜中的折射角;N_0 为条纹级数,其通过计算从垂直入射开始的连续最小值来获得。当检测到强度为极小值($N_0 = 1/2$、$3/2$、$5/2$ 等)时,可获得精确的 d 值。对于厚度为 80nm~1μm 的薄膜,其测量精度可达 0.02%~0.05%。该技术的缺点是必须已知薄膜对所用光的折射率。

恒角反射干涉光谱测量技术是通过系统地改变入射光的波长来进行薄膜厚度的测量。光从薄膜反射到分光计中形成干涉条纹。这些条纹是波长的函数。通过测量两个指定波长之间的条纹数,就可以测定薄膜的厚度。对于均匀的薄膜,厚度为 40nm~2μm 时的测量精度可达 1nm 或 0.1%。

对于多层薄膜的厚度需采用光谱反射测量法测量。该方法是通过对宽波长范围的反射光强度的测量来获得薄膜的厚度,同时还可以获得有关薄膜材料的折射率与吸收系数等参数。这种测量系统在半导体集成电路行业得到了很好的应用。

2. 椭圆偏振法

椭圆偏振测量技术已有一个多世纪的历史,长期以来被用于测量介质膜的厚度和光学常数,现在是薄膜和多层介质膜的光学特性测量的首选方法。该技术还可用于薄膜制备过程的原位监测。该技术灵敏度高(可达亚单层厚度),能在高温、高压条件下工作,因而可在等离子体沉积、化学气相沉积、分子束外延等工艺中使用。

椭圆偏振测量技术包括测量和解释当一束倾斜入射的偏振光从薄膜表面反射时发生的偏振状态的变化。它不依赖于干涉效应,因此膜厚测定不受光波长的限制。该技术的两个变种,即多入射角椭偏测量法和多波长椭偏测量法(或椭偏光谱法),已得到广泛应用。

1) 椭圆偏振测量原理

平面偏振光从折射率为 n_0 的介质入射到折射率为 n_1 薄膜表面,将发生反射和折射,如图 6-26 所示。偏振光有两个正弦振荡分量,分别为平行于入射面的 p 分量 ε_p 和垂直于入射面的 s 分量 ε_s。经薄膜表面反射后,反射光的两个分量的相位和振幅都发生变化,因而具有椭圆偏振特性。若 p 分量和 s 分量的反射率分别为 r_p 和 r_s,它们之比等于复反射系数 ρ,即:

$$\rho = \frac{r_p}{r_s} = \tan(\psi) e^{i\Delta} \tag{6-46}$$

式中,Δ 是反射后 s 分量和 p 分量之间的相位差;$\tan(\psi)$ 与振幅比有关;i 为复变指数函数的虚部单位。式(6-46)是椭偏测量法的基本方程。当考虑到薄膜下面存在基片时,该方程式将变得更加复杂。由于 Δ 和 ψ 值与光的波长 λ、入射角 ϕ_1 以及薄膜与基片的折射率 n、消光系数 k 和薄膜厚度 d 有关,因此通过测定 $\tan(\psi)$ 和 Δ 就可以计算出薄膜的厚度。这项繁琐的计算工作可通过计算机来完成。

标准单波长椭偏法测量装置的工作原理如图 6-27 所示。光源通常采用激光器,用起振器产生偏振光。该偏振光通过四分之一波片(相位延迟片)后,两个分量的相位相差为 90°,产生圆偏振。入射光射入薄膜表面后被反射,反射光通过检偏器,传输到光电倍增管探测器。旋转起偏器和检偏器,直到出现消光,以测定 Δ 和 ψ。对于均匀光滑的薄膜,数据分析相当简单。但当薄膜不均匀、含有相混合物或具有粗糙的表面或界面时,会出现复杂情况。一般来说,光学响应是根据薄膜结构的假设模型计算出来的,并通过回归分析与实验数据进行比较,得出所需的参数。

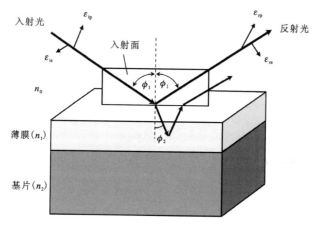

图 6-26 偏振光从薄膜表面反射和折射示意图

ε_{ip}.入射光的 p 分量;ε_{is}.入射光的 s 分量;ε_{rp}.反射光的 p 分量;ε_{rs}.反射光的 s 分量;ϕ_1.入射角(反射角);ϕ_2.折射角

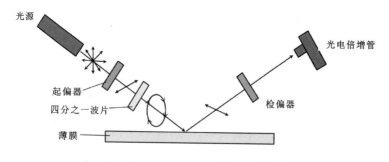

图 6-27 椭偏法测量装置工作原理示意图

2)多入射角椭偏测量技术

多入射角椭偏测量技术可以在一系列不同入射角 ϕ_1 值下测量 Δ 和 ψ,从而获得薄膜/基片或多层膜/基片的光学参数 (n,k) 和各薄膜层的厚度。入射角可以在较大范围内选取,但其通常集中在主角度周围。仔细选择入射角是很重要的,因为椭偏仪的灵敏度取决于入射角。因此，多入射角椭偏仪使用的入射角应是灵敏度最大的入射角，这些入射角位于主角度附近。光源通常使用激光，以确保光束的高度准直，避免因光束发散而产生干扰，引起系统误差。该技术的优点是测量精度高，可对多层薄膜中各层厚度进行精确测定。

3) 椭偏光谱法

椭偏光谱法是薄膜厚度的光学测定方法中最强大的技术。它能提供整个波长范围内的振幅和相位变化的信息，可以更广泛、更精确地测定薄膜厚度和光学常数。该技术可以采集大量的原始测量数据，从而能够解决薄膜光学系统中由薄膜厚度和折射指数引起的测量光谱变化而产生的相关问题。这些问题采用反射法和其他椭偏法是很难解决的，因为它们获得的数据不足。当然，变量太多也成了椭偏光谱法的缺点。不过，通过柯西近似（Cauchy approximation）或类似的近似法，并采用计算机处理，可以很容易克服这些问题。

商业研究级椭偏光谱仪可在紫外至红外波段范围（200～1700nm）内工作。其可以在非常短的时间（数秒至数分钟）内以高精度和高准确度获得宽波长范围内的椭偏光谱数据，Δ 和 ψ 的测量精度优于 $\pm 0.01°$。实时椭偏光谱仪更是可实现毫秒级测定，为薄膜沉积及刻蚀过程中的厚度监控提供理想的原位测量手段。该技术已广泛应用于各种半导体薄膜、介电薄膜、光学薄膜、聚合物薄膜以及超晶格的厚度和光学参数测量以及原位监测。

6.4.1.2 机械测量法

薄膜厚度的机械测量有多种方法，比较常见的有触针法、石英晶体震荡法和超声波测厚法等。

1. 触针法

触针法是通过电磁感应触针在有台阶的薄膜表面移动来测定薄膜厚度的方法。触针法进行测量的前提条件是必须制作从薄膜表面至基片表面的台阶。薄膜厚度就是台阶的高度，可以通过台阶的轮廓变化直接读出。触针式表面粗糙度测量仪是一种代表性测量仪器，其触针的尖端直径为 $0.2\sim25\mu m$；工作时的触针压力为 $0.1\sim50mg$；可测量台阶高度为 $5nm\sim800\mu m$；垂直放大倍数可达数千倍至 100 万倍；垂直高度分辨率可达 $0.1nm$，$100nm$ 厚的薄膜连续扫描的再现性在 $\pm 1nm$ 之内。测量精度主要受 3 个方面的因素影响：一是由探针划伤或穿透薄膜引起的误差，软的薄膜容易产生此类问题；二是基底粗糙度的影响；三是设备振动的影响。现代测量仪器都是由计算机控制其水平校准和测量过程，触针的垂直移动也是数字化的，对特定区域的数据可进行放大处理，以获得最佳的轮廓拟合，并通过校准剖面实现测量的标准化，因而具有高的测量精度。

2. 石英晶体震荡法

该方法是基于石英晶体振荡器的测厚方法，其被普遍用于物理气相沉积中薄膜厚度的原位监测。石英晶片的两个宽面上镀有金属膜电极，并安装在沉积室内靠近基片的位置。当基片表面有物质沉积时，靠近基片的石英晶片表面上也发生沉积。由于压电石英晶片的谐振频率取决于其尺寸、弹性模量和密度，当压电石英晶片上沉积薄膜时，其质量和厚度发生变化，从而引起谐振频率的变化。通过测定其固有频率的变化，就可以求出薄膜的厚度。

在实际应用中,由于更容易精确测量压电石英晶片与参考石英晶片(即无沉积的晶片)之间的频率差,因此石英晶体振荡法通常被用于测量薄膜的沉积速率,而非测量薄膜的厚度。

该方法的优点是测量简单,能够在薄膜沉积过程中进行原位连续监测。缺点是石英晶片因蒸发源辐射引起的温度升高而带来误差,需进行冷却处理。另外,每当晶片位置或蒸发源形状改变时,必须进行校正。

3. 超声波测厚法

超声波测厚法是一种可以无损测量多层光学不透明薄膜厚度的技术。其利用探头向薄膜内发射超声波脉冲,当超声波传播到各层界面时被反射回探头,通过精确测量超声波在材料中传播的时间,便可计算出各薄膜层的厚度。假设超声波的传播速度为 v_s,其从薄膜表面开始传播,到达第一个界面后发射回来,信号延迟时间 t 是超声波穿过两倍薄膜厚度 d 所需的时间,即:

$$t = 2d/v_s \tag{6-47}$$

这种测量技术可以测量小于 0.1nm 的厚度,能够满足集成电路多层膜测厚高精度、高准确度、高再现性和高速度的需求。除了薄膜厚度测量外,该技术还可以表征精细的材料特征和结构特性,如薄膜密度、界面粗糙度和附着力等。

6.4.1.3 其他方法

除了上述方法外,在实验室研究中,还可以使用电子显微镜、原子力显微镜等进行薄膜厚度的测定。这些方法在测量时均需对样品进行处理。扫描电镜测量样品需制作垂直薄膜的截面,而原子力显微镜测量的样品则需制作从薄膜表面至基片表面的台阶。薄膜厚度可以直接测得,但其精度容易受制样及测量过程的影响。

6.4.2 表面分析技术

表面分析技术是一种利用电子束、离子束、光子束、中性粒子束等,或者电场、磁场、热能等,来探测材料形貌、晶体结构、化学组成、原子结构、原子状态、电子状态等信息的技术[193]。表面分析技术的基本原理如图 6-28 所示。一束粒子入射到薄膜表面上,会产生散射粒子或引起原子中电子的跃迁。散射粒子或射出的辐射包含着原子的特征。通过对散射粒子或辐射进行探测,就可以获得薄膜材料某方面的信息。利用不同的激发源与探测器组合,已开发出数十种表面分析技术。

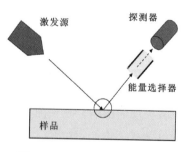

图 6-28 表面分析技术基本原理示意图

6.4.2.1 形貌和结构分析

薄膜表面形貌和微观结构分析的内容包括:表面的晶粒尺寸、形状及分布特征;小丘、沟谷、空隙、微裂纹特征等;薄膜横截面的多层结构、晶体取向、界面特征、超晶格结构等;薄膜图案化后的图形尺寸和公差、厚度和覆盖均匀性、蚀刻完整性等。分析技术最常用的是扫描电子显微镜(SEM)，偶尔也用金相显微镜作辅助分析手段。对于薄膜的表面结构分析，还可以利用原子力显微镜(AFM)和扫描隧道显微镜(STM)。对更细小的结构分析，则可采用透射电子显微镜(TEM)，但需制作透射电镜样品。

晶体结构分析最常用的是X射线衍射分析(XRD)。局部区域的晶体结构可以采用选区电子衍射分析(SAED)，它配合透射电子显微镜使用，可在透射电子显微镜分析时进行测定。在进行原位薄膜结构检测时，常采用反射高能电子衍射分析(RHEED)。对于外延膜的结构分析，则可采用低能电子衍射分析(LEED)或反射高能电子衍射分析。

6.4.2.2 化学成分分析

化学成分分析包括识别薄膜材料的表面和近表面原子和化合物以及它们的横向和深度空间分布特征。常用的分析技术有能量色散X射线谱(EDX)、俄歇电子能谱(AES)、X射线光电子谱(XPS)、卢瑟福背散射谱(RBS)、二次离子质谱(SIMS)等，其中EDX常与SEM配套使用。这些技术与SEM和TEM一起构成了薄膜电子及光电子器件的研究、开发、加工、可靠性、故障分析的核心技术。每种方法都有自身优势和局限性，在实际应用中，需根据具体情况进行选用。概括起来，这几种分析技术的主要特征如下。

(1) AES、XPS和SIMS是真正的表面分析技术，检测深度小于1.5nm，可以检测元素周期表中几乎所有元素(只有少数例外)。

(2) EDX和RBS的检测深度一般可达薄膜的总厚度(约$1\mu m$)，甚至常探测到基底的某些部分。RBS的深度分辨率为$10\sim 20$nm，EDX的深度分辨率则较差。EDX可检测原子序数大于11的元素，而RBS难以区分质量相近的元素，仅限于检测光谱不重叠的元素组合。

(3) 在分析区域的横向空间分辨率方面，AES最高(约50nm)，RBS最低(约1mm)，EDX(约$1\mu m$)、SIMS(数微米)和XPS(约0.1mm)介于两者之间。可见，AES的突出特点是能够分析体积极细小的目标。

(4) AES、XPS、EDX和RBS的检测极限近似，范围为$0.1\%\sim 1\%$(原子百分数)。而SIMS的灵敏度更高，其检测极限可达$10^{-6}\%$(原子百分数)，在某些情况下甚至可以检测到更低的浓度水平。

(5) AES和XPS的定量分析误差范围为几个原子百分比，EDX明显更好，而SIMS则更差。对SIMS定量分析来说，要获得准确性高、重复性好的结果，标样校准至关重要。

(6) XPS能够很容易地获得有关化学键和价态方面的信息。

随着科学技术的进步，表面分析技术得到了不断发展，不仅是检测精度、检测便利性得到了提高，一些新的检测技术也不断产生。这为薄膜材料的研究提供了更加丰富和有效的手段。

思考题

1. 薄膜材料有哪些特点？
2. 薄膜材料制备对基片有什么要求？

3. 外延膜生长的条件有哪些？
4. 试分析在单晶基片上发生多核生长时为什么可以形成单晶薄膜。
5. 分析薄膜制备工艺中物理方法和化学方法的主要区别。
6. 分析磁控溅射沉积的原理和特点。
7. 试分析真空蒸发沉积与分子束外延的工艺特点。
8. 比较分析化学气相沉积与原子层沉积的工艺特点。
9. 分析溶胶-凝胶法薄膜制备技术的特点。
10. 薄膜厚度的测定方法有哪些？各种方法有何特点？
11. 表面分析技术对薄膜材料研究有何意义？
12. 薄膜材料的化学成分分析方法有哪些？如何选用？

7 一维材料的合成与制备

一维材料基于其尺寸、结构和独特的形貌,具有优异的性能,因而受到广泛的关注和研究。传统的一维材料,如晶须、陶瓷纤维等,主要用作复合材料的增强剂,有的陶瓷纤维用作隔热保温材料,而一维纳米材料,如纳米线、纳米棒、纳米带、纳米管等,由于其尺寸小、比表面积大和量子限制效应等,具有独特的光电性能,成为极具吸引力的新型功能材料。

7.1 一维晶质材料的基本特征

一维晶质材料主要有两大类,即一维单晶材料和陶瓷纤维材料。

7.1.1 一维单晶材料的特征

一维单晶材料包括一维纳米材料和晶须。一维纳米材料的直径不大于100nm,有的直径可小至约2nm,长度可达1cm,长径比可达10^6。而晶须通常指直径大于100nm的单晶纤维。从形态特征及生长机制来看,一维纳米材料与晶须具有许多相同的特点。很多纳米线与晶须具有相同的形貌、相同的生长机制。它们可以通过工艺条件控制实现受控生长,因而可以对其直径、形貌、表面特征、长径比等进行控制。

一维单晶材料由于直径细小,难以容纳大晶体中常出现的缺陷,因而具有许多突出的性能。一维纳米材料具有与块体材料完全不同的新颖特性,这不仅反映在电子传输上,而且也表现在光学和磁性特征中。一维纳米材料具有优异的光、电、磁、热、力等功能特性,并在电化学、太阳能转换等方面展现出独特的性能。而晶须由于原子排列高度有序,其强度接近完整晶体的理论值,因此很多氧化物、氮化物、碳化物等晶须均是重要的复合材料增强剂。

7.1.2 陶瓷纤维材料的特征

陶瓷纤维是一种多晶纤维。从微观结构来看,陶瓷纤维具有陶瓷材料类似的结构特征,含有晶粒和晶界。从制备工艺来看,陶瓷纤维也经历烧结工艺,是高温烧结的产物。因此,陶瓷纤维实际上是陶瓷材料的一种特殊类型。陶瓷纤维有短纤维和连续纤维,其直径一般是微米级,可为数微米至数百微米。

常用的陶瓷纤维有氧化物陶瓷纤维、氮化物陶瓷纤维、碳化物陶瓷纤维等,其具有优良的力学性能,优异的耐高温、抗氧化性能,因而被广泛应用于先进复合材料领域。

7.2 单晶纤维材料的生长机制

与块状晶体生长不同,单晶纤维仅作一维方向生长,其直径是受控的。大多数一维晶体生长都是通过细小液滴或固体微粒作为生长媒介来实现直径控制的。该过程涉及 3 种微状态,即固态微状态、液态微状态、准液态或准固态微状态。从一维晶体生长过程中涉及的微状态变化来看,其生长机制主要有 VLS(vapor-liquid-solid)机制、VSS(vapor-solid-solid)机制、VS(vapor-solid)机制、VQS[vapor-quasiliquid(quasisolid)-solid]机制、氧化物辅助生长(Oxide-assisted growth,简称 OAG)机制、SLS(solid-liquid-solid)机制、SoLS(solution-liquid-solid)机制、SFLS(supercritical fluid-liquid-solid)机制、自催化生长(self-catalytic growth,简称 SCG)机制、SoSS(solution-solid-solid)机制、SFSS(supercritical fluid-solid-solid)机制、模板辅助生长机制和选择区域外延生长(SAE)等[222]。这些生长机制的划分是比较粗略的,而一维单晶的生长是极其复杂的,因此关于一维晶体生长,仍存在很多不明之处和无法解释的现象。

7.2.1 VLS 生长机制

VLS(vapor-liquid-solid,气-液-固)生长机制是 Wagner 和 Ellis 于 1964 年提出的[223],被广泛用于晶须和纳米线等一维单晶材料的生长。VLS 机制以液相催化剂(或称触媒)的小液滴为媒介,气体原料(V)在一定的温度和气压条件下溶入催化剂小液滴(L)中,形成共晶合金液滴,再经历过饱和和成核作用,生长成一维晶体(S),如图 7-1 所示。在该过程中,共晶合金液滴起关键作用,其吸收气体原料,使生长物质在液滴中达到过饱和状态,并通过与晶体材料建立的液-固界面生长。催化剂小液滴实际上是由金属微粒或纳米颗粒在一定温度下熔融而形成的。液滴的大小决定了一维晶体的直径尺寸。

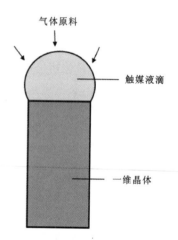

图 7-1 VLS 生长机制示意图

7.2.1.1 催化剂的选择

在 VLS 生长机制中,气体原料与催化剂形成共晶液滴,这是实现一维晶体生长的关键[222]。因此,选择合适的催化剂至关重要。催化剂一般为金属,其选择通常是根据相图来进行的。选择的基本原则如下。

(1)必须在适当的温度下能与气体原料形成熔融或半熔融的合金,而且该熔融合金最好具有尽可能低的共晶温度(T_E)。

(2)在生长温度下,气体原料在共晶合金中的溶解度应远高于在固态触媒中的溶解度,以便原料组分在成核前更容易在催化剂液滴中扩散。

(3)在生长条件下,催化剂的蒸气压必须很小,以确保共晶合金液滴在一维材料生长过程中不会蒸发甚至最终消失。

（4）共晶合金液滴必须是化学惰性的，以免其催化活性逐渐降低。

（5）共晶合金液滴在生长过程中不得产生任何中间相，以免引起催化性能下降。

对于同一种材料的生长，采用不同的金属作为催化剂时，材料生长将表现出不同的特征。Nguyen 等的研究提供了一个很好的例子[224]。他们比较研究了多种金属如 Nb、Mo、Pd、Ag、Ti、Cr、Fe、Co、Ni、Cu、Ta、W、Ir、Pt、Au、Al 为催化剂时 SnO_2 纳米线的生长特征，发现以 Ta、W、Ir、Pt 为催化剂时，基本上不能生长出 SnO_2 纳米线，原因是以这些金属为催化剂不能形成满足要求的 Ta-Sn、W-Sn、Ir-Sn、Pt-Sn 合金液滴。而以其他金属为催化剂时，均可生长出纳米线，其中以 Fe、Cu、Al、Pd、Au 为催化剂时，生长出的纳米线密度大、长径比高。这些纳米线的顶端均可看到球形催化剂合金，表明这些金属催化剂在生长温度下与 Sn 形成了满足生长要求的共晶合金液滴。

7.2.1.2 共晶合金液滴的形成

共晶合金液滴的形成对于 VLS 生长机制来说是非常重要的。合金液滴的组成根据材料成分的不同有不同的特征。对于组成为 X_mY_n 的一维晶体来说，原则上形成的共晶合金液滴中应该含有 X 和 Y，但如果 Y 是挥发性的，则液滴中不会含有 Y。此时，共熔合金液滴实际上是由 X 与金属催化剂组成。例如 SnO_2 纳米线的 VLS 生长中，共熔合金液滴就是由金属催化剂和 Sn 组成，如 Au-Sn 等，液滴中不含 O。

共熔合金液滴形成的温度为共熔温度 T_E。在此温度下，金属催化剂与 X 形成完全熔融态。根据二元相图，共晶液滴在 T_E 下具有最高的稳定性和最小能量构型，这有利于生长物质在液滴中扩散。例如在 Au-Si 二元相图（图 7-2）中，液相线形成的"V"形区域底部为最低温度的液态，T_E 约为 363℃。在液相线上，液相的实际组成取决于形成 Au-Si 共晶合金液滴中的 Si 量，可通过液相线上的位置确定。如果前驱体（例如 SiH_4）释放的硅原子供应给 Au-Si 合金液滴，Si 含量和平衡温度将沿着液相线变化，使 Au-Si 合金液滴保持共晶状态。因此，Au-Si 共晶液滴可在宽广的温度范围内形成。如果温度保持

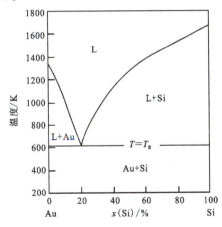

图 7-2 Au-Si 二元相图[222]
注：图中横坐标单位为原子百分数。

不变，随着进入液滴的 Si 量增加，液滴组成逐渐变成过饱和，使 Si 在液滴下的液-固界面处结晶生长。

在实际生长中，共熔合金液滴的形成需要一定的时间。把一维晶体生长开始所需的时间称为孵育时间。在孵育时间内，元素被催化剂活化，液滴表面对 X 产生有效吸附，生长物质 X 与催化剂形成稳定的共晶合金液滴，为 VLS 生长奠定基础。孵育时间的长短总体上与温度有关，本质上取决于生长物质通过液滴扩散的活化能。适当提高生长温度可避免一维

晶体生长的过度延迟。

值得注意的是，当金属催化剂颗粒为纳米尺寸时，颗粒表面具有非常高的表面能。受表面能和尺寸效应影响，其熔点会降低，共晶温度较低。因此，金属催化剂纳米颗粒的熔点 T_L 以及合金的熔点可能都远低于相应的块体材料的熔点 T_m。如果金属催化剂的熔点因尺寸效应而降低 T_d，则：

$$T_L = T_m - T_d \tag{7-1}$$

存在两种情况：一是当 $T \geqslant T_L$ 时，催化剂金属纳米颗粒熔融，形成液滴，但其没有与物质 X 形成共晶合金，此时不会有一维晶体的生长，但会形成纳米颗粒；二是 T_L 足够低，使催化剂与物质 X 的合金在温度低于其块体材料的 T_E 时熔化，形成合金液滴。有的金属催化剂因尺寸效应而降低的熔点，可能接近于其合金的共晶温度 T_E，这取决于物质 X。表 7-1 列出了几种二元合金的材料特性。可看出，一些纳米催化剂的熔点 T_L 低于 T_E，因而在 T_L 下形成液滴，气体物质（X、Y）可以吸附到液滴表面，且容易从液滴表面扩散到液-固界面。在液滴中扩散的物质 X 和 Y 可能反应形成 X_mY_n 分子。当这些分子在液-固界面过饱和时，便成核、生长，形成 X_mY_n 一维晶体。

表 7-1 一些催化剂及其二元共晶合金的熔点[222]

催化剂			物质 X	共熔合金		T_m-T_E/℃
名称	块体材料 T_m/℃	纳米颗粒 T_L/℃		T_E/℃	X 的摩尔分数	
Au	1064	664	Si	363	0.190	701
Au	1064	664	Ge	361	0.280	703
Au	1064	664	Ga	349	—	725
Al	660	260	Si	577	0.125	83
Al	660	260	Ge	419	0.510	241
Ag	962	562	Si	826	0.100	136
Ag	962	562	Ge	639	0.253	323

注：对于纳米颗粒，假设 $T_d=400$℃。

7.2.1.3 生长的温压条件

一维晶体的 VLS 生长在很大程度上取决于温度。很多研究表明，在一定温度范围内，随着生长温度升高，一维晶体的生长速率增高。这可能与液滴的熔融（或半熔融）状态的温度依赖性有关。在较低的温度下，催化剂-X 合金的熔融度和共晶度不足以形成供生长物质平顺扩散的液滴，物质扩散速率低，因而生长速率低。随着温度的升高，催化剂-X 合金熔融到足以形成液滴，物质 X 在液滴中的扩散速率加快，一维晶体的生长速率也较快。但如果温度升高超过其极限，可能会导致液滴变得越来越不共晶和不稳定，使一维晶体生长受到影响，其生长速率反而降低。

除了温度,气压条件也是 VLS 生长的重要参数。一般情况下,VLS 生长是在一个恒定、均匀的温度 T 和压力 p 环境中进行的。反应室压力(反应物的分压)、前驱体流速和其他技术条件均会对共晶合金液滴的形成产生影响。气体压力及前驱体流速过高或过低,可能导致共晶合金液滴形成的最佳温度高于或低于 T_E,从而使晶体生长发生在 $T>T_E$ 或 $T<T_E$ 时,而不是在 $T=T_E$ 时。

适当的温度和压力对于液滴的稳定性至关重要。如果温度高于 T_L 而压力低于 p_L,则合金液滴的熔化程度较高,稳定性较低。一般来说,在较高温度和较低压力下,液滴表面原子比液滴体内的原子结合更松散。如果液滴受流体应力或者入射带电粒子的影响,则液滴表面的原子具有较高脱离液滴表面的趋势。因此,VLS 生长应该在适当的压力下进行,而生长温度最好接近共晶温度 T_E,即晶体生长的温度和压力条件应该使液滴具有较高的稳定性和较高的表面张力 σ_L。

7.2.1.4　VLS 生长及一维晶体的形态特征

在 VLS 生长机制中,晶体生长受到液滴的限制,其直径由液滴的初始直径决定。如果液滴的初始直径为纳米级尺寸,则将生长出一维纳米晶体如纳米线等。如果液滴的初始直径为亚微米至微米级尺寸,将生长出晶须。液滴的表面能对一维晶体直径也产生显著影响。Wagner 和 Ellis 提出了在给定的气体过饱和度和表面温度下一维晶体最小半径的计算公式:

$$R_{\min}=\frac{2\Omega_L\gamma_{LV}}{kT\ln(\Phi+1)} \tag{7-2}$$

式中,Ω_L 为催化剂液滴的体积,γ_{LV} 为液滴表面能;k 为玻耳兹曼常量;T 为温度;Φ 为相对于参考晶体的气体过饱和度。式(7-2)描述了理想状态的 VLS 生长情况。在实际的 VLS 生长中,一维晶体的最小半径及生长速率受到液-固接触角和晶体形貌的显著影响。

在生长过程中,如果存在温度和压力的波动,液滴的结构、组成、形态和表面能都可能发生变化,生长前沿在溶解和结晶过程中会经历周期性的重塑,使一维晶体形貌发生变化[225]。生长温度过高,会引起液滴不稳定。因此,温度过高或者存在金属催化剂与生长物质发生化学反应的情况,液滴尺寸可能会随生长时间增加而减小,甚至可能消失,即使不消失,其化学组成、电荷分布、表面张力和电负性等都会发生变化,导致一维晶体发生弯曲、孪晶、分裂等现象。在 VLS 机制中,常见的一维晶体形貌如图 7-3 所示。其中,图 7-3b、h、i 的虚线外侧是由液滴润湿的非合金区域生长所致,图 7-3f 的虚线外侧为液滴从纳米线侧壁扩散到衬底生长的结果。可见,在 VLS 生长过程中,存在着多种因素的影响,一维晶体形貌也因此表现出多样性特征。

7.2.2　VSS 生长机制

VSS(vapor-solid-solid,气-固-固)生长机制是以气体原料通过固态的催化剂在温度低于共晶温度($T<T_E$)条件下进行纳米线或纳米管等一维晶体材料的生长[222]。这里的"V、S、S"分别代表气态原料、固态金属催化剂和固态一维晶体产物。在该机制中,物质 X、Y 不

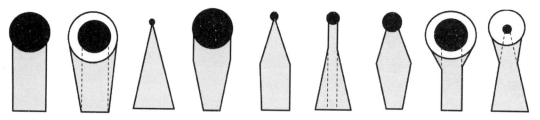

图 7-3　几种可能出现的一维晶体形貌示意图[225]

（从左至右）a.均匀结构　b.锥形结构　c.针状结构　d.锥形-均匀结构组合　e.均匀-针状结构组合　f.针状-均匀结构组合　g.锥形-针状结构组合　h.均匀-锥形结构组合　i.针状-锥形结构组合

与金属催化剂形成共晶合金,即一维晶体不是通过共晶合金生长,而是在催化剂纳米颗粒上生长。这是 VSS 机制与 VLS 机制的主要区别。上一小节已经谈到,当金属催化剂颗粒减小到纳米尺寸时,其颗粒表面能非常高,以至于其共晶点降低至较低的温度,但 VSS 机制的生长温度低于纳米金属催化剂的熔点 T_L,因此 VSS 机制的生长温度是比较低的。在生长温度下,催化剂为固体,原子-原子结合能仍然很高,物质 X 和 Y 通过固体金属的扩散率非常低,所以该机制中的一维晶体生长速率是非常小的。

在 VSS 生长过程中,生长物质可与催化剂形成固溶体或者化合物。一维晶体是通过物质的固体扩散来实现生长的。生长的必要条件是气态前驱体在生长温度下分解,为金属催化剂颗粒表面提供充足的原子通量。这种前驱体的稳定性可能比较差,分解温度低,因此原料物质在较低温度下的可用性对于 VSS 生长很重要。

VSS 机制的一维晶体生长过程如图 7-4 所示,其包括以下几个环节(以 Ge 纳米线生长为例说明[226]):①气体前驱体(GeH_4)传输到催化剂(NiGe)纳米颗粒表面;②发生表面反应,即前驱体(GeH_4)在催化剂纳米颗粒表面分解,锗(Ge)原子被催化剂颗粒表面吸附,副产物 H_2 从催化剂表面脱附;③锗原子通过催化剂颗粒扩散到催化剂/纳米线界面;④Ge 原子在催化剂/纳米线界面处转化成晶格原子,使 Ge 纳米线生长。

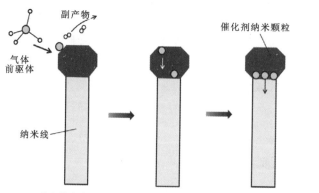

a.前驱体在催化剂纳米颗粒表面分解　b.原子扩散到催化剂/纳米线界面　c.原子转化为晶格原子,使纳米线生长

图 7-4　VSS 机制生长示意图[226]

从VSS机制的生长过程来看,纳米线的生长速率受多因素的影响。首先是气体前驱体的分解速率,其与催化剂的活性有关。而催化剂的活性与温度有关,因此生长需在适当的温度下进行。值得注意的是,纳米催化剂的活性并非总是随温度升高而增大。Thombare等对Ge纳米线的研究表明,催化剂NiGe纳米颗粒的活化能ΔE_a在340℃前后发生显著变化[226]。在$T<340$℃时,$\Delta E_a=0.78 eV$;在$T>340$℃时,$\Delta E_a=0.067 eV$。也就是说在340℃以下,温度越高Ge纳米线的生长速率越快,但当温度超过340℃时,温度升高对Ge纳米线生长速率的影响很小。另外,气体前驱体的分压对生长速率也有显著影响。前驱体分压增大,纳米线的生长速率加快。可见,VSS机制的生长速率受较多因素影响。

与VLS机制相比,VSS机制的主要优势有:①VSS机制中催化剂为固体,可避免液态催化剂合金带来的问题,实现对一维材料的成分进行原子级控制,且不存在液-固接触角变化产生的影响;②VSS生长的一维晶体直径分布更均匀,生长方向更一致,纯度更高;③固态催化剂可防止催化剂物质掺入纳米线而形成深能级杂质,因而可获得纳米线异质结构的突变界面,这种突变界面使纳米线可在很多领域得到应用,如太阳能电池、隧道场效应晶体管、热电器件等。

7.2.3 VS生长机制

VS(vapor-solid,气-固)生长机制是一种在没有催化剂的情况下利用气体原料进行一维材料生长的机制[222],可实现各种一维纳米材料如纳米线、纳米管、纳米带等的生长。VS机制一般是在晶态金属或非金属基片表面的纳米粒子上进行的,利用表面扩散作用使反应物质在高表面能位点优先结合,实现一维纳米晶的持续生长。该过程遵循结晶学的固有规律,使一维纳米晶形成完美的晶体结构。金属或非金属基片的晶体表面在一维纳米晶生长中起关键作用,沉积温度和压力也产生着重要影响。在VS生长机制中,生长温度可高于VLS机制和VSS机制。生长过程由以下一种或多种物理化学过程自发驱动[227]:①定向螺旋位错;②平面缺陷(孪晶边界和堆垛层错);③各种各向异性表面能;④氧化物的介导等。

在VS机制中,一维纳米晶直接从气相中生长,因此该机制也被认为是一种自催化生长机制。根据液相或气相生长晶体的经典理论,表面/界面在原子沉积中起着关键作用。表面有粗糙表面和光滑表面两种类型,其中粗糙表面非常适合于原子的多层排列。原子在粗糙表面上比在平坦表面上更容易沉积。因此,如果能够持续充足供给源原子,则粗糙表面可使一维纳米晶持续生长。很多研究证实,一些容易产生螺旋位错的材料如SiC、GaN、ZnO、CdS等很容易通过VS机制生长出纳米线。

一些金属片(如W)在高温(如700℃)及通氧气条件下,可生长出与化学气相沉积过程相似的氧化物(如WO_3)纳米线。这种生长过程可以认为是一种VS机制,其气态原料可能是通过3种不同的方式提供[227]:①被吸附金属原子通过扩散作用从基片迁移到纳米线的顶端,并在此处被氧化和气化,成为生长源物质;②金属原子通过纳米线侧壁处的裂纹扩散到纳米线顶端,在顶端处被氧化和气化,成为生长源物质;③在纳米线顶端上直接气相沉积。考虑到基片表面相对较大,最有可能发生的方式是金属原子从基片扩散到纳米线的顶端。

7.2.4 自催化生长机制

自催化生长(self-catalytic growth,简称 SCG)机制是一种在没有催化剂协助的情况下实现自我介导生长纳米线的机制[222]。该机制通过物质 X 内在地形成液滴进行纳米线的生长。该机制优选与纳米线具有相同成分和晶体结构的 X_mY_n 材料为衬底,利用衬底上富含 X 的位置作为 X 种子,或者在 X_mY_n 衬底上涂覆很薄的 X 层,再通过加热,形成细小的 X 液滴,或者仍为固体,但充当液滴的作用。生长物质通过熔融的(或半熔融的)X 液滴扩散到液-固界面,并在界面处达到过饱和而成核、生长,形成纳米线。生长过程如图 7-5 所示。

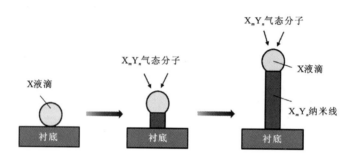

图 7-5 SCG 机制纳米线生长示意图

从生长过程来看,SCG 机制中纳米线的生长可能经历 3 个阶段[228]:①合金(或固溶体)纳米颗粒的形成;②液滴的形成;③成核和纳米线的生长。现以氮化物 XN(X 为 Ga、In 等)纳米线生长为例说明。采用 NH_3 与金属 X 直接反应生长 XN 纳米线。可以不用基片,金属 X 粉末被放置于 BN 舟中。加热至 X 熔融,形成液滴,并在 BN 舟表面扩散,在其表面上形成小晶粒和基体,同时部分 X 被气化。通入的 NH_3 与气化的 X 反应,形成 XN 分子,如 InN、InGaN、GaN、InGaAsN 等。这些 XN 分子被 X 熔体液滴表面吸附,并在液滴底部逐渐形成 XN 纳米晶,产生固-液界面。在适当的温度、压力条件下,XN 分子不断通过 X 液滴扩散至固-液界面,达到过饱和而成核、生长,形成纳米线。

SCG 机制具有生长各种一维材料的潜力,例如生长Ⅱ-Ⅵ族、Ⅲ-Ⅴ族二元、三元、四元材料的纳米线以及异质结构。成功的例子有 InGaAs、InGaN 三元纳米线以及 InGaAsN 四元纳米线等。一维材料的尺寸、形态及分散性(或均匀性)受生长条件的控制。有的条件适合生长纳米线,有的条件适合生长晶须,有的条件则适合纳米线和晶须的混合生长。

7.2.5 SLS 生长机制

SLS(solid-liquid-solid,固-液-固)生长机制是由基片或衬底提供生长物质,通过催化剂液滴生长一维晶体材料[222]。该机制可以在没有外部供给气相或液相源物质的情况下,实现纳米线的生长。基本原理是:在 X_mY_n 基片表面沉积金属催化剂薄膜,厚度一般为 40~50nm,然后在高真空条件下加热至生长温度 T_{sls},使金属膜破碎成纳米颗粒;同时,基片中的物质 X、Y 扩散至金属催化剂颗粒表面,形成催化剂和 X、Y 的合金。如果 Y 蒸发,也可以形成催化剂和 X 的合金。当达到共晶温度（$T>T_E$）时，金属催化剂与 X、Y 便形成合金液滴。值得注意的是，不同合金的 T_E 与 T_{sls} 有很大的不同。对于低共晶温度的催化剂-X 合金，其 T_{sls} 可能远高于 T_E，如 Au-Si 合金的 $T_E \approx 363℃$，而 $T_{sls} \approx 1000℃$。对于高共晶温度的催化剂-X 合金，其 T_{sls} 可能与 T_E 相当，如 Ni-Si 合金的 $T_E \approx 993℃$，而 $T_{sls} \approx 950℃$。如果温度小于 T_{sls}，则可能不会发生纳米线的生长。因此，需根据催化剂及纳米线的组成来确定生长温度。随着物质 X 和 Y 不断扩散到液滴（或半熔体）中，在液滴内形成 $X_m Y_n$ 分子，并逐渐在界面处达到过饱和，从而成核、生长，形成纳米线。生长过程如图 7-6 所示。

SLS 机制的代表性实例是 Si 纳米线的生长。利用单晶硅基片，以 Au、Pt、Fe、Ni、In 等为催化剂，在 900~1200℃下生长出 Si 纳米线。其中，以 Au 或 Pt 为催化剂时，Si 纳米线的生长温度为 1100℃；以 Ni 为催化剂时，可在 900℃下生长 Si 纳米线。除了 Si 纳米线，SLS 机制也被用于氧化物、氮化物等纳米线的生长，如 SiO_x、In_2O_3、Si_3N_4、SiC 纳米线等[222,229,230]。

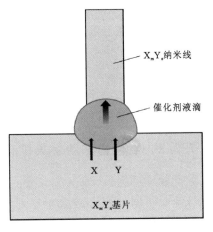

图 7-6 纳米线 SLS 生长机制示意图

7.2.6 VQS 生长机制

VQS[vapor-quasiliquid(quasisolid)-solid]生长机制是采用气体原料通过准液体（准固体）介质在金属和非金属衬底上生长一维纳米材料的机制[222]。这里所说的准液体介质是指一种非完全液态的介质，其有一定比例的固体，如 99% 液体和 1% 固体，或者 1% 液体和 99% 固体。由于该介质介于固体和液体之间，因此也称为准固体介质。在文献中，术语"准液体""准固体""半液体""半固体"被用来表示同一介质。这种介质一方面具有固体的某些特征，可支撑自身的质量并保持其形状；另一方面由于介质为半熔融状态，又具有某些液体特性，可以在压力下流动。

用于纳米线生长的准液体（准固体）是通过对金属纳米颗粒或基片进行表面处理或表面功能化而形成的。金属纳米颗粒可通过加热、激光辐照、等离子体处理、溅射等手段进行表面处理，而基片（金属或非金属材质）则是通过氧气处理、氧化作用、酸处理、王水处理、等离子处理、溅射、激光烧蚀等方法进行表面处理。在表面处理或表面功能化过程中，纳米颗粒表面产生被扰动的、无序的、无定形的和粗糙的表面晶格结构。当气体前驱体与纳米颗粒表面接触时，在一定温度、压力条件下，会发生一系列反应（或相互作用），形成合金、团簇、固溶体或离子；在纳米颗粒表面深度为 δ_a 范围内出现表面熔化（或半熔化），产生晶粒、晶界、非晶态、空位、空隙、凹坑、凸起和纳米孔等。纳米颗粒表面的多孔性形成纳米孔网络，成为生长物质的扩散通道。生长物质（X、Y）通过这些通道扩散至液-固界面处，达到过饱和而成核、生长。准液体（准固体）的形成温度可以是 $T<T_E$、$T=T_E$ 或 $T>T_E$。如果纳米颗粒表面的准液体（准固体）具有图 7-7a 所示的结构，则可以生长出纳米线。如果准液体（准固体)具有图7-7b所示的核壳结构,则会生长出纳米管。

VQS生长机制的重要特征是在纳米颗粒表面产生高能态,其可以是不饱和的累积电荷、键合的氧原子、键合的羟基自由基以及悬空键的位点等。颗粒表面高能态的存在使前驱体可以在相对较低的温度下分解,释放出生长物质,从而实现在较低温度下生长纳米线或纳米管。因此,VQS生长机制的生长温度可低于T_E。

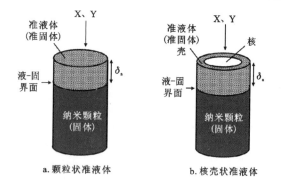

图7-7 VQS生长机制示意图[222]

7.2.7 氧化物辅助生长机制

氧化物辅助生长(oxide-assisted growth,简称OAG)机制是由氧化物而不是金属介导的纳米线生长机制,其中氧化物对纳米线的成核和生长起着重要的诱导作用[222]。该机制的纳米线具有择优生长取向、尺寸均匀、长度大、无需金属催化剂等优点。

假设元素X(如Si、Ga等)有化学计量固体氧化物X_uO_k(如SiO_2、Ga_2O_3等)和非化学计量的氧化物X_uO_p(如SiO、Ga_2O等),利用热效应(如热蒸发或激光烧蚀)产生X_uO_p气相,可通过氧化物辅助机制,生长X_mY_n纳米线,如Si纳米线、GaAs纳米线等。可能的反应如下[227]:

$$X_{(固)} + X_uO_{k(固)} \longrightarrow X_uO_{p(气)} \tag{7-3}$$

$$X_uO_{p(气)} \longrightarrow X_{(固)} + X_uO_{k(固)} \tag{7-4}$$

$$Y_{(气)} + X_uO_{p(气)} \longrightarrow X_mY_{n(固)} + X_uO_{k(固)} \tag{7-5}$$

气相反应生成的X_uO_p团簇对成核和生长起着重要作用。例如在Si纳米线生长中,SiO_p团簇与其他团簇产生强烈的键合反应,形成Si—Si键。团簇中硅原子越丰富,产生Si—Si键的概率越高。当富硅氧化物(SiO_p)团簇的硅、氧含量达到最佳比例时,可以获得接近100%的Si纳米线产率。

对于X_mY_n纳米线的生长,用于激光蒸发的原料必须具有最优的X_mY_n粉末比例,如Si纳米线生长的Si与SiO的比例;GaAs纳米线生长的GaAs与Ga_2O的比例。X原子会与X的亚氧化物反应,生成X氧化物。如果X_mY_n粉末中X原子数量少于X的亚氧化物分子数,则在蒸发中产生的X氧化物分子(如SiO_2、Ga_2O_3等)数量会较少。由于X氧化物分子的数量决定着纳米线的长度和密度,因而对纳米线生长会产生影响。

如果生长环境是封闭的,则气压对蒸发速率和生长特征有显著影响。例如以SiO辅助生长Si纳米线,在开放体系中,气压对纳米线的生长速率无明显影响,但在含有体积分数5%氢气的氩气封闭体系中,气压的影响很显著。气压较低(100Torr)时,可生长出直径较小、表面光滑的Si纳米线。随着气压的增高(200~300Torr),SiO蒸发速度减慢,蒸气供应不足,产生的Si团簇不足以独立生长出纳米线,而是依附于纳米线表面形成纳米颗粒,使Si纳米线直径变粗。

该机制也可以利用成分与生长物质不同的氧化物来辅助生长纳米线。氧化物的类型与纳米线生长存在相关性。这在一些研究中已经得到了证实。Park 等研究了以 InAs(111)B 和 Si(111)为衬底进行 InAs 纳米线生长[231],结果发现,当直接用 InAs(111)B 和 Si(111)衬底生长时,没有纳米线生长。而当衬底上先沉积 1.3nm 厚的 SiO_x($x<2$)层时,在没有金属催化剂的情况下,可生长出直径为 20~30nm 的 InAs 纳米线。如果 InAs 衬底表面通过氧化形成 In 和 As 的亚氧化物($In-O_x$ 和 $As-O_x$),则不能生长出 InAs 纳米线。这表明,在氧化物辅助纳米线生长机制中,氧化物的类型可能是决定因素,而不仅仅是氧的存在。

7.2.8 SoLS 和 SFLS 生长机制

SoLS(solution-liquid-solid)生长机制是在溶液(So)中通过催化剂合金液滴(L)生长纳米线(S)的机制[227]。纳米线的生长是在有机溶剂(如辛醇、己烷、环己烷、1,3-二异丙苯等)中进行。金属有机前驱体原料溶于有机溶剂中,形成溶液。金属催化剂纳米颗粒分散于有机介质中,并在一定温度下形成液滴。当前驱体与催化剂液滴表面接触时,分解释放出生长物质 X 和 Y。物质 X 向催化剂液滴内扩散,在 $T \geqslant T_E$ 的条件下,形成共晶合金液滴。当物质 Y 扩散至液滴表面时,与 X 在液滴表面反应,形成 X_mY_n 分子,这些分子最终会达到过饱和,从而在液滴与介质的界面处成核并生长,逐渐形成纳米线,如图 7-8 所示。生长过程无需衬底,纳米线随催化剂液滴漂浮于有机介质中。

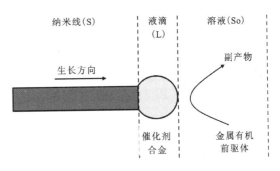

图 7-8 SoLS 生长机制示意图[227]

在 SoLS 机制中,决定纳米线生长的关键因素是金属催化剂的熔点、纳米线生长物质在金属催化剂液滴中的溶解度以及金属催化剂的反应性。由于 SoLS 机制是在有机介质中生长的,因此只有在金属催化剂熔点低于有机溶剂的沸点时才是可行的,最好选用熔点在 200~350℃之间的纳米颗粒,如 Ga(29.8℃)、In(156.6℃)、Sn(231.9℃)和 Bi(271.4℃)纳米颗粒等。如果采用高熔点的金属催化剂,如 Au(1064℃)、Ni(1453℃)等,生长温度将超过溶剂的沸点,此时需要对生长体系进行加压,在超临界流体条件(即流体的温度和压力超过流体的临界温度和临界压力)下,形成高温超临界流体。此时的生长机制被称为 SFLS(supercritical fluid-liquid-solid)生长机制[232]。

SoLS 生长机制已被成功用于 InAs、InP、GaAs 和 GaP 纳米线的合成。例如 Yu 等以 $(t-Bu)_3Ga$ 和 $As(SiMe_3)_3$(式中 Bu 为丁基,Me 为甲基)为原料,以 In 纳米粒子为催化剂,以(1-十六碳烯$_{0.67}$-乙烯基吡咯烷酮$_{0.33}$)共聚物和聚(1-二苯基膦甲基-4-乙烯基苯)为稳定剂,在 203℃下熔融 1,3-二异丙苯,形成 SoLS 生长体系,生长出直径为 6~17nm、长度达数微米的 GaAs 纳米线[233]。

7.2.9 SoSS 和 SFSS 生长机制

SoSS(solution-solid-solid)机制是基于溶液的生长机制,而 SFSS(supercritical fluid-solid-solid)机制是基于超临界流体的生长机制[222]。SoSS 机制是以固态多孔(微孔、中孔)纳米颗粒作为催化剂,而不是以低熔点金属纳米颗粒作为催化剂。这是 SoSS 机制与 SoLS 机制的主要不同。该机制适合在溶液环境中生长半导体纳米线、纳米棒及其相关的异质结构。

SoSS 机制比较适合硫化物材料的生长,因为硫化物在某些优化条件下既可以是催化剂也可以是反应产物,因而可以利用原料成分和催化剂成分实现二元、三元甚至四元纳米线的生长。这些纳米线可以在低于 250℃(远低于纳米颗粒的熔点)的温度下生长。例如以 Ag_2S 纳米颗粒为催化剂,以 $Zn(S_2CN^nBu_2)_2$ 为原料,可生长出直径 20nm、长达数微米的 ZnS 纳米线。在纳米线的顶端可见附着的 Ag_2S 纳米颗粒。

SFSS 生长机制是在一定的温度和压力条件下形成超临界流体,通过固体催化剂纳米颗粒将前驱体催化分解,并诱导结晶,生长纳米线。温度、压力以及前驱体种类对纳米线的生长均有重要影响。Tuan 等研究了 Si 纳米线的 SFSS 生长机制[234],以 Ni 纳米颗粒为催化剂,以单苯基硅烷为前驱体,以甲苯为溶剂,压力为 23.4MPa,得出不同温度下生长的 Si 纳米线具有不同的产率和质量特征,其中,在 460℃ 下获得质量良好的 Si 纳米线,长度超过 $10\mu m$。但是,当温度为 400~450℃ 或 520℃ 时,生长的 Si 纳米线结晶度变差,产率变低,而在温度低于 400℃ 或不低于 580℃ 时,则无纳米线产生。另外,以辛基硅烷和三硅烷为前驱体时,尽管可以生长出较长的 Si 纳米线,但其质量比以单苯基硅烷为前驱体差,并有大量无定形侧壁沉积产生。

7.2.10 模板辅助生长机制

模板辅助生长机制是一种重要的有序纳米线生长机制[227]。为了确保该机制能实现纳米线的高质量生长,应满足几个方面的要求:一是在相对较低的温度下生长,以确保纳米线与衬底的平滑集成;二是必须按照设计的模式生长,确保纳米线在模板中生长的有序性;三是必须在直径、方向、尺寸、均匀性和形状上实现对纳米线生长进行控制,为此所用模板应具有均匀的纳米孔径;四是对用于硅基集成的纳米线,不应含有金属催化剂。

适合于纳米线的模板有硬模板和软模板两种类型。硬模板是由无机介孔材料制成的,而软模板则是由表面活性剂组装而成的。硬模板如阳极氧化铝(AAO)、沸石、介孔聚合物膜、碳纳米管等具有均匀的孔径分布,因而在模板孔内生长纳米线具有很好的直径分布。目前,被广泛用于有序纳米线生长的硬模板是 AAO,其是通过在酸性溶液中对铝金属进行阳极氧化而形成的。AAO 的优点是具有致密的、规则的六边形孔结构,且孔平直、均匀,孔径常为 10~200nm,孔密度高达 $10^{10} \sim 10^{12} cm^{-2}$。因此,AAO 是比较适合该机制使用的硬模板。纳米线生长后,可以把纳米线与模板一起作为一种复合材料使用,也可以采用适当的溶液将模板溶解,得到纳米线阵列。

7.2.11 选择区域外延生长

选择区域外延(selective-area epitaxy,简称 SAE)是一种生长有序半导体纳米线阵列的方法[227]。该方法在无金属催化剂的情况下即可在预定位置生长出纳米线。更重要的是,其可实现原子级精确控制的外延生长,因此可以在生长方向上获得突变的异质结构,也可以通过适当的生长条件控制,钝化纳米线表面,实现纳米线的横向或垂向可控生长。表面钝化和横向异质结构对于纳米线的实际应用极为重要。另外,SAE 纳米线的集成加工与硅加工工艺高度兼容,且不存在任何外来金属污染物。

SAE 生长纳米线的过程如图 7-9 所示。首先采用等离子体溅射等方法在基片上沉积 10~50nm 厚的氧化物薄膜层(如 SiO_2 等),如图 7-9a 所示;然后根据需要设计孔的直径、间距和排列分布,再采用刻蚀技术(如电子束光刻、聚焦离子束刻蚀或湿化学蚀刻等)在氧化物薄膜上刻蚀纳米孔,其穿过氧化物薄膜,在孔底露出基片表面,如图 7-9b 所示;最后通过金属有机化合物气相外延(MOVPE)等技术生长纳米线,如图 7-9c 所示。

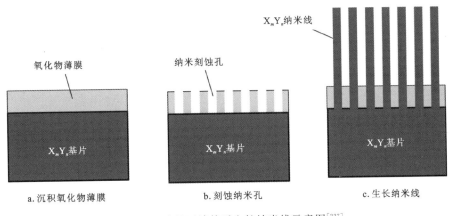

图 7-9 选择区域外延生长纳米线示意图[227]

应该指出的是,在 SAE 生长中,有时同时存在 VLS 生长机制。例如 Gao 等在 InP 纳米线的 SAE 生长研究中发现,InP 纳米线的顶端有 In 液滴的存在[235]。这种情况的出现可能与刻蚀孔直径尺寸及原料成分比(如 P/In 比)有关。

SAE 技术与自下而上或自上而下的纳米制备技术相结合,可实现异质结构纳米线的生长,在横向和垂直方向上独立地形成异质结,并可形成核壳或其他复杂的结构。如 Tomioka 等在硅衬底上生长了 GaAs/AlGaAs 核壳纳米线,AlGaAs 壳层横向生长在 GaAs 纳米线的侧壁上[236]。另外,纳米线可以在基片的预定位置上生长,形成周期性阵列,且具有优异的晶体质量、原子级精度的良好可控性以及突变的掺杂离子分布等特征。该技术生长的纳米线有望应用于光电器件中,例如纳米线太阳能电池、光电探测器和发光二极管等。

7.3 一维纳米材料的生长

上一节介绍了一维纳米材料的生长机制,在实际生长中需根据具体材料特征以及一维纳米材料的类型进行选择使用。本节将从制备工艺的角度介绍一维纳米材料的生长。

7.3.1 纳米线的生长

纳米线材料种类繁多,包括元素半导体、氧化物、氮化物、碳化物、硫化物、磷化物、砷化物等,是研究最为活跃的一维材料类型。

7.3.1.1 元素半导体纳米线的生长

元素半导体纳米线研究最为活跃的是 Si 纳米线、Ge 纳米线等。它们的生长机制基本相同,但工艺条件略有差别。比较适合的生长机制有 VLS 机制、VSS 机制、VS 机制、SLS 机制、SFSS 机制等。

1. Si 纳米线的 VLS 生长

在 VLS 生长工艺中,Si 纳米线生长一般以 Au、Pt 纳米颗粒等为催化剂,以甲硅烷(SiH_4)、四氯化硅($SiCl_4$)等为前驱体[237,238]。生长装置如图 7-10 所示。首先在硅基片上沉积厚度为 0.5~5nm 的 Au 或 Pt 薄膜,然后放入石英管式炉中,加热至生长温度并预热 1h,再通入前驱体气体。SiH_4 用氩气稀释,$SiCl_4$ 用氩气稀释的同时通入氢气。以 SiH_4 为前驱体、Au 为催化剂时,Si 纳米线的生长温度为 365~495℃。以 $SiCl_4$ 为前驱体、Au 或 Pt 为催化剂时,Si 纳米线的生长温度为 1000~1100℃。根据相图,Au-Si 的共晶温度 T_E 为 363℃,而 Pt-Si 的共晶温度 T_E 为 979℃。因此,Si 纳米线的生长温度大于 T_E。当由氩气稀释至体积分数 1% 的 SiH_4 气体以 1500sccm(sccm 表示标准毫升每分

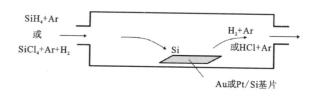

图 7-10 Si 纳米线生长装置示意图

钟)的流量引入反应室,并保持总压力恒定在 98kPa 时,可生长出直径 3~40nm、长度达微米级的 Si 纳米线,且其生长速率随着温度升高而增大。如果采用 $SiCl_4$ 原料,以 Au 或 Pt 为催化剂,当 $SiCl_4/H_2$ 流量为 20sccm、氩气流量为 100sccm 时,生长 20min 后,可获得直径为 100nm、长度达数十微米的 Si 纳米线。其中,以 Au 为催化剂时 Si 纳米线的生长速率为 5.20μm/min,而以 Pt 为催化剂时 Si 纳米线的生长速率则可达 11.86μm/min,约为以 Au 为催化剂时的 3.3 倍。

2. Si 纳米线的 VSS 生长

在 Si 纳米线的 VSS 生长工艺中,可选用 Pt、Ti、Al、Cu 等为催化剂,首先将其沉积在基片表面,然后在低于金属催化剂熔点的温度下生长。例如采用电子束蒸发沉积技术在单晶

硅基片上沉积厚度约5nm的Pt膜,然后把该基片放入石英管式炉中,抽真空至约0.1mbar,再加热至800℃,通入由氢气稀释的气体前驱体SiH_4,流量为4~30sccm,同时以270sccm的恒定流量通入氢气,总压力保持在38~225mbar。温度保持在700℃下生长1h,可得到直径为80~100nm、长度数微米的Si纳米线[239]。

3. Ge纳米线的VSS生长

Ge纳米线的VSS生长工艺可以以Cu、Ni、Mn、Au等金属纳米颗粒为催化剂。例如以Cu为催化剂,可以在200℃低温下实现Ge纳米线的生长[240]。根据Ge-Cu二元相图,Ge-Cu的共晶温度T_E为644℃,因此该生长为VSS机制。所用基片可以是SiO_2/Si基片或柔性聚合物(如聚酰亚胺、聚芳酯)基片。首先在基片表面沉积0.5nm厚的Cu,然后将基片放置于石英管式炉中,加热至200~275℃,通入由高纯氢气稀释至10%的气体前驱体GeH_4,气压控制在30~150Torr之间,可生长出Ge纳米线。其中,柔性聚合物基片在200℃时便有Ge纳米线生长,在260℃下生长的纳米线长达数微米。利用硅基片,在275℃下生长出直径为7~10nm、长度数微米的Ge纳米线。该纳米线具有沿基片晶格外延生长的特点。

7.3.1.2 氧化物纳米线的生长

氧化物纳米线种类繁多,如ZnO、SnO_2、TiO_2、CuO、MnO_2、Fe_2O_3、Ga_2O_3、MoO_x、SiO_x纳米线等。这些纳米线通常可以采用相同或相似的机制生长,常用的有VLS生长机制、VSS生长机制、VS生长机制、SLS生长机制以及模板辅助生长机制等。此外,一些新的生长技术也在不断发展,如水热法、电化学沉积法等。与其他生长机制不同,水热法生长温度低,可以获得晶形完整的纳米线。

ZnO纳米线是研究最为深入的氧化物纳米线之一,其最初的研究主要集中于VLS生长机制和VS生长机制[241]。在气相生长工艺中,以Au、Ag、Ni、Fe、Sn、Pt等为催化剂,这些催化剂通常沉积于基片表面,并与Zn源蒸气接触,在共晶温度或更低的温度下生长成ZnO纳米线。例如以Au为催化剂时,ZnO纳米线VLS机制的生长温度为800~900℃,而VS机制的生长温度为450~550℃。

在水热法生长工艺中,ZnO纳米线的生长包含两个基本工艺环节,即在基片表面制备种子层以及在一定温压条件下进行纳米线生长。ZnO种子层可以采用溶胶-凝胶法制备。ZnO纳米线制备流程为:首先由醋酸锌与正丙醇制成溶胶,再采用匀胶法涂覆于基片表面,并在100℃下退火5min,如此重复3次,再在350~450℃之间退火,使基片表面形成均匀的种子层;然后将含有种子层的基片浸入由硝酸锌、六亚甲基四胺和去离子水制成的摩尔浓度为25mmol/L的溶液中,采用微波加热,在90℃下水热生长10~30min,可获得直径约38nm、长度约350nm的ZnO纳米线。在该生长技术中,种子层的退火条件对ZnO纳米线的生长特征有重要影响。在空气中退火的种子层上生长的ZnO纳米线具有良好的垂直度和均匀性,且具有六边形晶体形态和c轴取向特征。

水热法制备工艺简单,可通过种子层来调控纳米线的密度,但种子层的存在可能引起界面缺陷、附着力低、热和电的传输能力降低以及光散射等问题。如果采用电化学沉积技术,以无种子层生长纳米线,则可以避免这些问题,且电化学沉积法成核密度更高,纳米线的生长速度更快。

7.3.1.3 Ⅲ-Ⅴ族化合物纳米线的生长

Ⅲ-Ⅴ族化合物是重要的半导体材料,包括氮化物如 GaN、InN、InGaN、AlN、TiN、BN、Si_3N_4、Cu_3N、CoN 等,磷化物如 GaP、InP、AlP 等,砷化物如 GaAs、InAs、InGaAs 等,以及锑化物如 GaSb、InSb、AlSb 等。Ⅲ-Ⅴ族化合物纳米线可以通过 VLS 机制、VS 机制、SLS 机制、SCG 机制、VQS 机制以及 SAE 生长等制备[222,242]。

Ⅲ族氮化物纳米线是重要的半导体发光材料,通过 VLS 机制生长时,在纳米线生长过程中可能会掺入金属杂质,影响其发光效率。因此,用作发光材料的Ⅲ族氮化物纳米线最好采用无催化剂生长方法,如 SAE 生长、分子束外延和 SCG 生长等。

在 GaN 纳米线的分子束外延生长中,富氮条件起关键作用。在富氮条件下,GaN 的各晶面生长速率出现显著差异性,其促进了垂直基片方向(c面)生长,并抑制横向生长,从而生长出纳米线。在这一过程中,Ga 沿着纳米线侧壁向顶端扩散,对纳米线的生长也起着重要作用。在金属有机化合物气相外延生长中,以 c 面蓝宝石为衬底,以三甲基镓和氨(NH_3)为前驱体,N/Ga 值保持在 8.3,在 1000℃下生长。当载气为氮气时,在 GaN 纳米线顶端存在 Ga 液滴,表明在生长过程中 Ga 在顶端积聚。如果以氢气为载气,则不出现 Ga 液滴。这是因为以氢气为载气时 GaN 纳米线垂直生长速率较快,生长过程中顶端的 Ga 被完全氮化。

GaAs 纳米线具有明显的自催化生长特征,其通过 Ga 液滴或纳米颗粒自催化下的 VLS 或 VS 生长。Ga 自催化的 VLS 生长工艺取决于生长前沿的有效 As/Ga 值,这决定着纳米线顶端的 Ga 纳米颗粒的大小和过饱和度。在适当的 As/Ga 值下,纳米线顶端可以看到 Ga 液滴,表现出由 Ga 催化的 VLS 生长机制。而在较高的 As 丰度时,则看不到 Ga 液滴或纳米颗粒的存在,纳米线的生长为 VS 生长机制。

7.3.1.4 碳化物纳米线的生长

以 SiC 为代表的碳化物纳米线通常采用 VLS 生长和气-固反应生长[243]。

1. SiC 纳米线的 VLS 生长

在 VLS 生长工艺中,常用的金属催化剂有 Fe、Ni、Pd、Pt 等,它们形成的共晶相分别为 Fe_2Si、Ni_3Si、Pd_2Si、PtSi。由于不同的金属与 Si 的共晶温度不同,因此选用不同的金属催化剂时生长温度也不相同。

在 SiC 纳米线的 VLS 生长工艺中,可以将含 Fe 催化剂的硅/石墨混合粉末制成阳极,然后在两个石墨电极间进行电弧放电,当温度达到 1220℃时,会形成 Si-Fe 液态合金。SiC 纳米线通过合金液滴生长,可获得直径约 10nm、长度大于 100nm 的纳米线。在生长中的纳米线顶端存在 Fe 催化剂液滴,证明了 SiC 纳米线是通过 VLS 机制生长的。由于在电弧放电过程中温度可升至 2000℃,使 Fe 蒸发,因此在最终的 SiC 纳米线中可能看不到 Fe 的存在。

SiC 纳米线的 VLS 生长机制也可以通过 CVD 技术进行。首先采用直流磁控溅射技术在硅基片上沉积厚度为 2nm 的 Ni 膜,然后将基片置于石英管反应器中的均匀温度区域。

以甲基三氯硅烷(CH_3SiCl_3)为前驱体,以氢气为载气和稀释剂。氢气以1000sccm的流量通入950℃的反应器中,同时将CH_3SiCl_3蒸气以5sccm的流量加入到氢气气流中,在大气压条件下生长5min,可获得直径20～50nm的SiC纳米线,其顶端可见Ni合金液滴。另外,也可以通过抽真空,使SiC纳米线在低气压条件下生长。例如在通入氢气和CH_3SiCl_3蒸气的同时,抽真空至约5Torr,在此气压条件下生长2h,可得到直立生长的SiC纳米线,其直径为数十至数百纳米,长度可超过$100\mu m$。

2. SiC纳米线的气-固反应生长

SiC纳米线的气-固反应生长可以采用碳纳米管与SiO或Si-I_2反应进行。在1200℃下,通过碳纳米管与Si和I_2反应生长2h,可获得直径为2～20nm、长度达$1\mu m$的SiC纳米线。也可以以SiO_2和Si粉为原料,按SiO_2和Si质量比约为3∶1混合,放置于氧化铝坩埚中,再把碳纳米管放置在SiO_2-Si粉混合物的顶部,然后把坩埚放置于氧化铝管式炉中,通入氩气,在1400℃下生长,得到直径为3～40nm的SiC纳米线。直径的大小与碳纳米管的直径有关。该生长过程经历了以下两步反应:

$$SiO_{2(固)} + Si_{(固)} \longrightarrow 2SiO_{(气)} \tag{7-6}$$

$$SiO_{(气)} + 2C_{(固)} \longrightarrow SiC_{(固)} + CO_{(气)} \tag{7-7}$$

产生的CO还可能与SiO蒸气反应,形成SiC,反应式为:

$$SiO_{(气)} + 2CO_{(气)} \longrightarrow SiC_{(固)} + CO_{2(气)} \tag{7-8}$$

这部分SiC会沿着已形成的纳米线表面外延生长,从而使SiC纳米线的直径增大。另一方面,如果产生的CO_2与碳纳米管表面接触,可能会发生以下反应:

$$CO_{2(气)} + C_{(固)} \longrightarrow 2CO_{(气)} \tag{7-9}$$

这将使部分碳纳米管的直径减小。当SiC纳米线从这些直径较小的碳纳米管中生长时,其直径也会相应减小。如果在纳米线生长过程中能够有效地把产生的CO副产物带离反应区,则可以避免式(7-8)和式(7-9)的发生,从而获得直径均匀的SiC纳米线。

7.3.1.5 硫化物纳米线的生长

硫化物纳米线如ZnS、CdS、PbS纳米线等可通过VLS机制、SCG机制及溶剂热法等技术生长[244-247]。

1. 硫化物纳米线的VLS生长

硫化物纳米线可以以Au为催化剂,通过硫化物蒸发,或者以气体前驱体为原料来生长。例如ZnS纳米线的生长可以采用ZnS粉体作为原料。在生长工艺中,首先采用真空蒸发沉积法在单晶硅基片上沉积约40nm的Au薄膜作为催化剂。ZnS粉装入氧化铝舟中,并用石英板覆盖,然后放置于石英管式炉中心。基片放置于ZnS粉附近的气流下游一侧。加热之前,用高纯氩气冲洗系统1h,清除炉管内的氧气。在保持100sccm的氩气流量下,将炉子快速加热至900℃,生长120min,可获得直径为30～60nm、长度达数十甚至数百微米的ZnS纳米线[245]。在纳米线的顶端可见凝固的球形颗粒,经能谱仪(EDS)测定,其由Au、Zn和S组成,反映了该纳米线为VLS生长机制。该工艺也可用于CdS纳米线的生长。以CdS

粉末为原料,在相同的条件下,升温至 800℃ 生长 120min,可得到直径为 60～80nm、长度数微米的 CdS 纳米线[246]。

2. 硫化物纳米线的 SCG 生长

纳米线的自催化生长可以在金属箔上直接进行,也可以通过前驱体,形成自催化的 VLS 生长。

在 ZnS 纳米线生长中,以锌箔为锌源和生长的衬底。首先采用机械抛光法对锌箔表面进行抛光,再用乙醇和丙酮进行超声波清洗。清洗干净的锌箔干燥后用石英舟装载,并放置于石英管式炉中,把硫粉置于其上游,然后抽真空至约 10^{-3} Torr,并升温至 450℃,在 100sccm 的氩气气流下,生长 90min,可得到直径为 30～70nm、长度达数微米的 ZnS 纳米线。该纳米线的生长过程可能包括几个环节:①在接近 Zn 熔点的温度下,锌箔表面形成纳米级 Zn 液滴;②锌和硫蒸气溶解到 Zn 液滴中;③ZnS 在液滴中过饱和,并在液滴与衬底的界面处成核;④ZnS 纳米线在 Zn 液滴的介导下生长。

PbS 纳米线的生长可采用 $PbCl_2$ 和硫磺作为原料,在 CVD 反应器中合成。原料分别装于氧化铝舟中,并将 $PbCl_2$ 舟放置于石英炉管中心,硫磺舟先放置于上游炉管外侧,基片放置于 $PbCl_2$ 舟的下游 1～2cm 处。炉管密封后,抽真空至 0.01Torr 左右,并用氩气冲洗 3 次。然后在 150sccm 的氩气气流下升温至 600℃,并保持系统气压在 900Torr。当炉温达到目标温度时,将硫磺舟推入炉膛内适当的位置,使硫磺熔化,同时以 1.0～2.5sccm 流量通入氢气。生长 15min 后可获得长度达 $48\mu m$ 的松树状 PbS 纳米线[247]。引入的氢气会首先与硫磺(S)反应形成 H_2S,即:

$$H_{2(气)} + S_{(固)} \longrightarrow H_2S_{(气)} \tag{7-10}$$

H_2S 再与 $PbCl_2$ 反应生成 PbS,即:

$$PbCl_{2(气)} + H_2S_{(气)} \longrightarrow PbS_{(固)} + 2HCl_{(气)} \tag{7-11}$$

与此同时,当 H_2S 与基片表面接触时,会与 Si 反应,形成 SiS_2,即:

$$2H_2S_{(气)} + Si_{(固)} \longrightarrow SiS_{2(固)} + 2H_{2(气)} \tag{7-12}$$

这一反应将消耗一定量的 H_2S,使式(7-11)受到一定程度的抑制,从而对 PbS 纳米线生长产生影响。在生长过程中,Pb 起自催化作用,同时螺旋位错驱动也可能发挥重要作用。松树状 PbS 纳米线的产生可能是位错驱动和自催化 VLS 生长机制共同作用的结果。

3. 硫化物纳米线的溶剂热法生长

纳米线的溶剂热法生长是在高压釜中进行的。在 ZnS 纳米线生长中,以无水氯化锌($ZnCl_2$)和硫脲(CH_4N_2S)为原料,以水合肼($N_2H_4 \cdot H_2O$)为溶剂。首先将 1mmol $ZnCl_2$ 和 2mmol CH_4N_2S 溶于 40mL 的 $N_2H_4 \cdot H_2O$ 中,然后装入 50mL 带特氟龙内衬的不锈钢高压釜中。密封后,置于烘箱中加热至 180℃,保温 30h。产物过滤后用蒸馏水和无水乙醇洗涤,并在 60℃ 下的真空干燥箱中烘干。该方法可合成出直径为 10～25nm、长度为 5～8μm 的 ZnS 纳米线束[248]。

CdS 纳米线也可以采用该方法合成。使用的原料为 $Cd(NO_3)_2 \cdot 4H_2O$ 和 CH_4N_2S,溶剂为乙二胺。将 16.2mmol $Cd(NO_3)_2 \cdot 4H_2O$ 和 48.6mmol CH_4N_2S 加入带特氟龙内衬的

不锈钢高压釜中,加入乙二胺至130mL,然后在160℃下反应72h,得到平均直径约50nm、长度3~4μm的CdS纳米线[249]。

7.3.2 纳米带的生长

纳米带是一种准一维纳米材料,是具有特定取向的表面、矩形截面、均匀厚度和带状形态的纳米单晶。常见的纳米带有氧化物纳米带和非氧化物纳米带。典型ZnO纳米带与纳米线的形貌特征如图7-11所示。

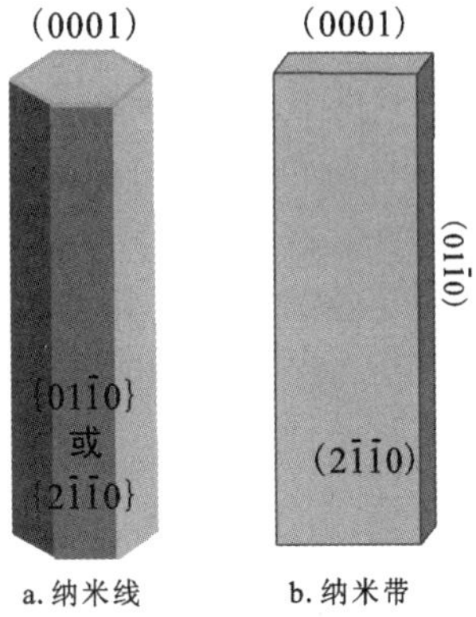

7.3.2.1 氧化物纳米带的生长

常见的氧化物纳米带有 ZnO、SnO_2、In_2O_3、Ga_2O_3、CdO、PbO_2 纳米带等,它们的生长一般为VS机制。

图7-11 典型ZnO纳米线与纳米带形貌示意图

ZnO纳米带可以采用ZnO粉末高温蒸发沉积的方法生长[250]。生长装置如图7-12所示。高纯ZnO粉末放置于水平管式炉中心,加热至1400℃,并以50sccm的流量通入氩气,ZnO蒸气在下游较低温度处的氧化铝板上沉积生长。经过2h的生长,可获得厚度为10~30nm、宽度为50~300nm、长度达数十至数百微米(部分甚至达到1mm)的ZnO纳米带。该纳米带为结构完整、无缺陷的单晶,沿[0001]晶向生长。

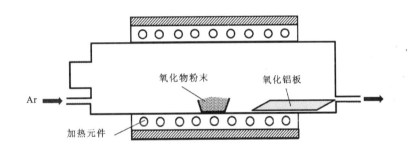

图7-12 氧化物纳米带VS生长装置示意图

采用相同的方法和工艺条件也可以生长出 In_2O_3 纳米带。In_2O_3 纳米带宽50~150nm,长数十至数百微米,沿[100]晶向生长。以相同的方法,在1350℃下热蒸发 SnO_2 粉末或者在1000℃下热蒸发 SnO 粉末,可以获得具有金红石结构的 SnO_2 纳米带,沿[101]晶向生长。SnO_2 纳米带的宽度为50~200nm,长度高达毫米级。也可以在1000℃下蒸发CdO粉末,得到沿[100]晶向生长的CdO纳米带,其宽度通常为100~500nm,宽厚比通常大于10,长度小于100μm。其他氧化物如 Ga_2O_3、PbO_2 等,也可以采用该方法生长出纳米带。这些纳米带的生长只涉及氧化物粉体的高温蒸发和较低温的沉积生长过程,属于VS机制。

氧化物纳米带也可以通过金属氧化的方法制备。例如ZnO纳米带可以通过锌片、锌箔或者锌粉直接氧化合成。利用锌片时,锌片装入氧化铝舟中,并用氧化铝板半盖,放入石英管式炉中,加热至450℃左右,同时通入氩气(流量为100~200sccm)和相对湿度大于30%的湿空气,生长 3~5h,得到厚 30nm、宽 100nm、长 80μm 的 ZnO 纳米带[251]。该纳米带的生长属于 VS 机制,经历了金属锌的蒸发、氧化和沉积生长过程。

以锌箔和锌粉末为原料时,锌箔先用无水乙醇仔细清洗干净,Zn 粉末则可以用乙醇分散后涂在硅或石英基片上。把锌箔或涂有锌粉末的基片放入水平管式炉中,升温至 600℃,保温一定时间。在此条件下,锌箔生长 6h 后,可获得厚 3~4nm、根部宽 100~300nm、长 10~20μm 的 ZnO 纳米带[252]。该纳米带的宽度从根部向上逐渐减小,最终变成尖端。以锌粉末生长时,颗粒会转变为 ZnO 微球,ZnO 纳米带从颗粒表面生长,形成海胆状辐射分布的纳米带球,纳米带长度为 6~10μm。

7.3.2.2 非氧化物纳米带的生长

非氧化物纳米带常见的有 ZnS、CdS、AlN、α-Si_3N_4 纳米带等,其通常采用金属催化剂辅助生长[253-255]。

ZnS、CdS 纳米带的生长可在 Au 催化剂存在的情况下通过 ZnS、CdS 粉末的热蒸发进行。首先在硅基片上溅射 5~10nm 厚的 Au 膜,然后放置于炉管的下游处。高纯 ZnS、CdS 粉末放置于炉管的中央。炉子加热至生长温度,并以 100~120sccm 的流量通入氩气,使炉内压力保持在 0.3Torr。ZnS 纳米带的生长温度为 1200℃,保温 2h,在硅基片表面生长出宽度数百纳米、长度数十微米的 ZnS 纳米带[253]。CdS 纳米带的生长温度为 850℃,保温 1h,生长的 CdS 纳米带厚度为 30~60nm,宽度为数百纳米,长度达数十至数百微米[254]。

AlN 纳米带可以通过 Al 粉或 Al 片氮化的方法,以 VS 机制生长。以氨气-氮气为氮化气体,在 1100~1280℃下生长。生长前先用 100sccm 流量的高纯氮气冲洗炉管 1h,以排出管内氧气。然后升温至生长温度,并通入氨气-氮气混合气体,其中,氮气流量为 20sccm,氨气流量为 80sccm。随着温度升高,Al 在高温下熔融、蒸发。Al 液滴起自催化作用。为了促进 AlN 纳米带的生长,可以在 Al 粉中掺入 Co,或者引入 $AlCl_3$ 蒸气(如在管式炉的上游放置 $AlCl_3$)。掺 Co 后,在 1200℃下生长 1.5h,可获得宽度达 30~500nm、长度约 100μm 的 AlN 纳米带[255]。而引入 $AlCl_3$ 并在 1280℃下生长 2h,形成的 AlN 纳米带厚度小于 10nm,宽度为 30~500nm,长度达数十微米,沿[0001]方向生长。

这些纳米带的生长中,温度起着关键作用。在 ZnS、CdS 纳米带的顶端可见 Au 的纳米颗粒,表明纳米带生长过程中有催化剂液滴的存在,但纳米带形貌的产生并不是由催化剂液滴介导,因为在 VLS 机制中,催化剂液滴介导形成的形貌为纳米线。因此,带状形貌的产生应与晶体生长动力学参数有关。Gao 等研究发现,在 Au 催化下,温度为 630~680℃时,生长出 CdS 纳米带,而在 580~630℃时,则生长出 CdS 纳米线,且两者的生长晶向相同,均沿着[101]方向生长[254]。这说明,纳米带和纳米线生长均属 VLS 生长机制,但纳米带形貌的形成受生长温度控制。相同的情况也出现在由 Al 自催化生长的 AlN 纳米带中。Wu 等研究表明,当温度低于 1050℃时,会形成 AlN 纳米线而非纳米带,但温度高于 1050℃时,则形成 AlN 纳米带[255]。可见,对有催化剂介导的纳米带生长来说,生长温度对带状形貌的产生起关键作用。

7.3.3 纳米管的生长

纳米管作为一种中空的一维纳米材料具有独特的性能,因而广受关注和研究。其中,以碳纳米管的研究最为全面深入,氧化物(如TiO_2)纳米管、氮化物(如 BN)纳米管等也得到了广泛的研究,无论是在制备技术还是性能与应用方面都取得诸多重要成果。

7.3.3.1 碳纳米管的生长

碳纳米管是由碳原子组成的管状结构一维材料,如图 7-13 所示,其直径为纳米级,长度可达微米级。1991 年 Iijima 采用电弧放电蒸发沉积方法制备了碳纳米管,并证明了其结构是由碳原子在无缝同轴圆柱上做螺旋排列形成的[256]。从那时起,碳纳米管受到了广泛关注和大量研究。它的吸引力主要源自其非凡的性能。表 7-2 列出了碳纳米管的一些重要性能,其强度比钢大,电导率比铜高,热导率比金刚石高等。因此,碳纳米管在许多领域具有广阔的应用潜力。

图 7-13 碳纳米管结构示意图

碳纳米管的合成方法主要有 3 种,即电弧放电蒸发沉积、激光烧蚀和化学气相沉积[257]。碳纳米管的生长涉及 VS 机制、VSS 机制、VQS 机制等。

表 7-2 碳纳米管的一些重要性能[258]

性能参数	单位	单壁碳纳米管	多壁碳纳米管
抗张强度	GPa	57	150
杨氏模量	GPa	900~1700	690~1870,平均为 1800
电阻率	$\Omega \cdot m$	10^{-6}	
最大电流密度	$A \cdot m^2$	$10^7 \sim 10^9$	
量子化电导(理论)	$(k\Omega)^{-1}$	6.5	
量子化电导(实测)	$(k\Omega)^{-1}$	12.9	
热导率	$W/(m \cdot K)$	1750~5800	3000

1. 碳纳米管的电弧放电蒸发沉积法制备

电弧放电蒸发沉积是通过电弧放电产生高温而进行碳纳米管合成的方法。以石墨为原料,将其制成直径为 6~12mm 的石墨电极。该石墨电极放置于氦气或氩气等惰性气氛环境中,两根石墨电极间距保持在 1~4mm 之间,然后在 50~700mbar 的低气压下进行直流电弧放电。在 30V 电压驱动下,两个电极间产生 50~120A 直流电流,形成高温等离子体(>3000℃)。在电极间等离子体区,碳电极迅速升华和冷凝,形成碳纳米管和其他含碳副产物[257,258]。

碳纳米管可以在不使用或使用不同催化剂的情况下进行电弧放电沉积生长。在不使用催化剂时,通常会产生多壁碳纳米管,而当使用过渡金属催化剂时,则会产生单壁碳纳米管。

利用无催化剂的石墨电极,在气压为 100Torr 的氦气气氛下,进行直流电弧放电,在负极得到多壁碳纳米管,其直径为 4～30nm,长度可达 1μm。如果在体系中通入甲烷、乙醇、丙酮或己烷等有机气体,则可获得产率更高的多壁碳纳米管。除了在气体中进行直流电弧放电之外,还可以在液氮、H_3VO_4 水溶液或去离子水中进行直流电弧放电,实现多壁碳纳米管的合成[257]。

对于单壁碳纳米管合成,通常在负极的石墨中加入金属催化剂如 Ni、Fe、Co、Pd、Ag、Pt 等或者 Co-Ni、Fe-N、Fe-No、Co-Cu、Ni-Cu、Ni-Ti 等。催化剂对单壁碳纳米管的形成发挥重要作用。例如以 Co 为催化剂,在氦气气氛中通过电弧放电,可合成出直径为 1～2nm 的单壁碳纳米管;以 Pt 为催化剂,可生长出直径为 1.3～3nm 的单壁碳纳米管;以 Rh 和 Pd 为催化剂,可生长出直径为 1.3～1.7nm 的单壁碳纳米管。为了获得高合成效率,放电时电极的间距需保持恒定。在适当条件下,生长的单壁碳纳米管长度可达数微米。产物中还含有一定量的多壁碳纳米管和富勒烯等。

除了单壁和多壁碳纳米管,还可以合成双壁碳纳米管。比较简单的双壁碳纳米管合成工艺是:以 Ni、Co、Fe 和 S 的混合物为催化剂,在氩气和氢气的混合气氛中进行电弧放电合成。也可以用 Y-Ni 合金催化剂,通过高温脉冲电弧放电法合成。另外,在硫化铁催化剂中加入痕量卤化物(特别是氯化钾)作为促进剂,通过电弧放电合成,可以高效地大规模合成双壁碳纳米管。如果采用多壁碳纳米管为原料,通过氢气电弧放电合成,产物中双壁碳纳米管含量可高达 80%,其他为单壁碳纳米管。

碳纳米管在合成过程中普遍存在的问题是产物中含有杂质。杂质的存在会对碳纳米管的性能产生影响,因此有必要进行提纯处理。常用的提纯方法有酸处理、热处理、退火、氧化、过滤、超声波处理等。例如在大气条件下,通过红外辐射加热,在 500℃ 下处理由氢气直流电弧放电制得的产物,可以去除与多壁碳纳米管共存的碳纳米颗粒,实现有效纯化。

2. 碳纳米管的激光烧蚀法生长法制备

激光烧蚀法是合成高质量、高纯度单壁碳纳米管的较好方法之一。该方法通过脉冲激光辐照碳靶,使碳高温蒸发,然后在载气流(如氦气)中迅速冷却、沉积,形成碳纳米管和其他含碳副产品。碳靶通常由石墨和催化剂(如 Ni 或 Co 等)制成。所有可使碳靶烧蚀的激光器都可以使用,如 Nd:YAG 激光器、CO_2 激光器、紫外激光器(KrF 受激准分子激光器)等。碳纳米管的性能在很大程度上取决于工艺参数,如激光器的性能参数(包括能量密度、峰值功率、工作方式、频率和波长等)、靶材的结构及化学组成、沉积室的压力、缓冲气体的流量和气压、衬底和环境温度、衬底与靶材之间的距离等。例如使用 XeCl 准分子激光器进行烧蚀沉积时,沉积室要先抽真空,然后充入氩气至 0.1MPa 压力,并在流量为 12mL/min 的氩气流动的情况下,以振荡波长为 308nm、脉冲宽度为 16ns、功率密度约 140mW/cm^2 的激光垂直照射含有 1.2%Co 和 1.2%Ni 催化剂的石墨靶,在 1350℃ 下获得产率最高、直径为 1.2～1.7nm、长度大于 2μm 的单壁碳纳米管[259]。

3. 碳纳米管的化学气相沉积生长法制备

化学气相沉积(CVD)是进行单壁碳纳米管和多壁碳纳米管可控合成的技术,包括催化

CVD、等离子体增强 CVD、水辅助 CVD、氧辅助 CVD、热丝 CVD、微波等离子体 CVD 以及射频 CVD 等。其中，催化 CVD 被认为是经济可行的大规模生产高纯碳纳米管的技术。

在碳纳米管 CVD 工艺中，影响碳纳米管形成的因素较多，但最关键的因素是碳源、催化剂及反应温度。碳源一般为碳氢化合物前驱体（如 CH_4、C_2H_2、C_2H_4、C_3H_8、C_4H_{10}）或 CO 等。催化剂通常选用过渡金属如 Fe、Co、Ni 等，有时还掺入贵金属如 Au 等。衬底常用 Ni、Si、Cu、Cu/Ti/Si、SiO_2、Al_2O_3、MgO、$CaCO_3$、不锈钢、玻璃、石墨、沸石等。合成温度一般为 500～1000℃，具体温度取决于碳源及催化剂。

碳纳米管的 CVD 合成在传统上采用固定床反应器，包括卧式反应器和立式反应器。将催化剂粉末放在石英舟中，其与碳源气体接触面积的大小显著影响着碳纳米管的产率。总体规律是：催化剂的接触面积越大，碳纳米管的产量越高。如果在其他条件相同的情况下催化剂的接触面积增加至原来的 2 倍，则碳纳米管的产率可增加至原来的 4 倍以上。由于催化剂被放置于石英舟中，底部的催化剂粉末难以与碳源气体接触，因此利用定床反应器进行碳纳米管合成具有局限性。如果采用流化床的形式，就可以有效提高催化剂的反应表面积，从而避免固定床反应器的缺点。因此，流化床反应器可实现碳纳米管的大规模生长[260]，成为产业化的发展方向。

碳纳米管流化床 CVD 合成装置如图 7-14 所示。圆柱形反应器固定在高温炉内，底部有一块多孔板用作气体分配器，并在流化床形成前对催化剂起支撑作用。金属催化剂（如 Fe 等）由载体（如 Al_2O_3 等）粉末携带，在反应之前先放入反应器中。包含碳源化合物的混合气体由底部进入，穿过气体分配器，进入反应区，带动催化剂粉末形成流化床，反应产生的尾气流经旋风分离器后排出。流化床的形成与气体的流速有关。催化剂粉体在气流的作用

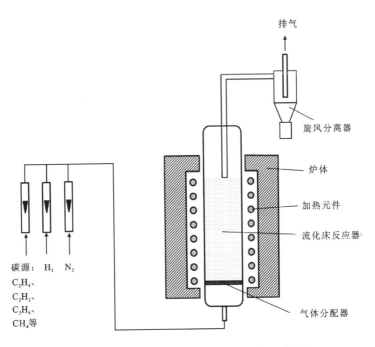

图 7-14 碳纳米管流化床 CVD 合成装置示意图

下逐渐膨胀,当流速达到临界点时,便形成流化床。反应温度随碳源及催化剂的不同而不同。例如以 C_2H_4 或 C_3H_6 为碳源,以 Fe/Al_2O_3 粉末为催化剂,在500～700℃反应,可合成出外径为10nm、内径达3～5nm、长度达数微米以上的多壁碳纳米管,其质量分数高达70%～80%,沉积碳相对于催化剂质量的产率高达100%～2000%。

碳纳米管流化床CVD合成技术的优点是:催化剂在反应器中的流态化为反应提供了更大的有效表面积和足够的生长空间,可以有效避免卧式固定床反应器中碳源气体与催化剂表面接触受限的缺点,催化剂的效率高,因而可实现碳纳米管的大规模生产。另外,流化床反应器传热和传质快,使整个流化床保持相同的温度和反应物浓度。反应条件的均匀性是获得均匀优质碳纳米管产品的保证。碳纳米管流化床CVD合成工艺的成功,源于流化床反应器的性能与碳纳米管生长特性的匹配。

7.3.3.2 氮化硼纳米管的生长

氮化硼(BN)纳米管具有与碳纳米管类似的结构,相当于由硼和氮原子替代卷起的石墨片中的碳原子,原子间距几乎不变。与碳纳米管相比,BN纳米管的禁带宽度约6eV,是一种电绝缘体。其具有独特的电致发光或光致发光特征,可发出紫光或紫外光。另外,BN纳米管具有更高的耐热性和化学稳定性,并表现出极好的机械强度和出色的导热性。因此,BN纳米管具有广阔的应用前景。

BN纳米管一般采用CVD法制备,以VQS、SCG、VLS等机制生长[222,261,262]。常用的催化剂有Fe、Ni、Co、Cr、Mo等,也可以不添加催化剂(即以自催化生长)。在制备工艺上,可以预先合成含B和N的前驱体如 $B_3H_6N_3$、$B_4N_3O_2H$ 等,也可以用B与催化剂粉体直接混合后进行高温氮化,实现BN纳米管的生长。

$B_3H_6N_3$(硼氮烷)是一种沸点较低的化合物,在室温储存过程中会缓慢分解。为了避免储存的问题,可采用原位合成的方法。以 $(NH_4)_2SO_4$ 和 $NaBH_4$ 为原料,在300～400℃下,将原料混合物间歇地缓慢添加到含有 Co_3O_4 的烧瓶中,生成暗紫色的熔盐混合物,并剧烈地放出气体,产生含有 $B_3H_6N_3$ 的白色气溶胶,反应式为:

$$3(NH_4)_2SO_4 + NaBH_4 \longrightarrow 2B_3H_6N_3 + 3Na_2SO_4 + 18H_2 \uparrow \tag{7-13}$$

以氮气为载气,携带前驱体 $B_3H_6N_3$ 及氢气进入石英管式炉。以NiB或 Ni_2B 粉末为催化剂,其球磨至微米级粒度,再用乙醇分散,并涂覆在硅基片上。基片放置于管式炉中央,在约1100℃下,生长出直径小于60nm、长度达 $5\mu m$ 的BN纳米管。

在以 $B_4N_3O_2H$ 为前驱体的工艺中,不添加金属催化剂,而通过自催化的VQS机制生长。预先合成的 $B_4N_3O_2H$ 前驱体粉末装入石墨坩埚,放置于反应炉中。以1L/min的流量通入氮气,其经由25℃的蒸馏水,再从1500℃的炭黑流过,进入反应室。反应炉通过感应加热,快速升温至1700℃,使前驱体分解形成 B_2O_3 和一些无定形的B—N—O团簇。它们随氮气流动至较低的温区(约1200℃)后,无定形的B—N—O团簇凝结形成准液体(准固体)颗粒,黏附于石墨坩埚和基座壁上。同时,B_2O_3 与气体中的其他物质发生气相反应,形成BN,反应式为:

$$B_2O_3 + 4C + H_2O + N_2 \longrightarrow 2BN + 4CO + H_2 \tag{7-14}$$

BN通过准液体颗粒扩散、沉淀、生长,形成BN纳米管。准液体颗粒则留在纳米管的顶端,如图7-15所示,表现出典型的VQS生长机制。形成的BN纳米管内径为5.2nm,外径为13.1nm,长度达数微米,其具有同心层状结构,层间距为0.33nm,与六方氮化硼晶体的面间距一致。

7.3.3.3 氧化物纳米管的制备

氧化物纳米管,如TiO_2纳米管、ZnO纳米管、SiO_2纳米管、ZrO_2纳米管、WO_3纳米管等,具有某些独特的性质,如较大的比表面积和孔体积、快速长距离电子传输能力以及较高的光吸收率等,在诸多领域具有广泛的应用潜力。因此,氧化物纳米管越来越受到关注。氧化

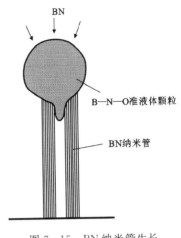

图7-15 BN纳米管生长机制示意图

物纳米管的制备方法较多,常用的方法有模板法、阳极氧化法和水热合成法等。很多情况下,氧化物纳米管并不是以与碳纳米管类似的自下而上的方式生长,而是先构建管状结构,再转化成氧化物纳米管。

1. 氧化物纳米管的模板法制备

氧化物纳米管的模板法制备技术是一种利用软模板进行合成的技术。软模板是由某些有机超分子或大分子、离子或有机配合物等自组装而成,如由两亲性有机化合物自组装形成的模板等。这些模板剂与金属离子相吸附,并在一定条件下形成凝胶或凝胶纤维,再经过干燥和煅烧,除去模板剂,形成纳米管。

三脚架胆酰胺基水凝胶模板已被成功用于合成TiO_2、ZnO、SiO_2、ZrO_2、WO_3等氧化物纳米管,同时还成功合成了$ZnSO_4$、$BaSO_4$等硫酸盐纳米管[263]。预先合成的三脚架胆酰胺基水凝胶溶于一定量的乙酸,分别与钛酸四丁酯、乙酸锌、硅酸乙酯、四氯化锆、钨酸钠混合,并加入适量的水,诱导形成凝胶纤维,放置24h后,进行真空干燥,最后在一定温度下煅烧,分别制得TiO_2纳米管、ZnO纳米管、SiO_2纳米管、ZrO_2纳米管、WO_3纳米管。这些纳米管的外径为10~70nm,内径为4~7nm,长度数百纳米。

模板法的优点是可以通过模板结构和形态的调整来构建纳米管的结构、形态和排列特征。不足之处是成本比较高,模板性能还存在不确定性,产品长期稳定性较差等。

2. TiO_2纳米管阳极氧化法制备

阳极氧化法是以钛箔为阳极,在酸性溶液中进行氧化,来制备TiO_2纳米管[264]。制备装置如图7-16所示。TiO_2纳米管在钛箔表面垂直生长,形成高度有序的阵列,具有孔径可控、均匀性好的特征。在经

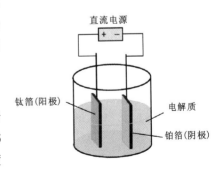

图7-16 Ti阳极氧化装置示意图

典的自组织阳极氧化工艺中,常在含有氢氟酸的水溶液中进行。TiO_2 纳米管的生长是一个 TiO_2 形成与电解溶解之间的竞争过程。Ti 氧化物的生长基本上遵循以下反应:

$$Ti \longrightarrow Ti^{4+} + 4e^- \tag{7-15}$$

Ti^{4+} 通过与来自电解质的含氧配体(如 H_2O 或乙二醇)反应,转化为 TiO_2。同时,TiO_2 在含氟电解质中又发生溶解反应:

$$TiO_2 + 6F^- + 4H^+ \longrightarrow [TiF_6]^{2-} + 2H_2O \tag{7-16}$$

如果 TiO_2 的溶解速率高于其生长速率,则钛箔表面将不会有 TiO_2 生长。而如果 TiO_2 的溶解速率远小于其生长速率,则会生长出一定厚度的致密 TiO_2 层。只有 TiO_2 的生长与溶解之间达到某种平衡状态时,才会生长出 TiO_2 纳米管。可以通过调控阳极氧化过程中的工艺参数,如电解质的 pH 值、F^- 浓度、Ti/TiO_2 界面处的压应力以及施加的电场 E 等,来对阳极纳米管形貌进行调控。

由于氢氟酸有剧毒,因此减少甚至取消氢氟酸的使用就成了 TiO_2 纳米管阳极氧化工艺的发展方向。这些工艺包括:①以缓冲电解质如 KF 或 NaF 来替代氢氟酸,并通过 NaOH、硫酸、硫酸氢钠或柠檬酸等调控电解质的 pH 值;②使用甲酰胺和二甲基甲酰胺电解质,如由甲酰胺和(或)N-甲基甲酰胺与去离子水(1%~5%)和 NH_4F(0.3%~0.6%)组成;③基于非氟化物电解质的 TiO_2 纳米管阵列合成工艺。

基于非氟化物电解质的合成工艺在适当的电压下,采用草酸、甲酸、三氯乙酸、葡萄糖酸、盐酸和硫酸等,均可以生长出 TiO_2 纳米管。但有机酸含有大量的碳,会引起 TiO_2 纳米管中含有碳杂质。其中,在三氯乙酸中生长的 TiO_2 纳米管含碳高达 45% 左右,而在其他有机酸中生长的 TiO_2 纳米管含碳也有约 20%。在摩尔浓度为 0.01~3mol/L 的 ClO_4^- 电解质中,在施加 15~60V 电压的条件下,可在几分钟之内形成直径为 20~40nm、壁厚约 20nm、长度为 3~50μm 的 TiO_2 纳米管。生长的纳米管为非晶态,其在 450℃ 空气中退火 3h,可获得晶态的锐钛矿型 TiO_2 纳米管。如果在 0.5mol/L 的 HCl 电解质中添加 0.1~0.5mol/L 的 H_2O_2 溶液,并在 10~23V 电压下对钛箔阳极氧化 1h,可得到长 860nm、内孔径为 15nm、壁厚 10nm 的高度有序 TiO_2 纳米管阵列。

3. TiO_2 纳米管的水热合成

TiO_2 纳米管水热合成的典型工艺是将 TiO_2 或其前驱体与浓 NaOH 水溶液混合,然后装入高压釜中,在 110~150℃ 下进行水热合成,使混合物转化为纳米尺寸管状结构的钛酸盐,然后用稀酸溶液及水进行洗涤,经脱水、干燥后,在 350℃ 下煅烧,得到 TiO_2 纳米管,其产率接近 100%[265]。

水热合成产生的钛酸盐一般认为是单斜结构的 $H_2Ti_3O_7 \cdot xH_2O$,也有人认为是 $H_2Ti_4O_9 \cdot H_2O$ 或纤铁矿结构的 $H_xTi_{2-x/4}\square_{x/4}O_4$($x$ 约为 0.7,$\square$ 为空位)等。在煅烧过程中,$H_2Ti_3O_7 \cdot xH_2O$ 向 TiO_2 转化经历了以下变化:

$$H_2Ti_3O_7 \cdot xH_2O \xrightarrow{250℃} H_2Ti_3O_7 \longrightarrow H_2Ti_6O_{13} \xrightarrow{350℃} TiO_{2(B)} \xrightarrow{450℃} TiO_{2(锐钛矿)} \tag{7-17}$$

在 250℃ 时,失去结晶水,形成 $H_2Ti_3O_7$;当温度高于 250℃ 时,转变为中间相 $H_2Ti_6O_{13}$,并在 350℃ 形成单斜相 $TiO_{2(B)}$。在不高于 350℃ 时进行热处理,不会改变钛酸盐的管状形态,但随着温度升高,其晶相会发生变化。当温度升至450℃时,TiO_2 纳米管的管状结构将塌陷,形成锐钛矿型 TiO_2 纳米棒。

TiO_2 纳米管水热合成的优点是:工艺简单,可以进行大规模生产;可以通过掺杂改性来增强 TiO_2 纳米管的性能;可制备出长径比高、阳离子交换容量大的 TiO_2 纳米管等。缺点是:需使用高浓度的 NaOH 溶液;合成反应时间较长;难以获得尺寸均匀的 TiO_2 纳米管;纳米管的热稳定差等。

7.4 晶须的生长

晶须(whisker)作为一种单晶纤维材料,其直径细小,长径比高,具有优良的耐高温、耐腐蚀性能,有良好的机械强度、电绝缘性、轻质、高强度、高弹性模量、高硬度等特性,因而是一种重要的复合材料的增强剂,可作为塑料、金属、陶瓷、玻璃等的增强材料,以提高复合材料的物理化学性能和力学性能。

晶须材料种类多,包括金属、氧化物、氮化物、碳化物、卤化物、硫化物、硫酸盐、氢氧化物等。制备方法有气相沉积法、液相合成法、固相合成法等,生长机制包括 VLS 机制、VS 机制、SCG 机制等。作为复合材料增强剂的晶须,其面临的最大挑战是实现规模化生产。

7.4.1 晶须的气相法合成

气相沉积是晶须制备的重要方法,可用于生长氧化物晶须、碳化物晶须、氮化物晶须等,其主要涉及 VLS 生长机制和 VS 生长机制等。

1. 通过 VLS 机制合成晶须

在 VLS 生长工艺中,初始原料可以是固体原料,如金属、金属氧化物或者盐类等,其在一定温度条件下先转变为气相物质。要实现晶须的生长,必须选择适当的催化剂,其在一定温度下与生长物质形成共晶液滴。气相原料不断溶入液滴中,达到过饱和,从而成核并生长,形成晶须。例如 TaC 晶须的生长可以以 Ta_2O_5 为原料,以 Ni 为催化剂,并加入 NaCl 和碳粉,各组分混合均匀后,在1250℃左右的温度下反应,Ni 与 C、Ta 形成共熔合金,产生液滴。随着 Ta 和 C 的不断溶入,液滴达到过饱和,在界面处成核、生长,形成 TaC 晶须[266]。其经历的反应过程如下:

$$2NaCl_{(固)} \longrightarrow 2Na_{(气)} + Cl_{2(气)} \tag{7-18}$$

$$Ta_2O_{5(固)} + 3Cl_{2(气)} + 3C_{(固)} \longrightarrow 2TaOCl_{3(气)} + 3CO_{(气)} \tag{7-19}$$

$$Ni_{(固)} + C_{(固)} \longrightarrow Ni-C_{(液)} \tag{7-20}$$

$$2TaOCl_{3(气)} + 2C_{(固)} + 2Ni-C_{(液)} \longrightarrow 2Ni-Ta-C_{(液)} + 2CO_{(气)} + 3Cl_{2(气)} \tag{7-21}$$

$$Ni-Ta-C_{(液)} \longrightarrow TaC_{(固)} + Ni_{(固)} \tag{7-22}$$

在 TaC 晶须生长的最后阶段,液滴中的 C、Ta 消耗殆尽,晶须停止生长,Ni 也逐渐变成固体,留在晶须顶端。此时,如果反应室内还存在 $Cl_{2(气)}$,则会与 Ni 反应,形成气态的 $NiCl_2$,反应式为:

$$Ni_{(固)} + Cl_{2(气)} \longrightarrow NiCl_{2(气)} \tag{7-23}$$

式(7-23)所示的反应会使残留在 TaC 晶须顶端的 Ni 颗粒变小,甚至消失。该工艺制备的 TaC 晶须产率可达 80%,晶须直径为 $0.2 \sim 0.6 \mu m$,长度为 $5 \sim 30 \mu m$。利用相同或相似的工艺,可生长 TiC、NbC、$Ta_xTi_{1-x}C$、$Ti_xTa_{1-x}C_yN_{1-y}$、$Ti_{0.33}Ta_{0.33}Nb_{0.33}C_xN_{1-x}$、AlN 等晶须。

晶须的形态有时受生长工艺条件的显著影响。例如利用 $Al(OH)(C_{n+2}H_{2n}O_4) \cdot xH_2O$ 在氮气气流中生长 AlN 晶须,以 Fe 为催化剂,当生长温度为 1250℃时,形成的 AlN 晶须呈串珠状或链状,而在 1500℃下生长时则呈针状或六面棱柱状。这种形貌的差异性反映了不同温度下生长物质在催化剂液滴中的溶解速度及其引起的过饱和度变化特征[267]。当生长温度较低时,气相 AlN 进入催化剂液滴中的速度较慢,造成液滴过饱和度及晶须生长速率发生周期性变化,因而形成串珠状或链状形貌。当生长温度较高时,气相 AlN 进入催化剂液滴中的速度较快,在晶须生长过程中能够维持液滴过饱和度的稳定,使晶须稳定生长,从而形成完整的一维晶体形貌。

2. 通过 VS 机制合成晶须

在 VS 生长机制中,原料首先气化,再通过化学气相沉积,形成晶须。例如在 AlN 晶须的生长工艺中,以铝粉为原料,加入添加剂 NH_4Cl,混合均匀后,装入瓷舟,并放置于管式炉中,如图 7-17 所示。在通入氮气的条件下,升温至 1000℃,使 Al 与 NH_4Cl 分解产生的 HCl 反应,形成气态的 $AlCl_3$,其再与氮气发生气相反应,生成 AlN,并沉积形成晶须[268]。反应过程如下:

$$NH_4Cl \longrightarrow NH_{3(气)} + HCl_{(气)} \tag{7-24}$$

$$2Al + 6HCl_{(气)} \longrightarrow 2AlCl_{3(气)} + 3H_{2(气)} \tag{7-25}$$

$$2AlCl_{3(气)} + N_{2(气)} + 3H_{2(气)} \longrightarrow 2AlN_{(固)} + 6HCl_{(气)} \tag{7-26}$$

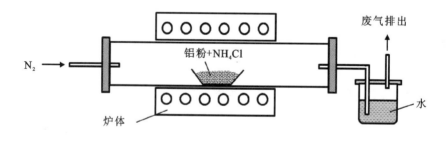

图 7-17 AlN 晶须 VS 生长机制装置示意图

当 NH_4Cl 的添加量为 30% 时,AlN 晶须的产率可达 95% 以上,且直径小于 150nm,长度达数十微米。如果不添加 NH_4Cl,则不会形成 AlN 晶须,而形成 AlN 粉体。

ZnO 晶须也可以采用类似的工艺制备。以 Zn 粉为原料,在 $700 \sim 900$℃下与氧气反应,形成 ZnO 晶须。该晶须呈四针状,根部相连,直径为 $0.6 \sim 2.6 \mu m$,长度为 $10 \sim 90 \mu m$。

7.4.2 晶须的液相法合成

液相法是一种以溶剂或助熔剂为介质进行合成的方法。水是最常用的溶剂,以水为溶剂的合成温度通常较低,而以助熔剂为溶剂时则需要较高的温度。

1. 晶须的水热合成

在水热合成工艺中,原料应至少选用一种可溶性盐或在水中有一定溶解度的盐。可溶性盐溶于水后,与其他原料按配比混合,并装入高压釜中,在一定温度和压力下进行水热合成。反应结束后,再对产物进行过滤、洗涤及烘干,得到晶须产品。例如在 ZnO 晶须的水热合成中,以 $ZnSO_4$ 和 Na_2CO_3 为原料,分别配制成摩尔浓度为 0.2mol/L 和 0.25mol/L 的水溶液,按 1:(1~4) 摩尔比混合,形成 $Zn_5(CO_3)_2(OH)_6$ 沉淀。将混合物装入带特氟龙内衬的不锈钢高压釜中,并添加适量的乙二胺四乙酸(如 $5×10^{-3}$ mol/L),在 160℃ 下合成 6~12h,其产物经过滤、洗涤、脱水,再进行真空干燥,可获得直径为 1~2μm、长度为 50~60μm 的 ZnO 晶须[269]。在碱性条件下的水热反应中,$Zn_5(CO_3)_2(OH)_6$ 分解,转化成 ZnO,反应式为:

$$Zn_5(CO_3)_2(OH)_6 + 4OH^- \longrightarrow 5ZnO + 2CO_3^{2-} + 5H_2O \tag{7-27}$$

水热体系的 pH 值对 ZnO 晶须的形成有显著影响。晶须形成的 pH 值为 9.5~10.5,在这个范围内 pH 值越高,晶须产率越高。而在酸性条件下,则无晶须产生。乙二胺四乙酸对 ZnO 晶须的形成有促进作用。

也可以利用 $ZnSO_4$ 和 ε-$Zn(OH)_2$ 在碱性溶液中水热合成 ZnO 晶须[270]。在 $ZnSO_4$ 和 ε-$Zn(OH)_2$ 的混合液中加入适量的 NaOH 溶液,然后在高压釜中于 140℃ 下水热合成 6h,可得直径为 50~200nm、长度为 4~15μm 的 ZnO 晶须。

2. 晶须的助熔剂法合成

助熔剂法是针对以高熔点原料进行晶体生长时常采用的方法。在晶须生长中,采用助熔剂,不仅可使合成温度显著降低,而且有助于晶体的一维生长,提高晶须的产出率。反应结束后,助熔剂可以用水或其他溶液清洗、去除,分离出晶须。例如硼酸铝晶须、钛酸钾晶须、莫来石晶须等,均可利用助熔剂法合成。

在硼酸铝晶须的助熔剂法制备工艺中,常用的助熔剂有碱金属硫酸盐、卤化物、碳酸盐、硝酸盐以及部分氧化物(如 MnO_2、Fe_2O_3、CuO 等),铝源可用 Al_2O_3、$Al(OH)_3$、$Al_2(SO_4)_3$、$Al(NO_3)·9H_2O$、$KAl(SO_4)_2·12H_2O$ 等,硼源可用 H_3BO_3。例如以 $KAl(SO_4)_2·12H_2O$(5.0g) 和 H_3BO_3(0.185g) 为原料,以 K_2SO_4(3.0g) 为助熔剂,按配比混合、研磨均匀,再在 150℃ 下干燥 3h,以去除结晶水,然后在 1000℃ 的空气中煅烧反应 0.5h,所得产物采用热水浸溶,再洗涤、脱水、烘干,得到 $Al_{18}B_4O_{33}$ 晶须。该晶须直径为 1.3μm,长度可达 50~150μm[271]。

7.4.3 晶须的固相法合成

固相法合成是在保持固态情况下实现晶须生长的方法。通过煅烧法来合成 $K_2Ti_6O_{13}$ 晶须就是一个实例。以 KF 和 TiO_2(锐钛矿型或无定形凝胶)为原料,KF 与 TiO_2 按照质量比

2∶1～3∶1混合均匀,于720℃下煅烧,此时混合粉末保持固态;煅烧4h后,形成长度达数十微米的晶须;产物经水洗涤除去残余的KF,然后在沸水中处理4h,洗涤、脱水、干燥后,再在800℃下重新煅烧1h,获得最终晶须产品[272]。

晶须的固相法合成总体上可控性差,适用的材料类型有限,因而在晶须制备中使用不普遍。

7.5 陶瓷纤维的制备

陶瓷纤维是一种具有优良的耐高温、抗氧化性能的纤维材料,在复合材料和高技术领域有广泛的用途。高强度、高模量的陶瓷纤维在航空航天领域得到了很好的应用。

陶瓷短纤维和连续纤维具有不同的特征,它们的制备方法不同。

7.5.1 陶瓷短纤维的制备

陶瓷短纤维主要采用熔喷法和离心甩丝法制备。

1. 熔喷法

熔喷法是纤维材料制备的传统工艺,其特点是将原料熔融后,通过压缩空气吹喷,形成纤维。当使用的原料为陶瓷料时,熔喷产生的纤维即为陶瓷纤维。例如硅酸铝短纤维的熔喷法制备,是以氧化铝和氧化硅粉为原料,按一定配比混合均匀后,在电炉中加热至2000℃以上,使其熔融,再利用压缩空气将熔体吹成细流,使其缓慢冷却,发生晶化而形成硅酸铝短纤维。该工艺比较成熟,在氧化铝含量较低的硅酸铝短纤维的生产中得到广泛应用。

2. 离心甩丝法

离心甩丝法是将熔体引入高速旋转的离心辊表面,借助辊的离心力,将熔体撕裂、分散,经二级或三级离心后,形成纤维。这种由熔体撕裂形成的纤维在缓慢冷却过程中逐渐晶化,成为陶瓷纤维。离心甩丝法生产效率高,成本低,被广泛应用于氧化铝保温棉以及岩棉等短纤维的生产。

7.5.2 结构陶瓷连续纤维的制备

结构陶瓷连续纤维通常是用于制作纺织品,再作为基材应用于各种复合材料中。这就要求该类纤维具有毛纺线的特点,即直径小、长度大。为此,结构陶瓷连续纤维通常采用拉丝或纺丝工艺制备。

7.5.2.1 熔体拉丝法制备

熔体拉丝工艺就是将原料加热至熔融温度以上,形成可以流动的熔体,再通过喷丝漏板拉出,并使其逐渐冷却,形成连续陶瓷纤维。例如在氧化铝连续纤维制备中,将Al_2O_3粉体装入钼坩埚中,在高频炉中加热至2400℃,形成熔体,通过钼喷丝板拉丝,以150mm/min的速度拉出直径为50～500μm的高纯氧化铝连续纤维。

熔体拉丝工艺的另一个成功的例子是玄武岩连续纤维的制备[273]。玄武岩连续纤维是一种以玄武岩为原料制成的纤维，其具有高力学强度，低导热系数，良好的热震稳定性、防火性和耐腐蚀性，与水泥相容性好，被广泛应用于建筑行业以及其他工业领域。

玄武岩连续纤维的生产装置如图 7-18 所示。玄武岩原料经粉碎至一定粒度后，放入窑炉中，加热至 1450℃ 以上，形成均匀的熔体。然后，将熔体从喷丝漏板拉出，并在一定温度下冷却、固化，形成纤维。生产过程中可以采用大型喷丝漏板，如 400 孔以上

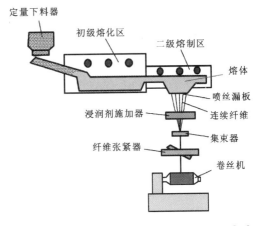

图 7-18 玄武岩连续纤维的生产装置示意图[273]

的喷丝漏板，以提高生产效率。通过熔体拉丝法，可以制得直径为 $9\sim22\mu m$ 的玄武岩连续纤维。拉出的纤维冷却后通过浸润剂施加器在其表面涂覆浸润剂（如硅烷化合物）涂层，以确保纤维具有优异的机械性能。值得注意的是，由于纤维的晶化过程与冷却温度有关，其冷却温度的精确控制对于玄武岩纤维的质量有重要影响。快速冷却会产生非晶态玄武岩纤维，而缓慢冷却则会促进纤维晶化。如果冷却过程不稳定，则可能会出现不同类型的晶相，如斜长石、磁铁矿和辉石等，使纤维性能发生变化。所以，只有对熔融温度和冷却温度都进行精确控制，才能制备出性能优异的玄武岩连续纤维。

对于高熔点的物质，以熔体拉丝法来生产连续纤维具有较大的困难，因此利用低熔点的前驱体来纺丝，就成了这类纤维制备的重要技术方向。

7.5.2.2 前驱体纺丝法制备

前驱体纺丝法是以适当的前驱体为原料，在较低温度下熔融，或者溶于有机溶剂中，形成黏胶，然后采用熔融纺丝或溶液纺丝技术进行纺丝，以获得前驱体纤维。熔融纺丝是将聚合物加热熔融，然后通过喷丝孔挤出，并在空气中冷却固化，形成纤维的纺丝方法。而溶液纺丝则是将具有适当浓度和黏度的纺丝溶液从微细的小孔吐出，进入凝固浴或热气体中固化，形成纤维的纺丝技术。通过这些纺丝技术制得的有机前驱体纤维，在一定温度及气氛中进行热处理，然后在较高温度下烧结，便形成陶瓷纤维。对于高熔点陶瓷纤维如氧化铝纤维、氮化硼纤维、碳化硅纤维等的制备，前驱体熔融纺丝法具有突出的优势。

1. 氧化铝连续纤维的制备

氧化铝连续纤维可以选择无机前驱体或者有机前驱体来制备。无机前驱体包括铝粉、$\alpha\text{-}Al_2O_3$、$Al(OH)_3$ 或者可溶性盐类，有机前驱体有醋酸铝、烷基铝、烷氧基铝等。使用可溶性无机盐或者有机化合物作为前驱体时，通常制成具有一定黏度的溶液或溶胶，再进行纺丝。非可溶性无机前驱体则常被添加到有机溶胶或黏胶中，形成黏稠的可纺复合浆料，然后纺丝。例如以 $AlCl_3 \cdot 6H_2O$ 和铝粉为前驱体时，可制成复合浆料后纺丝。其基本工艺是：首先将 $AlCl_3 \cdot 6H_2O$ 溶于蒸馏水中，然后加入铝粉，形成均匀悬浮体；再加入适量的硅溶

胶以及聚乙烯醇,充分搅拌后,形成可纺浆料;经纺丝得到前驱体纤维,然后在70℃下烘干,再在900～1100℃下烧结,便得到氧化铝纤维。其中,在900℃下烧结时,得到γ-Al_2O_3纤维;在1100℃下烧结时,得到α-Al_2O_3纤维[274]。

氧化铝纤维具有优良的热稳定性和力学性能,被广泛应用于树脂基复合材料、金属基复合材料中,以提高复合材料的力学性能、耐磨性和硬度等。

2. 氮化硼连续纤维的制备

氮化硼连续纤维制备所用的前驱体主要有氧化硼及各种含硼有机化合物。

氮化硼纤维最早是以氧化硼为前驱体来制备的。氧化硼熔点较低(450℃),因而可在较低温度下熔融纺丝,制取氧化硼纤维。氧化硼在氨气中进行高温氮化,然后再在高温下烧结,形成氮化硼纤维。整个过程经历的反应如下:

$$nB_2O_3(\text{纤维}) + NH_3 \xrightarrow{>200℃} (B_2O_3)_n \cdot NH_3 \quad (n \geq 3) \quad (7-28)$$

$$(B_2O_3)_n \cdot NH_3 + NH_3 \xrightarrow{>350℃} (BN)_x(B_2O_3)_y(NH_3)_z + H_2O \quad (7-29)$$

$$(BN)_x(B_2O_3)_y(NH_3)_z \xrightarrow[\text{惰性气体中}]{>1800℃} BN + (B_2O_3) \cdot H_2O + NH_3 \quad (7-30)$$

在氮化过程中,氨气通过氧化硼纤维表面微孔向内部渗透,从而实现氮化。对于直径较粗的纤维,由于在表层形成一层致密的BN相,从而造成芯部B_2O_3氮化不彻底。这种未氮化的B_2O_3在高温下会发生熔融,并向纤维外层迁移,在纤维内部留下裂纹或孔洞,使纤维性能降低。因此,使用本法制备的氮化硼纤维性能不稳定。这是以氧化硼为前驱体来制备氮化硼纤维的缺点。

为了获得性能更加优越的氮化硼纤维,发展了有机前驱体制备工艺。大多数可纺聚合物前驱体都是以B—N六元环为主链,如B-三氨基-N-(三硅烷基)环硼氮烷及其缩聚物(如二、四、八聚物等)、B,B,B三氨基三苯基硼杂氮、B,B,B三甲胺基环硼氮烷、聚烷氨基环硼氮烷等。这些前驱体可在较低温度(如100～250℃)下熔融。在纺丝时,有机前驱体被装入纺丝罐中,在氮气气氛下加热至纺丝温度,保温一定时间,获得可纺性好的有机熔体,再通过喷丝头挤出,冷却后形成先驱丝。先驱丝在氨气或氮气气氛中进行不熔化处理,再在1400～1800℃下烧结,制得BN连续纤维[275]。

氮化硼纤维具有很多独特的性能,包括优良的耐氧化稳定性、良好的高温耐腐蚀性、优良的热传导性能、在较宽的温度范围内具特别高的电阻率、很低的介电损耗和介电常数以及较高的中子吸收能力等。因此,氮化硼纤维特别适用于空间应用,如抗烧蚀罩、电绝缘器、天线窗、防护服、重返大气层的降落伞、火箭喷管鼻锥等。

3. 氮化硅连续纤维的制备

氮化硅(Si_3N_4)连续纤维制备中常用的有机前驱体有硅氮树脂、聚硅氮烷、聚碳硅烷等。根据前驱体结构和制备工艺的不同,氮化硅纤维中常含有一定量的C和O。

聚碳硅烷是制备SiC纤维的前驱体,也可以用于制备氮化硅纤维。聚碳硅烷平均相对分子质量通常为1500～2000,在氮气气氛下,可在320℃左右熔融纺丝,形成聚碳硅烷前驱体纤维。该纤维可采用两种方法固化:一是氧化固化,即在氧气气流(流量为100mL/min)

中升温至145~180℃,对聚碳硅烷纤维进行热处理;二是电子束辐照固化或者γ射线辐照固化。固化后的前驱体纤维在1000℃左右的氨气中(流量为15~200mL/min)进行氨化处理,然后在氨气或氮气中于1400℃~1500℃下转化成氮化硅纤维。当前驱体纤维采用氧化固化时,其在1450℃下形成α-Si_3N_4,并产生气相SiO和N_2,且氮化硅中含有一定量的O。当前驱体纤维在真空中采用电子束辐照固化时,纤维在1400℃处理后形成α-Si_3N_4晶相,其不含O。如果前驱体纤维在空气中采用γ射线辐照固化,α-Si_3N_4晶相的形成温度仍为1400℃,但氮化硅纤维中会含有一定量的O。如果处理温度低于1400℃,不管是采用哪一种固化方法,得到的纤维均是非晶态的[276]。

连续Si_3N_4纤维具有强度高、抗热震性好、耐磨性好、抗氧化性好、化学稳定性好等卓越的理化性能,同时具有高电阻率、低热导率和低介电常数等特点,是制备隔热和微波透明复合材料的理想增强材料,常用于天线罩的高温透波陶瓷基复合材料的制备。氮化硅纤维是金属和陶瓷复合材料的优良增强剂,尤其适用于增强氮化硅陶瓷。

4. 碳化硅连续纤维的制备

碳化硅纤维于20世纪70年代由日本首先研制成功,并于80年代实现工业化生产,其产品被称为Nicalon。该纤维是以聚碳硅烷为前驱体制备的,工艺流程如图7-19所示。聚碳硅烷是以二甲基二氯硅烷$(CH_3)_2SiCl_2$为原料,先在氮气中与金属钠反应形成聚硅烷,再在400℃高压釜中合成转化而成的。其平均相对分子质量约为1200。该聚碳硅烷可在一定温度下熔融纺丝,形成前驱体纤维,其经过固化,再在1500℃下热解,形成SiC纤维。前驱体纤维的固化方法与制备氮化硅纤维时相同,也有氧化固化和电子束辐照固化两种工艺[277]。

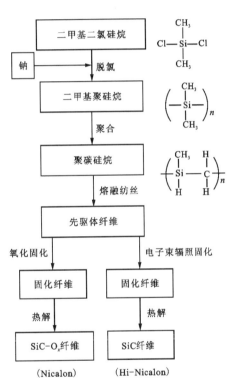

图7-19 碳化硅连续纤维制备工艺流程图

在传统工艺中常采用氧化固化,即在低于200℃的氧气气氛中进行热处理。这种固化纤维经高温热解后形成的SiC纤维中也含有一定的O,因而其耐热极限仅为1200℃。为了获得更高性能的SiC连续纤维,需要开发不含O的产品。对前驱体纤维采用电子束辐照固化可解决此问题。电子束辐照固化是在氦气气流中进行,吸收剂量为10~15MGy。前驱体纤维固化后在真空或氩气中进行高温热解,可得到无氧SiC纤维,其C/Si值接近化学计量比[278,279]。

除了采用纺丝、热解工艺之外,还可以采用气相法制备SiC连续纤维。该工艺以钨丝或碳丝为芯材,以硅烷如CH_3SiCl_3或CH_3SiHCl_2等为前驱体,在氢气气氛中加热裂解,产生SiC,并沉积于芯材表面,形成SiC连续纤维。

碳化硅纤维具有优异的力学性能和热稳定性。碳化硅纤维的抗拉强度在1100℃仍保持在2.0GPa以上。其中，无氧碳化硅纤维在氩气气氛中可在1600℃下保持高强度和高模量。碳化硅纤维还具有高达420GPa的弹性模量、优异的抗蠕变性能和抗氧化性能，即使在氧化气氛中也可以在较高温度下使用，是陶瓷基复合材料以及树脂基复合材料的最佳增强材料。另外，碳化硅纤维与金属具有良好的相容性，其在1000℃以下几乎不与金属反应，因而是金属基复合材料的重要增强剂。以碳化硅纤维增强的复合材料具有耐高温、高强度和强韧性，在航天航空、汽车、核能等领域有广阔的应用前景。

7.5.3 功能陶瓷连续纤维的制备

功能陶瓷纤维由于具有大的表面积和孔隙率，在过滤、生物传感器、生物组织工程、传输介质、防护、轻质增强材料、电池隔膜、储能等领域有着广泛的应用，因而越来越受到重视。针对功能陶瓷纤维，已发展了多种制备技术，包括挤出法、注模法、高黏度悬浮液纺丝法、溶胶-凝胶纺丝法、静电纺丝法、离心纺丝法等，其中最具代表性且适合规模化制备的技术有静电纺丝技术（electrospinning）和离心纺丝技术（centrifugal spinning）。本小节重点介绍这两种纺丝技术。

7.5.3.1 静电纺丝技术

1. 静电纺丝工艺原理

静电纺丝是一种通过强电场诱导液体射流来制备纤维的技术。其工艺原理是：在强电场作用下，聚合物溶液、溶胶或熔体经由喷丝头射出，形成直径均一的前驱体纤维[280]。静电纺丝设备由三部分组成，即高压电源、喷丝头和收集器，如图7-20所示。高压电源通常采用直流电源。喷丝头与装有聚合物溶液（或熔体）的注射器相连。聚合物溶液通过注射泵以恒定且可控的速度注入喷丝头。当施加高电压（1～30kV）时，在喷丝头喷嘴处的聚合物溶液表面将均匀地分布着感应电荷，使喷嘴中的溶液受到表面电荷间的静电排斥力以及外电场产生的库仑力作用。在这些静电力的作用下，喷嘴处的液体被拉长为锥形，形成所谓的泰勒锥（Taylor cone）的圆锥体。当电场强

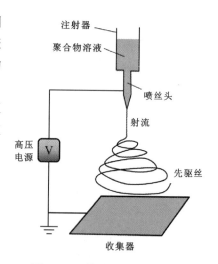

图7-20 静电纺丝装置示意图

度超过临界值时，电场力就会克服聚合物溶液的表面张力，迫使液体从喷嘴中喷出，形成连续的细丝。细丝受到放置在喷丝头下方的接地收集器吸引，随机散落在收集器上。随着液体射流的不断拉长和溶剂的蒸发，得到前驱体纤维，其直径可为数十纳米至数百微米，可以通过改变电荷密度和聚合物溶液的浓度来调控纤维的直径。随着静电纺丝时间的延长，堆积在收集器表面的纤维不断增多，逐渐形成无纺布。如果收集器是快速旋转的圆筒或圆盘，则纤维沿圆筒或圆盘缠绕，获得平行排列的纤维。如果收集器是由两块有一定间隙（如数厘

米)的导电板组成,其分别对纤维产生吸引力,使纤维在两导电板之间整齐排列,获得高度有序排列的纤维。

2. 陶瓷纤维的静电纺丝法制备

静电纺丝技术已被用于各种功能陶瓷纤维材料的制备,包括电子、磁性、光学和生物陶瓷纤维等,主要是氧化物纤维,如 TiO_2、SiO_2、SnO_2、GeO_2、Al_2O_3、ZnO、CuO、NiO、V_2O_5、Co_3O_4、Nb_2O_5、MoO_3、$MgTiO_3$、$NiFe_2O_4$、$LiCoO_2$、$BaTiO_2$、$PbZr_xTi_{1-x}O_3$(PZT)、氧化铟锡(ITO)纤维等,一些非氧化物纤维如 SiC 纤维等也可制备。

氧化物纤维的静电纺丝法制备可以采用溶胶进行。纺丝用溶胶的制备与传统溶胶-凝胶工艺相同,其以可溶性金属醇盐为前驱体,利用有机溶剂溶解,并加入催化剂和稳定剂,使前驱体缩聚,形成具有一定黏弹性特征的溶胶。在溶胶制备过程中,通过调节 pH 值或老化条件来控制前驱体的水解速率,以获得与传统聚合物溶液相似的黏弹性特征,这是以溶胶进行静电纺丝取得成功的关键。经过静电纺丝得到的前驱体纤维在空气中进行高温热解和烧结,最终得到氧化物纤维。

为了提高溶胶或溶液的黏度,控制其黏弹性行为,可在溶液中添加可溶性高分子化合物如聚乙烯聚吡咯烷酮(PVP)、聚乙烯醇(PVA)、聚醋酸乙烯酯(PVAc)、聚氧化乙烯(PEO)等。这种含有高分子化合物的溶液或溶胶可以通过静电纺丝形成直径更细的前驱体纤维,其热解后,甚至可形成直径为数十纳米的氧化物陶瓷纤维。

静电纺丝法适合于多组分氧化物陶瓷纤维的制备。在溶胶或溶液中,可以添加掺杂组分或者某种纳米颗粒或纳米线等各种功能性组分,这些组分会均匀分布于静电纺丝形成的前驱体纤维中,其经热解和烧结后形成具有某些特定功能的陶瓷纤维。这种改性的便利性使静电纺丝法可以制备出多种功能的陶瓷纤维,以满足更广泛的应用需求。

3. 静电纺丝纤维的结构控制

静电纺丝工艺可以通过设计不同的喷丝头结构并结合聚合物溶液或溶胶的组成来制备出具有不同结构的陶瓷纤维,如芯-壳结构纤维、中空陶瓷纤维或者多孔陶瓷纤维等。静电纺丝的喷丝头可做成同轴结构,可以是双轴或多轴,如图 7-21 所示。双轴喷丝头可以同时注入两种不同的聚合物溶液。在静电纺丝过程中,内部和外部溶液同时射出,形成芯部和外壳分别由不同物质组成的前驱体纤维。当这种前驱体纤维被高温热解时,其芯部和外壳形成不同的氧化物,从而形成芯-壳结构陶瓷纤维。如果采用多轴喷丝头来纺丝,则可形成多层氧化物组成的芯-壳结构陶瓷纤维。

在利用双轴喷丝头进行静电纺丝工艺中,当芯部液体是矿物油时,纺出的是包含矿物油芯的前驱体纤维,其经过高温热解后,会形成中空陶瓷纤维。如果纤维直径控制在 100nm 以下,则成为一种陶瓷纳米管。如果芯部溶液和壳部溶液含有可相互混溶的溶剂,但含有不可混溶的聚合物,则在纺丝过程中,不可混溶

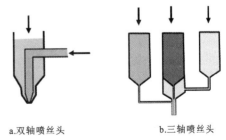

图 7-21 同轴喷丝头结构示意图

的聚合物会出现局部分离聚集,使前驱体纤维内部组成出现不均一性。这种前驱体纤维经高温热解和烧结后,会形成多孔陶瓷纤维。例如芯部溶液为由聚苯乙烯(PS)溶于N,N-二甲基甲酰胺(DMF)与四氢呋喃(THF)而成,壳部溶液为由钛酸异丙酯和聚乙烯吡咯烷酮(PVP)溶于乙醇而成,其中PS和PVP是不可混溶的,DMF/THF和乙醇是可混溶的。在纺丝过程中,随着射流内部溶剂彼此扩散,PS和PVP产生聚集,从而在TiO$_2$/PVP基质中产生以PS组成的纳米级区域。在前驱体纤维高温热解过程中,PS和PVP等有机物被烧掉,从而形成多孔TiO$_2$纤维[281]。

同轴喷丝头静电纺丝技术为多种结构的陶瓷纤维制备提供了便利条件,使新型多功能陶瓷纤维的研发更容易进行。

7.5.3.2 离心纺丝技术

1. 离心纺丝工艺原理

离心纺丝是利用高速旋转的纺丝头产生的离心力将聚合物溶液、溶胶或熔体从纺丝头上的细孔射出,形成纤维的技术[282]。离心纺丝早期被用于生产玻璃棉或玻璃纤维,现在发展成各类纤维(包括纳米纤维)的制备技术。离心纺丝设备简单,主要由高速纺丝头和纤维收集器组成,如图7-22所示。

纺丝头是一个含有喷丝嘴和储液罐的装置,其以高速电机驱动,转速可达3000r/min以上。喷丝头可以根据需要进行设计,如设计成圆筒状,储液罐设在圆筒中,喷丝嘴嵌入在圆筒壁上,也可根据需要设置多个喷丝嘴,以提高生产效率。除了圆筒纺丝头外,还可以使用其他形状的纺丝头,如椭球形、扁球形或梯形纺丝头。为了能够进行熔融纺丝,可在喷丝头上安装感应加热线圈或其他加热元件。

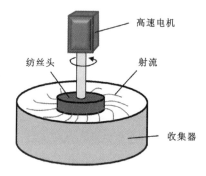

图7-22 离心纺丝装置示意图[282]

纤维收集器有多种类型,最简单的是圆形收集器,纤维收集在内壁表面上,适用于纤维的批量生产。圆形收集的直径决定着喷丝嘴与收集器内壁表面的距离,这是控制纤维结构的重要参数。另外,也可以采用传送带式收集器,如图7-23a所示,纺制的纤维在自身重力作用下散落在传送带上,堆积成一定厚度。可以采用外加吸力或吹气的方法,辅助连续收集纤维,形成由纤维组成的多孔织物、纸、膜或无纺布。也可以采用水浴收集器,使纤维进入水中,并由旋转辊缠绕成连续纱线,如图7-23b所示。

离心纺丝效果取决于各种工艺参数,包括:①纺丝溶液的固有特性,如黏度、表面张力、分子结构、分子量、溶液浓度、溶剂和添加剂等;②设备运行参数,如转速、纺丝头直径、喷嘴直径以及喷嘴与收集器的距离等。对于纺丝溶液来说,并非所有特性都对纤维的形成起同样重要的作用。主导着纤维形成的因素是溶液的黏度和表面张力,其他因素则通过对这两个特性的改变来影响纺丝结果。在设备运行参数中,最重要的是纺丝头的转速,其直接影响着离心力和空气摩擦力。纺丝头高速旋转时,施加在纺丝液体上的离心力F_c可表示为:

$$F_c = m\omega^2 D/2 \tag{7-31}$$

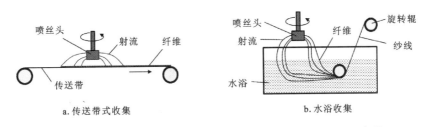

图 7-23 离心纺丝的传送带式收集(a)和水浴收集(b)示意图[282]

式中,m 为流体的质量;ω 为喷丝头的转速;D 是喷丝头的直径。为了使纺丝溶液能从喷嘴喷出,喷丝头的转速必须超过临界值,以产生足够的离心力来克服纺丝溶液的表面张力。因此,要成功纺制纤维,确定纺丝溶液的临界转速至关重要。对于聚合物溶液,离心纺丝的旋转速度一般在 3000r/min 以上。

2. 陶瓷纤维的离心纺丝法制备

离心纺丝法适合于各种陶瓷纤维的制备。纺丝溶液的制备与静电纺丝法基本相同,一般以可溶性金属盐或醇盐等作为前驱体,采用溶剂配制成具有一定浓度和黏度的溶液或溶胶。例如 TiO_2 纤维可以通过前驱体聚乙酰丙酮钛溶胶进行纺丝[283]。聚乙酰丙酮钛是以乙酰丙酮为螯合剂由四氯化钛转化而成。纺丝溶液由聚乙酰丙酮钛溶于甲醇而成,并浓缩至黏度为约 50Pa·s。离心纺丝后,得到的前驱体纤维在 700℃ 下煅烧,形成直径为 5~15μm 的 TiO_2 纤维。该纤维为多晶纤维,其晶粒平均尺寸约 33.2nm。如果在纺丝溶液中添加掺杂元素,则可制备出掺杂的功能陶瓷纤维。

思考题

1. 纳米线、晶须、陶瓷纤维各有什么特点?
2. 纳米线或晶须的 VLS 生长机制的基本条件是什么?
3. VLS 生长机制与 SCG 生长机制有何异同?
4. 比较 VS 生长机制与 VLS 生长机制中纳米线的生长特征。
5. 比较纳米线、晶须与单晶生长的工艺条件。
6. 分析纳米线生长工艺中催化剂选用的原则。
7. 比较纳米线与纳米管的生长条件及特征。
8. ZnO 纳米线可采用哪些机制生长?各机制的工艺条件有何不同?
9. 比较分析晶须与陶瓷纤维的结构特点及应用领域。
10. 分析陶瓷连续纤维制备的工艺特点。
11. 分析影响静电纺丝和离心纺丝效果的主要因素。
12. 分析结构陶瓷纤维与功能陶瓷纤维的特点。

8 石墨烯的合成与制备

石墨烯(graphene)是一种二维蜂窝状晶格结构碳材料,是单层石墨片,其通过范德华力连接,便构成了层状结构的鳞片石墨。在石墨结构中,石墨烯片层之间结合力弱,因此理论上石墨烯完全可以通过剥离鳞片石墨的方法获得。但是,由于石墨质地柔软,鳞片细小,片层剥离在实际操作中难以实现。2004 年,英国 Manchester 大学的 Andre Geim 和 Konstantin Novoselov 用胶带反复粘揭石墨片的方法,首次从天然鳞片石墨提取到结构稳定的石墨烯,并发现这种二维碳材料具有多种独特性质,不仅显示出广阔的应用前景,而且使量子物理现象的实验研究成为可能。他们的研究成果引起轰动,并因此获得 2010 年的诺贝尔物理学奖。从石墨到石墨烯,由尺寸变化引起的性能飞跃,为量子物理学、材料学以及相关学科的研究带来无限的可能性,也正因此,在全球范围内掀起石墨烯研究的热潮。

8.1 石墨烯的基本特征

8.1.1 石墨与石墨烯的结构特征

8.1.1.1 石墨的结构及基本性质

石墨(graphite)是一种由碳元素组成的层状结构矿物,具完整的层状解理,属于六方晶系,空间群 $D_{6h}^4-P6_3/mmc$, $a_0=0.246$nm, $c_0=0.680$nm, $Z=4$。在石墨晶体结构中,同层碳原子以 sp^2 杂化形成共价键,每个碳原子与另外 3 个碳原子相联,6 个碳原子在同一平面上形成六方环状网,伸展形成片层结构。层内原子间距为 0.142nm。相邻面网间距为 0.340nm,上层面网的碳原子对着下层面网六方环的中心[284],如图 8-1a 所示。层内为共价键-金属键,层间为分子键。因此,石墨在物性上具有明显的异向性特征。在同一平面的碳原子还各剩下一个 p 轨道,它们互相重叠,形成离域的 π 电子,在晶格中能自由移动,所以石墨能导电、传热。由于石墨层与层间距离大,结合力小,各层可以滑动,所以石墨的密度小,质软并有滑腻感。同一平面层上的碳原子间结合很强,极难破坏,所以石墨的熔点高,化学性质稳定。石墨在隔绝氧气条件下,熔点为 3652℃,沸点为 4827℃,是最耐高温的矿物之一。石墨耐腐蚀,同酸、碱等化学试剂不易发生反应,但可被强氧化剂如浓硝酸、高锰酸钾等氧化,形成氧化石墨,变为可膨胀石墨。基于这些特性,石墨具有广泛的用途,如用于制备密封材料、锂离子电池负极材料、抗磨剂、润滑剂、坩埚、电极、电刷、石墨纤维、换热器、冷却器、电弧炉、弧光灯、铅笔芯等,高纯度石墨还可用作原子反应堆中子减速剂。

8.1.1.2 石墨烯的结构特征

石墨烯是一种碳的二维晶体材料,具有六方蜂窝状晶格结构,如图 8-1b 所示,其可以是单碳原子层,也可以由多个碳原子层耦合组成。石墨烯一词在使用时通常是指单层石墨烯,而对于由多个碳原子层组成的石墨烯则用多层石墨烯表示。在理论上,可以把石墨烯看作是其他维度碳材料的组成单元。例如石墨是由石墨烯堆砌而成的三维晶体;碳纳米管可看作是由石墨烯卷曲形成的一维材料;富勒烯可看作是由石墨烯部分六方环转化成五元环并包裹形成的零维材料。

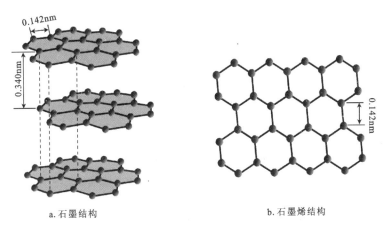

a. 石墨结构　　　　　　　　　　b. 石墨烯结构

图 8-1　石墨与石墨烯晶体结构示意图

在石墨烯结构中,每个碳原子通过 σ 键与相邻的 3 个碳原子相连,键长为 0.142nm。碳原子的 s、p_x、p_y 三个杂化轨道可以形成很强的共价键,组成 sp^2 杂化结构,从而赋予石墨烯极高的力学性能。剩余的 p_z 轨道上的 π 电子则在垂直片层的方向形成 π 轨道,π 电子可以在晶体平面内自由移动,使石墨烯具有优良的导电性。

多层石墨烯由两层及以上的石墨烯层组成。作为石墨烯材料,多层石墨烯层数的上限尚无定论。但大量的研究表明,层数少于 10 层时石墨烯的电子结构表现出与石墨明显不同的特征;而层数更多时,石墨片层间电子与轨道产生交互作用,使其性能趋于石墨的特点。因此,多层石墨烯的层数应在 10 层以下[285-287]。

石墨烯的结构非常稳定,同时具有很好的柔韧性。当受到外力作用时,碳原子层可发生弯曲变形,但结构保持不变。石墨烯的边缘、晶界、晶格等部位也可能存在缺陷,这将影响石墨烯的物理、化学性质。另外,石墨烯可以以纳米带的形式存在。石墨烯纳米带具有明显独特的电性能,成为开发石墨烯基电子器件的基础。

8.1.2　石墨烯的基本性质

石墨烯独特的结构特征使其具有许多优异的性能[285-289]。石墨烯的电子结构与传统金属和半导体不同,是一种零禁带半导体,具有独特的载流子特性。室温下石墨烯的电子迁

率可达到 $1.5×10^4 cm^2/(V·s)$，是硅的 10 倍以上。在液氦温度下，石墨烯的电子迁移率更是高达 $2.5×10^5 cm^2/(V·s)$，是硅的 100 倍以上。石墨烯电阻率低于金属，是目前电阻率最小的材料。石墨烯独特的电子结构还使其表现出许多奇特的电学性质，如在室温下出现量子霍尔效应，两层石墨烯旋转叠加至特定位置时会产生超导性能等。另外，由于石墨烯边缘及缺陷处有孤对电子，因此其具有铁磁性等性能。

石墨烯是一种优异的热导体。其导热系数高达 $3000～5000W/(m·K)$，优于碳纳米管，是钻石的 2 倍，是铜等金属的 11 倍以上。

石墨烯具有优异的力学性能，它是已知最轻的材料，但却具有极高的强度和硬度，是已知最强的材料。它的杨氏模量达 1100GPa，抗张强度达 130GPa，是最好的钢的 11 倍以上。

石墨烯具有独特的光学性能。它的透光性好，对光的吸收率仅为 2.3%，可见光透过率达 97% 以上。

石墨烯的理论比表面积高达 $2630m^2/g$，是不可渗透的，即使半径最小的原子也无法穿过无缺陷的单层石墨烯。

8.2 石墨烯的物理法制备技术

石墨烯的物理法制备技术是一种自上而下的制备技术，其是以鳞片石墨为原料，通过物理剥离来制备石墨烯的，包括机械剥离法、液相或气相直接剥离法等[288-291]。利用该技术已实现多层石墨烯的低成本大规模生产。

8.2.1 机械剥离技术

石墨烯的机械剥离技术是从胶带剥离法发展而来，其是通过外力将石墨烯片层直接从石墨晶体上剥离下来的技术。石墨片的剥离需要克服相邻石墨烯薄片之间的范德华力。有两种机械作用力（即法向力和剪切力）可将石墨片剥离成石墨烯，如图 8-2 所示。在机械作用过程中，机械剥离还包含着石墨颗粒的碎裂。就大尺寸石墨烯的制备而言，碎裂是不希望出现的结果，但碎裂也有利于石墨烯的剥离，因为相较于大石墨片，较小的石墨片更容易剥落。针对石墨的特点，石墨烯的机械剥离技术已发展出微机械剥离技术、球磨剥离技术、超声波剥离技术、流体动力学剥离技术等。

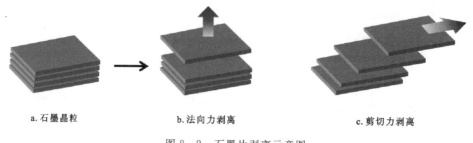

图 8-2 石墨片剥离示意图

8.2.1.1 微机械剥离技术

微机械剥离技术是一种利用黏胶剥离原理进行石墨剥离的技术。其方法是:采用溶解于邻苯二甲酸二辛酯(DOP)中的聚氯乙烯(PVC)作为黏结剂,把石墨与该黏结剂混合,然后利用三辊轧机进行剥离[292],如图8-3所示。在滚轮相对滚动过程中,由于黏胶的作用,石墨片层被拉开,从而产生如胶带剥离的效果。石墨颗粒被黏附在3个滚轴上,逐层反复拉开,从而实现连续剥离。获得的产物可用乙醇洗涤,最后再在500℃下热解

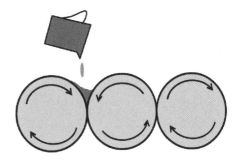

图8-3 三辊轧机连续剥离示意图

PVC,便得到石墨烯。该方法原理简单,所用设备及技术是橡胶工业中非常常见的,但剥离的石墨烯分散和剥落在黏结剂中,要完全去除残留的PVC和DOP,以获得高纯度的石墨烯并不容易。如何高效地提取石墨烯,是该技术需解决的难题。

8.2.1.2 球磨剥离技术

球磨剥离技术是利用球磨产生的剪切力剥离石墨片的技术。在球磨过程中,主要产生两种力的作用:一是剪切力,二是碰撞冲击力。剪切作用可使石墨片层做横向相对滑动,使石墨片层分离,获得石墨烯,如图8-4a所示。碰撞冲击作用使石墨颗粒碎化,如图8-4b所示。这种作用会将大的石墨片破碎成小薄片,有时甚至破坏石墨晶体结构,形成无定形或非平衡相,不利于石墨烯的产生,因此在球磨过程中需尽可能减小该作用的影响。为了提高石墨片的剥离效果,通常在球磨工艺中加入分散剂或剥离助剂,如十二烷基硫酸钠、三聚氰胺等。

   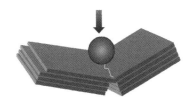

a. 剪切剥离　　　　　　　　　　　b. 撞击碎裂

图8-4 球磨过程中石墨剥离与碎裂示意图

球磨剥离技术又分湿法工艺和干法工艺。

湿法球磨大多采用行星式球磨机和搅拌介质磨机进行。采用的溶剂为与石墨表面能相匹配、能降低石墨片层间范德华力的有机溶剂如二甲基甲酰胺(DMF)、N-甲基吡咯烷酮(NMP)、四甲基脲或1-芘甲酸和甲醇的混合物等[288,293]。表面活性剂(如十二烷基硫酸钠)的水溶液也被用作湿法球磨介质[294,295]。另外,在湿法球磨工艺中添加石墨插层剂三聚氰胺[296],可促进石墨片的剥离。

干法球磨是在不加入溶剂的情况下将石墨与某些化学物质或化学惰性的水溶性无机盐混合球磨,使石墨剥离,制备石墨烯复合材料,或者再进行水洗、超声波处理和脱水干燥,得到石墨烯粉末。例如利用硫与石墨烯具有相似电负性及强烈的相互吸附性,在干法球磨中加入硫,得到石墨烯/硫复合材料,其中硫分子吸附在石墨烯片上[297]。又如利用氢键网络与石墨烯表面形成多点相互作用的特征,在干法球磨中加入三聚氰胺,通过三聚氰胺与石墨片的相互作用,实现石墨片的剥离[298]。另外,通过石墨片边沿功能化路线,可以实现功能化石墨烯的规模化生产。如将石墨粉在氢气、二氧化碳、三氧化硫或二氧化碳和三氧化硫混合物存在的条件下干法球磨,然后暴露在空气中吸收水分,得到由氢、羧酸、磺酸、羧酸/磺酸功能化的石墨烯薄片[299]。

球磨法工艺简单,成本低,容易进行规模化生产,但也存在一些缺点。例如石墨烯产率不高,剥离效果较差,难以获得单层石墨烯,存在碎裂的石墨碎片,石墨烯分离困难等。如何提高石墨烯产生率、减少碎化率、实现石墨烯的尺寸和层数可控,是球磨剥离技术需解决的问题。

8.2.1.3 超声波剥离技术

超声波剥离技术是一种石墨的超声波辅助液相剥离技术。该技术将石墨粉分散于有机溶剂如N,N-二甲基甲酰胺和N-甲基吡咯烷酮等中,然后用超声波处理,实现石墨片剥离[300-302]。2008年Hernandez等首先报道了该方法,获得了单层石墨烯占比达28%左右产物[300]。这为石墨烯的低成本大规模生产开辟了一条全新的路径,使石墨烯的大规模生产成为可能。

该技术的石墨剥离效果受多因素影响,包括超声波处理时间、初始石墨浓度、表面活性剂和聚合物的添加以及使用的溶剂种类等。在石墨与溶剂的分散体系中,如果其净能量消耗很低,则石墨片就可以发生剥离。石墨烯和溶剂体系的能量平衡可以表示为单位体积混合焓,即:

$$\frac{\Delta H_{\mathrm{mix}}}{V_{\mathrm{mix}}} \approx \frac{2}{t_{\mathrm{flake}}}(\delta_{\mathrm{G}}-\delta_{\mathrm{sol}})^2 \phi \tag{8-1}$$

式中,ΔH_{mix}为混合焓;V_{mix}为体积;δ_{G}为石墨烯表面能的平方根;δ_{sol}为溶剂表面能的平方根;t_{flake}是石墨烯薄片的厚度;ϕ是石墨烯的体积分数。对于石墨,表面能被定义为将两石墨片剥离时克服范德华力所需的单位面积能量。显然,当石墨烯和溶剂的表面能更接近时,混合焓将变得很小,石墨的剥离更容易发生。因此,溶剂的选择很重要。当溶剂具有与石墨烯相匹配的表面能时,剥离所需的能量消耗最小。合适的溶剂如苯甲酸苄酯可以使石墨分散体系的混合焓接近零,且溶剂与石墨是以范德华力作用,两者比较容易分离。

超声波的剥离力来源于液体空化而在石墨片周围产生的气泡,原理如图8-5所示。当这些气泡坍塌时,微射流和冲击波将立即作用于石墨表面,产生压应力波,并传播至整个石墨体内。当压应力波扩散到石墨的自由界面,张应力波就会反射回体内。因此,大量微气泡的坍塌将导致石墨薄片中产生强烈的拉伸应力,如密集的"吸盘"一样使石墨片剥落。另外,微射流进入石墨层间,如同层间插入楔子一样,使石墨薄片分离。横向压缩应力产生的剪切作用,也可以使相邻石墨片分离。

8 石墨烯的合成与制备

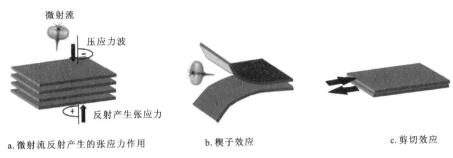

图 8-5 石墨烯超声波剥离机理示意图[288]

超声波剥离技术被认为是以天然鳞片石墨制取石墨烯的成功技术,但该技术也存在一些缺点。

(1) 超声波剥离法制备的石墨烯存在大量缺陷,如晶面上的"孔状"缺陷、边缘缺陷等。这是超声波诱导空化对石墨片作用的结果。在超声波作用下,可产生很高的局部温度(可达数千 K)、极高的压力(可达数千个标准大气压)和极快的加热/冷却速率(可达 $10^{12}\,K/s$),从而造成石墨烯损伤。超声波剥离产生的石墨烯薄片缺陷已通过扫描隧道显微镜等分析测试手段证实。这些缺陷对石墨烯的性质会产生影响。如何消除石墨烯的缺陷,是该技术需解决的问题。

(2) 超声波诱导液体空化的分布和强度高度依赖于容器尺寸和形状,这给工业规模化生产带来困难。大规模的工业生产不仅要考虑容器尺寸和形状,还应考虑其他参数,如超声波的频率、超声波的功率、超声波源的分布以及温度等。

(3) 超声波在石墨烯液相剥离中存在效率问题。在超声波剥离过程中,如果超声波振动源位置是固定的,则液体中的空化场几乎是静止的,不利于石墨片的剥离。因此,在超声波剥离工艺中,需移动的空化场或者与搅拌相结合,以提高剥离效果。

8.2.2 流体动力剥离技术

流体动力剥离技术是在流体动力作用下,使石墨薄片可随液体移动,从而产生反复剥落。该技术包括涡流膜剥离技术、压力驱动流体动力剥离技术和搅拌驱动流体动力剥离技术。

8.2.2.1 涡流膜剥离技术

涡流膜剥离技术通过快速旋转装有鳞片石墨和有机溶剂或水的试管,在试管壁形成涡流膜,使石墨在有机溶剂或水中受到剪切作用,石墨片发生上翘和滑动,从而实现剥离[303],如图 8-6 所示。在试管快速旋转过程中,一方面产生垂直于试管壁的离心力,另一方面产生侧向剪切力,同时溶剂携带石墨晶粒在移动过程中形成涡流,产生向上的作用力。在这些作用力的综合作用下,石墨片沿着试管壁发生滑移,最终逐渐剥落。这是一个比较温和的剥离过程,可以获得高质量的石墨烯,但是由于涡旋流体膜非常薄,石墨片的剥离量及石墨烯的产出量比较有限。因此,该技术难以实现石墨烯的规模化制备。

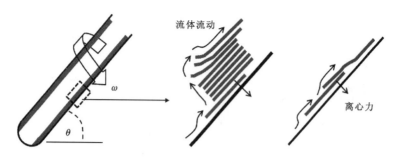

a.涡流膜剥离装置　　　b.局部区域石墨片剥离过程　　c.管子内壁石墨烯的受力和滑移特征

图 8-6　石墨烯涡流膜剥离机制示意图[303]

8.2.2.2　压力驱动流体动力剥离技术

压力驱动流体动力剥离技术是利用高压流体在细小通道内流动产生法向作用力与剪切作用力使石墨片分离、剥落的技术[304]，剥离机制如图 8-7 所示。石墨和溶剂混合并加压到细小通道后，在高压流动过程中发生液体空化、压力释放、黏性剪切应力作用以及湍流和碰撞等。空化和压力释放会产生法向剥离力，速度梯度会引起黏性剪切应力，湍流可引起湍流切应力，流体与通道壁的碰撞会产生剪切力。在强大的法向作用力和各种剪切力的共同作用下，石墨片通过横向自润滑剥落成单层或多层石墨烯，实现高效剥离。如果增大压力，会产生强大的微射流，使石墨片在剥离过程中发生穿孔，形成石墨烯纳米网。该技术为石墨烯及石墨烯纳米网的大规模生产提供了一条新途径。

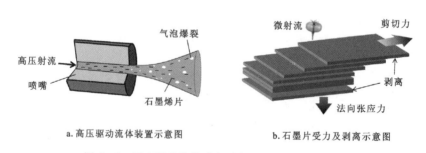

a.高压驱动流体装置示意图　　　　　b.石墨片受力及剥离示意图

图 8-7　压力驱动流体动力剥离石墨烯机制示意图

8.2.2.3　搅拌驱动流体动力剥离技术

搅拌驱动流体动力剥离技术是一种由混合器驱动流体进行石墨烯剥离的技术。该技术通过高剪切转子与定子的相对运动，使石墨-溶剂混合流体形成层流和湍流，产生剪切作用、液体空化和颗粒碰撞效应，从而实现石墨片的剥离[305,306]，工作原理和石墨片剥离机制如图 8-8 所示。在利用该技术处理鳞片石墨与 N-甲基吡咯烷酮(NMP)的混合流体时，当剪切速率达到 $10^4 s^{-1}$ 以上，石墨片就会发生剥离。这是一种以剪切力为主、以空化和碰撞效应为辅的石墨剥离方法。在混合器中,在转子和定子之间的间隙以及定子上的排出口附近具有非常高的剪切速率,即高剪切速率仅存在于局部区域。因此,大多数石墨片的剥落发生在转子-定子附近。

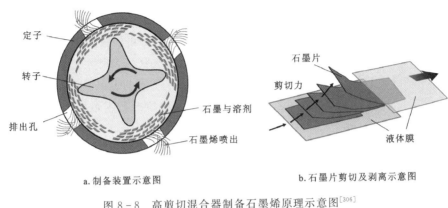

a. 制备装置示意图　　　　　　b. 石墨片剪切及剥离示意图

图 8-8　高剪切混合器制备石墨烯原理示意图[306]

为了克服混合器剥离区域局限的问题,Alhassan 等采用配有四叶片的不锈钢搅拌器产生湍流,证明了通过湍流作用来进行石墨剥离的可行性[307]。该技术随后被推广,以不锈钢搅拌器产生全湍流,用于石墨烯制备。在该搅拌器中,高剪切区域不会局限于某些区域。尽管剪切速率随着与刀片距离的增加而降低,但当全湍流形成时,高剪切速率可以覆盖所有区域。因此,湍流是全流场高剪切速率的主要起因。在全湍流中,流体动力使整个流场携带石墨颗粒,促使石墨片剥落的流体动力有多种,包括:①速度梯度引起黏性剪切应力;②湍流中剧烈的速度波动诱发雷诺剪切应力;③雷诺数较大的湍流中的惯性力增强了石墨颗粒间的相互碰撞;④湍流压力波动引起的压差产生法向作用力,使石墨片剥落。这些流体作用力使石墨片的剥落效率远高于超声波剥离和球磨剥离技术。该技术为石墨烯的大规模生产展现了很好的前景。

8.2.2.4　超临界流体辅助剥离技术

超临界流体辅助剥离技术是利用超临界流体渗入石墨层间,通过快速减压,使超临界流体突然膨胀,实现石墨片的剥离。可选用的超临界流体有多种类型,包括 CO_2 超临界流体和乙醇-NMP(N-甲基吡咯烷酮)-DMF(N,N-二甲基甲酰胺)超临界流体等[308,309]。由于界面张力低,表面润湿性好,扩散系数高,这些超临界流体可以迅速渗透到石墨层间,并在较短的时间内反应,将石墨片剥离,获得少层(<10 层)石墨烯。如果可以简化超临界流体的处理过程,并避免使用加压反应器,那么超临界流体技术在高质量石墨烯规模化生产方面有很好的前景。

8.2.3　层工程剥离技术

层工程剥离技术是一种将大块天然鳞片石墨剥离成毫米级大尺寸石墨烯的技术[310]。

该技术首先将大块天然石墨切割并黏贴在胶带上;然后通过电子束蒸发沉积在石墨块体上沉积 Au 薄膜,再在 Au 膜上旋涂聚甲基丙烯酸甲酯(PMMA);最后将厚度为 100μm 的热释放胶带(TRT)黏贴到 PMMA 层上;施加轻微的外力,便可将 TRT/PMMA/Au/石墨烯从石墨块体上剥离下来。加热到 110℃,TRT 失去附着力而脱离;再用丙酮和 Au 蚀刻剂浸泡,除去 PMMA 和 Au 膜。为了清除石墨烯上残留的蚀刻剂,将石墨烯浸泡在流动的去离子水中,清洗 20min 以上,最终获得单层石墨烯。剥离后的石墨烯可转移到 SiO_2/Si 基片上。通过重复 Au 膜的沉积和撕裂过程,可以从同一块石墨中多次获得大尺寸的单层石墨烯。

除了 Au 之外,也可以沉积 Pd、Ni 和 Co 等金属膜。不同的金属具有不同的界面韧性。因此,在石墨块上沉积不同的金属薄膜可以剥离出不同层数的石墨烯。该技术仅适合于实验室研究。

8.3 石墨烯的化学法制备技术

石墨烯的化学法制备包括自上而下方法和自下而上方法。前者是石墨的化学剥离;后者是通过化学反应,合成石墨烯,包括化学气相沉积和外延生长等。化学法合成的石墨烯质量高、缺陷少,是理想的电子材料。

8.3.1 石墨烯的化学剥离技术

石墨的化学剥离已经有较长的历史,可追溯到 1859 年 Brodie 用 $KClO_3$ 和 HNO_3 处理天然鳞片石墨,并分离出"极薄且完全透明"的材料。因为该材料可分散于中性和碱性介质中,但不能分散在酸中,故当时被称为"石墨酸"(现称为"氧化石墨")。19 世纪 90 年代后期,Staudenmaier 改进了 Brodie 的方法,除使用 $KClO_3$ 和 HNO_3 外,还使用硫酸,并在反应过程中多次添加氯酸钾。1958 年 Hummers 和 Offeman 提出了另一种生产氧化石墨的方法,以解决 Brodie 和 Staudenmaier 的方法中有毒、易爆的二氧化氯释放以及反应时间长的问题。他们采用浓硫酸、硝酸钠和高锰酸钾混合物来制备氧化石墨,反应仅需几个小时,且不会产生爆炸性气体,但该技术仍有有毒的氮氧化物产生。尽管 Brodie 法、Staudenmeier 法、Hummers 法均存在缺点,但迄今为止,这 3 种方法仍是氧化石墨最常用的制备技术[311],尤其是 Hummers 法及其改进技术,使用最为普遍。

氧化石墨保留了石墨的层状结构,通过超声波处理或搅拌,石墨鳞片比较容易在水或其他极性溶剂中分离,形成氧化石墨烯,其中大部分是单层石墨烯或几层堆叠的多层石墨烯。因此,通过氧化石墨制备石墨烯是当前最常用的方法之一。氧化石墨烯经过还原剂处理,便转化成不含氧化基团的石墨烯,故有些文献又将这种方法称为氧化-还原法。

8.3.1.1 氧化石墨的制备

1. Hummers 法

采用 Hummers 法制备氧化石墨的主要步骤如下[312]。

(1)在冰浴(0~5℃)的条件下,将 2g 鳞片石墨、2g $NaNO_3$ 与 50mL 质量分数 98%的 H_2SO_4 加入反应容器中,搅拌混合。

(2)在保持冰浴的条件下,将混合物搅拌 2h,并将 6g $KMnO_4$ 非常缓慢地添加到悬浮液中,保持反应温度低于 15℃。

(3)移去冰浴,并将混合物在 35℃下搅拌至变成褐色的糊状,继续搅拌 48h。

(4)缓慢加入 100mL 去离子水稀释。随着泡腾,反应温度迅速升至 98℃,直到颜色变为棕色。

(5)在连续搅拌下,再加入 200mL 去离子水,进一步稀释该溶液。

(6)加入 10mL 质量分数 30%的 H_2O_2,反应后颜色逐渐转变为黄色。

(7)用质量分数 10%的 HCl 溶液冲洗纯化混合物,并用离心法进行固液分离,然后再用去离子水洗涤数次。

(8)过滤、脱水后,在室温下真空干燥,得到粉末状的氧化石墨。

2. 改良的 Hummers 法

改良的 Hummer 法增加了 $KMnO_4$ 的用量,具体步骤如下[312]。

(1)将 2g 鳞片石墨和 2g $NaNO_3$ 在冰浴(0~5℃)条件下与 90mL 质量分数 98%的 H_2SO_4 混合,同时不断搅拌。

(2)混合物在冰浴条件下搅拌 4h,并非常缓慢地将 12g $KMnO_4$ 加入到悬浮液中。小心控制添加速率,以保持反应温度低于 15℃。

(3)非常缓慢地添加 184mL 水来稀释混合物,搅拌 2h;然后除去冰浴,在 35℃下再搅拌 2h。

(4)将混合物在 98℃的回流系统中回流 10~15min;然后将温度调控至 30℃,得到棕色溶液;之后,再降温至 25℃,保温 2h。

(5)最后用 40mL 质量分数 30%的 H_2O_2 处理,其颜色变为亮黄色。

(6)将所得的化合物分成两等份,分别加入 200mL 去离子水,连续搅拌 1h。

(7)将混合液体在不搅拌的情况下放置 3~4h,使氧化石墨颗粒沉降在底部,再进行过滤。

(8)用质量分数 10%的 HCl 反复离心洗涤所得混合物,再用去离子水离心清洗数次,直到 pH 值为中性,形成凝胶状物质。

(9)产物在 60℃下真空干燥 6h 以上,得到氧化石墨样品。

3. 改进的 Hummers 法

改进的 Hummer 法不采用 $NaNO_3$ 而增加 $KMnO_4$ 的用量,同时引入 H_3PO_4,从而提高了石墨的氧化效率[313,314],具体步骤如下。

(1)将质量分数 98%的浓 H_2SO_4 与质量分数 85%的浓 H_3PO_4 按 9:1(360mL:40mL)混合,添加到石墨粉(3g)和 $KMnO_4$(2g)的混合物中,然后加热至 50℃,并搅拌反应 12h。

(2)将反应物冷却至室温,倒入 400mL 含 H_2O_2 的冰(3mL H_2O_2,质量分数 30%)中,搅拌反应。

(3) 采用离心法进行固液分离,除去清液。然后依次用 200mL 去离子水、200mL 质量分数 30% 的 HCl 溶液和 200mL 乙醇洗涤固体产物,其中用乙醇洗涤 2 次。每次洗涤都进行离心分离,除去清液。

(4) 洗涤后的产物用 200mL 醚凝结,再用孔径为 $0.45\mu m$ 的 PTFE 膜过滤。将获得的产物在室温下真空干燥,得到氧化石墨粉末。

与 Hummers 法和改良的 Hummers 法相比,改进的 Hummers 法可获得更大量的亲水性氧化石墨材料。尽管改进的 Hummers 法制备的氧化石墨烯具有更高的氧化程度,但通过肼等还原剂处理,其可以还原成具良好导电性的石墨烯。另外,该方法不会产生有毒气体,且温度易于控制,因此更适合于规模化生产。

8.3.1.2 氧化石墨烯的分散

氧化石墨含有大量含氧官能团,因此具有良好的亲水性。在水和某些有机溶剂中,氧化石墨可以通过超声波处理,实现氧化石墨烯的分散,形成稳定的悬浮液。悬浮液的稳定性与溶剂的极性有关。能使氧化石墨烯有效分散的溶剂有水、N,N-二甲基甲酰胺(DMF)、N-甲基-2-吡咯烷酮(NMP)、四氢呋喃(THF)和乙二醇等。在这些溶剂中,氧化石墨可剥离成单层石墨烯,形成稳定的分散体。另外,也可以通过添加一些稳定剂来实现氧化石墨烯在其他溶剂中的稳定分散。

8.3.1.3 氧化石墨烯的还原

氧化石墨烯的还原可以通过还原剂实现。常用的还原试剂有二甲基肼、水合肼、尿素、硼氢化钠、对苯二酚、硫化氢、醇类、Al、Zn、维生素 C、多巴胺等。常用的还原方法有化学还原、热膨胀还原、辐照还原、电化学还原等。化学还原的工艺简单,但还原得到的石墨烯在溶液中容易发生不可逆团聚,影响石墨烯的质量和应用。其他还原方法也存在一些问题和不足。因此,氧化石墨烯的还原技术仍需改进,以满足还原工艺的优质高效、无毒无污和低成本的要求。

8.3.2 石墨烯的化学气相沉积法合成

化学气相沉积(CVD)是制备高品质石墨烯的重要方法[315]。该技术采用气相原料,如甲烷、乙烯、乙炔等,在金属如 Ni、Co、Cu、Ru 及合金等催化剂衬底上生长大面积、高质量的单晶石墨烯。相比多晶石墨烯,单晶石墨烯没有晶界,因而具有更加优异的性能。这是石墨烯可在芯片等高技术领域得到应用的基础。为了实现高质量的石墨烯生长,必须选用单晶催化剂衬底。

8.3.2.1 石墨烯在 Ni、Co 衬底上生长

利用 CVD 在金属催化剂上沉积石墨烯最早是在镍箔上实现的。该方法以甲烷为原料,以氢气-氩气为载气,在 900~1080℃ 下沉积生长石墨烯。由于 C 在金属 Ni 中的固溶度比较高[约 1%(原子百分数)],从 CH_4 分解的碳原子很容易溶解到 Ni 膜中,并在冷却过程中

以石墨的形式析出[316]。这部分碳原子的数量难以控制。因此,利用 Ni 为衬底时,会形成不均匀的多层石墨烯。这种情况也出现在 Co 衬底上。石墨烯的生长机理如图 8-9 所示。

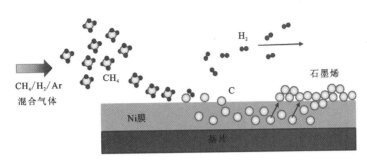

图 8-9　CVD 法石墨烯在 Ni 衬底上的生长机理示意图[315]

石墨烯在金属催化剂衬底上的生长特征受催化剂结构的显著影响。如果金属催化剂为多晶膜,则会生长出多晶石墨烯,因此要生长单晶石墨烯,基材应选用单晶材料。由于单晶 Ni、Co 衬底比较昂贵,常采用其他材料为基片,通过外延生长 Ni、Co 膜,作为石墨烯生长的催化剂衬底。例如以蓝宝石(0001)和 MgO(111)为基片,外延生长的 Co(0001)、Ni(111)薄膜,可以生长出高质量的单晶石墨烯。

除了催化剂薄膜的结构取向外,制备温度对石墨烯生长也有显著影响。例如在 900℃下生长时,石墨烯晶格方向相对于催化剂 Co(0001)晶格存在一定的旋转,而在 1000℃下生长的石墨烯,其六边形取向与 Co(0001)晶格一致。因此,石墨烯的生长温度需进行谨慎控制。

8.3.2.2　石墨烯在 Cu 衬底上生长

铜箔是比较常用的石墨烯生长衬底。利用铜箔生长的石墨烯,可以通过化学刻蚀的方法,把铜箔刻蚀掉,石墨烯可转移到单晶硅片等基片上,以便进行微加工和器件研发。因此,在铜箔上生长石墨烯有较多研究。传统的铜箔是采用轧制工艺制备,其 FCC(100)面取向略有偏离。FCC(100)晶面具有正方形格子,与石墨烯的六方晶格结构不匹配。因此,在 Cu(100)晶面上生长的石墨烯会出现两种晶格取向,两者随机生长,形成多晶石墨烯,如图 8-10a 所示。而在 Cu(111)晶面上生长的石墨烯具有单一取向,可外延生长,形成单晶石墨烯[317,318],如图 8-10b 所示。可以利用高温射频磁控溅射,在 MgO(111)或 c 面蓝宝石基片上外延生长 Cu(111)薄膜。在此 Cu(111)薄膜上,通过化学气相沉积,在 1000℃下可以生长出高质量的单晶石墨烯。

石墨烯在 Cu 衬底上的生长是一个比较复杂的变化和反应过程[315]:①CH_4 的催化脱氢,形成 $CH_x(x=0\sim3)$,并吸附在 Cu 表面;②在浓度梯度驱动和热激活下,吸附的碳原子或 CH_x 在 Cu 表面上扩散;③成核;④石墨烯生长;⑤相邻的石墨烯区块聚结成大面积连续的石墨烯;⑥在石墨烯的生长过程中,H_2 还可能对石墨烯产生刻蚀作用;⑦由于生长温度接近 Cu 的熔化温度(1084℃),因此还会发生铜原子从 Cu 表面蒸发的情况,特别是在真空 CVD(0.01~1.0Torr),这种情况更为严重。

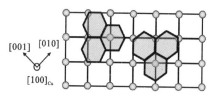
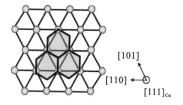

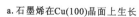

a. 石墨烯在Cu(100)晶面上生长　　　b. 石墨烯在Cu(111)晶面上生长

图 8-10　石墨烯在 Cu 的不同晶面上生长取向示意图[315]

大面积单晶石墨烯的生长可通过控制 CVD 条件以及采用清洁、平滑的铜表面来实现[319,320]。该工艺将 CH_4 浓度降低至 1×10^{-5}，并在接近 Cu 熔化温度的高温下生长。低的 CH_4 浓度会降低成核密度，而高的 CVD 温度会增加衬底表面吸附碳原子的扩散距离。通过优化 CVD 条件，在 Cu(111)晶面上可生长出尺寸达毫米级的单晶石墨烯。

8.3.2.3　石墨烯在 Ge 衬底上生长

锗(Ge)膜是一种比较适合石墨烯生长的衬底。Ge 具有良好的催化活性，可以降低碳前驱体分解的能垒，诱导石墨烯形成。C 在 Ge 中的溶解度极低，有利于生长出完整的单层石墨烯。Ge 与石墨烯的热膨胀系数差异很小，因此石墨烯的生长能更好地保持平整性。另外，Ge 薄膜可以在 Si 基片上进行外延生长，形成大面积的 Ge 单晶薄膜，为大面积单晶石墨烯的生长奠定基础。更重要的是，石墨烯在 Ge(110)晶面生长时，形成的石墨烯晶核均具有相同的晶向，它们生长合并后，可形成大面积的单晶石墨烯[321]。

在硅基片上异质外延生长 Ge 单晶薄膜，所用前驱体为锗烷(GeH_4)，制备方法为 CVD 技术。硅基片首先采用化学清洗方法除去表面污染物，并形成 H 端表面。CVD 沉积室抽真空至约 3×10^{-6} Torr，然后通入由氢气稀释的 GeH_4 气体(体积分数 10%)，流量为 40sccm，在 300℃下使气压保持 30Torr，沉积 30min。最后在 600℃下退火 30min，得到 Ge 薄膜。

外延生长的 Ge 单晶膜或者单晶 Ge 基片采用 RCA 清洗法进行清洗。RCA 清洗法是一种标准的单晶硅基片清洗的方法。该方法采用 $NH_3\cdot H_2O:H_2O_2:H_2O$ 按体积比 1:1:5 配制的溶液，浸泡基片 15～20min，然后用流动的去离子水冲洗基片，以去除基片表面的有机物等杂质。经 RCA 清洗法清洗后，再用氧等离子体处理，以去除表面残留有机物。然后将 Ge 衬底浸入质量分数 10% 的 HF 溶液中，以去除氧化物。最后再用去离子水清洗并吹干。

石墨烯的生长采用低压化学气相沉积(LPCVD)技术进行。首先在氢封端的 Ge 衬底上外延生长一层新的 Ge 层。将氢封端的 Ge 衬底装入沉积室中，抽真空后，在 500～900℃下通入 GeH_4 气体，流量为 40sccm，保持气压为 10～30Torr，沉积 30min，以生长出新的外延 Ge 层。然后再生长石墨烯。将 CH_4 和 H_2(99.999%，超高纯级)的混合气体通入 900～930℃的沉积室，保持总气压在 100Torr，生长 5～120min。在高温下，Ge 表面上发生氢原子和碳原子的可逆化学反应，使石墨烯在 H 端接的 Ge 表面上催化生长。生长结束后在真空下将样品快速冷却至室温，得到生长在 Ge 衬底上的石墨烯。该石墨烯中的碳原子不与衬底的锗原子成键,因而在 X 射线光电子谱(XPS)分析中不存在与 Ge-C 相关的谱峰。

石墨烯在氢封端 Ge 衬底上的生长特征受 Ge 晶向的显著影响。在氢封端的 Ge(110)晶面生长时,早期形成的石墨烯晶核均沿着 Ge(110)晶面的[110]方向排列,随着各晶核的长大,最终连成一体,形成单晶石墨烯,如图 8-11a 所示。采用其他晶面生长时,则会形成具有不同晶向的石墨烯晶核,这些石墨烯晶核长大后由于晶格不匹配而形成晶界,成为多晶石墨烯,如图 8-11b 所示。因此,选择适当晶向的 Ge 衬底是生长单晶石墨烯的重要基础。

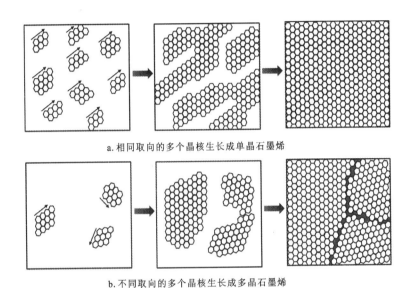

a. 相同取向的多个晶核生长成单晶石墨烯

b. 不同取向的多个晶核生长成多晶石墨烯

图 8-11 不同取向的石墨烯晶核生长示意图[321]

8.3.3 石墨烯的外延生长

石墨烯可以采用碳化硅基片进行外延生长。从原理上讲,在 SiC 晶体表面上生长石墨烯是一个简单的过程。在足够高的温度下,SiC 会分解为 Si 和 C,而 Si 具有高蒸气压,因而从表面升华。碳原子则保留在表面上,形成稳定的 C—C 键,从而形成石墨烯[322,323]。

SiC 晶体表面的石墨化现象早已被发现。早在 19 世纪 90 年代,Acheson 发现在高温下 SiC 会分解,Si 气化,留下的 C 形成石墨。这种人造石墨被称为 Acheson 石墨。Acheson 的贡献还包括发现了石墨的润滑性,使石墨成为有重要价值的润滑剂。他发明的石墨化炉被称为 Acheson 炉,至今仍是炭素工业石墨化生产的主要炉型。2004 年,Berger 等采用热解法在 6H-SiC(0001)表面上外延生长出石墨烯[324],由此开启了 SiC 外延生长石墨烯的研究[325,326]。

石墨烯在 SiC 晶体表面的外延生长,是在高度受控的氩气气氛中或者超高真空下进行。在足够高(约 1300℃)的高温下,SiC 基片靠近表面的 Si 升华,留下的碳原子层发生重构,形成石墨烯。在适当的条件下,可控制石墨烯形成的层数,生长出单层石墨烯或少层石墨烯。生长过程如图 8-12 所示。

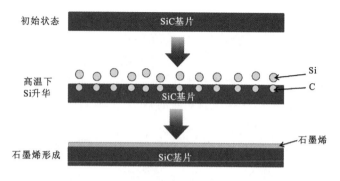

图 8-12 SiC 基片外延生长石墨烯示意图[312]

SiC 晶体有多种多型体。适合石墨烯外延生长的是六角形极性晶面。对于 SiC 的两个极性面，SiC(0001)晶面被 Si 封端，而 SiC(000$\bar{1}$)晶面被碳封端，它们的石墨烯生长特征显著不同。在 SiC(0001)表面，生长初期发生($6\sqrt{3} \times 6\sqrt{3}$)R30°重构，形成"缓冲层"。($6\sqrt{3} \times 6\sqrt{3}$)R30°结构是具有类石墨烯结构排列的碳原子层，其与基片的硅原子形成共价键。石墨烯层生长于缓冲层之上，其结构与 SiC 衬底晶格结构对齐。在 SiC(000$\bar{1}$)表面上则不存在类似的缓冲层，其衬底表面与石墨烯之间结合较弱，并存在旋转堆叠缺陷。

在 SiC 基片上外延生长的石墨烯可简便地应用于半导体行业，用于晶体管等各种电子元器件的制备，因此具有广阔发展前景。但是，该方法仍存在很大挑战，如生长的石墨烯不是完全均匀的，存在缺陷或晶界。并且外延生长的石墨烯载流子迁移率远低于用剥离法制备的石墨烯，而且其载流子迁移率具有显著的温度依赖性。在 27K 时载流子迁移率为 $1850 \sim 2000 \text{cm}^2/(\text{V} \cdot \text{s})$，在 300K 时则降低至约 $900 \text{cm}^2/(\text{V} \cdot \text{s})$[323]。产生这种差异性的原因还不清楚，尚需深入研究。

8.3.4 石墨烯的液相法合成

8.3.4.1 石墨烯的水热法合成

该方法用于合成氧化石墨烯纳米片[327]。以葡萄糖、食糖和果糖为原料，用去离子水溶解，配制成摩尔浓度 $0.075 \sim 0.8 \text{mol/L}$ 的混合水溶液。然后，将 40mL 的该溶液倒入 50mL 带聚四氟乙烯内衬的高压釜中，加热至 $160 \sim 220$℃，生长 $70 \sim 660$min，可合成出氧化石墨烯纳米片。待高压釜冷却至室温后，将产物用去离子水冲洗，然后转移到所需的基板上进行退火处理。退火采用快速热处理炉在氮气气氛（1sccm）下进行。退火温度为 $450 \sim 1300$℃，时间 $2 \sim 5$min。制得的氧化石墨烯纳米片具有与氧化石墨烯相似的特征拉曼峰。在 700℃下退火后，其拉曼光谱便出现明显 D 峰（1357cm^{-1}）和 G 峰（1596cm^{-1}）。1300℃退火后，拉曼光谱还出现了 2D 峰（2669cm^{-1}）、D+G 峰（2932cm^{-1}）和 2G 峰（3178cm^{-1}）。

该合成方法工艺简单，绿色环保，成本低廉，有望实现氧化石墨烯纳米片的规模化生产。该方法可以通过对溶液浓度、反应温度和时间的调节，控制石墨烯的厚度。通过退火处理，调节氧化石墨烯纳米片的结构以及电学和光学性能。

8.3.4.2 石墨烯的溶剂热法合成

溶剂热法是以有机溶剂来合成石墨烯的方法。其基本原理是：将乙醇等有机溶剂与金属Na在密封容器中反应，形成前驱体，然后将前驱体进行高温热解，再经过洗涤和提纯，获得氧化石墨烯[328]。

乙醇与金属钠的摩尔比为1:1，加入反应釜中加热至220℃，反应72h，合成出氧化石墨烯的前驱体。这一过程没有产生石墨形式的碳。可能的反应为：

$$2C_2H_5OH + 2Na \longrightarrow 2C_2H_5ONa + H_2 \tag{8-2}$$

在合成反应后，将反应产物进行快速热解。这一次热解对于获得石墨烯结构至关重要，其产生了高阶热解石墨烯，在产物的拉曼光谱中可见D峰（1350 cm^{-1}）和G峰（1580 cm^{-1}）。热解后用去离子水洗涤，然后进行真空过滤，再在真空烘箱中干燥，得到结构蓬松的产物。为了去除残留的官能团，将产物在2000℃下再次热解3min，使OH/COOH和C=O基团进一步脱除，形成氧化石墨烯。第二次热解进一步完善了石墨烯的结构，提高石墨烯的质量[329]。

上述过程产生的氧化石墨烯中含有Na_2CO_3副产物，需要提纯处理。用去离子水洗涤产物，可用振荡分散或者机械搅拌分散，再以4000r/min的速度离心，吸出顶部清液。沉淀物再次加入去离子水，重复分散、离心过程，直到上清液的pH值恒定在7。也可以通过过滤方法收集产物。最后用烘箱在100℃下烘干，得到高纯度的氧化石墨烯。该技术可合成出少层（约3nm厚）、尺寸达1.3μm的氧化石墨烯。

8.3.5 石墨烯纳米带的合成

石墨烯纳米带是一种宽度仅为纳米级的单层石墨烯条带，其具有优异的电子特性。特别是宽度小于10nm的石墨烯纳米带由于量子限制和边缘效应而成为半导体，因而在纳米级电子元器件的制造上具有极大吸引力。石墨烯纳米带具有的独特性质（如理论上预测的边缘磁性、异常高的自旋相干性和高度可调的带隙等）与量子力学边界条件紧密相关，而量子力学边界条件取决于纳米带的宽度尺寸、对称性和边缘结构等。对于这些复杂的结构-功能关系的探索，需要在合成策略上对石墨烯纳米带进行原子级的精确组装。

2010年Cai等采用自下而上的方法进行了石墨烯纳米带的精确合成[330]。他们利用有机物单体如10,10′-二溴-9,9′-联二蒽单体、6,11-二溴-1,2,3,4-四苯基三亚苯单体、1,3,5-三(4″-碘-2′-联苯基)苯单体为前驱体，通过热解将单体分解成双游离基，再通过加聚反应形成线性高分子链，最后通过脱氢环化反应，形成石墨烯纳米带。该方法采用Au(111)、Ag(111)单晶或者在云母上外延生长200nm的Au(111)薄膜为衬底，其表面通过氩离子轰击清洁，并在470℃下退火。前驱体在超高真空装置中通过蒸发器以约1Å/min的速率升华沉积到衬底表面上。在单体沉积过程中，衬底保持200℃，以诱导脱卤和自由基加成反应。以10,10′-二溴-9,9′-联二蒽单体为前驱体沉积后，在400℃下退火10min，使聚合物脱氢环化，得到平直的石墨烯纳米带，反应机制如图8-13所示。6,11-二溴-1,2,3,4-四苯基三亚苯单体在250℃下沉积在Au(111)衬底上，然后在440℃下退火，形成具有

1.70 nm 周期扶手椅边缘结构的"人"字形石墨烯纳米带,如图 8-14 所示。在石墨烯纳米带的形成过程中,金属衬底起催化剂作用,其促进氢原子解离,降低相邻环化激活位垒。该方法产生的石墨烯纳米带宽度为 5~9 个碳原子,长度为 12~60 nm。

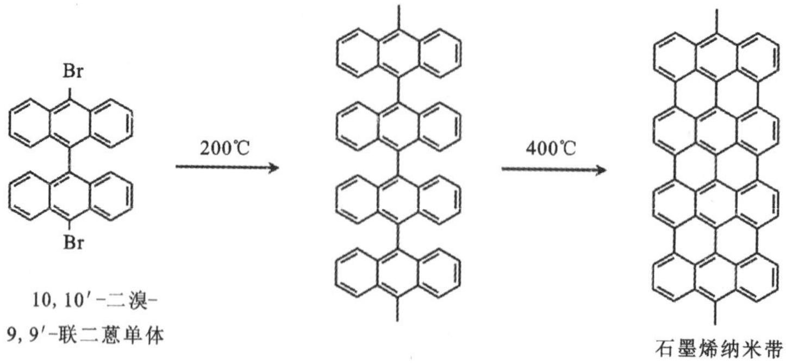

图 8-13 以 10,10′-二溴-9,9′-联二蒽单体制备平直石墨烯纳米带的反应机制[330]

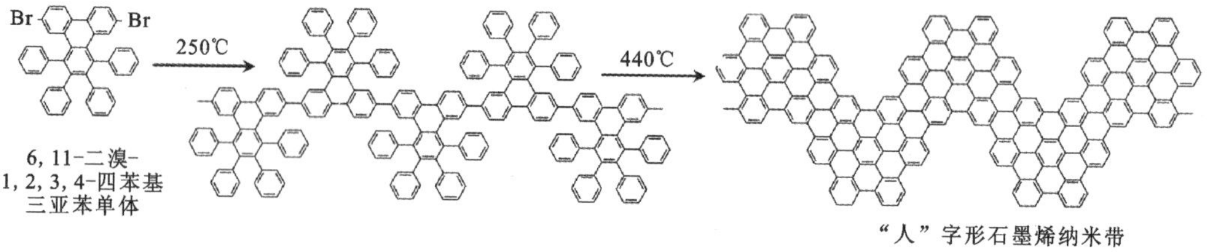

图 8-14 以 6,11-二溴-1,2,3,4-四苯基三亚苯单体制备"人"字形石墨烯纳米带的反应机制[330]

具有扶手椅边缘结构的氢封端石墨烯纳米带是本征半导体。该纳米带的带隙宽度与石墨烯纳米带的宽度成反比,因此可以通过调控纳米带宽度的碳原子数,制备出具有不同带隙宽度的石墨烯纳米带。自下而上合成方法具有非凡的结构控制特征,所制备的石墨烯纳米带具有比经典无机半导体更优异的性能。利用原子级精确合成,可将局部零模态对称超晶格嵌入半导体石墨烯纳米带中,并诱导金属性。2020 年 Rizzo 等报道了金属性石墨烯纳米带的设计和制备方法[331]。他们设计并合成了 6,11-双(10-溴蒽-9-基)-1-甲基并四苯前驱体,利用该前驱体在 Au(111)衬底上生长出具有金属性的锯齿状石墨烯纳米带。这些成果为石墨烯的纳米级电子元器件开发以及电磁性质的研究奠定了基础。

8.3.6 石墨烯的掺杂改性

掺杂是材料改性的常用方法。通过化学掺杂或引入特定的官能团或其他分子来修饰 C 的 sp^2 轨道,以调控石墨烯的性能、获得新的特性(如超导性、铁磁性等),增强化学及电化学活性,扩展石墨烯的应用领域。石墨烯的化学掺杂主要有两种方法:一是将气体、金属或有机分子吸附到石墨烯表面;二是通过元素替代,将杂质原子引入石墨烯的晶格中。元素替代是石墨烯掺杂的最简单形式,已采用的掺杂元素有 B、N、S、P、Se、O、Si、I 以及金属元素。其中,B 和 N 最引人关注,因为它们的原子半径与碳相似。本小节重点介绍采用 B 和 N 对石墨烯进行掺杂的情况。

8.3.6.1 N 掺杂石墨烯

N 是石墨烯的第一种掺杂剂。已经发现,将 N 引入石墨烯晶格可有效提高其在多种电化学过程(特别是氧还原反应)中的催化性能[332]。在 N 掺杂石墨烯中,碳晶格内常见 3 种 N 原子的键构型,分别是石墨型氮、吡啶型氮和吡咯氮,如图 8-15 所示。石墨型氮是指取代六角环中碳原子的氮原子。吡啶型氮是分布在石墨烯边缘或缺陷处与两个碳原子键合的氮原子,其向 π 系统贡献一个 p 电子。吡咯氮是指向 π 系统贡献两个 p 电子的氮原子。其中,吡啶型氮和石墨型氮为 sp^2 杂化,吡咯氮为 sp^3 杂化。除了这 3 种常见的氮类型外,在 N 掺杂石墨烯中还发现了吡啶氮氧化物,氮原子与两个碳原子和一个氧原子键合。

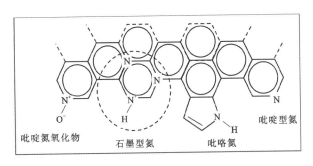

图 8-15 N 掺杂石墨烯中氮原子的键构型[333]

N 掺杂石墨烯的制备有两种不同的方法,即直接合成法和后处理法。从原理上讲,直接合成法可在整个石墨烯材料中产生均匀的掺杂,而后处理法则主要获得石墨烯的表面掺杂。直接合成 N 掺杂石墨烯的方法主要有化学气相沉积、偏析生长、溶剂热法和电弧放电法等。在化学气相沉积工艺中,通过调节反应气体 NH_3 和 CH_4 的流量与比例,可实现对 N 掺杂量的控制[334]。后处理法制备 N 掺杂石墨烯的方法有热处理、等离子处理和 N_2H_4 处理等工艺。在氨气气氛下,以不低于 800℃ 的高温或者等离子体处理石墨烯,可以获得 N 掺杂石墨烯[335]。另外,采用 NH_3 和 N_2H_4 混合溶液对氧化石墨烯进行还原处理,可以获得 N 掺杂石墨烯,N 的原子百分数可达 5%[336]。

与原始石墨烯相比,N 掺杂石墨烯表现出不同的性质特征。受掺杂氮原子影响,相邻碳原子的自旋密度和电荷分布发生改变,在石墨烯表面形成"活化区"。这种活化区可以直接参与催化反应,或者锚定金属纳米颗粒催化剂。通过向石墨烯边缘掺杂氮原子,可将石墨烯纳米带调整为 n 型半导体。另外,单层石墨烯掺杂 N 后,其费米能级移到狄拉克点以上,费米能级附近的态密度被抑制,使带隙增大。但对于石墨烯纳米带,N 掺杂后其带隙保持不变。N 掺杂石墨烯的带隙特征使其成为半导体器件的候选材料,并可用于电池、传感器和超级电容器等。因此,N 掺杂使石墨烯的应用范围得到了很大拓展。

8.3.6.2 B 掺杂石墨烯

B 掺杂对于石墨烯来说是一种 p 型掺杂。碳和硼原子半径相近,B 掺杂不会引起石墨烯结构的明显变化。与 N 掺杂类似，B 掺杂也可以提高石墨烯表面的化学和电化学活性。因此，B 掺杂石墨烯是一种理想的催化剂载体和活性材料。其优异的电子传输特性和易于调节的电子结构，使其成为一种多用途光催化材料。此外，B 掺杂石墨烯具有优异的化学和电子特性，非常适合用作先进传感器材料。

B 掺杂石墨烯制备的常用方法有高温下的固态反应、水热/溶剂热合成、气-固反应、电化学方法、化学气相沉积和表面催化反应等[337]。这些方法包括利用碳源和硼前驱体自下而上合成 B 掺杂石墨烯，以及以预先制备的氧化石墨烯或还原氧化石墨烯官能化后进行 B 掺杂。

1. 固态反应合成

固态反应合成 B 掺杂石墨烯是一种自上向下的方法。常用的工艺路线是，利用石墨粉或氧化石墨烯与 H_3BO_3、B_2O_3、B_4C 等硼前驱体进行固态反应，然后再进行机械剥离，获得 B 掺杂石墨烯[338-340]。如果起始材料是纯石墨，而且合成温度很高（>2000℃），则形成的 B 掺杂石墨烯主要是替代掺杂。如果起始材料是氧化石墨烯，合成的温度较低（900~1200℃），则会形成更复杂的材料，石墨烯中通常有多个不同的官能团，包括替代碳原子的硼原子、硼酸酯、硼酸等。氧化石墨烯与 H_3BO_3 或 B_2O_3 混合研磨后，在氩气气氛中进行高温度退火，使氧化石墨烯还原和 B 进入晶格同时发生。B 的掺杂量一般可达 0.5%~10%（原子百分数）。

2. 液相合成

液相合成方法包括水热法和溶剂热法。可以在石墨烯合成时加入硼前驱体，通过自下而上的合成，制备 B 掺杂石墨烯；也可以用硼前驱体来处理氧化石墨烯，获得 B 掺杂石墨烯。例如以四氯化碳和钾进行溶剂热合成石墨烯的工艺中，添加硼前驱体（如 BBr_3），在 150~210℃ 下反应，可制得 B 掺杂石墨烯，B 的掺杂量可达 2.56%（原子百分数）[341]。在利用氧化石墨烯进行掺杂时，可以选用 $NaBH_4$ 溶液在超临界条件下处理氧化石墨烯[342]，或者采用 BH_3-THF 加合物溶液回流处理 4d[343]，或者将氧化石墨烯悬浮液与 H_3BO_3 溶液混合，在 60℃ 下搅拌反应 8h，再经过固液分离、洗涤和干燥，最后采用微波剥离，获得 B 掺杂氧化石墨烯[344]。如果在氧化石墨烯悬浮液中同时加入氨水和 H_3BO_3 溶液，利用相同的工艺，可合成出 B、N 共掺杂的氧化石墨烯。

3. 化学气相沉积合成

在化学气相沉积(CVD)合成石墨烯的工艺中，通过添加气态硼源（如 B_2H_6、$C_2B_{10}H_{12}$ 和 $C_7H_9BO_3$），可在金属衬底如 Ru(0001)、Co(0001)、Ni(111)、Cu(111) 等上生长出 B 掺杂石墨烯。例如利用 CH_4 与 B_2H_6 组合，以多晶铜为衬底，在 950℃，低压状态条件下，生长出单层 B 掺杂石墨烯[345]。B 的掺杂量最高达 2.5%（原子百分数）。

除气体硼源，也可以采用固体前驱体或者液体前驱体，通过气化或蒸发，来制备 B 掺杂石墨烯。例如以氩气或氢气为载气，利用聚苯乙烯和硼酸或苯基硼酸固体前驱体，在 950~1000℃ 下，在 Cu 衬底上生长出单层 B 掺杂石墨烯[346,347]，B 掺杂量可高达 5%（原子百分数）。以己烷、三乙基硼烷液体为前驱体在超高真空条件下进行化学气相沉积，可在铜箔或

Ni(111)衬底上生长出 B 掺杂石墨烯。在铜箔上生长时,掺杂量约为 1.7%(原子百分数)。以丙烯和碳硼烷组合在 Ni(111)衬底上生长 B 掺杂石墨烯时,掺杂量可高达 15%(原子百分数)[348],但掺杂量较高时,会形成缺陷,使石墨烯结构发生严重的变化,其在 Ni(111)衬底上的择优取向也逐渐消失。对于低水平的掺杂,硼原子显示出倾向于进入石墨烯晶格中的某种亚晶格。

大多数 CVD 合成难以获得大尺寸的 B 掺杂石墨烯。特别值得注意的是,在石墨烯生长的同时,在催化剂衬底上可能会形成金属硼化物,这使生长过程变得复杂。另外,沉积过程中,通常需要相对较大的硼前驱体分压,即进料气流中的 B/C 值远高于产物中的 B/C 值。这表明 B 进入石墨烯晶格在动力学上是存在阻碍的。尽管如此,与采用氧化石墨烯进行固-固或气-固反应制备 B 掺杂石墨烯相比,CVD 法常呈现出更高的掺杂量,而且缺陷率总体更低。

4. 后期功能化

后期功能化是在石墨烯或者氧化石墨烯的基础上,经过后期处理,实现掺杂和功能化。对于机械剥离的石墨烯,采用 H_2 和 $(CH_3)_3B$(体积比 9∶1)气氛,在 300℃下利用微波等离子体进行掺杂处理,然后在 400℃真空中进行退火,可获得均匀的 B 掺杂石墨烯[349]。掺杂量高达 13.8%(原子百分数),为替代掺杂。另外,采用氧化石墨烯悬浮液与 3-氨基苯基硼酸在 70℃下直接反应 3h,通过胺基和环氧基之间的耦联作用,使硼酸衍生分子对氧化石墨烯进行功能化[350]。

后期功能化也可以通过离子注入的方法进行。例如对在 SiC(0001)衬底上偏析生长的石墨烯,通过注入动能为 25eV、剂量为 $3\times10^{14}\,cm^{-2}$ 的硼离子,实现掺杂[351]。这种处理方法,B 的掺杂量非常低[0.8%(原子百分数)],并会形成碳空位等缺陷。

8.4 石墨烯材料的应用

石墨烯性能优异,应用广泛,概括起来,主要应用于以下几个领域[352-356]。

(1)导电油墨:石墨烯具有电阻小、导电性强、光学透明性高等特点,其制备的导电油墨可广泛应用于各类导电线路以及传感器、无线射频识别系统、智能包装、医学监视器等产品中。

(2)导热及发热材料:石墨烯导热系数高,可替代金属,作为导热材料用于制备散热片。同时,还可以通过调节其电阻率,制成发热材料,用于制造加热、恒热产品。

(3)传感器:石墨烯因其独特的二维结构在传感器中有广泛的应用,具有体积小、表面积大、灵敏度高、响应时间快、电子传递快、易于固定蛋白质并保持其活性等特点,可用于气体、生物小分子、酶和 DNA 电化学传感器的制作,提升传感器的性能。以氧化石墨烯制备的葡萄糖氧化酶生物传感器,对葡萄糖的检测呈现出优异性能。

(4)生物医用材料:氧化石墨烯可以制成纳米抗菌材料,抗菌性源于其对大肠杆菌细胞膜的破坏。另外,石墨烯具有毒性低、比表面积大等优异性能,在药物载体方面具有潜在的应用价值。以石墨烯作为载体的复合物在模拟天然酶方面也得到很好的应用,对模拟酶活性的提高起到很大的辅助作用。石墨烯在肿瘤治疗方面也具有很大的应用潜力。

(5)储能材料:石墨烯在能源存储方面也有着举足轻重的作用。氢能一直以来都被看作是非常优质的能源,但由于它具密度低、易爆炸的特点,储氢材料一直是人们研究的热点。石墨烯材料在氢能存储方面表现出良好的应用前景。另外,石墨烯具有特殊的二维柔性结构,在制作高能、柔韧和微型超级电容器等方面也有很大的潜力。

(6)锂离子电池电极材料:石墨烯在锂离子电池中的应用方面,已经实现商业化,其主要是在正极材料中作为导电添加剂,改善电极材料的导电性能,提高倍率性能和循环寿命。另外,石墨烯可显著提高负极材料的储锂容量及稳定性。

(7)半导体材料:石墨烯被认为是替代硅的理想材料。n型石墨烯半导体具有高稳定性,可长时间暴露在空气中使用。基于石墨烯制备的石墨烯-硅光电混合芯片在光互连和低功率光子集成电路领域具有广阔的应用前景。利用石墨烯制备的场效应晶体管,其截止频率可达100GHz,频率性能远超相同栅极长度的最先进硅晶体管。值得一提的是,2020年我国在石墨烯晶圆研发方面取得了重大突破。中国科学院上海微系统与信息技术研究所发布了8英寸铜镍合金催化石墨烯单晶晶圆和8英寸锗基石墨烯单晶晶圆的创新成果,并实现了小批量生产。这预示着石墨烯基半导体时代即将到来。

除了上述传统应用之外,随着石墨烯研究的不断深入,一些新特性不断被发现,石墨烯的应用领域也将不断扩展。2018年有关石墨烯超导特性的研究取得了重要进展,曹原等通过将两层自然状态下的二维石墨烯材料相堆叠,并控制两层间的扭曲角度,构建具有零电阻的超导体[357]。这是第一次在不改变石墨烯组成的情况下实现其超导特性,有望开发出室温超导体,展现了石墨烯极为诱人的应用前景。

思考题

1. 石墨烯与石墨是什么关系?
2. 石墨烯有哪些特性?
3. 石墨烯与石墨在性质上有哪些不同?
4. 石墨烯的物理制备方法与化学制备方法各有什么优缺点?
5. 掺杂石墨烯的制备方法有哪些?石墨烯掺杂有何意义?
6. 单晶石墨烯与多晶石墨烯各有什么特点?
7. 单晶石墨烯生长的基本条件有哪些?生长大面积单晶石墨烯有何意义?
8. 石墨烯的应用还面临哪些挑战?

参考文献

[1] DABROWSKI A. Adsorption-from theory to practice[J]. Adv. Colloid Interface Sci. ,2001,93(1-3):135-224.

[2] 章燕豪. 吸附作用[M]. 上海:上海科学技术文献出版社,1989:1-189.

[3] 陈诵英,孙予罕,丁云杰,等. 吸附与催化[M]. 郑州:河南科学技术出版社,2001:1-355.

[4] 一ノ瀬升,尾崎义治,贺集诚一郎. 超微颗粒导论[M]. 赵建修,张联盟译. 武汉:武汉工业大学出版社,1991:1-214.

[5] 赵维蓉. 表面活性剂化学[M]. 合肥:安徽大学出版社,1997:1-517.

[6] GILES C H,MACEWAN T H,NAKHWA S N,et al. Studies in adsorption. Part XI[J]. J. Chem. Soc. ,1960(10):3973-3993.

[7] 张克从,张乐潓. 晶体生长科学与技术(上册)[M]. 北京:科学出版社,1997:1-601.

[8] REISMAN A,TRIEBWASSER S,HOLTZBERG F. Phase diagram of the system $KNbO_3-KTaO_3$ by the methods of differential thermal and resistance analysis[J]. J. Am. Chem. Soc. ,1955,77(16):4228-4230.

[9] LIU B,ZHANG H,ZHANG Y,et al. Growth and laser modulation properties of $KTa_{0.63}Nb_{0.37}O_3$ single crystals[J]. Acta Phys. Pol. A,2019,135(3):396-400.

[10] BOUZID A,BOURIM E M,GABBAY M,et al. PZT phase diagram determination by measurement of elastic moduli[J]. J. Eur. Ceram. Soc. ,2005,25(13):3213-3221.

[11] TOROPOV N A,BONDAR I A,GALADHOV F Y,et al. Phase equilibria in the yttrium oxide-alumina system[J]. Russ Chem. Bull. ,1964,13(7):1076-1081.

[12] LEE S,RANDALL C A,LIU Z K. Modified phase diagram for the barium oxide-titanium dioxide system for the ferroelectric barium titanate[J]. J. Am. Ceram. Soc. ,2007,90(8):2589-2594.

[13] SPERANSKAYA E I,SKORIKOV V M,RODE E Y,et al. The phase diagram of the system bismuth oxide-ferric oxide[J]. Russ Chem. Bull. ,1965,14(5):873-874.

[14] LU J,QIAO L J,FU P Z,et al. Phase equilibrium of $Bi_2O_3-Fe_2O_3$ pseudo-binary system and growth of $BiFeO_3$ single crystal[J]. J. Cryst. Growth,2011,318(1):936-941.

[15] 朱世富. 材料制备工艺学[M]. 成都:四川大学出版社,1993:1-205.

[16] 刘东亮,邓建国. 材料科学基础[M]. 上海:华东理工大学出版社,2016:1-464.

[17] 阙端麟. 硅材料科学与技术[M]. 杭州:浙江大学出版社,2000:1-556.

[18] 张美杰. 材料热工基础[M]. 北京:冶金工业出版社,2008:1-290.

[19] 姚连增. 晶体生长基础[M]. 合肥:中国科学技术大学出版社,1995:1-506.

[20] 潘兆橹. 结晶学及矿物学(上)[M]. 北京:地质出版社,1993:1-233.

[21] CAPPER P. Bulk crystal growth:methods and materials[M]//KASAP S,CAPPER P. Springer handbook of electronic and photonic materials. Cham:Springer, 2017: 269-292.

[22] RAZEGHI M. Single crystal growth[M]//RAZEGHI M. Technology of quantum devices. Boston:Springer,2010:1-40.

[23] CARTER C B, NORTON M G. Growing single crystals[M]//CARTER C B, NORTON M G. Ceramic materials. New York:Springer,2013:523-542.

[24] DOBROVINSKAYA E R, LYTVYNOV L A, PISHCHIK V. Crystal growth methods[M]//PISHCHIK V, LYTVYNOV L A, DOBROVINSKAYA E R. Sapphire. Boston:Springer,2009:189-288.

[25] DHANARAJ G, BYRAPPA K, PRASAD V, et al. Crystal growth techniques and characterization:an overview[M]//DHANARAJ G, BYRAPPA K, PRASAD V, et al. Springer handbook of crystal growth. Berlin,Heidelberg:Springer,2010:3-16.

[26] SIRDESHMUKH D B, SIRDESHMUKH L, SUBHADRA K G. Crystal growth[M]//SIRDESHMUKH D B, SIRDESHMUKH L, SUBHADRA K G. Atomistic properties of solids. Berlin,Heidelberg:Springer,2011:11-63.

[27] GALAZKA Z. Czochralski method[M]//HIGASHIWAKI M, FUJITA S. Gallium oxide. Cham:Springer,2020:15-36.

[28] RIEMANN H, LUEDGE A. Floating zone crystal growth[M]//NAKAJIMA K, USAMI N. Crystal growth of Si for solar cells. Berlin,Heidelberg:Springer,2009:41-53.

[29] SHIMURA F. Single-crystal silicon: growth and properties[M]//KASAP S, CAPPER P. Springer handbook of electronic and photonic materials. Cham:Springer, 2017: 293-307.

[30] DHANASEKARAN R. Growth of semiconductor single crystals from vapor phase[M]//DHANARAJ G, BYRAPPA K, PRASAD V, DUDLEY M. Springer handbook of crystal growth. Berlin,Heidelberg:Springer,2010:897-935.

[31] LUMMEN N, FISCHER B, KRASKA T. Homogeneous nucleation and growth from highly supersaturated vapor by molecular dynamics simulation[M]//RZOSKA S J, MAZUR V A. Soft matter under exogenic impacts. Dordrecht:Springer,2007:351-377.

[32] PAORICI C, ATTOLINI G. Vapour growth of bulk crystals by PVT and CVT[J]. Prog. Cryst. Growth Charact. Mater. ,2004,48-49:2-41.

[33] ELLISON A, MAGNUSSON B, SUNDQVIST B, et al. SiC crystal growth by HTCVD[J]. Mater. Sci. Forum,2004,457-460:9-14.

[34] OHTANI N, NAKAMURA T, SUMIYA H, et al. Crystal growth[M]//TAKA-

HASHI K, YOSHIKAWA A, SANDHU A. Wide bandgap semiconductors. Berlin, Heidelberg: Springer, 2007: 329 - 445.

[35] KITOU Y, MAKINO E, IKEDA K, et al. SiC HTCVD simulation modified by sublimation etching[J]. Mater. Sci. Forum, 2006, 527 - 529: 107 - 110.

[36] HOSHINO N, KAMATA I, TOKUDA Y, et al. High-speed, high-quality crystal growth of 4H - SiC by high-temperature gas source method[J]. Appl. Phys. Express, 2014, 7(6): 065502.

[37] WIJESUNDARA M B J, AZEVEDO R G. SiC materials and processing technology[M]// WIJESUNDARA M B J, AZEVEDO R G. Silicon carbide microsystems for harsh environments. New York: Springer, 2011: 33 - 95.

[38] POLYAKOV A Y, FANTON M A, SKOWRONSKI M, et al. Halide - CVD growth of bulk SiC crystals[J]. Mater. Sci. Forum, 2006, 527 - 529: 21 - 26.

[39] FANTON M, SKOWRONSKI M, SNYDER D, et al. Growth of bulk SiC by halide chemical vapor deposition[J]. Mater. Sci. Forum, 2004, 457 - 460: 87 - 90.

[40] XU X G, HU X B, CHEN X F. SiC single crystal growth and substrate processing[M]// LI J, ZHANG G Q. Light-emitting diodes. Cham: Springer, 2019: 41 - 92.

[41] KIMOTO T. Bulk and epitaxial growth of silicon carbide[J]. Prog. Cryst. Growth Charact. Mater., 2016, 62(2): 329 - 351.

[42] WELLMANN P, HERRO Z, WINNACKER A, et al. In situ visualization of SiC physical vapor transport crystal growth[J]. J. Cryst. Growth, 2005, 275(1 - 2): 807 - 1812.

[43] 李凤生. 超细粉体技术[M]. 北京: 国防工业出版社, 2000: 1 - 392.

[44] GILMAN J J. Mechanochemistry[J]. Science, 1996, 274(5284): 65.

[45] MULAS G, DELOGU F. Kinetic behaviour of mechanically induced structural and chemical transformations[M]//SOPICKA-LIZER M. High-energy ball milling: mechanochemical processing of nanopowders. Cambridge: Woodhead Publishing Ltd., 2010: 45 - 62.

[46] BOLDYREV V V, TKACOVA K. Mechanochemistry of solids: past, present, and prospects[J]. J. Mater. Synth. Proces., 2000, 8(3 - 4): 121 - 132.

[47] AVVAKUMOV E, SENNA M, KOSOVA N. Soft mechanochemical synthesis: a basis for new chemical technologies[M]. Dordrecht: Kluwer Academic Publishers, 2001: 1 - 207.

[48] BALAZ P. Mechanochemistry in Nanoscience and minerals engineering[M]. Berlin Heidelberg: Springer, 2008: 1 - 405.

[49] EMEL'YANOV D A, KOROLEV K G, MIKHAILENKO M A, et al. Mechanochemical synthesis of wüstite, $Fe_{1-x}O$, in high-energy apparatuses[J]. Inorg. Mater., 2004, 40(6): 632 - 635.

[50] AYDIN H, ELMUSA B. Fabrication and characterization of $Al_2O_3 - TiB_2$ nanocomposite powder by mechanochemical processing[J]. J. Aust. Ceram. Soc., 2021, 57: 731 - 741.

[51] CHE J, YAO X, WAN X, et al. Synthesis of ZnSe nanocrystalline powders by mechanochemical reaction[J]. J. Electroceram., 2008, 21: 729-732.

[52] GARCIA-GARCIA F J, SAYAGUES M J, GOTOR F J. A novel, simple and highly efficient route to obtain $PrBaMn_2O_{5+\delta}$ double perovskite: mechanochemical synthesis[J]. Nanomaterials, 2021, 11(2): 380.

[53] DULIAN P, BAK W, PIZ M, et al. Mg^{2+} doping effects on the structural and dielectric properties of $CaCu_3Ti_4O_{12}$ ceramics obtained by mechanochemical synthesis[J]. Materials, 2021, 14(5): 1187.

[54] VAZQUEZ-OLMOS A R, RUBIALES-MARTINEZ A, ALMAGUER-FLORES A, et al. Mechanochemical synthesis and antibacterial effect of $CuBi_2O_4$ nanoparticles against P. aeruginosa and S. aureus[J]. Adv. Nat. Sci.: Nanosci. Nanotechnol., 2021, 12(1): 015007.

[55] ARUNA DEVI R, LATHA M, VELUMANI S, et al. Synthesis and characterization of cadmium sulfide nanoparticles by chemical precipitation method[J]. J. Nanosci. Nanotechnol., 2015, 15(11): 8434-8439.

[56] CHONGAD L S, SHARMA A, BANERJEE M, et al. Synthesis of lead sulfide nanoparticles by chemical precipitation method[J]. J. Phys. Conf. Ser., 2016, 755(1): 012032.

[57] BAHARI MOLLA MAHALEH Y, SADRNEZHAAD S K, HOSSEINI D. NiO nanoparticles synthesis by chemical precipitation and effect of applied surfactant on distribution of particle size[J]. J. Nanomater., 2008, 2008: 470595.

[58] GALLAGHER P K, THOMSON JR J. Thermal analysis of some barium and strontium titanyl oxalates[J]. J. Am. Ceram. Soc., 1965, 48(12): 644-647.

[59] ZHOU F, ZHAO X, VAN BOMMEL A, et al. Coprecipitation synthesis of $Ni_xMn_{1-x}(OH)_2$ mixed hydroxides[J]. Chem. Mater., 2010, 22(3): 1015-1021.

[60] ZHANG F, KARAKI T, ADACHI M. Coprecipitation synthesis of nanosized $Bi_4Ti_3O_{12}$ particles[J]. Jpn. J. Appl. Phys., 2006, 45(9B): 7385-7388.

[61] SHAHJUEE T, MASOUDPANAH S M, MIRKAZEMI S M. Coprecipitation synthesis of $CoFe_2O_4$ nanoparticles for hyperthermia[J]. J. Ultrafine Grained Nanostruct. Mater., 2017, 50(2): 105-110.

[62] SHANDILYA M, RAI R, SINGH J. Review: Hydrothermal technology for smart materials[J]. Adv. Appl. Ceram., 2016, 115(6): 354-376.

[63] SUCHANEK W L, RIMAN R E. Hydrothermal synthesis of advanced ceramic powders[J]. Adv. Sci. Techn., 2006, 45: 184-193.

[64] SOMIYA S, ROY R. Hydrothermal synthesis of fine oxide powders[J]. Bull. Mater. Sci., 2000, 23(6): 453-460.

[65] SOMIYA S, KUMAKI T, HISHINUMA K, et al. Hydrothermal precipitation of

ZrO$_2$ powder[J]. Prog. Crystal. Growth and Charact. ,1990,21(1-4):195-198.

[66]TANI E,YOSHIMURA M,SOMIYA S. Hydrothermal preparation of ultrafine monoclinic ZrO$_2$ powder[J]. J. Am. Ceram. Soc. 1981,64(12):175-181.

[67]TANI E,YOSHIMURA M,SOMIYA S. Formation of ultrafine tetragonal ZrO$_2$ powder under hydrothermal conditions[J]. J. Am. Ceram. Soc. ,1983,66(1):11-14.

[68]XU H Y,WANG H,ZHANG Y C,et al. Hydrothermal synthesis of zinc oxide powders with controllable morphology[J]. Ceram. Int. ,2004,30(1):93-97.

[69]AL BALUSHI B S M,AL MARZOUQI F,AL WAHAIBI B,et al. Hydrothermal synthesis of CdS sub-microspheresfor photocatalytic degradation of pharmaceuticals[J]. Appl. Surf. Sci. ,2018,457(1):559-565.

[70]WILLIAMS J V,ADAMS C N,KOTOV N A,et al. Hydrothermal Synthesis of CdSe Nanoparticles[J]. Ind. Eng. Chem. Res. ,2007,46(13):4358-4362.

[71]KRESGE C,LEONOWICZ M,ROTH W,et al. Ordered mesoporous molecular sieves synthesized by a liquid-crystal template mechanism[J]. Nature,1992,359:710-712.

[72]AMAMA P B,LIM S,CIUPARU D,et al. Hydrothermal synthesis of MCM-41 using different ratios of colloidal and soluble silica[J]. Micropor. Mesopor. Mat. ,2005,81(1-3):191-200.

[73]YANG G,PARK S J. Conventional and microwave hydrothermal synthesis and application of functional materials:a review[J]. Materials,2019,12(7):1177.

[74]AGEBA R,KADOTA Y,MAEDA T,et al. Ultrasonically assisted hydrothermal method for ferroelectric material synthesis[J]. J. Korean Phys. Soc. ,2010,57(4):918-923.

[75]LIA J L,WU Q L,WU J. Synthesis of nanoparticles via solvothermal and hydrothermal methods[M]//ALIOFKHAZRAEI M. Handbook of nanoparticles. Cham:Springer,2016:295-328.

[76]JIANG L F,YANG M,ZHU S Y,et al. Phase evolution and morphology control of ZnS in a solvothermal system with a single precursor[J]. J. Phys. Chem. C,2008,112(39):15281-15284.

[77]ZHANG Y,LI Y D. Synthesis and characterization of monodisperse doped ZnS nanospheres with enhanced thermal stability[J]. J. Phys. Chem. B,2004,108(46):17805-17811.

[78]XIE Y,QIAN Y T,WANG W Z,et al. A benzene-thermal synthetic route to nanocrystalline GaN[J]. Science,1996,272(5270):1926-1927.

[79]GROCHOLL L,WANG J J,GILLAN E G. Solvothermal azide decomposition route to GaN nanoparticles,nanorods,and faceted crystallites[J]. Chem. Mater. ,2001,13(11):4290-4296.

[80]ZHOU J B,JIANG Z H,CAI W L,et al. Solvothermal synthesis of a silicon hierarchical structure composed of 20 nm Si nanoparticles coated with carbon for high perform-

ance Li-ion battery anodes[J]. Dalton Trans. ,2016,45(35):13667-13670.

[81]WANG W Z,HUANG J Y,REN Z F. Synthesis of germanium nanocubes by a low-temperature inverse micelle solvothermal technique[J]. Langmuir,2005,21(2):751-754.

[82]WANG W Z,POUDEL B,HUANG J Y,et al. Synthesis of gram-scale germanium nanocrystals by a low-temperature inverse micelle solvothermal route[J]. Nanotechnology,2005,16(8):1126-1129.

[83]ZOU G F,DONG C,XIONG K,et al. Low-temperature solvothermal route to 2H-SiC nanoflakes[J]. Appl. Phys. Lett. ,2006,88(7):071913

[84]SHI L,GU Y L,CHEN L Y,et al. Formation of TaC nanorods with a low-temperature chemical route[J]. Chem. Lett. ,2004,33(12):1546-1547.

[85]SHI L,GU Y L,CHEN L Y,et al. Formation of nanocrystalline TiC by a low-temperature route[J]. Chem. Lett. ,2004,33(1):56-57.

[86]TANG Y W,AN J L,XING H X,et al. Synthesis of iron-fluoride materials with controlled nanostructures and composition through a template-free solvothermal route for lithium ion batteries[J]. New J. Chem. ,2018,42(11):9091-9097.

[87]ZHU J X,FIORE J,LI D S,et al. Solvothermal synthesis,development,and performance of LiFePO$_4$ nanostructures[J]. Cryst. Growth Des. ,2013,13(11):4659-4666.

[88]SARIC A,DESPOTOVIC I,STEFANIIC G. Solvothermal synthesis of zinc oxide nanoparticles:a combined experimental and theoretical study[J]. J. Mol. Struct. ,2019,1178:251-260.

[89]WANG P,PENG C H,YANG M. Ag decorated 3D urchin-like TiO$_2$ microstructures synthesized via a one-step solvothermal method and their photocatalytic activity[J]. J. Alloys Compd. ,2015,648:22-28.

[90]MISHRA A K. Sol-gel based nanoceramic materials:preparation, properties and applications[M]. Cham:Springer,2017:1-297.

[91]PIERRE A C. Introduction to sol-gel processing[M]. Cham:Springer,2020:1-701.

[92]CLAUDE V,GARCIA H S,WOLFS C,et al. Elaboration of an easy aqueous sol-gel method for the synthesis of micro- and mesoporous γ-Al$_2$O$_3$ supports[J]. Adv. Mat. Phys. Chem. ,2017,7(7):294-310.

[93]PARASHAR M,SHUKLA V K,SINGH R. Metal oxides nanoparticles via sol-gel method:a review on synthesis,characterization and applications[J]. J. Mater. Sci. :Mater. Electron. ,2020,31(2):3729-3749.

[94]TRUNG T,CHO W J,HA C S. Preparation of TiO$_2$ nanoparticles in glycerol-containing solutions[J]. Mater. Lett. ,2003,57(18):2746-2750.

[95]KAREIVA A,TAUTKUS S,RAPALAVICIUTE R,et al. Sol-gel synthesis and characterization of barium titanate powders[J]. J. Mater. Sci. ,1999,34:4853-4857.

参考文献

[96] GOMES M A, MAGALHAES L G, PASCHOAL A R, et al. An eco-friendly method of BaTiO$_3$ nanoparticle synthesis using coconut water[J]. J. Nanomater. , 2018, 2018:5167182.

[97] WANG W, GU B H, LIANG L Y, et al. Synthesis of rutile (α-TiO$_2$) nanocrystals with controlled size and shape by low-temperature hydrolysis:effects of solvent composition[J]. J. Phys. Chem. B, 2004, 108(39):14789-14792.

[98] WASEEM M, MUNSIF S, RASHID U, et al. Physical properties of α-Fe$_2$O$_3$ nanoparticles fabricated by modified hydrolysis technique[J]. Appl. Nanosci. , 2014, 4(5):643-648.

[99] MAHSHID S, ASKARI M, GHAMSARI M S. Synthesis of TiO$_2$ nanoparticles by hydrolysis and peptization of titanium isopropoxide solution[J]. J. Mater. Process. Techn. , 2007, 189(1-3):296-300.

[100] XU H R, GAO L, GU H C, et al. Synthesis of solid, spherical CeO$_2$ particles prepared by the spray hydrolysis reaction method[J]. J. Am. Ceram. Soc. , 2002, 85(1):139-144.

[101] NAGAMINE S, SUGIOKA A, KONISHI Y. Preparation of TiO$_2$ hollow microparticles by spraying water droplets into an organic solution of titanium tetraisopropoxide[J]. Mater. Lett. , 2007, 61(2):444-447.

[102] SUZUKI T, ITATANI K, AIZAWA M, et al. Sinterability of spinel (MgAl$_2$O$_4$)-Zirconia composite powder prepared by double nozzle ultrasonic spray pyrolysis[J]. J. Euro. Cerm. Soc. , 1996, 16(11):1171-1178.

[103] ROEHRIG F K, WRIGHT T R. Freeze drying:a unique approach to the synthesis of ultrafine powders[J]. J. Vac. Sci. Technol. , 1972, 9(6):1368-1372.

[104] NIKOLIC N, MANCIC L, MARINKOVIC Z, et al. Preparation of fine oxide ceramic powders by freeze drying[J]. Ann. Chim. Sci. Mat. , 2001, 26(5):35-41.

[105] ROEHRIG F K, WRIGHT T R. Carbide synthesis by freeze-drying[J]. J. Am. Ceram. Soc. , 1972, 55(1):58.

[106] GUPTA S K, MAO Y. Recent developments on molten salt synthesis of inorganic nanomaterials:a review[J]. J. Phys. Chem. C, 2021, 125(12):6508-6533.

[107] LIU X, FECHLER N, ANTONIETTI M. Salt melt synthesis of ceramics, semiconductors and carbon nanostructures[J]. Chem. Soc. Rev. , 2013, 42(21):8237-8265.

[108] KIMURA T, YAMAGUCHI T. Morphology of Bi$_2$WO$_6$ powders obtained in the presence of fused salts[J]. J. Mater. Sci. , 1982, 17:1863-1870.

[109] GONZALO-JUAN I, RIEDEL R. Ceramic synthesis from condensed phases[J]. ChemTexts, 2016, 2(2):6.

[110] WEST D L, PAYNE D A. Microstructure Development in reactive-templated grain growth of Bi$_{1/2}$Na$_{1/2}$TiO$_3$-based ceramics:template and formulation effects[J]. J.

Am. Ceram. Soc. ,2003,86(5):769-774.

[111] HASHIMOTO S,ZHANG S,LEE W E,et al. Synthesis of magnesium aluminate spinel platelets from α-alumina platelet and magnesium sulfate precursors[J]. J. Am. Ceram. Soc. ,2003,86(11):1959-1961.

[112] JAYASEELAN D D,ZHANG S,HASHIMOTO S,et al. Template formation of magnesium aluminate ($MgAl_2O_4$) spinel microplatelets in molten salt[J]. J. Euro. Ceram. Soc. ,2007,27(16):4745-4749.

[113] AKDOGAN E K,BRENNAN R E,ALLAHVERDI M,et al. Effects of molten salt synthesis (MSS) parameters on themorphology of $Sr_3Ti_2O_7$ and $SrTiO_3$ seed crystals[J]. J. Electroceram. ,2006,16(2):159-165.

[114] SAITO Y,TAKAO H,TANI T,et al. Lead-free piezoceramics[J]. Nature,2004,432:84-87.

[115] ZHANG H,ZHOU H,WANG Y,et al. Mini review on gas-phase synthesis for energy nanomaterials[J]. Energy Fuels,2021,35(1):63-85.

[116] WINTERER M. Nanocrystalline ceramics[M]. Berlin,Heidelberg:Springer,2002:1-250.

[117] SURYANARAYANA C,PRABHU B. Synthesis of nanostructured materials by inert-gas condensation methods[M]//KOCH C C. Nanostructured materials (second edition). New York:William Andrew Publishing,2007:47-90.

[118] 张立德. 超微粉体制备与应用技术[M]. 北京:中国石化出版社,2001:1-530.

[119] LORKE A,WINTERER M,SCHMECHEL R,et al. Nanoparticles from the gas phase[M]. Berlin,Heidelberg:Springer,2012:1-418.

[120] ROTH P. Particle synthesis in flames[J]. P. Combust. Inst. ,2007,31(2):1773-1788.

[121] PARK H K,PARK K Y. Control of particle morphology and size in vapor-phase synthesis of titania,silica and alumina nanoparticles[J]. KONA Powder Part. J. ,2015,32:85-101.

[122] WU J,BAI G R,EASTMAN J A,et al. Synthesis of TiO_2 nanoparticles using chemical vapor condensation[J]. Mater. Res. Soc. Symp. Proc. ,2005,879(1):133-137.

[123] LIU R Z,LIU M L,CHANG J X. Large-scale synthesis of monodisperse SiC nanoparticles with adjustable size,stoichiometric ratio and properties by fluidized bed chemical vapor deposition[J]. J. Nanopart. Res. ,2017,19(2):26.

[124] WANG C,ZHOU J W,SONG M,et al. Synthesis of ultrafine silicon carbide nanoparticles using nonthermal arc plasma at atmospheric pressure[J]. J. Am. Ceram. Soc. ,2021,104(8):3883-3894.

[125] SCHOLZ M,FUB W,KOMPA K L. Chemical vapor deposition of silicon carbide powders using pulsed CO_2 lasers[J]. Adv. Mater. ,1993,5(1):38-40.

[126] HOGNESS T R, WILSON T L, JOHNSON W C. The thermal decomposition of silane[J]. J. Am. Chem. Soc. ,1936,58(1):108-112.

[127] HULSER T, SCHNURRE S M, SCHULZ C, et al. Continuous synthesis of highly-specific silicon nanopowder on the pilot-plant scale[J]. TechConnect Briefs,2012,1:361-364.

[128] 上海科技大学新型无机材料教研组. 电子陶瓷工艺基础[M]. 上海:上海人民出版社,1977:1-160.

[129] 郝虎在,天玉明,黄平. 电子陶瓷材料物理[M]. 北京:中国铁道出版社,2002:1-288.

[130] 李标荣. 电子陶瓷工艺原理[M]. 武汉:华中工学院出版社,1986:1-192.

[131] 刘维良. 先进陶瓷工艺学[M]. 武汉:武汉理工大学出版社,2004:1-673.

[132] WONISCH A, POLFER P, KRAFT T. A Comprehensive simulation scheme for tape casting:from flow behavior to anisotropy development[J]. J. Am. Ceram. Soc. ,2011,94(7):2053-2060.

[133] MENEZES R R, SOUTO P M, KIMINAMI R H G A. Microwave fast sintering of ceramic materials[M]//LAKSHMANAN A. Sintering of ceramics-new emerging techniques. Rijeka:InTech,2012:1-26.

[134] BIESUZA M, SGLAVO V M. Flash sintering of ceramics[J]. J. Euro. Ceram. Soc. ,2019,39(2-3):115-143.

[135] COLOGNA M, RASHKOVA B, RAJ R. Flash sintering of nanograin zirconia in <5 s at 850℃[J]. J. Am. Ceram. Soc. ,2010,93(11):3556-3559.

[136] MUCCILLO R, MUCCILLO E N S, KLEITZ M. Densification and enhancement of the grain boundary conductivity of gadolinium-doped barium cerate by ultra fast flash grain welding[J]. J. Eur. Ceram. Soc. ,2012,32(10):2311-2316.

[137] COLOGNA M, FRANCIS J S C, RAJ R. Field assisted and flash sintering of alumina and its relationship to conductivity and MgO-doping[J]. J. Eur. Ceram. Soc. ,2011,31(15):2827-2837.

[138] PRETTE A L G, COLOGNA M, SGLAVO V, et al. Flash-sintering of Co_2MnO_4 spinel for solid oxide fuel cell applications[J]. J. Power Sources,2011,196(4):2061-2065.

[139] GAUR A, SGLAVO V M. Densification of $La_{0.6}Sr_{0.4}Co_{0.2}Fe_{0.8}O_3$ ceramic by flash sintering at temperature less than 100℃[J]. J. Mater. Sci. ,2014,49(18):6321-6332.

[140] WANG C, PING W, BAI Q, et al. A general method to synthesize and sinter bulk ceramics in seconds[J]. Science,2020,368(6490):521-526.

[141] GUO H, BAKER A, GUO J, et al. Cold sintering process:a novel technique for low-temperature ceramic processing of ferroelectrics[J]. J. Am. Ceram. Soc. ,2016,99(11):3489-3507.

[142] MARIA J P, KANG X, FLOYD R D, et al. Cold sintering:current status and

prospects[J]. J. Mater. Res. ,2017,32(17):3205-3218.

[143] GOLDSCHMIDT V M. Die gesetze der krystallochemie [J]. Naturwissenschaften,1926,14(21):477-485.

[144]秦善,王汝成. 钙钛矿（ABX_3）型结构畸变的几何描述及其应用[J]. 地质学报,2004,78(3):345-351.

[145]EICHEL R A,ERUNAL E,JAKES P,et al. Interactions of defect complexes and domain walls in CuO-doped ferroelectric (K,Na)NbO_3 [J]. Appl. Phys. Lett. ,2013,102(24):242908.

[146]JAKES P,KUNGL H,SCHIERHOLZ R,et al. Analyzing the defect structure of CuO-doped PZT and KNN piezoelectrics from electron paramagnetic resonance[J]. IEEE T. Ultrason. Ferr. ,2014,61(9):1447-1455.

[147]KIM H T,BYUN J D,KIM A Y. Microstructure and microwave dielectric properties of modified zinc titanates (I)[J]. Mater. Res. Bull. ,1998,33(6):963-973.

[148]曲远方. 现代陶瓷材料及技术[M]. 上海:华东理工大学出版社,2008:1-520.

[149]CLARKE D R. Varistor ceramics[J]. J. Am. Ceram. Soc. ,1999,82(3):485-502.

[150]刘维良. 特种陶瓷工艺学[M]. 南昌:江西高校出版社,2010:1-511.

[151]罗民华. 多孔陶瓷实用技术[M]. 北京:中国建材工业出版社,2005:1-361.

[152]陈永. 多孔材料制备与表征[M]. 合肥:中国科学技术大学出版社,2009:1-260.

[153]STUDART A R,GONZENBACH U T,TERVOORT E,et al. Processing routes to macroporous ceramics:a review[J]. J. Am. Ceram. Soc. ,2006,89(6):1771-1789.

[154]PIERRE A C. Porous sol-gel ceramics[J]. Ceram. Int. ,1997,23(3):229-238.

[155]KISTLER S S. Coherent expanded aerogels and jellies[J]. Nature,1931,127(3211):741.

[156]GONZENBACH U T,STUDART A R,TERVOORT E,et al. Ultrastable particle-stabilized foams[J]. Angew. Chem. Int. Ed. ,2006,45(21):3526-3530.

[157]WHITE N. Thick films[M]//KASAP S,CAPPER P. Springer handbook of electronic and photonic materials. Boston:Springer,2017:707-721.

[158]KOROTCENKOV G. Materials for thick film technology[M]//KOROTCENKOV G. Handbook of gas sensor materials. New York:Springer,2013:249-254.

[159]CARTER C B,NORTON M G. Coatings and thick films[M]//CARTER C B,NORTON M G. Ceramic materials. New York:Springer,2013:495-508.

[160]KOSEC M,KUSCER D,HOLC J. Processing of ferroelectric ceramic thick films[M]//PARDO L,RICOTE J. Multifunctional polycrystalline ferroelectric materials. Dordrecht:Springer,2011:39-61.

[161]LI L. Introduction to materials and firing parameters in thick film firing[M]//XU J L,ZHANG J,KUANG K. Conveyor belt furnace thermal processing. Cham:Springer,2018:77-82.

[162]李耀霖. 厚膜电子元件[M]. 广州:华南理工大学出版社,1991:1-284.

[163]LIU Z,CHUNG D D L. Burnout of the organic vehicle in an electrically conductive thick-film paste[J]. J. Electron. Mater. ,2004,33(11):1316-1325.

[164]吕乃康,樊百昌. 厚膜混合集成电路[M]. 西安:西安交通大学出版社,1990:1-316.

[165]钦征骑. 新型陶瓷材料手册[M]. 南昌:江苏科学技术出版社,1996:1-655.

[166]KRISHNAN B,NAMPOORI V P N. Screen printed nanosized ZnO thick film[J]. Bull. Mater. Sci. ,2005,28(3):239-242.

[167]XIAO R,PEI Y,YAN H,et al. Phase formation process of AlSb thick films prepared by screen printing and sintering method[J]. Mater. Sci. Semicond. Process. ,2019,100:56-60.

[168]DAYAN N J,SAINKAR S R,KAREKAR R N,et al. Formulation and characterization of ZnO:Sb thick-film gas sensors[J]. Thin Solid Films,1998,325(1-2):254-258.

[169]KWON T Y, PARK J H, KIM Y B, et al. Preparation of piezoelectric $0.1Pb(Zn_{0.5}W_{0.5})O_3-0.9Pb(Zr_{0.5}Ti_{0.5})O_3$ solid solution and thick films for low temperature firing on a Si-substrate[J]. J. Cryst. Growth,2006,295(2):172-178.

[170]JING Y,LUO J B. Structure and electrical properties of PMN-PZT micro-actuator deposited by tape-casting process[J]. J. Mater. Sci. :Mater. Electron. ,2005,16(5):287-294.

[171]HUANG Y, YANG J L. Gel-tape-casting of ceramic substrates[M]//HUANG Y, YANG J L. Novel colloidal forming of ceramics. Singapore:Springer,2020:17-77.

[172]HAHNE P,HIRTH E,REIS I E,et al. Progress in thick-film pad printing technique for solar cells[J]. Sol. Energ. Mat. Sol. C. ,2001,65(1-4):399-407.

[173]TWINAME E R. Tape casting and lamination[M]//POMEROY M. Encyclopedia of materials:technical ceramics and glasses,volume 1. Amsterdam:Elsevier,2021:189-194.

[174]ZHAO K,WANG D,WANG Z,et al. Fabrication of piezoelectric thick-film stator using electrohydrodynamic jet printing for micro rotary ultrasonic motors[J]. Ceram. Int. ,2020,46(16):26129-26135.

[175]GUPTA T K. Application of zinc oxide varistor[J]. J. Am. Ceram. Soc. ,1990,73(7):1817-1840。

[176]YEN A J,LEE Y S,TSENG T Y. Electrical properties of multilayer-chip ZnO varistor in a moist-air environment[J]. J. Am. Ceram. Soc. ,1994,77(11):3006-3011.

[177]PEITEADO M,RUBIA M A D,FRUTOS J D,et al. ZnO-based varistor thick films with high non-linear electrical behavior[J]. J. Electroceram. ,2009,23(1):62-66.

[178]WANG L Y,TANG G Y,XU Z K. Preparation and electrical properties of multilayer ZnO varistors with water-based tape casting[J]. Ceram. Int. ,2009,35(1):487-492.

[179] KISHI H, MIZUNO Y, CHAZONO H. Base-metal electrode-multilayer ceramic capacitors: past, present and future perspectives[J]. Jpn. J. Appl. Phys., 2003, 42(1): 1-15.

[180] HONG K, LEE T H, SUH J M, et al. Perspectives and challenges in multilayer ceramic capacitors for next generation electronics[J]. J. Mater. Chem. C, 2019, 7(32): 9782.

[181] TAHALYANI J, AKHTAR M J, CHERUSSERI J, et al. Characteristics of capacitor: fundamental aspects[M]//KAR K K. Handbook of nanocomposite supercapacitor materials I. Cham: Springer, 2020: 1-51.

[182] KAMBARA H, SCHNELLER T, WASER R. Thin film multilayer capacitors[M]//SCHNELLER T, WASER R, KOSEC M, et al. Chemical solution deposition of functional oxide thin films. Vienna: Springer, 2013: 547-570.

[183] KAR-NARAYAN S, CROSSLEY S, MATHUR N D. Electrocaloric Multilayer Capacitors[M]//CORREIA T, ZHANG Q. Electrocaloric materials. Berlin, Heidelberg: Springer, 2014: 91-105.

[184] GIJS M A M. MEMS inductors: technology and applications[M]//AZZERBONI B, ASTI G, PARETI L et al. Magnetic nanostructures in modern technology. Dordrecht: Springer, 2008: 127-152.

[185] 万纯人. 叠片式片状电感器的设计[J]. 电子元件与材料, 1994, 13(4): 39-44.

[186] HAOBIJAM G, PALATHINKAL R P. Multilayer pyramidal symmetric inductor[M]//HAOBIJAM G, PALATHINKAL R P. Design and analysis of spiral inductors. New Delhi: Springer, 2014: 53-85.

[187] KWON T Y, KIM Y B, EOM K, et al. Fabrication of stabilized piezoelectric thick film for silicon-based MEMS device[J]. Appl. Phys. A, 2007, 88(4): 627-632.

[188] 杨邦朝, 王文生. 薄膜物理与技术[M]. 成都: 成都电子科技大学出版社, 1994: 1-237.

[189] ECKERTOVA L. Physics of thin films[M]. New York: Plenum Press, 1977: 1-254.

[190] WASA K, KITABATAKE M, ADACHI H. Thin film materials technology[M]. New York: William Andrew, Inc, 2004: 1-518.

[191] KUMAR A, SANGER A, KUMAR A, et al. Fast response ammonia sensors based on TiO_2 and NiO nanostructured bilayer thin films[J]. RSC Adv., 2016, 6(81): 77636-77643.

[192] CAO Z X. Thin Film Growth: physics, materials science and applications[M]. Cambridge: Woodhead Publishing, 2011: 1-416.

[193] OHRING M. Materials science of thin films[M]. Orlando: Academic Press, 2002: 1-794.

[194] GOULD R D, KASAP S, RAY A K. Thin Films[M]//KASAP S, CAPPER P. Springer handbook of electronic and photonic materials. Cham: Springer, 2017: 645-706.

[195]唐伟忠.薄膜材料制备原理、技术及应用[M].北京:冶金工业出版社,1998:1-232.

[196]田名波.薄膜技术与薄膜材料[M].北京:清华大学出版社,2006:1-962.

[197]FREY H. Vacuum evaporation[M]//FREY H,KHAN H R. Handbook of thin-film technology. Berlin,Heidelberg:Springer,2015:13-71.

[198]WASA K,KANNO I,KOTERA H. Handbook of sputter deposition technology[M]. Waltham:William Andrew Inc.,2012:1-644.

[199]JELINEK M,TRTIK V,JASTRABIK L. Pulsed laser deposition of thin films[M]//KOSSOWSKY R,JELINEK M,NOVAK J. Physics and materials science of high temperature superconductors,Ⅳ. Dordrecht:Kluwer Academic Publishers,1997:215-231.

[200]MASOOD K B,KUMAR P,MALIK M A,et al. A comprehensive tutorial on the pulsed laser deposition technique and developments in the fabrication of low dimensional systems and nanostructures[J]. Emergent Mater.,2021,4(6):737-754.

[201]DIJKKAMP D,VENKATESAN T,WU X D,et al. Preparation of YBaCu oxide superconductor thin films using pulsed laser evaporation from high T_c bulk material[J]. Appl. Phys. Lett.,1987,51(8):619-621.

[202]CRACIUN F,LIPPERT T,DINESCU M. Pulsed laser deposition:fundamentals, applications,and perspectives[M]//SUGIOKA K. Handbook of laser micro-and nano-engineering. Cham:Springer,2020:1-33.

[203]HANSEN D M,KUECH T F. Epitaxial technology for integrated circuit manufacturing[M]//MEYERS R A. Encyclopedia of physical science and technology (third edition). Tarzana:Academic Press,2003:641-652.

[204]JOYCE B A,BRADLEY R R. A Study of nucleation in chemically grown epitaxial silicon films using molecular beam techniques I.-Experimental methods[J]. Philos. Mag.,1966,14(128):289-299.

[205]ARTHUR J R,LEPORE J J. GaAs,GaP,and $GaAs_xP_{1-x}$ epitaxial films grown by molecular beam deposition[J]. J. Vac. Sci. Technol.,1969,6(4):545-548.

[206]CHO A Y. Morphology of epitaxial growth of GaAs by a molecular beam method:The observation of surface structures[J]. J. Appl. Phys.,1970,41(7):2780-2786.

[207]CAPPER P,IRVINE S,JOYCE T. Epitaxial crystal growth:methods and materials[M]//KASAP S,CAPPER P. Springer handbook of electronic and photonic materials. Cham:Springer,2017:309-341.

[208]HERMAN M A,SITTER H. Sources of atomic and molecular beams[M]//HERMAN M A,SITTER H. Molecular beam epitaxy. Berlin,Heidelberg:Springer,1996:33-79.

[209]BAILLARGEON J N,CHENG K Y,CHO A Y,et al. All solid source molecular beam epitaxy growth of $Ga_xIn_{1-x}As_yP_{1-y}$/InP lasers using phosphorus and arsenic valved

cracking cells[J]. J. Vac. Sci. Technol. B,1996,14(3):2244-2247.

[210]MOROSANU C E. Thin films by chemical vapour deposition[M]. New York: Elsevier Science,1990:1-718.

[211]VASUDEV M C,ANDERSON K D,BUNNING T J,et al. Exploration of plasma-enhanced chemical vapor deposition as a method for thin-film fabrication with biological applications[J]. ACS Appl. Mater. Interfaces,2013,5(10):3983-3994.

[212]CROWELL J E. Chemical methods of thin film deposition:chemical vapor deposition,atomic layer deposition,and related technologies[J]. J. Vac. Sci. Technol. A,2003,21(5):88-95.

[213]ROY S K. Laser chemical vapour deposition[J]. Bull. Mater. Sci. ,1988,11(2-3):129-135.

[214]PUURUNEN R L. A Short history of atomic layer deposition:Tuomo suntola's atomic layer epitaxy[J]. Chem. Vap. Deposition,2014,20(10-11-12):332-344.

[215]PAKKALA A,PUTKONEN M. Atomic layer deposition[M]//MARTIN P M. Handbook of deposition technologies for films and coatings. Oxford:Elsevier,2010:364-391.

[216]GEORGE S M. Atomic layer deposition:an overview[J]. Chem. Rev,2010,110(1):111-131.

[217]GUIRE M R D,BAUERMANN L P,PARIKH H,et al. Chemical bath deposition[M]//SCHNELLER T,WASER R,KOSEC M,et al. Chemical solution deposition of functional oxide thin films. Vienna:Springer,2013:319-339.

[218]EMERSON-REYNOLDS J. On the synthesis of galena by means of thiocarbamide,and the deposition of lead sulphide as a specular film[J]. J. Chem. Soc. ,1884,45:162-165.

[219]NAIR P K,NAIR M T S,GARCIA V M,et al. Semiconductor thin films by chemical bath deposition for solar energy related applications[J]. Sol. Energ. Mat. Sol. Cell. ,1998,52(3):313-344.

[220]SCRIVEN L E. Physics and applications of dip coating and spin coating[J]. Mat. Res. Soc. Symp. Proc. ,1988,121:717-729.

[221]GROSSO D,BOISSIERE C,FAUSTINI M. Thin film deposition techniques[M]//LEVY D,ZAYAT M. The sol-gel handbook:synthesis,characterization,and applications. Weinheim:Wiley-VCH Verlag GmbH & Co. KGaA,2015:277-315.

[222]MOHAMMAD S N. Synthesis of nanomaterials[M]. Cham:Springer,2020:1-446.

[223]WAGNER R S,ELLIS W C. Vapor-liquid-solid mechanism of single crystal growth[J]. Appl. Phys. Lett. ,1964,4(5):89.

[224]NGUYEN P,NG H T,MEYYAPPAN M. Catalyst metal selection for synthesis

of inorganic nanowire[J]. Adv. Mater. ,2005,17(14):1773 – 1777.

[225]MOHAMMAD S N. Analysis of the vapor-liquid-solid mechanism for nanowire growth and a model for this mechanism[J]. Nano Lett. ,2008,8(5):1532 – 1538.

[226]THOMBARE S V,MARSHALL A F,MCINTYRE P C. Kinetics of germanium nanowire growth by the vapor-solid-solid mechanism with a Ni-based catalyst[J]. APL Materials,2013,1(6):061101.

[227]GANJI S. Nanowire growths, and mechanisms of these growths for developing novel nanomaterials[J]. J. Nanosci. Nanotechnol. ,2019,19(4):1849 – 1874.

[228]MOHAMMAD S N. Self-catalysis: a contamination-free, substrate-free growth mechanism for single-crystal nanowire and nanotube growth by chemical vapor deposition [J]. J. Chem. Phys. ,2006,125(9):094705.

[229]LIU H T,HUANG Z H,HUANG J T,et al. Novel, low-cost solid-liquid-solid process for the synthesis of $\alpha - Si_3N_4$ nanowires at lower temperatures and their luminescence properties[J]. Sci. Rep. ,2015,5(1):17250.

[230]ZHANG J G,LIU J,WANG D H,et al. Vapor-induced solid-liquid-solid process for silicon-based nanowire growth[J]. J. Power Sources,2010,195(6):1691 – 1697.

[231]PARK H D, PROKES S M, TWIGG M E, et al. Si-assisted growth of InAs nanowires[J]. Appl. Phys. Lett. ,2006,89(22):223125.

[232]HANRATH T,KORGEL B. Supercritical fluid-liquid-solid (SFLS) synthesis of Si and Ge nanowires seeded by colloidal metal nanocrystals[J]. Adv. Mater. ,2003,15(5):437 – 440.

[233]YU H,BUHRO W E. Solution-liquid-solid growth of soluble GaAs nanowires[J]. Adv. Mater. ,2003,15(5):416 – 419.

[234]TUAN H Y,LEE D C,HANRATH T,et al. Catalytic solid-phase seeding of silicon nanowires by nickel nanocrystals in organic solvents[J]. Nano Lett. ,2005,5(4):681 – 684.

[235]GAO Q,DUBROVSKII V G,CAROFF P,et al. Simultaneous selective-area and vapor-liquid-solid growth of InP nanowire arrays[J]. Nano Lett. ,2016,16(7):4361 – 4367.

[236]TOMIOKA K,KOBAYASHI Y,MOTOHISA J,et al. Selective-area growth of vertically aligned GaAs and GaAs/AlGaAs core-shell nanowires on Si(111) substrate[J]. Nanotechnology,2009,20(14):145302.

[237]KIKKAWA J,OHNO Y,TAKEDA S. Growth rate of silicon nanowires[J]. Appl. Phys. Lett. ,2005,86:123109.

[238]JEONG H,PARK T E,SEONG H K,et al. Growth kinetics of silicon nanowires by platinum assisted vapor-liquid-solid mechanism[J]. Chem. Phys. Lett. , 2009,467(4):331 – 334.

[239]HIBST N,KNITTEL P,BISKUPEK J,et al. The mechanisms of platinum-catalyzed silicon nanowire growth[J]. Semicond. Sci. Technol. ,2016,31(2):025005.

[240] KANG K, KIM D A, LEE H S, et al. Low-temperature deterministic growth of Ge nanowires using Cu solid catalysts[J]. Adv. Mater. ,2008,20(24):4684-4690.

[241] CAMPOS L C, TONEZZER M, FERLAUTO A S, et al. Vapor-solid-solid growth mechanism driven by epitaxial match between solid AuZn alloy catalyst particle and ZnO nanowire at low temperature[J]. Adv. Mater. ,2008,20(8):1499-1504.

[242] DUBROVSKII V G. Crystal structure of Ⅲ-Ⅴ nanowires[M]//DUBROVSKII V G. Nucleation theory and growth of nanostructures. Berlin, Heidelberg: Springer, 2014: 499-571.

[243] FAN J Y, CHU P K. SiC nanowires[M]//FAN J Y, CHU P K. Silicon carbide nanostructures: fabrication, structure, and properties. Cham: Springer, 2014: 195-269.

[244] BISWAS S, GHOSHAL T, KAR S, et al. ZnS nanowire arrays: synthesis, optical and field emission properties[J]. Cryst. Growth Des. ,2008,8(7):2171-2176.

[245] WANG Y W, ZHANG L D, LIANG C H, et al. Catalytic growth and photoluminescence properties of semiconductor single-crystal ZnS nanowires[J]. Chem. Phys. Lett. , 2002,357(3-4):314-318.

[246] WANG Y W, MENG G W, ZHANG L D, et al. Catalytic growth of large-scale single-crystal CdS nanowires by physical evaporation and their photoluminescence[J]. Chem. Mater. ,2002,14(4):1773-1777.

[247] ALBERT LAU Y K, CHERNAK D J, BIERMAN M J et al. Formation of PbS nanowire pine trees driven by screw dislocations[J]. J. Am. Chem. Soc. , 2009, 131(45): 16461-16471.

[248] CHAI L L, DU J, XIONG S L, et al. Synthesis of wurtzite ZnS nanowire bundles using a solvothermal technique[J]. J. Phys. Chem. C,2007,111(34):12658-12662.

[249] JANG J S, JOSHI U A, LEE J S. Solvothermal synthesis of CdS nanowires for photocatalytic hydrogen and electricity production[J]. J. Phys. Chem. C, 2007, 111(35): 13280-13287.

[250] PAN Z W, DAI Z R, WANG Z L. Nanobelts of semiconducting oxides[J]. Science,2001,291(5510):1947-1949.

[251] YANG Q, TANG K, ZUO J, et al. Synthesis and luminescent property of single-crystal ZnO nanobelts by a simple low temperature evaporation route[J]. Appl. Phys. A, 2004,79(8):1847-1851.

[252] WEN X G, FANG Y P, PANG Q, et al. ZnO nanobelt arrays grown directly from and on zinc substrates: synthesis, characterization, and applications[J]. J. Phys. Chem. B, 2005,109(32):15303-15308.

[253] LI Q, WANG C R. Fabrication of wurtzite ZnS nanobelts via simple thermal evaporation[J]. Appl. Phys. Lett. ,2003,83(2):359-361.

[254] GAO T, WANG T H. Catalyst-assisted vapor-liquid-solid growth of single-crys-

tal CdS nanobelts and their luminescence properties[J]. J. Phys. Chem. B,2004,108(52):20045-20049.

[255] WU Q,HU Z,WANG X Z,et al. Synthesis and optical characterization of aluminum nitride nanobelts[J]. J. Phys. Chem. B,2003,107(36):9726-9729.

[256] IIJIMA S. Helical microtubules of graphitic carbon[J]. Nature,1991,354:56-58.

[257] PRASEK J,DRBOHLAVOVA J,CHOMOUCKA J,et al. Methods for carbon nanotubes synthesis-review[J]. J. Mater. Chem.,2011,21(40):15872-15884.

[258] SEE C H,HARRIS A T. A review of carbon nanotube synthesis via fluidized-bed chemical vapor deposition[J]. Ind. Eng. Chem. Res.,2007,46(4):997-1012.

[259] KUSABA M,TSUNAWAKI Y. Production of single-wall carbon nanotubes by a XeCl excimer laser ablation[J]. Thin Solid Films,2006,506-507:255-258.

[260] WANG Y,WEI F,LUO G H,et al. The large-scale production of carbon nanotubes in a nano-agglomerate fluidized-bed reactor[J]. Chem. Phys. Lett.,2002,364(5-6):568-572.

[261] MA R,BANDO Y,SATO T. CVD synthesis of boron nitride nanotubes without metal catalyst[J]. Chem. Phys. Lett.,2001,337(1-3):61-64.

[262] PAKDEL A,ZHI C,BANDO Y,et al. A comprehensive analysis of the CVD growth of boron nitride nanotubes[J]. Nanotechnology,2012,23(21):215601.

[263] GUNDIAH G,MUKHOPADHYAY S,TUMKURKAR U G,et al. Hydrogel route to nanotubes of metal oxides and sulfates[J]. J. Mater. Chem.,2003,13(9):2118-2122.

[264] GRIMES C A,MOR G K. Fabrication of TiO_2 nanotube arrays by electrochemical anodization:four synthesis generations[M]//GRIMES C A,MOR G K. TiO_2 nanotube arrays. Boston:Springer,2009:1-66.

[265] LIU N,CHEN X Y,ZHANG J L,et al. A review on TiO_2-based nanotubes synthesized via hydrothermal method:formation mechanism,structure modification,and photocatalytic applications[J]. Catal. Today,2014,225:34-51.

[266] SHIMADA S,SEKI Y,JOHNSSON M. Thermoanalytical study on oxidation of $Ti_xTa_{1-x}C_yN_{1-y}$ whiskers with formation of carbon[J]. Solid State Ionics,2004,167(S3-4):407-412.

[267] JUNG W S,JOO H U. Catalytic growth of aluminum nitride whiskers by a modified carbothermal reduction and nitridation method[J]. J. Cryst. Growth,2005,285(4):566-571.

[268] RADWAN M,BAHGAT M,EL-GEASSY A A. Formation of aluminium nitride whiskers by direct nitridation[J]. J. Euro. Ceram. Soc.,2006,26(13):2485-2488.

[269] SHI W T,GAO G,XIANG L. Synthesis of ZnO whiskers via hydrothermal decomposition route[J]. Trans. Nonferrous Met. Soc. China,2010,20(6):1049-1052.

[270] YANG L N,WANG J,XIANG L. Hydrothermal synthesis of ZnO whiskers from

ε - $Zn(OH)_2$ in $NaOH/Na_2SO_4$ solution[J]. Particuology,2015,19(2):113 - 117.

[271] SU P G,HUANG J W,WU W W,et al. Preparation of aluminum borate whiskers by the molten salt synthesis method[J]. Ceram. Int. ,2013,39(6):7263 - 7267.

[272] LI G L,WANG G H,HONG J M. Synthesis of $K_2Ti_6O_{13}$ whiskers by the method of calcination of KF and TiO_2 mixtures[J]. Mater. Res. Bull. ,1999,34(14 - 15):2341 - 2349.

[273] SINGHA K. A short review on basalt fiber[J]. Int. J. Textile Sci. ,2012,1(4):19 - 28.

[274] LI L,KANG W M,ZHAO Y X,et al. Preparation of flexible ultra-fine Al_2O_3 fiber mats via the solution blowing method[J]. Ceram. Int. ,2015,41(1):409 - 415.

[275] LEI Y P,WANG Y D,SONG Y C. Atmosphere influence in the pyrolysis of poly - [(alkylamino)borazine] for the production of BN fibers[J]. Ceram. Int. ,2013,39(6):6847 - 6851.

[276] LI Y,GAO J C. Preparation of silicon nitride ceramic fibers from polycarbosilane fibers by γ - ray irradiation curing[J]. Mater. Lett. ,2013,110:102 - 104.

[277] ICHIKAWA H. Present status and future trend on development and application of continuous SiC fibers[M]//KOHYAMA A,SINGH M,LIN H T,et al. Advanced SiC/SiC ceramic composites. Westerville:The American Ceramic Society,2006:153 - 164.

[278] YAJIMA S,HAYASHI J,OMORI M,et al. Development of a silicon carbide fibre with high tensile strength[J]. Nature,1976,261:683 - 685.

[279] MAHLTIG B,PASTORE C. Silicon carbide fibers[M]//MAHLTIG B,KYOSEV Y. Inorganic and composite fibers. Cambridge:Woodhead Publishing,2018:87 - 103.

[280] LI D,XIA Y N. Electrospinning of nanofibers:reinventing the wheel? [J]. Adv. Mater. ,2004,16(14):1151 - 1170.

[281] MCCANN J T,LI D,XIA Y N. Electrospinning of nanofibers with core-sheath, hollow,or porous structures[J]. J. Mater. Chem. ,2005,15(7):735 - 738.

[282] ZHANG X W,LU Y. Centrifugal spinning:an alternative approach to fabricate nanofibers at high speed and low cost[J]. Polym. Rev. ,2014,54(4):677 - 701.

[283] LIU H Y,CHEN Y,PEI S G,et al. Preparation of nanocrystalline titanium dioxide fibers using sol-gel method and centrifugal spinning[J]. J. Sol-Gel Sci. Technol. ,2013, 65(3):443 - 451.

[284] 潘兆橹. 结晶学及矿物学(下册)[M]. 北京:地质出版社,1994:1 - 282.

[285] VIJAYARAGHAVAN A. Graphene-Properties and characterization[M]//VAJTAI R. Springer handbook of nanomaterials. Berlin,Heidelberg:Springer,2013:39 - 82.

[286] MULEY S,RAVINDRA N M. Graphene:properties, synthesis, and applications [M]//PECH - CANUL M I,RAVINDRA N M. Semiconductors. Cham:Springer,2019:219 - 332.

参考文献

[287] GUPTA T. Graphene[M]//GUPTA T. Carbon. Cham: Springer, 2018: 197-228.

[288] YI M, SHEN Z G. A review on mechanical exfoliation for scalable production of graphene[J]. J. Mater. Chem. A, 2015, 3(22): 11700-11715.

[289] ALLEN M J, TUNG V C, KANER R B. Honeycomb carbon: a review of graphene[J]. Chem. Rev., 2010, 110(1): 132-145.

[290] LOTYA M, HERNANDEZ Y, KING P J, et al. Liquid phase production of graphene by exfoliation of graphite in surfactant/water solutions[J]. J. Am. Chem. Soc. 2009, 131(10): 3611-3620.

[291] ZHENG Q, KIM J K. Synthesis, structure, and properties of graphene and graphene oxide[M]//ZHENG Q, KIM J K. Graphene for transparent conductors. New York: Springer, 2015: 29-94.

[292] CHEN J F, DUAN M, CHEN G H. Continuous mechanical exfoliation of graphene sheets via three-roll mill[J]. J. Mater. Chem., 2012, 22(37): 19625-19628.

[293] ZHAO W F, FANG M, WU F R, et al. Preparation of graphene by exfoliation of graphite using wet ball milling[J]. J. Mater. Chem., 2010, 20(28): 5817-5819.

[294] KNIEKE C, BERGER A, VOIGT M, et al. Scalable production of graphene sheets by mechanical delamination[J]. Carbon, 2010, 48(11): 3196-3204.

[295] YAO Y G, LIN Z Y, LI Z, et al. Large-scale production of two-dimensional nanosheets[J]. J. Mater. Chem., 2012, 22(27): 13494-13499

[296] DEL RIO-CASTILLO A E, MERINO C, DIEZ-BARRA E, et al. Selective suspension of single layer graphene mechanochemically exfoliated from carbon nanofibres[J]. Nano Res., 2014, 7(7): 963-972.

[297] LIN T Q, TANG Y F, WANG Y M, et al. Scotch-tape-like exfoliation of graphite assisted with elemental sulfur and graphene-sulfur composites for high-performance lithium-sulfur batteries[J]. Energ. Environ. Sci., 2013, 6(4): 1283-1290.

[298] LEON V, RODRIGUEZ A M, PRIETO P, et al. Exfoliation of graphite with triazine derivatives under ball-milling conditions: preparation of few-layer graphene via selective noncovalent interactions[J]. ACS Nano, 2014, 8(1): 563-571.

[299] JEON I Y, SHIN Y R, SOHN G J, et al. Edge-carboxylated graphene nanosheets via ball milling[J]. PNAS, 2012, 109(15): 5588-5593.

[300] HERNANDEZ Y, NICOLOSI V, LOTYA M, et al. High-yield production of graphene by liquid-phase exfoliation of graphite[J]. Nat. Nanotechnol., 2008, 3(9): 563-568.

[301] CIESIELSKI A, SAMORI P. Graphene via sonication assisted liquid-phase exfoliation[J]. Chem. Soc. Rev., 2014, 43(1): 381-398.

[302] CRAVOTTO G, CINTAS P. Sonication-assisted fabrication and post-synthetic modifications of graphene-like materials[J]. Chem. Eur. J., 2010, 16(18): 5246-5259.

[303] CHEN X, DOBSON J F, RASTON C L. Vortex fluidic exfoliation of graphite and

boron nitride[J]. Chem. Commun. ,2012,48(31):3703 - 3705.

[304]LIU L,SHEN Z G,LIANG S S,et al. Graphene for reducing bubble defects and enhancing mechanical properties of graphene/cellulose acetate composite films[J]. J. Mater. Sci. ,2013,49(1):321 - 328.

[305]PATON K R, VARRLA E, BACKES C, et al. Scalable production of large quantities of defect-free few-layer graphene by shear exfoliation in liquids[J]. Nat. Mater. ,2014,13(6): 624 - 630.

[306]LIU L,SHEN Z G,YI M,et al. A green,rapid and size-controlled production of high-quality graphene sheets by hydrodynamic forces[J]. RSC Adv. ,2014,4(69):36464 - 36470.

[307]ALHASSAN S M,QUTUBUDDIN S,SCHIRALDI D A. Graphene arrested in laponite-water colloidal glass[J]. Langmuir,2012,28(8):4009 - 4015.

[308]RANGAPPA D,SONE K,WANG M,et al. Rapid and direct conversion of graphite crystals into high-yielding,good-quality graphene by supercritical fluid exfoliation[J]. Chem. Eur. J. ,2010,16(22):6488 - 6494.

[309]LI L H,ZHENG X L,WANG J J,et al. Solvent-exfoliated and functionalized graphene with assistance of supercritical carbon dioxide[J]. ACS Sustain. Chem. Eng. ,2013,1(1):144 - 151.

[310]MOON J Y, KIM M, KIM S I, et al. Layer-engineered large-area exfoliation of grapheme[J]. Sci. Adv. ,2020,6(44):eabc6601.

[311]SINITSKII A,TOUR J M. Chemical approaches to produce graphene oxide and related materials[M]//MURALI R. Graphene nanoelectronics. Boston:Springer,2012:205 - 234.

[312]KUMAR P,WANI M F. Synthesis and tribological properties of graphene:a review[J]. Jurnal Tribologi,2017,13:36 - 71.

[313]MARCANO D C,KOSYNKIN D V,BERLIN J M,et al. Improved synthesis of graphene oxide[J]. ACS Nano,2010,4(8):4806 - 4814.

[314]ZAABA N I,FOO K L,HASHIM U,et al. Synthesis of graphene oxide using modified hummers method: solvent influence[J]. Procedia Engineering, 2017, 184: 469 - 477.

[315]AGO H. CVD growth of high-quality single-layer graphene[M]//MATSUMOTO K. Frontiers of graphene and carbon nanotubes. Tokyo:Springer,2015:3 - 20.

[316]YU Q K,LIAN J,SIRIPONGLERT S,et al. Graphene segregated on Ni surfaces and transferred to insulators[J]. Appl. Phys. Lett. ,2008,93(11):113103.

[317]OROFEO C M,HIBINO H,KAWAHARA K,et al. Influence of Cu metal on the domain structure and carrier mobility in single-layer graphene[J]. Carbon,2012,50(6):2189 - 2196.

[318]OGAWA Y,HU B,OROFEO C M,et al. Domain structure and boundary in single-layer graphene grown on Cu(111) and Cu(100) films[J]. J. Phys. Chem. Lett. ,2012,3

(2):219-226.

[319] YAN Z,LIN J,PENG Z,et al. Toward the synthesis of wafer-scale single-crystal graphene on copper foils[J]. ACS Nano,2012,6(10):9110.

[320] HAO Y,BHARATHI M S,WANG L,et al. The role of surface oxygen in the growth of large single crystal graphene on copper[J]. Science,2013,342(6159):720-723.

[321] LEE J H,LEE E K,JOO W J,et al. Wafer-scale growth of single-crystal monolayer graphene on reusable hydrogen-terminated germanium[J]. Science,2014,344(6181):286-289.

[322] EMTSEV K V,SPECK F,Seyller T,et al. Interaction,growth,and ordering of epitaxial graphene on SiC{0001} surfaces:a comparative photoelectron spectroscopy study[J]. Phys. Rev. B,2008,77(15):155303.

[323] SEYLLER T. Epitaxial graphene on SiC(0001)[M]//RAZA H. Graphene nanoelectronics. Berlin,Heidelberg:Springer,2012:135-159.

[324] BERGER C,SONG Z M,LI T B,et al. Ultrathin epitaxial graphite:2D electron gas properties and a route toward graphene-based nanoelectronics[J]. J. Phys. Chem. B,2004,108(52):19912-19916.

[325] YAZDI G R,IAKIMOV T,YAKIMOVA R. Epitaxial graphene on SiC:a review of growth and characterization[J]. Crystals,2016,6(5):53.

[326] HASS J,DE HEER W A,CONRAD E H. The growth and morphology of epitaxial multilayer graphene[J]. J. Phys.:Condens. Matter. ,2008,20(32):323202.

[327] TANG L B,LI X M,JI R B,et al. Bottom-up synthesis of large-scale graphene oxide nanosheets[J]. J. Mater. Chem. ,2012,22(12):5676-5683.

[328] CHOUCAIR M,THORDARSON P,STRIDE J A. Gram-scale production of graphene based on solvothermal synthesis and sonication[J]. Nat. Nanotechnol. ,2009,4(1):30-33.

[329] CHIN S J,DOHERTY M,VEMPATI S,et al. Solvothermal synthesis of graphene oxide and its composites with poly(ε-caprolactone)[J]. Nanoscale,2019,11(40):18672-18682.

[330] CAI J M,RUFFIEUX P,JAAFAR R,et al. Atomically precise bottom-up fabrication of graphene nanoribbons[J]. Nature,2010,466(7305):470-472.

[331] RIZZO D J,VEBER G,JIANG J,et al. Inducing metallicity in graphene nanoribbons via zero-mode superlattices[J]. Science,2020,369(6511):1597-1603.

[332] WANG H,MAIYALAGAN T,WANG X. Review on recent progress in nitrogen-doped graphene:synthesis,characterization,and its potential applications[J]. ACS Catal. ,2012,2(5):781-794.

[333] BIDDINGER E J,VON DEAK D,OZKAN U S. Nitrogen-containing carbon nanostructures as oxygen-reduction catalysts[J]. Top. Catal. ,2009,52(11):1566-1574.

[334] WEI D C,LIU Y Q,WANG Y,et al. Synthesis of N-doped graphene by chemical

vapor deposition and its electrical properties[J]. Nano Lett. ,2009,9(5):1752-1758.

[335]GENG D S,CHEN Y,CHEN Y G,et al. High oxygen-reduction activity and durability of nitrogen-doped graphene[J]. Energy Environ. Sci. ,2011,4(3):760-764.

[336]LONG D H,LI W,LING L C,et al. Preparation of nitrogen-doped graphene sheets by a combined chemical and hydrothermal reduction of graphene oxide[J]. Langmuir,2010,26(20):16096-16102.

[337]AGNOLI S,FAVARO M. Doping graphene with boron:a review of synthesis methods,physicochemical characterization,and emerging applications[J]. J. Mater. Chem. A,2016,4(14):5002-5025.

[338]KIM Y A,FUJISAWA K,MURAMATSU H,et al. Raman spectroscopy of boron-doped single-layer graphene[J]. ACS Nano,2012,6(7):6293-6300.

[339]SHENG Z H,GAO H L,BAO W J,et al. Synthesis of boron doped graphene for oxygen reduction reaction in fuel cells[J]. J. Mater. Chem. ,2012,22(2):390-395.

[340]ENDO M,HAYASHI T,HONG S H,et al. Scanning tunneling microscope study of boron-doped highly oriented pyrolytic graphite[J]. J. Appl. Phys. ,2001,90(11):5670-5674.

[341]LU X J,WU J J,LIN T Q,et al. Low-temperature rapid synthesis of high-quality pristine or boron-doped graphenevia Wurtz-type reductive coupling reaction[J]. J. Mater. Chem. ,2011,21(29):10685-10689.

[342]BOROWIEC J,ZHANG J. Hydrothermal synthesis of boron-doped graphene for electrochemical sensing of guanine[J]. J. Electrochem. Soc. ,2015,162(12):B332-B336.

[343]HAN J,ZHANG L L,LEE S,et al. Generation of B-doped graphene nanoplatelets using a solution process and their supercapacitor applications[J]. ACS Nano,2013,7(1):19-26.

[344]UMRAO S,GUPTA T K,KUMAR S,et al. Microwave-assisted synthesis of boron and nitrogen co-doped reduced graphene oxide for the protection of electromagnetic radiation in Ku-band[J]. ACS Appl. Mater. Interfaces,2015,7(35):19831-19842.

[345]CATTELAN M,AGNOLI S,FAVARO M,et al. Microscopic view on a chemical vapor deposition route to boron-doped graphene nanostructures[J]. Chem. Mater. 2013,25(9):1490-1495.

[346]WU T R,SHEN H L,SUN L,et al. Nitrogen and boron doped monolayer graphene by chemical vapor deposition using polystyrene,urea and boric acid[J]. New J. Chem. ,2012,36(6):1385-1391.

[347]WANG H,ZHOU Y,WU D,et al. Synthesis of boron-doped graphene monolayers using the sole solid feedstock by chemical vapor deposition[J]. Small,2013,9(8):1316-1320.

[348]USACHOV D Y,FEDOROV A V,PETUKHOV A E,et al. Epitaxial B-gra-

phene:large-scale growth and atomic structure[J]. ACS Nano,2015,9(7):7314-7322.

[349]TANG Y B,YIN L C,YANG Y,et al. Tunable band gaps and p-type transport properties of boron-doped graphenes by controllable ion doping using reactive microwave plasma[J]. ACS Nano,2012,6(3):1970-1978.

[350]BASIRUDDIN S K,SWAIN S K. Phenylboronic acid functionalized reduced graphene oxide based fluorescence nano sensor for glucose sensing[J]. Mater. Sci. Eng. :C,2016,58:103-109.

[351]WILLKE P,AMANI J A,SINTERHAUF A,et al. Doping of graphene by low-energy ion beam implantation: structural, electronic, and transport properties[J]. Nano Lett. ,2015,15(8):5110-5115.

[352]CHOI W,LAHIRI I,SEELABOYINA R,et al. Synthesis of graphene and its applications:a review[J]. Crit. Rev. Solid State Mater. Sci. ,2010,35(1):52-71.

[353]SHAO Y Y,WANG J,WU H,et al. Graphene based electrochemical sensors and biosensors:a review[J]. Electroanalysis,2010,22(10):1027-1036.

[354]LI X M,RUI M C,SONG J Z,et al. Carbon and graphene quantum dots for optoelectronic and energy devices:a review[J]. Adv. Funct. Mater. ,2015,25(31):4929-4947.

[355]KUCINSKIS G,BAJARS G,KLEPERIS J. Graphene in lithium ion battery cathode materials:a review[J]. J. Power Sources,2013,240:66-79.

[356]CAMERON W B. Graphene applications[M]//BROWNSON D A C,BANKS C E. The handbook of graphene electrochemistry. London:Springer. 2014:127-174.

[357]CAO Y,FATEMI V,FANG S,et al. Unconventional superconductivity in magic-angle graphene superlattices[J]. Nature,2018,556:43-50.